主编介绍

焦 红

研究员

1983 年 7 月毕业于安徽医科大学预防医学系，现任广东出入境检验检疫局食品实验室和国家食品安全检验重点实验室（广东）主任。

主要兼职：第一届食品安全国家标准评审委员会委员；CNAS 食品专业技术委员会委员；广东省食品安全专家委员会委员兼食品安全标准审评专业组副组长；中国科学院生物物理研究所客座教授和中山大学研究生导师。

从事食品化妆品安全卫生与营养功效实验室检验与管理 25 年余。国家质检总局食品化妆品检验和实验室管理专家。在食品化妆品实验室硬件设置、学科建立和质量控制方面具有丰富的理论基础和实践经验。

熟悉国际食品安全检验管理策略和技术评价手段。带领团队有计划地进行国际前瞻性技术储备研究。其主持的实验室建立有食品化妆品安全卫生营养功效多学科、多手段测试技术和体内、体外毒理学储备技术。先后获得：国家食品安全检验重点实验室（广东）；国家进出口动物源性食品残留监控计划基准实验室；国家植物源性食品有毒有害物质监控基准实验室；奥运食品安全检测实验室；出口美国乳制品安全第三方检测实验室；广东检验检疫局化妆品检验重点实验室；国家质检总局科技兴检先进集体；国家青年文明号单位，等等。实验室分析测试水平在国内外同行业得到认可。

以第一主持人获得和完成国家级、省部级科研、标准研制基金 200 多万元，先后获得广东省、广州市、国家质检总局、国家轻工协会等科技成果一等奖、二等奖和三等奖多项,发表专业论文二十余篇。

主编或参与的专业著作有:

1.《实验动物替代方法原理与应用》.主编.科学出版社,2010 年 9 月。

2.《欧盟食品接触材料安全法规实用指南》.中国标准出版社,2005 年 8 月。

3.《进出口食品中农兽药残留实用检测方法》.中国标准出版社,2004 年 12 月。

4.《欧盟化妆品管理法规及检测方法与指南》.学苑出版社,2003 年 11 月。

食品化学
实验室质量控制国际指南

International Guidelines of
Quality Control in the Process of Food Chemical Detecting

主编译　焦　红
主　审　庞国芳

科 学 出 版 社

北 京

内 容 简 介

本书综合编译了国际理论与应用化学联合会(IUPAC)、国际食品法典委员会(CAC)、欧盟委员会(UN)等国际组织 15 篇现行有效的食品化学实验室质量控制规范,包括实验室内部质量控制指南、分析化学实验室能力验证、方法的实验室间验证和单一实验室验证、回收率报告、测量不确定度指南等内容。为了同实验室衔接,还编译了国际食品进口监控体系及风险评估基础、抽样通用指南以及针对取样方法和步骤产生的不确定度等食品监管方面的质量控制内容。

本书对于指导国内食品检验机构完善实验室质量控制措施,确保检验结果的准确并参与国际仲裁,整体提升国内检测水平具有重要意义。

图书在版编目(CIP)数据

食品化学实验室质量控制国际指南＝International Guidelines of Quality Control in the Process of Food Chemical Detecting / 焦红主编译 —北京:科学出版社,2011

　ISBN 978-7-03-028463-1

　Ⅰ.食… Ⅱ.焦… Ⅲ.食品化学-化学实验-实验室-检测-质量控制-国际标准 Ⅳ.TS201.2-65

中国版本图书馆 CIP 数据核字(2010)第 148541 号

责任编辑:周万灏　许贵强　李国红 / 责任校对:鲁　素
责任印制:李　彤 / 封面设计:黄　超

科 学 出 版 社 出版
北京东黄城根北街 16 号
邮政编码:100717
http://www.sciencep.com

北京厚诚则铭印刷科技有限公司 印刷
科学出版社发行　各地新华书店经销

*

2011 年 1 月第　一　版　　开本:787×1092　1/16
2023 年 1 月第五次印刷　　印张:21 3/8
字数:500 000
定价:188.00 元
(如有印装质量问题,我社负责调换)

食品化学实验室质量控制国际指南
编译者名单

主编译 焦 红

主 审 庞国芳

编审者 焦 红 翟翠萍 鲍晓霞* 陈文锐

编译者 （按姓氏拼音排序）

陈 捷	陈晓清***	程树军	高永清
胡燕苹	黄华军	焦 红	李 敏
李 苟	廖 周	林 峰	刘 超
刘江晖	任美玲***	邵仕萍	石 慧***
王建华**	王志强	奚星林	席 静
谢建军	易敏英	战 静***	张 旺

注：未标注作者工作单位为广东出入境检验检疫局。

　　*标注作者工作单位为浙江出入境检验检疫局。

　　**标注作者工作单位为山东出入境检验检疫局。

　　***标注作者学习单位为中山大学公共卫生学院。

序 一

　　食品的质量安全密切关乎人民生命健康,也直接影响我国的经济竞争力和国际威望。自加入世贸组织八年来,我国食品进出口贸易往来频繁,曾多次出现出口食品在国外被要求召回的不良事件,不仅给我国食品出口造成了巨额损失,也给食品检验质量控制、认证认可和标准化等相关重要工作带来了极大的挑战。2008 年 8 月 28 日国务院有关产品质量与食品安全工作新闻发布会公布,一些检测机构执行的检验标准不同和检测数据不准确等相关质量控制问题是致使我国出口产品召回的主要原因。因此,努力做好食品检验质量控制工作,对有效减少我国出口产品召回,切实保障我国进出口食品安全,具有十分重要的意义。

　　我任职国家质检总局进出口食品安全局局长期间,在全局同志齐心协力下,曾主持处理过多起进出口食品安全重大事件。这些工作中一个个技术难题的顺利解决,莫不都是基于质检系统各地实验室良好的技术支撑和质量保证能力,其中广东出入境检验检疫局食品实验室的特点尤为突出。该实验室的业务量素为质检系统最大,但其技术平台规划科学先进,质量体系运行井井有条,曾多次代表中国食品检测机构通过国外官方和中立机构技术专家的严格考评,相关研究成果前瞻创新,水平居于质检系统前列。在我国进出口食品化妆品质量安全多次技术交锋中,该实验室技术队伍在焦红研究员带领下"招之即来,来之能战,战之能胜",故屡屡赢得国家质检总局相关业务司局的良好评价,在我国进出口食品安全相关技术保障和技术支持中发挥了积极的作用。

　　近年来,随着国际知名检测机构逐步进入中国检验市场以及国际食品检验相关技术交流活动的日益增多,现代食品检验及其质量控制理论和实践水平也在不断提高。目前,在 CNAS 实验室认可准则的规范下,尽管我国食品检验机构已做了大量工作,但食品检测质量控制水平与发达国家相比仍有一定的差距,急需相关参考资料的具体指导。

　　为此,焦红研究员和她的技术团队及时编译出版了《国际组织相关食品检验质控规范和指南》,这对于全面提高我国食品检测实验室的质量管理整体水平和检验技术能力,建立我国规范有效、与国际接轨的实验室质量控制体系,提高实验室检测结果的有效性和国际认可度有着重要的参考价值;对促进我国与国际进出口食品检测技术的一致化,解决国际食品贸易争端中的技术难点,促进我国农业、食品工业健康发展,扩大产品出口也一定会起到良好的理论和技术支持作用。

　　金秋十月是收获的季节,当她将这本译著呈献给大家时,我由衷感到无比欣慰!

国家认监委副主任　王大宁

2009 年 10 月

序 二

2007 年 11 月,欧陆坊(Lincolne Sutton & Wood)公共分析实验室皮特·布朗先生代表英国食品标准署,在中国广州召开的食品化学分析和相关质量保证技术国际研讨会上发表了演讲。演讲的题目为"国际食品规范委员会的质量保证要求:实验室的含义"。

这次演讲的参考文件现已由会议组织者译为中文,对国际分析协会有着重要意义。

分析测试数据的使用者(消费者和测试委托人)以及数据的提供者都认为,要确保分析测试数据的质量具备"满足符合分析目的"的需要,这一点现正在逐渐地法律化。这本专著综合了一个食品实验室满足这些要求所必须考虑的程序,是目前国际范围内已经发布了的协议和准则,特别是已经被国际食品法典委员会所采纳的内容。

国际食品法典委员会通过的进出口食品实验室正式资质要求在文件(第一篇)中有规定。这个准则参考了 1993 年 IUPAC 协调能力验证协议(第二篇)和 IUPAC 国际内部质量控制指导准则(第三篇)。特别要引起注意的是,这些确认分析方法要求符合国际标准,要遵照 IUPAC 指导准则(第四篇),通过方法性能的全面验证。IUPAC 1993 年发布的能力验证协议经过实践做了重新修订并于 2006 年正式发布(第五篇)。这些都已被国际食品法典委员会所采用。

然而,Codex 认为不是所有的方法都要通过实验室间的验证(第六篇),因此又采纳了 IUPAC 的单一实验室验证协议(第七篇)。

在食品分析协会内部对是否应该在回收率基础上报告测试结果还有争论。食品法典委员会在 2001 年指导准则(第八篇),以及分析测量中采用回收率报告的 IUPAC 协议(第九篇)中做了规定,除非有更重要的理由,否则分析家报告测试结果时,必须基于回收率的数据。

使用者特别关注的一个问题是,有关这些分析数据的测量不确定性。为了帮助阐明这个问题,国际食品法典委员会已经采纳了测量不确定度指导准则(第十篇),起草颁布了国际食品法典委员会在测量不确定度方面的指南(第十一篇),明确规定分析测试实验室要始终估计其不确定度。这些指导和准则具有重要意义。

研究制定有关法律规定的动物食品中兽药残留的工作机构正在采用一种方法验证和操作程序的替代方法,如欧盟立法(第十二篇)中所描述的内容。但是这种方法目前还没有被采纳。

之前,国际食品法典委员会内部对采纳何种有关解决分析方法纠纷的程序有很多争论,多数都是同意使用有关测量不确定度来度量分析结果的变异程度。目前被讨论的程序在 CCMAS 会议文件(第十三篇)中做了概述,但是这份文件在最终被采纳前还要修改。

在食品安全监管与检验机构里,对应该使用哪种抽样程序有很多争论。国际食品法典委员会的抽样指导准则(第十四篇)中,采用一贯公认的抽样方法,并做了详细指导,但是用起来很复杂。所以我们都期待能否在测量不确定度方面重新定义测量方法的全部过程。例如,对测量不确定性的估计应该包括抽样的不确定度和分析的不确定度。这两方面的不确定度相对容易确定,这种估计方法的操作程序已经在 EURA-CHEM/CITAC 联合指南(第十五篇)中发布。

本书收集的这些文件非常重要,因为它们强调了国际上在食品实验室采用的确保分析数据符合目的要求的程序研究上取得的进展。

确保食品化学分析数据的准确性是每个分析工作者的职责。

祝贺这本专著在中国出版!

Mr. P. A. Brown
英国法定公共分析员
英国公共分析员协会科学事务委员会秘书
Norfolk,Lincolnshire 与 Suffolk 郡议会公共分析员
Suffolk 海港健康主管部门的公共分析员

Dr. R. Wood
英国食品标准局科学数据质量科主任
AOAC,ICUMSA,CEN 机构联席会议主席
2009 年 10 月

Foreword Ⅱ

In November 2007 Peter Brown of the Eurofins (Lincolne Sutton & Wood) Public Analyst Laboratory gave a presentation at the International Symposium on Food Chemistry Analysis and Related Quality Assurance Techniques in Guangzhou, China on behalf of Dr. Roger Wood of the UK Food Standards Agency. The presentation was entitled 'The Quality Assurance Requirements of the Codex Alimentarius Commission: Implications for Laboratories' and included reference to a number of international Guidelines and Protocols etc. These documents have now been translated into Chinese by the Symposium Organisers .Their significance to the international analytical community is outlined below.

Users of analytical data need to be assured of the quality of their data and whether they are appropriate, i.e. whether they meet 'fit-for-purpose' requirements. Thus the requirement for data to be of the necessary quality is now recognised by all users and providers (that is customers and contractors) and this requirement is increasingly being prescribed by legislation. This monograph surveys the procedures that a laboratory must consider in order to meet such requirements, making particular reference to published Protocols and Guidelines, particularly where they have been adopted by the Codex Alimentarius Commission.

The formal quality requirements for laboratories, as adopted by the Codex Alimentarius Commission, are stipulated in document (Chapter 1). These Guidelines make reference to the 1993 IUPAC Harmonised Proficiency Testing Protocol (Chapter 2), the IUPAC Internal Quality Control Guidelines (Chapter 3) and require that methods of analysis be validated to international standards, most notably that they are fully validated through method performance studies (collaborative studies) conforming to the IUPAC Guidelines (Chapter 4). The 1993 Proficiency Testing Guidelines have now been revised in the light of experience and were re-published in 2006 (Chapter 5). These have also now been adopted by Codex.

However, Codex recognised that not all methods are fully validated through inter-laboratory study (Chapter 6) and so has also adopted the IUPAC Single-Laboratory Validation Protocol (Chapter 7).

There has been much debate in the Food Analytical Community as to whether results should be reported on a recovered or un-recovered basis. The Codex Alimentarius Commission has adopted in its 2001 Guidelines (Chapter 8) the IUPAC Protocol on the use of recovery information in analytical measurement (Chapter 9). Analysts are directed towards reporting results on a recovered basis unless there are over-riding reasons for not doing so.

An issue of particular concern to the users of analytical data is the measurement uncertainty associated with such data. In order to help clarify the issue the Codex Alimentarius Commission has adopted Guidelines on Measurement Uncertainty (Chapter 10). Information on the significance of these Guidelines is currently being drafted (Chapter 11). But the need for laboratories to always estimate their uncertainties is clearly defined by the Guidelines.

An alternative approach to method validation and performance is undertaken by the residues of veterinary medicines sector, as described by the European Union legislation (Chapter 12). This approach has not yet been directly adopted by Codex.

There has been much discussion in Codex on the procedures to be adopted to settle disputes over analytical methods. Much of these involve the use of measurement uncertainty as a measure of the variability of analytical results. The procedures currently being discussed are outlined in a CCMAS Conference Room Document (Chapter 13) though that will change before final adoption.

In the food sector there has been much debate over the sampling procedures that should be used. Codex has adopted in its Sampling Guidelines (Chapter 14) traditional acceptance sampling plans, and gives much detail in these Guidelines. They are complex to use. However, looking forward, there is a discussion as to whether the whole approach should be redefined in measurement uncertainty terms such that measurement uncertainty estimations include both sampling and analytical uncertainties. The uncertainty from both sources is relatively easy to identify and procedures for doing this have recently been published in a joint Eurachem/Citac Guide (Chapter 15).

The documents reproduced in this monograph are important in that they demonstrate the progress that has been made towards helping and in some cases requiring, laboratories to introduce procedures to ensure that their data are fit-for-purpose.

It is the responsibility for every analyst to ensure the accuracy of food chemical analysis data.

Lastly we appreciate the publication of this monograph in China.

Mr. P. A. Brown

Statutory Public Analyst UK

Secretary of the UK Association of Public Analysts Scientific Affairs Committee

Public Analyst for the Counties of Norfolk, Lincolnshire and Suffolk

Suffolk Coastal Port Health Authority

Dr. R. Wood

Head of Scientific Data Quality Branch

Food Standards Agency (UK)

Also, Chairman of the Meeting of International Organisations

Working in the Field of Methods of Analysis and Sampling (the Inter-Agency Meeting)

October. 2009

前　言

在迅速发展的食品化学分析领域,由于基质的复杂、检测限浓度降低以及方法的不适用,发生检验结果异常事件是不可避免的。即便是有经验的分析员在食品中检出某物质超标,或者漏检了某物质时,都需要给以专业分析,单以刚性的法律规则来处理专业技术问题是不合适的。

近年来,我国食品安全检测逐步达到与发达国家技术接轨,建立了多项国家标准检测方法。进出口食品、卫生、农业、环境监测等部门还建立了多种行业标准检验方法予以补充。分析测试结果的准确性、可靠性获得国家检测与校准能力互认,多项检测结果获得国际互认。

为了我国食品安全分析测试水平与国际接轨,整体提高中国食品安全检验国际化仲裁水平,2007 年 11 月广东出入境检验检疫局国家食品安全检验重点实验室(广东)与香港政府化验所和辽宁出入境检验检疫局,首次在国内成功举办了"食品化学实验室检验质量控制技术国际研讨会(广州)"。来自英国食品标准局、英国公共分析员协会、澳大利亚国家测量研究所、香港政府化验所和国家计量院以及国内食品检验机构等 18 位专家就化学检验计量溯源、检测质量控制、标准物质研制、组织能力验证、国际间能力比对、统计学方法以及最新检测技术做了专题报告和交流。

会后,英国公共分析协会主席 Alan Richard 在英国官方网站撰文,他认为:**中国的食品实验室仪器设备齐全,检测质控手段先进完善,某些西方人士对中国的食品安全现状是存在误解的。他对中国的食品安全很有信心。**

2008 年新年伊始,英国公共分析员协会科学事务委员会秘书 Peter A. Brown 先生给译者发来国际食品安全法典委员会(CAC)、国际理论和应用分析化学联合会(IUPAC)、官方分析化学员协会(AOAC)以及欧盟委员会(EC)等关于食品检验实验室有关质量控制方面 15 篇现行的法规规范,也就是本书的原文和参考资料。编译组成员利用紧张繁忙的工作间隙和休息时间,编译了这本专著,以奉献给国内食品检测同行。由于时间和实际翻译水平上的问题,一定还存在着诸多缺陷,希望读者及时反馈,以便我们再版时修正。

本书的第 1~5 篇的编审是焦红研究员,第 6~11 篇的编审是翟翠萍研究员,第 12~14 篇的编审是鲍晓霞研究员,第 15 篇的编审是陈文锐研究员。

感谢 Peter A. Brown 和 Dr. Roger Wood 先生对中国食品检验的支持!

感谢认监委王大宁副主任的支持和厚爱！

感谢庞国芳院士的支持和指导！

感谢香港政府化验所黄耀松博士的指导！

感谢广东检验检疫局化矿金实验室郑建国主任的指导！

感谢译著组全体成员的辛勤努力！

正因为有这么多支持，才使得这本专著得以出版，再次表示诚挚的谢意！

译　者

2010 年 9 月

目　　录

Content

第一篇
进口食品监控体系指南

GUIDELINES FOR FOOD IMPORT CONTROL SYSTEMS
CAC/GL 47-2003，REV.1-2006

进口食品监控体系指南

目　　录

第一章 范　围

1. 为了保护消费者权益,促进食品公平贸易,防止贸易过程中引入不公正的技术壁垒,特制定本指南。本指南与食品法典委员会的"食品进出口检验和认证准则"[①]相一致,提供了进口食品监控体系操作框架以及有关进口食品监控体系的具体信息,是"食品进出口检测和验证体系设计、操作、评估和认可指南"的一个附件[②]。

第二章 定　义[③]

* **适当保护水平**(ALOP):即一个国家制定相应的卫生政策以保护本国人民的生命健康,设置的适当政策水平即适当保护水平,也可称"可接受的风险水平"。

* **审核**:为了确定相关行动和结果是否符合计划目标而建立的具有独立功能的系统检验过程。

* **认证**:指官方认证认可机构对符合要求的食品或食品监控体系提供书面的具有同等保证效力的认可过程,包括在适当地连续地检测、审核质量保证体系和成品检查等一系列检查活动基础上进行的食品认证。

* **检查**:指对食品、食品控制体系、原料以及加工和销售等环节的检查,包括对加工过程中的半成品和成品的查验,以证明其符合相关要求。

* **立法**:指相关部门为了保护公众健康、保护消费者权益以及公平贸易而制定的有关食品领域的法律、规章、规定或程序。

* **官方认证**:由政府机构对其管辖范围内的检测或验证机构是否具有提供检查和验证服务能力的认可过程。

* **官方检查和验证体系**:具有执行管理和验证权力的政府管理体系。

* **官方认可的检查和验证体系**:经过有管辖权的政府机构正式许可或认可的检查和验证体系。

* **规定**:食品贸易主管部门为了保护公众健康和消费者利益,保证贸易的基本公平而提出的要求和办法。

* * **风险评估**:包括①危害识别,②危害特征描述,③暴露评估,④风险特征性描述四个步骤的科学评估过程。

* * **风险分析**:主要包含风险评估、风险管理和风险交流三个内容。

第三章 进口食品监控体系一般特征

2. 进口食品监控体系应具有以下特征:

(1) 对进口食品和国内食品要求一致;

[①] 食品进出口检查和验证准则(CAC/GL 20-1995)。

[②] 食品进出口检查和验证体系设计、操作、评估和认可指南(CAC/GL 26-1997)。

[③] 参考食品进出口检查和验证体系的设计、操作、评估和认可指南(CAC/GL 26-1997)得到的定义用 * 标记。从食品法典委员会程序手册得到的定义用 * * 标记。

（2）透明立法明确界定政府主管部门的责任；

（3）明确界定透明立法与操作程序；

（4）优先保护消费者；

（5）对出口国政府主管部门食品监控体系的认可；

（6）全国统一执行；

（7）确保达到与国内食品一致的保护水平。

对进口食品和国内食品的要求一致

3. 该规定通常表现为最终的规定,指具体的限量和补充抽样制度等。所有规定的具体程序包括抽样、过程的监控、生产条件、运输、储存等。

4. 考虑原产地区的特殊性或类似性,及其所采用的不同加工技术和历史原因,避免对不同属性进口产品的检验产生不同的风险,要根据风险评估结果调整具体检验项目,确定风险级别。

5. 该规定应尽可能公平对待国内生产的食品和进口食品。国内的要求包括过程的监控,如通过检查有关验证体系以及审核生产操作规范的监控过程;进口食品还要参考出口国的检验设施和程序来确认或等效确认其相关历史记录[①]。

透明立法明确界定政府主管部门的责任

6. 所有的进口食品政府主管部门在进口口岸、仓储地、销售商场和（或）销售点执行检查职能时,应有明确的职责和权威。应尽可能避免对同一批次相同货物进行多重检查和重复检验。

7. 一些同属于一个区域经济的国家,可能依靠另一个国家执行进口监控。在这种情况下,应明确界定执行进口食品监控的国家主体,以及这个国家对进口食品的规定、职责和采取的特定操作程序,以便为进口国的政府主管部门提供一个有效和透明的进口监管目标。

8. 当一个国家的政府主管部门使用第三方检验机构作为官方认可的检查机构和（或）验证机构进行监控时,应按照CAC/GL 26-1997第8章中,官方认可中规定的方式执行。该检验机构应执行的职责是:

（1）目标批次抽样；

（2）样品分析；

（3）为了与官方要求一致,对进口商执行的质量保证体系相关部分或全部进行统一评估。

明确界定透明立法与操作程序

9. 立法的目的是为政府主管部门执行进口食品监控体系提供基础和树立权威,在法律框架允许的范围内检查进口产品是否符合要求。

10. 立法授予主管部门的权力范围:

（1）被授权人员的委任；

（2）获得进口食品的预先通知；

（3）获得相关文件；

（4）检查进口国的进口资质、对食品及其包装进行物理查验;采样和初步检验分析;查

---

①进出口食品检查和验证体系设计、操作、评估和认可指南（CAC/GL 26-1997）。

验出口国当局、出口商或进口商提供的文件;查证商品与证明文件的一致性;

（5）应用风险评估的结果,兼顾特定食品的相关历史记录,附带检查证明材料的有效性和其他相关信息,确定抽样计划;

（6）收取货物和样品分析检验费用;

（7）认可授权实验室;

（8）有权对进口食品行使接受、拒绝、扣押、销毁、下达销毁命令、下达翻新命令、加工处理或再出口、退回出口国、指定为非食品使用等处理职权;

（9）对进口货物的召回;

（10）在国内运输或进口通关前对过境货物的储存期进行监控;

（11）实施行政和(或)司法措施。

11. 此外,立法还可以规定:

（1）进口许可或登记;

（2）对进口商使用的核查制度予以承认;

（3）建立对官方行动的上诉机制;

（4）对出口国监控体系的评估;

（5）与出口国的政府主管部门共同认证或检查。

优先保护消费者

12. 在设计和执行进口食品监控体系的实际操作中,应优先考虑保护消费者健康,在诸多经济等其他因素中,应优先确保食品贸易公平。

对出口国政府主管部门食品监控体系的认可

13. 进口食品监控体系应包含对出口国政府主管部门制定的食品监控体系的认可。为了给货物进口提供便利,进口国可以通过多种方法认可出口国的食品安全监控措施,包括使用谅解备忘录、签订相互认可协议、同等效力协议以及单方认可等。这些认可应适当包含对进口食品的生产、加工、储存和运输,进口过程中使用的监控措施,以及对出口监控体系的认可。

全国统一执行

14. 对进口食品制定统一的操作程序非常重要。政府主管部门应制定并执行相应的程序和培训手册,以确保所有检查人员在所有进口口岸统一使用。

确保达到与国内食品一致的保护水平

15. 由于对进口国加工食品监控过程无直接管辖权力,国内食品和进口食品在监控方法上会有差异。但这些方法上的差异如果对确保进口食品与国内食品采取一致的保护水平是必需的,那就非常有必要。

第四章　监控体系的执行

16. 政府主管部门在确保进口食品监控体系的完善并满足相关法规要求的前提下,应制定并执行相应的操作程序,以尽量缩短货物在口岸的滞留时间。

监控点

17. 进口国可在一个或多个地点执行进口食品的监控:

（1）与出口国商定的原产地;

（2）进入目的地国家的口岸;

（3）深加工地；

（4）运输和分发地；

（5）储存地；

（6）销售（零售或批发）地。

18. 进口国要认可出口国制定并执行的出口食品监控体系。应鼓励出口国在生产、制造和运输期间制定并执行相应的监控政策和措施，目的是为了及时发现并纠正问题，最好在问题食品已运送出国，被要求召回之前及时发现问题。

19. 装运前的检查是确保食品符合要求的一种有效措施。对那些如果在入境时打开采样会受到严重损失的高价值散装或包装食品、需要快速检查以保持产品质量安全的食品，应该实行出口装运前检查。

20. 政府主管部门行使检查的权力应该在监控体系中被确定并程序化。进口国主管部门可以按照出口国官方认证体系要求，或者官方认可的第三方认证机构的规定进行装运前检查。装运前检查应根据检查的实际情况做好记录。

进口食品的信息

21. 监控体系的监控效率取决于进入管辖范围内的货物信息。详细的货物信息应包括：

（1）进口日期和到货口岸；

（2）运输方式；

（3）商品的全面描述，包括产品说明、数量、保存方式、原产国或转口国、确定标识、有关人的身份证章以及货物编号等；

（4）出口商和进口商的名称和地址；

（5）制造商和（或）生产者的登记号码；

（6）最终目的地；

（7）其他信息。

进口食品的检查频率和项目①

22. 进口食品的检查、抽样、检验项目和检验频率，应依据其对人类健康风险评估结果和实际安全危害情况，包括样品来源、产品历史记录和其他相关信息来决定。监控方案的设计应包含以下因素：

（1）产品或其包装对人类健康危害的风险；

（2）可能不符合规定的信息；

（3）目标消费群体；

（4）产品的深加工程度和性质；

（5）出口国官方或等同食品查验认证机构的相互认可协议或其他贸易协定；

（6）生产者、加工者、制造商、出口商、进口商和分销商的相关历史记录。

23. 进口食品抽样查验计划要在统计学基础上制订，检验方法应符合进口国要求。转口食品要符合最终到达国的有关规定，且必须在转口证明书上标明。包括转口产品在内的抽样频率或检验强度都应在检验程序中得到完善。

---

① 通用的官方证书格式和证书的制作和签发见（CAC/GL 38-2001）。

24. 对于没有历史记录或历史记录不良的产品,其抽样频率应高于良好历史记录的产品,抽样过程也是一个记录的过程。对于历史记录不良的食品供应商或进口国的产品,要对其每批货物进行物理检查和高密度取样,直到连续检验一定量的货物,满足了进口国的要求。检查程序可包括自动扣留、要求进口商通过认可实验室(包括官方实验室)的检验来证明每批货物的合格度,直到获得满意的结果,建立良好历史记录。

抽样和分析

25. 监控体系对特殊商品或组合商品的采样计划要建立在食品法典规定的基础上。法典中如无此规定的,应参考、采纳国际公认的或者有科学依据的抽样计划。

26. 应使用国际认可的标准分析方法或通过国际协议确认的标准方法。应在官方或官方认可的实验室中进行分析。

结果处理

27. 在不影响申请海关手续的前提下,进口国官方应制定相应的结果处理的决策和标准,能够保证进口货物的质量和安全:

(1) 接受进口;

(2) 以进口标准或过去相关历史检查记录为基础;

(3) 经过调整或采取纠正措施后,放行不合格产品;

(4) 发放拒绝进口通知,转为人类消费之外其他用途;

(5) 发放拒绝进口通知,货物退回出口国或归还出口费用;

(6) 发放拒绝进口通知,销毁货物。

28. 监控体系里要有对实验室分析结果的解释。处理程序中还应包括针对那些在合格数据边缘或者一批货物里只有部分抽样合格结果的处理规定,以及进一步测试和相关历史记录的检查等要求。

29. 监控体系里应包括正式的货物进出检查和样品保存的规定①。应建立有效的上诉机制,为进口商提供对处理决定的复查机会②。如货物虽然符合国际标准,但不符合进口国标准时,应考虑召回货物。

紧急情况的处理

30. 政府主管部门应制定适当的紧急情况反应程序,包括暂存可疑产品和被拒绝进口可疑产品的召回,必要时要迅速报告相关国际机构并告知可能采取的措施。

31. 如果食品主管部门在进口监控中发现了很严重的问题,则预示发生了食品安全应急情况,进口国食品主管部门应迅速通知出口国③。

出口监控的识别

32. 进口国应该建立相关规定,接受出口国的监控体系,应要求达到进口国相同的保护水平。进口国应做到:

(1) 制定对出口国监控体系的评估程序,保持与《食品的进出口检查和认证体系的设计、运行、评估和认证指南》(CAC/GL 26-1997)的一致性;

---

① 国家之间拒绝进口食物的信息交流指南的第四部分(CAC/GL 25-1997)应有这方面的描述。

② 国家之间拒绝进口食物的信息交流指南的第六部分(CAC/GL 25-1997)应有这方面的描述。

③ 食品监控应急信息交流指南(CAC/GL 19-1995)。

（2）对所有商品或对某些商品或某些制造商设定限制的范围；

（3）要制定有关的应对程序，预防一旦出现与出口国制定的限制范围不一致时，确保适当的保护水平；

（4）提供官方对出口货物监控措施的认证，如进口豁免例行检查等；

（5）完善认证程序，如少量的随机抽样并对样品进行测试分析（本指南5和CAC/GL 26-1997提供了食品贸易认证体系核查处理的规定和制度）；

（6）当进（出）口国双方的监控措施已被互认，检查个别货物时不必一定要求完整的证书或文件。

33. 进口国的政府主管部门可同出口国官方认证机构或官方认可的认证机构签订认证协议，以确保达到所要求的目的。协议对于具体实验室和货物追踪体系等局限性的设施，可能有特殊的意义[①]。

信息交换

34. 食品进口监控体系涉及进（出）口国政府主管部门之间信息交换，这些信息包括：

（1）对食品监控体系的要求；

（2）符合特定货物要求的文字化证书；

（3）被拒绝入境食品的详细资料，如销毁、再出口、加工、调整或用于人类消费之外其他用途等详细处理资料；

（4）符合进口国要求的检测机构的设备清单。

35. 任何货物进口协议的更改，包括规格，都可能对贸易产生极大影响，应及时将更改信息告知贸易伙伴。但要允许存在协议条款出台到具体实施之间的合理间隔[②]时间。

其他考虑

36. 食品主管部门可考虑采用替代方法进行例行检查，包括评估进口商对供应商的监控认证协议、核实供应商遵守协议的程度，也包括非例行检查时的抽样。

37. 食品主管部门可制定强制性的进口商登记制度，该制度能为进口商带来确保进口食品符合进口国规定的责任，提供可追溯的信息。

38. 产品的登记制度一旦建立或者被实施，则说明该产品已被注册登记（例如，食品安全问题的具体记录）。进口产品和国内生产的产品都应以同样或同等的方式进行产品注册登记。

记录体系

39. 食品进口监控体系内容必须全部清楚地记录在案，包括监控范围、运作方式、工作人员的职责和行为等，以便在所有相关方面了解其期望达到的目的。

40. 食品进口监控体系的文件应该包括：

（1）官方检查体系组织结构图，包括地理位置和等级中各级别的功能作用；

（2）相应的工作职责；

（3）所有的作业程序，包括抽样、查验和测试的方法；

（4）有关进口食品的法律和法规要求；

（5）有关重要的联系（人或贸易伙伴、机构等）；

---

①制定食品进出口验证和认证体系的方针指南（CAC/GL 34-1999）。
②世界卫生组织的决策WTO/MIN(01)17。

（6）有关食品污染和食品检验的信息；

（7）有关人员培训的信息。

监督培训

41. 必须建立一支强大的、训练有素的、配备相应检验设备的巡查队伍，为食品进口管理体系提供持续的培训和监督。

42. 由进口国的官方主管部门认可、具体执行检验工作的第三方检验人员，至少具备与官方主管部门执行类似任务的查验人员相一致的资质。

43. 进口国官方主管部门应聘请具备食品监控评估资历和经验的人员，经过适当培训后，对出口国国家的食品监控体系进行评估。

体系核查

44. 体系核查应以本指南 9 中设计、操作、评估、审定的进出口食品查验和认证体系（CAC/GL 26-1997）为指南，食品进口监控体系应当进行独立、定期的评估。

第五章　进一步的信息

45. 联合国粮农组织食品质量控制手册：进口食品的检查（食品和营养报告 14/15，1993）。

世界卫生组织/西太平洋中心地区环境规划和应用科学的推广（PEPAS）：为制定进口食品检验指南（1992）和重新设计制定食品进口监控体系提供信息。

附录1　进口食品检验风险评估规范和指南①

第一节　引　　言

该附件详细说明《进口食品监控体系指南》（CAC/GL 47-2003）的 22-26 部分。

在风险评估基础上实施进口食品检验程序，提供了更有效的评估进口食品安全风险②的方法，确保进口食品符合进口国食品安全的要求。在安全问题引起更高的人类健康潜在风险时，使政府更多的重视食品安全。

该文件应结合所有食品法典委员会的指南一起阅读。

第二节　目　　标

该附件为政府主管部门在食品安全风险分析的基础上，制定决策并执行进口食品检验程序时提供信息。

第三节　原　　则

在食品安全风险分析基础上制定并执行进口食品检验程序时应用的原则：

---

①食品中的危害因素可能引起不良健康作用及该作用的严重性，《关于食品安全风险分析术语的定义》，食品法典委员会程序手册。

②该附件中的进口食品也包括食品成分。必要时检测也要涵盖到喂养食用动物的饲料。

（1）进口国在制定进口食品的风险水平时，应评估该食品目前对人体健康的安全风险，或者根据该食品相关的消费信息，科学有效地预测将出现的安全风险；

（2）制定进口食品检验程序应使用风险分析的方法，不能任意使用技术壁垒，或者将国内生产的食品与进口食品区别对待，不能导致不公平贸易的产生或不必要的进口延误；

（3）特殊食品的进口检测项目①与频率要与其引起的风险水平一致，并考虑所有的相关因素②；

（4）检验分析的抽样计划③和方法应参考食品法典委员会推荐的标准、指南和方法。食品法典没有明确的，应参考国际公认的或科学可行的抽样计划④；

（5）经风险分析制定的进口食品检验程序，信息要最新、描述要透彻、易理解。

第四节 在风险分析基础上设计进口食品检验程序

食品主管部门要应用相关信息评估某个进口食品的风险水平，这些信息必须包括：

（1）经过科学界定的安全风险的可能范围⑤；

（2）有充分的证据证明出口国能有效地执行法律、规章和其他政策的能力，出口食品安全的过程监控、基础设施经进口国主管部门审核和现场检查后确证属实⑥；

（3）任何来源的食品都具有食品安全的可追溯性；

（4）根据食品的可追溯性，食品来源可包括：①出口国或出口国内的区域或地区；②生产制造厂家；③出口商；④发货人；⑤进口商。

（5）官方认可实验室的检测报告或主管部门认可的出证机构的检测报告。

对已经制定的食品风险水平进行定期复查，或者为了维持检测项目和频率同风险评估之间的比例，在出现食品安全新信息时对风险水平进行复查。

食品主管部门要在上述因素的基础上建立检验标准，对来自某个监控面（点），某个国家、生产制造商、出口商、发货商、进口商的进口食品，确定需要检测的项目与频率。在实际检验过程中还需要根据食品安全规定的符合程度进行修订。检验的项目和频率需要全部文件化。

食品进口国主管部门要根据出口国提供的信息修订进口食品检验项目和频率。这些信息应包括：

（1）相关证书；

（2）等同检测；

（3）谅解备忘录；

（4）互认协议；

（5）进出口双方都接受的其他合适的方法。

食品进口国主管部门也可以根据以往对该食品供应商的监控评估结果，更改或修改本

---

① 检测项目的举例，可包括文件核对、感官检验、抽样与实验室检测。

② 相关因素的举例，在 CAC/GL 47/2003 22 部分中所包括的合适的因素。

③《食品法典建立与选择抽样程序的原则》，食品法典程序手册。

④ 要符合抽样的统计学差异要求，但货物不均匀时是不切合实际的。

⑤ 风险评估、食源性疾病暴发和流行病学研究结果/流行病学史，污染物和（或）残留信息是信息关键部分。

⑥ 实验室抽样程序和结果可提供该类信息，审查是获得信息的另一种途径。

次进口食品检验的项目和频率。

出口国可以站在本国的立场上提供监控信息,适当时可向进口国提供该食品符合进口国食品安全要求的保证。

适当时进口国可以验证审查出口国的检验监控体系,审查已获得的信息,用来对该国指定食品风险水平的复审。

当进口国不具备出口国现行监控措施水平,或者缺乏该进口食品在本节6部分所述的信息项目,缺乏有关该进口食品可追溯性信息且无法进一步获得时,进口国首先会以更综合性的项目和更高的抽样检验频率对该食品进行检验,直到有效信息的获得。

出口食品应与进口国的要求保持一致。以往对进口食品审查和监控面(点)的检验结果,为进口国修改监控面(点)的检测项目和频率提供了机会,并以此确定抽检比例是否符合标准。

食源性疾病的暴发、流行病学的发现、对出口国监控措施的审查结果以及食品进口时不符合食品安全要求的情况,比如在进口食品中检出病原体、污染物或有害残留物在口岸的查验结果等,都是进口国更改食品进口检验项目和频率的理由,更严重的处理是暂停该食品的进口贸易,直到确认实施了改进措施并有效执行[1]。进口国需与出口国联合做出预防措施,以防进一步发生的食源性疾病暴发。

修改进口食品检验项目与频率的幅度,应与问题食品风险评估水平的变化范围相适应。

第五节　规定与程序的制定

政府主管部门在制定进口食品检验监控面(点)的有关规定时,应该考虑并使用食品法典的标准、推荐方法和指南:

(1)与该类食品生物、化学、物理危害有关的国际认可协议,以及执行风险评估的相关信息也是需要考虑的内容;

(2)国际认可的或者建立在科学基础上的抽样计划;

(3)适当的检验程序、抽样技术,以及官方或者经官方认证实验室使用的验证分析方法。

检验项目还可能包括一系列的程序,以确保进口食品适应进口国食品安全的要求。当确定这些程序确实符合食品安全要求时,就可以认为程序与该食品或该组食品的风险水平相当。这些程序包括:

(1)文件核对和(或)装货的一般条件;

(2)文件核对加上抽样方法,规定周期(例如,20个或40个货柜中选取一个)来确证文件的准确性;

(3)感官检查;

(4)执行抽样计划,在货柜中进行随机或目标样品的抽样和检测;

(5)按批次检验,抽样及检测。总的来说,要将目前或者潜在有严重食品安全风险可能的食品取样保留并送检。

---

①在这种情况下,进口国要确保在合理的期间内,出口国能有效地实施各项改进措施。

第六节　在风险分析基础上实施进口食品检验程序

进口食品主管部门负责在风险分析的基础上实施进口食品检验程序。主管部门要确保实施应用的相关政策和程序要清楚明白、协调一致。检验人员要适当培训其协调能力,做到在各职能部门之间共享信息。

除了其他行为,只要不符合进口国食品安全要求这一条,就会引起进口国对该食品风险管理措施的改变。这些改变包括在该批进口食品最终判定是否合格之前,扩大抽样范围进行检测。如果有证据证明是出口国食品监控体系出现了问题,这些改变就会针对该国出口的其他类似食品。一般说来,进口国这种临时改变的食品进口管理措施,只针对严重食品安全风险事件的发生,同时其他方法不能处理时才予以执行。在实施临时改变措施的同时,应提供一套可以上诉的程序。

当货物在口岸检验结果不符合进口国要求时,进口国主管部门要考虑执行《国际拒绝入境进口食品信息交流指南》(CAC/GL 25-1997)或《食品安全突发事件中信息交流原则与指南》(CAC/GL 19-1995,Rev 1-2004)里描述的各项措施。

进口国相关主管部门要确保实施进口食品检测的实验室具备适当的资质、检测能力和工作量承受能力。

附录2　进出口食品检测实验室资格评估指导意见
CAC/GL 27-1997[①]

范围

本指导书为保证进出口食品检测实验室具备必要的检测能力和质量保证措施,提供框架性指导意见。

本指导书旨在为有意进行国际食品贸易的国家提供指导意见,以便保护消费者利益和推动食品公平贸易。

要求

3 进出口食品检测实验室应采用以下质量标准:

(1) 满足采用 ISO/IEC 指南 25:1990《校准与检验实验室能力的通用要求》中关于检测实验室的通用要求。

(2) 按照《化学分析实验室精准检测国际协调统一指导书》中"理论与应用化学 65(1993)2132-2144"的规定,制订适当的食品分析精准检测计划。

(3) 随时使用已通过国际食品法典委员会认可的分析方法,应用《分析化学实验室内部质量控制协调统一指导书》中"理论与应用化学 67(1995)649-666"中所描述的内部质量控制程序。

(4) 本指导书中针对上述实验室进行评定的主要内容,应符合实验室评审鉴定的一般标准,例如 ISO/IEC 指南 58:1993《校准和测试实验室的鉴定体系——操作与认可的通用要求》。

---

①《进出口食品检测实验室检测能力评估方法指导准则》第 22 版于 1997 年被国际食品法典委员会采用。该指导书已经以咨询文件的形式发给联合国粮农组织(FAO)和世界卫生组织(WHO)的所有成员国和准成员国,并提供给各个独立的政府和国家,希望作为使用时的参考。

第二篇
国际化学分析实验室
能力验证协议书

IUPAC/ISO/AOAC:INTERNATIONAL HARMONIZED PROTOCOL FOR THE PROFICIENCY TESTING OF(CHEMICAL)ANALYTICAL LABORATORIES(TECHNICAL REPORT)1993

国际理论与应用化学联合会
分析、应用及临床化学部
质量保证计划跨部门协调工作组

1991年5月于瑞士日内瓦
IUPAC/ISO/AOAC分析化学质量保证研讨会
Mike Thompson[1] & Roger Wood[2]

工作组成员名单(1989-1992年)

主席:M. Parkany(瑞士)

成员:P. de BièVe(比利时);S. S. Brown(英国);L. E. Coles(已故)(英国);
R. Greenhalgh(加拿大);B. Griepink(比利时);A. Head(英国);
R. F. M. Herber(荷兰);W. Horwitz(美国);S. H. H. Olrichs(荷兰);
G. Svehla(爱尔兰);M. Thompson(英国);R. Wood(英国)

---

[1]Department of Chemistry,Birkbeck College(University of London),London WC1H 0PP. UK.
[2]Food Science Laboratory,Norwich Research Park,Colney,Norwich NR4 7UQ,UK.

国际化学分析实验室能力验证协议书

（技术报告：1993）

    国际理论与应用化学联合会（IUPAC）、国际标准化组织（ISO）和国际分析团体协会（AOAC）依据"协作研究设计、管理和解释"联合制定了一份协议书。1989 年 4 月，该协议书起草小组在华盛顿 DC 会议上对协议书中实验室能力验证内容做了进一步说明。

    1991 年 5 月，IUPAC/ISO/AOAC 在日内瓦首次举办"化学分析质量保证体系公开研讨会"。本次会议将协议书作为预案讨论，在内容和格式上达成了共识。

    本协议书于 1992 年 3 月在荷兰代尔夫特的工作会议上完成终稿。

目　　录

1. 前言

实验室要长期得到可靠的测试数据,必须执行与其相适应的质量保证措施。

在实验过程中,与检测目的相适用的检测方法在使用前都必须经过批准。无论何时,首先应使用经过验证的、通过公正认证体系认可的实验方法[1]。方法应有详尽的文字描述,实验室人员要经过培训,要使用质量控制图确保操作在统计学控制范围内。检测报告中使用的原始资料必须能溯源,必须具有充分证据来源的标准样品作对照,最好使用有证标准物质[2]。在没有有证标准物质时,必须建立起最终测试方法的溯源程序。一个通过了国际标准认证体系认证的实验室,表明该实验室符合 ISO 25 指南[3] 评估实验室技术资格通用要求,有适用的质量保证体系。能力验证是一项独立的活动,实验室技术资格的评估需要能力验证的资料[3]。

参加了能力验证计划的实验室,能为实验数据的可靠性提供一个客观的评估和证明途径。如 ISO 43 指南[5] 所述,目前有几种形式的能力验证计划,都具有一个共同特点就是检测结果是可比的。这些计划可以对所邀请参加实验室开放,也可以对所有实验室开放。承担特定分析任务——即特定的基质(如血液中的铅、骨粉中的脂肪)的实验室和进行食品分析的实验室,应制订参加能力验证活动的计划以评估其能力。

虽然目前已制订了各种能力验证计划的设计和操作协议书,覆盖了分析化学的一定领域,但我们仍然需要一个普遍适用的组织能力验证计划的协议书。为防止同 ISO43 指南[4] 重复,本文第三部分有详细描述。本协议书除了描述能力验证计划的组织和实际操作程序外,还规定了对分析数据(通常为测定浓度)最基本的统计处理方法。

本协议书尽管有很多条款被用于描述各种计划和方案(如外部的质量评估、执行计划情况等),但首选的条款是"能力验证"。

组织协调方必须对任何特定计划的目的和程序运行框架有明确的描述。

计划不能覆盖活动领域的所有方面,但是在特定的重要部分必须具有代表性。

2. 协议书中所用定义和术语

2.1 能力验证计划(proficiency testing scheme) 通过实验室间的比对实验,审查实验室检测能力的一种方法。

(包括每隔一段时间,以测试结果的真实性为主要目标[5],将一个实验室的检测结果与其他实验室相比较。)

2.2 内部质量控制(internal quality control) 实验室为了判定输出的分析数据是否可靠,通过制定一系列程序保证实验室质量体系运行和数据的可靠。内部质量控制是通过单个测试样品重复测定的结果来控制大批检测样品的精密度。

2.3 质量保证程序/体系[3](quality assurance programme/system) 实验室活动的总体目标在于检测结果能否满足分析标准的要求。质量保证体系包括人员的培训、行政管理程序、机构的管理、财务审计等。内部质量控制和能力验证是其中重要的组成部分,实验室质量保证体系是评审机构对实验室进行评估的依据。

2.4 检测实验室(testing laboratory) 一个从事测量、检验、试验、校准活动,或者其他对材料或产品的特性或性能进行测试的实验室。

2.5 标准物质(reference material)　在一种材料或物质中,加入一种或者多种特定的物质,经充分的匀质和完善的制备后,被用于仪器设备的校准、检测方法的评估,或将其检测值作为其他样品指定值的物质称为标准物质[6]。

更详细的定义和标准物质的使用信息见 ISO REMCO 文件[7]。

2.6 有证标准物质(certified reference material)　附带有证书的标准物质,是在可追溯程序的控制下获得鉴定的标准物质,用有证标准物质可实现对一个或多个特定的数值、用某一度量单位精确地表达至最小量度值,每个值在指定的置信水平上都有一个不确定度[6]。

更详细的定义和标准物质使用信息见 ISO REMCO 文件[7]。

2.7 真值(true value)　在基质中某一分析物的真实浓度为真值。

2.8 指定值(assigned value)　能力验证协调方在处理统计结果时当做真值使用的值。它是被测物在基质里可用真值估计的最佳评估值。

2.9 标准差目标值(target value for standard deviation)　被指定作为测试结果的一个目标值,表示测定结果标准差的数值。

2.10 实验室间测试比对(interlaboratory test comparisons)　指组织和实施两个或多个不同实验室在相同测定条件下,对同一物质或均质物的同一部分进行目的物分析测试和结果评估。

2.11 协调方(coordinator)　负责协调能力验证计划中所有活动的组织机构。

2.12 准确度(accuracy)　测定结果与公认参考值间的接近程度。

注:当应用于一组实验结果分析时,准确度描述了随机误差和系统误差之和。

2.13 真实性(trueness)　一个由大量测定结果得到的平均值与公认参考值间的接近程度。

注:真实性的衡量一般以偏差的形式来表达。

2.14 偏差(bias)　测定结果的期望值与公认参考值间的差距。

注:偏差相对于随机误差而言是系统误差。可能是一个或多个系统误差造成的偏差。参考值的偏差越大,系统误差就越大。

2.15 实验室偏差(laboratory bias)　一个特定实验室的测试结果(期望值)与公认参考值间的差距。

2.16 方法偏差(bias of the measurement method)　所有实验室使用同一方法得到的测试结果(期望值)与公认参考值间的差距。

注:例如,用某一方法测定化合物中硫含量的操作中,所有使用该方法的实验室都无法萃取到硫,则该方法产生了一较大偏差。方法偏差可以通过大量不同的实验室,使用同一方法得到的测量值平均数的替换获得。在不同的水平,方法偏差亦不同。

2.17 实验室偏差构成(laboratory component of bias)　实验室偏差与方法偏差间的差距。

注:

(1) 对于一个特定的实验室及其内部测量条件,在不同的测试水平,实验室偏差构成是特定的。

(2) 实验室偏差构成与整体平均测试的结果有关,不是真值或公认参考值。

2.18 精密度(precision)　在指定的条件下,多次独立测定结果之间的相互接近程度。

注：

(1) 精密度仅依赖于随机误差的分布，与公认参考值无关。

(2) 精密度的衡量通常以测试结果的标准偏差来表达。其标准偏差越大，不精确程度越高。

(3) "独立测定结果"意味着本次获得的结果是独立的，不受相同或相似样品以往结果的影响。

3. 组织能力验证计划（协议书）

3.1 框架　组织协调者将实验样品按规定分发给各参加实验室，要求在指定时间内反馈结果。组织协调者对结果进行统计学分析，将能力验证的评估结论和进程及时通知给所有参加实验室。对于表现较差的实验室提出改进意见，各实验室在报告中只通过代号进行识别。

任何一个能力验证或一轮能力验证计划应包括如下内容：

(1) 筹备成立协调组织，做样品的均匀性测定和验证实验；

(2) 按计划表分发样品；

(3) 参加者独立分析测定并报告结果；

(4) 结果的统计处理，实验室能力评估；

(5) 给所有参加者反馈意见；

(6) 给表现较差参加者提出整改意见；

(7) 组织协调方总结分析计划总体运行过程；

(8) 提出下一步计划。

在当前一轮计划实施的同时，根据已有的经验调整下一轮计划的细节。

3.2 组织　组织协调方的责任就是负责计划的日常跟进。组织协调方必须在质量手册中提供所有实施计划和程序文件（见附录1），负责测试材料的准备或分包。准备测试材料的实验室在分析测试领域应具备丰富的经验。为了维护计划的可信度，组织协调方最主要的工作，就是自始至终对计划的执行情况实施评估。为了计划总体目标的实现，应由组织协调方、合同实验室、从事实验室工作的科学家、合适的专业机构、实验室参加者和最终的数据分析者组成一个有代表性的顾问小组监督实施。

3.3 测试样品　能力验证活动中下发的测试样品必须与常规检测样品相似（包括样品基体组成、被检物质浓度范围和样品量）。测试样品的均匀性和稳定性至关重要。在各参加实验室的结果完成核校之前，不能向参与者透露指定值。

用于能力验证活动的测试样品必须具有充分的均匀性，以确保所有参与验证活动的实验室接到的测试样品具有相同的分析浓度。协调方应提供明确的建立测试样品均匀性的程序文件。样品之间不均匀性标准偏差应小于目标值标准偏差的0.3倍。

协调方应尽可能提供被测试样品充分稳定性的证据，以确保样品在能力验证过程中不会产生任何显著变化。因此，经过一定时间储存的测试样品，应重新进行稳定性验证，再下发给各参与方。测试样品稳定性测试中所涉及的储存条件（特别是储存时间和温度）应与其在整个能力验证过程中的条件一致。因此，测试样品稳定性试验的设计应充分考虑分发运输过程和实验过程中的条件。在稳定性试验中，测试样品多次检测浓度必须一致，要应用测试样品多次测试变异值来评估样品浓度发生"显著变化"的范围。如果测试样品不稳定,组织协调方有必要对各参加实验室规定需要完成检测的日期。

在理想状态下,上述样品的稳定性测试应由非样品制备实验室完成,当然,这可能会给组织协调方带来麻烦。

每轮能力验证需要下发测试样品的数量,主要取决于所测试的分析物是否需要覆盖的范围。从实际操作来说,对每个被分析物的测试样品数,要求设置一个数值为6的下限。

组织协调方还应考虑到测试样品可能带来的安全危害,要通过适当的途径将其潜在的危害通知到可能受危害的任何部门,如测试样品分发者和参与测试实验室等。

3.4 测试样品分发的频次 样品的分发频次是否合理取决于很多因素,最重要的因素如下:

(1) 实施有效分析质量控制的难易程度;

(2) 实验室置备测试样品的能力;

(3) 前几轮结果的连贯性;

(4) 计划方案的支出费用和收益;

(5) 该能力验证计划获得合适检验材料的能力。

在实际操作中,样品分发的频次大概为每两周一次和每四个月一次。

频次小于每两周一次时,可能导致测试样品及测试结果的周转出现问题。也可能会使人误解为内部质量控制的替代。若频次大于4个月时,分析中出现的问题则得不到及时确认和纠正,不能完整地监测实验室质量运行趋势,对于参与者而言,减小了能力验证计划应有的作用。

考虑到以上因素,测试样品的分发频次应该根据实际情况来确定。对于某一特定的能力验证计划,需要顾问小组确定合适的发样频次。

另外,顾问小组也要对分析化学覆盖的任一特定测试领域提出建议。在测试种类繁多的分析化学领域,这是比较复杂的工作。

3.5 确定指定值 组织协调方应尽可能详细地告知指定值的来源及其不确定度。

要建立测试样品的指定值及其不确定度有很多方法,但常用的有四种。

3.5.1 由专业实验室确定的公议值

该值由一组专业实验室使用公认的参考方法试验而得。在大部分情况下,这是获得各类测试样品指定值的最佳方法。组织协调方使用这个公议值时,应公开这些专业实验室的身份和获得公议值的检验方法。如果可能,应详细描述其溯源性和不确定度。公议值通常即为权威值[8]。

3.5.2 化学剂量法

该方法是将已知含量或已知浓度的被测物加入对应含量为零的基体材料中,加入到各测试样品中的量就是被测物的量。在不需要确保测试基质充分均匀时,这种方法非常有效。但使用这种方法可能会出现其他问题,如:

(1) 要确认所加入的被测物与基质材料不发生基体效应,否则将有被测物实际有残留而检测不出的可疑;

(2) 混匀的结果很难满足要求;

(3) 被测物与特定材料的键合程度与其他测试材料不同,或化学结构不同。

上述问题如果都能够解决,那么基质材料中含有被测物的正常存在形式就很有保证。如果可能,在使用有证参考物质或参考方法定值时,亦可引入这种定值方法。

3.5.3 与有证标准物质直接比对法

即在重现性良好以及检测方法适用的条件下,同时测定有证标准物质和测试样品。这种方法是通过有证标准物质的校准,为测试样品指定值直接提供溯源性和不确定度。所使用的有证标准物质基质应同测试样品的基质相适应,有证标准物质的被测物浓度与测试样品被测物浓度应相同或者接近。但是在某些领域,有证标准物质对应的基质和浓度不能满足测试样品的要求时,这种方法的使用会受到限制。

3.5.4 从参加实验室获得公议值

即通过权威手段将一轮能力验证中所有参加实验室结果的公议值作为指定值。当分析方法较为简单,且大多数参加实验室均使用同一种参考检验方法时,这种方法最简单易行。如果多个参加实验室使用的经验分析方法能精确测定被测物含量,得到的公议值可认定为是可靠的真值。

但这种方法也存在缺点。除非所有参加实验室均采用相同的参考方法,否则很难确定指定值的溯源性和不确定度。这种方法的缺陷还在于:

(1) 要从各参加实验室得到真正的公议值很困难;

(2) 公议值可能因为普遍使用了一个错误的分析方法。

这两种情况在各参加实验室的测定过程中经常存在。

3.5.5 方法的选择

在上述确定指定值的方法中选择一个最适用本次验证计划的方法,是组织协调机构的责任。除了采用由参加实验室获得的公议值外,对其他指定值方法的选择还应进行评估。顾问小组应密切关注评估中的任何显著性偏差。

选择不同的方法确定指定值,会出现被测物检测结果的差异。例如,脂肪含量的测定方法,只有在测量不确定度范围内,通过方法规定分析步骤,严格按步骤操作,才能得到被测物真实的测量结果。在能力验证中,经验的方法被作为分析方法使用时,会产生一些问题。如果各参加实验室使用不同的经验方法,指定值由专业实验室提供,即使分析步骤无差错,在结果中也会存在明显的偏差。同样,如果各参加实验室自由选择任一种经验方法,也不会产生可靠的公议值。解决这个问题有几种方法:

(1) 对每一种经验方法均设定一个指定值;

(2) 规定各参加实验室使用同一种方法;

(3) 提醒各参加实验室,使用的经验方法如果不同于公议值检测方法的,分析结果可能有偏差。

3.6 分析方法的选择 组织协调方如果对分析方法没有特殊规定,各参加实验室可自由选择分析方法。但所选择的方法必须经过适当的途径予以验证,如协同试验和同参考方法比对等。当选择使用经验方法获得的结果设定指定值时,方法中必须明确规定测试步骤,并说明严格按步骤操作。当参加实验室没有使用组织协调方规定方法时,最终评价必须考虑测试结果的偶然误差。一般来说,实验室参加能力验证时的操作程序应与日常样品分析程序一致(参见 3.5.5)。

3.7 能力评价 对各参加实验室的测试结果与指定值间的差异进行评价。用统计学方法计算每个实验室的评估分。

3.8 评分标准　对每一轮能力验证中的每种被测物都应建立评分标准,用此标准判断实验室获得的能力水平。如果实验室在较长时间内参加多轮能力验证结果的基础上连续评估,可得到一个"长期评分"。

设置评分标准的目的是为了确保实验室常规分析数据能够得到预期的满意效果。因此评分标准没有必要一定设置在方法要求的最高水平。

3.9 结果报告　组织协调方获得各参加实验室的结果后,应尽可能在下一次测试样品分发前出具能力验证报告。组织协调方发给每个参加实验室的能力验证报告应清晰、全面,应包括所有参加实验室数据的分布和特定实验室的能力评分。组织协调方使用的指定值也应一并公布,以便各参加实验室能判断自己的数据结果是否在正常值范围内。

在理想情况下,能力验证计划的所有结果均应报告给各参加实验室,但在较大规模的能力验证计划(如有 700 个实验室参加,被测物有 20 种)中,是很难做到的。但无论如何,各参加实验室至少应该得到:①一份格式清晰简明的报告;②所有参加实验室的数据分布图,如柱状图。

3.10 与参加实验室的沟通　协调方与参加实验室的沟通可以通过各种途径,如通讯简报、年度报告和定期召集公开会议;应给每个参加实验室提供一套有关能力验证计划的详尽信息。能力验证计划的设计或运行如有任何改变,应立即通知各参加实验室。应对能力水平较差的实验室提供改进意见和指导。

协调方应鼓励各参加实验室提供反馈意见。如参加实验室认为协调方发回的能力验证报告对其能力水平的评估有误差,应当有提出异议的机会。各参加实验室应将协调方的能力验证计划视为本实验室的计划,而非远程机构强加给自己的任务,从而使各参加实验室共同为能力验证计划的发展做出积极贡献。

3.11 结果的串通和伪造　尽管能力验证的目的主要是帮助各参加实验室提高分析能力,但在各参加实验室中仍然可能存在一种现象,即对其能力水平提供了一种虚假的良好印象。例如,在各参加实验室之间可能会发生数据结果的串通,使真正独立的数据无法得到。如果实验室在常规分析中使用单次分析,但在能力验证中对测试样品重复测定取平均值,这也给了实验室做假的机会。能力验证计划的设计应确保规避串通数据和造假行为。在一轮能力验证中,一种被测物的测试样品可以采取两种材料制备,在两轮能力验证中交换分发。协调方亦应向各参加实验室说明,数据串通有悖于科学职业道德,并可能被取消参与能力验证的权利。

协调方应采取一切合理的手段来阻止数据串通,各参加实验室也有责任避免此类情况的发生。

3.12 重复性　各参加实验室能力验证实验使用的测试程序应模拟日常样品的测试程序。在日常样品分析中如采用重复测定,在能力验证中也对测试样品进行重复测定。出具的报告也应该同日常给客户的报告(如重要参数的个数)相同。有些组织协调方在能力验证计划中提出重复测定要求,由此考核参加实验室对方法的重现性能力。这在能力验证中是允许的,但本协议书对此不作要求。

4. 分析结果的常规统计——能力验证中数据分析

能力验证使用的数据统计方法,是建立在合理、客观、公开、透明的统计学数据处理基础上。

4.1 指定值的评估　对一个测试结果 x,评分第一步是要得到 x 与真值间的偏差,定义如下

$$偏差 = x - X$$

其中,X 为真值。

在实际应用中,指定值 $\hat{X}$ 常被作为真值 X 的替代值使用。

获得指定值有几种方法(参见 3.5)。

如果 x 不是浓度测定值,则应适当转换。

4.2 Z 值的组成　大多数能力验证计划是通过偏差和标准差目标值的比来表示的。一个显而易见的方法就是按下列公式计算 Z 值

$$Z = (x - \hat{X}) / \sigma$$

σ 为标准差目标值。

Z 值是正态分布标准差的表现形式。

某些情况下,技术小组可能会在特定的能力验证中使用对实际变异($s\sim$)评估值来替代标准差的目标值。在这种情况下,$s\sim$ 的确定应在排除离群结果后予以评估,或使用权威方法[8]对每个分析对象,每一种测试材料和每一轮能力验证进行整体评估。因此,每一轮的 $s\sim$ 会有所不同,每一轮中各实验室间的 Z 值无法直接比较。但是对于单个实验室,每一轮中针对每份测试样品和整体测试材料的偏差评估值($x - \hat{X}$)通常是能够进行比对的,对应的 $s\sim$ 计算出的 Z 值能显示每一轮的整体情况。

由固定的 σ 值计算出的 Z 值更加适用。在多轮能力验证中,获得的 Z 值是能够相互比较的,可显示一个或一组实验室的总体趋势。但是无论 σ 值如何选择,它都应该是一个切实可行的、并被各参加实验室所接受的值。在一些种类的能力测试中,选择 σ 值是必需的,可以非常清楚地区别能力测试活动是在通过还是失败的状态。

σ 值的选择有以下几种方法。

4.2.1 通过对实验室的了解

组织协调方可在以往建立的对实验室性能充分了解的基础上确定 σ 值,但带来的问题是,对实验室的了解和实验室性能都是可以随时间发生改变的。因此,σ 值的偶尔变化会打乱评分方案的连续性。很多证据也有利的反映了实验室在性能需求上是逐步增长的。

4.2.2 通过法规

σ 值可以作为在一次特殊测试后,需要解释数据的精密度而设置的评估值。因为它直接与所需信息的数据相关,如果能够通过公式计算,那将是最满意的评分规则。除非测量浓度范围非常小,否则 σ 应被特定为浓度。

在方法性能特点上有特殊要求的某些法规中,就经常使用这个方法。

4.2.3 通过参考标准方法

当规定使用标准分析方法时,可以在适当的协作试验中通过重复性标准偏差的插补得到 σ 值。

4.2.4 通过参考常规模式

σ值可以从精密度的常规模式获得,比如"Horwitz 曲线"[9]。虽然该模式提供了常规重现性曲线图,但从特定方法获得的经验可能造成实际偏差。若没有特别信息,则可以采用这种方法。

4.3 对验证活动中 Z 值的解释 如果 $\hat{X}$ 和 σ 值是对总体平均值和标准偏差良好的估计值,而且是潜在性正态分布,那么正常情况下,Z 值大概趋于 0 和单位标准偏差的均数范围内。当上述条件同时存在时,系统可以被描述为一个"表现良好"的分析体系。在这种情况下,$|Z|>3$ 表示工作情况较差。

由于 Z 值已经被标准化了,它通常能够在所有被测物、测试材料和分析方法中进行比较。因此,应适当注意(参见 4.5),由多种材料和浓度范围获得的 Z 值,能够综合成为一个实验室在一轮能力验证中的整体得分。此外,拥有 Z 值的平均值,能马上给参与实验室进行评价。即,得分在 $|Z|<2$ 时为正常,得分在 $|Z|>3$ 情况时,在表现良好的实验室中是非常少见的。

在"实验室评审和监督议定书"[10]中,明确了 Z 值评分法是评估能力验证的基础。Z 评估法也是 Whitehead 等[11]修订过的"变异系数"法的一部分,通过一个固定因素"选择变异系数"(例如,相对标准偏差),可增加所得 Z 值的有效性。

4.4 替代值 Q 值当做 Z 值的替代值,是在相对标准偏差基础上获得的,即

$$Q = (x - \hat{X})/\hat{X}$$

其中,x 和 $\hat{X}$ 含义同上。

本协议书中虽然没有推荐,但目前职业卫生检测能力验证计划中仍然使用这种方法。这种评分方式的缺点是不能立即评价单一测试结果的水平。

附录 5 中详细描述了替代值。

4.5 一轮能力验证结果的整合 一般来说,每轮能力验证都需要同时设置几个不同的分析体系,组织协调方会对所有参与实验室的测试结果归纳总和。每个提供有效信息的实验室,都想知道自己在这轮能力验证整合值中的位置。这个方法适用于长期对实验室检测能力发展趋势的评估。但存在的问题是,整合值可能会引起非专业人士的误解和滥用,特别是在他们只使用整合值而避开有不良评价的单一评估值时。因此,不建议普遍使用整合值,但是如果整合值建立在完整的统计学基础上,并且使用场合和对象合适,就可能发挥特定作用。

特别需要强调的是,任何一轮能力验证,来自于不同分析的整合值都有缺点和局限性。如:某个实验室经多次分析得到的单一评估值为边缘值,其整合值就可能不在边缘范围内。说明了单次分析失误在整合值中的作用会被低估。再如:某个实验室在连续的能力验证中,上报的某个测试数据多次不可接受,说明该实验室可能长期在某个特定的分析中存在失误,但从整合值来看,可能看不出。

附录 1 中描述了整合值的整合步骤。

4.6 长期评估值 尽管我们在 4.5 中讨论整合值,在附录 4 中也对一轮能力验证中实验室实际能力进行了量化阐述,但是仍然有必要提供一个考核实验室长期测试能力的综合评估指标。

这个指标尽管不可靠,但很容易建立,而且能为多轮能力验证计划提供长期连续的数据。

在附录 4 中描述了建立综合评估指标的步骤。必须强调的是,同整合值(参见 4.5)一样,长期综合评估指标也同样容易引起误解。

4.7 能力验证数据的分类、排序和其他评估　对能力验证的结果进行分类并不是能力验证计划的主要目的。但组织协调方及评估机构,可以通过完善的统计学分析,在最终结果判定上应用分类的结果还是很有必要的。

4.7.1 结果分类

如果已知或假定了 Z 值的分布频率,可依据测试结果分布的位置确定其意义。在一个运行良好的分析体系中,Z 值落在 $-2 < Z < 2$ 范围以外的几率大约为 5%,在 $-3 < Z < 3$ 范围以外的几率为 0.3%。第二种情况在一个运行良好的分析体系中出现的可能性很小,几乎可以判定其工作能力差。因此,可以按下列标准判定测试结果:

$|Z| \leqslant 2$,满意;

$2 < |Z| < 3$,可疑;

$|Z| \geqslant 3$,不满意。

Z 值具有广泛的可比性。但使用任何分类结果都必须慎重,因为在实际情况下,建立不完全假设的相对不确定因素如下:① $\hat{X}$ 和 σ 是否适用;②除掉离群值后,分析误差是否在正态分布下。虽然评估结果的分类,对参加实验室可能产生一定的心理安慰作用,但从科学的观点来看是不完善的,长期连续测定的评估结果采取分类的方式不被推荐。这也是在能力验证中,不推荐结果分类的理由。必要时可以用在 Z 评分基础上的"结果判定"方式来评价实验室的能力。

4.7.2 排序

在能力验证中,有时会根据一轮的整合评估值或长期评估指标对所有参加实验室进行排序。排序的目的在于对所有参加实验室进行能力水平的比较,用来激励排序落后的实验室加强能力建设。但是排序可能对参与者产生误解,也降低了数据信息的应用效率,所以能力验证不建议排序。如果需要表示某测试数据在整体中的位置,使用柱状图更加有效。

5. 简述指定值和目标值的判定和使用

详见附录 6。

本文及其附录中所引参考文献如下。补充文献见 ISO 43 指南。

参 考 文 献

[1] Horwitz W. 1988.Protocol for the Design, Conduct and Interpretation of Collaborative Studies, *Pure & Appl Chem.* 60(6);855-864

[2] Testing Laboratory Accreditation Systems-General Recommendations for the Acceptance of Accreditation Bodies, ISO Guide 54,1988,Geneva

[3] General Requirements for the Competence of Calibration and Testing Laboratories, ISO Guide 25, 3rd 1990,Geneva

[4] Development and Operation of Laboratory Proficiency Testing, ISO Guide 43,1984,Geneva

[5] Accuracy(Trueness and Precision) of Measurement Methods and Results-Part 1: General Principles and Definitions, ISO DIS-5725-1,Geneva

[6] Terms and Definitions used in Connection with Reference Materials, ISO Guide 30,1981,Geneva

[7] Uses of Certified Reference Materials, ISO Guide 33,1989,Geneva

[8] Analytical Methods Committee Report "Robust Statistics, Part1". *Analyst* 1989,114;1693-1697

［9］ Laboratory Accreditation and Audit Protocol，Food Inspection Directorate，Food Production and Inspection Branch，*Agriculture Canada*，April 1986

［10］ Whitehead T P，Browning D M，Gregory A，et al. 1973．A comparative survey of the results of analyses of blood serum in clinical chemistry laboratories in the United Kingdom，*Pathol*.26：435-445

附录 1　组织能力验证计划的建议性目录（无先后顺序）

（1）质量方针。

（2）组织机构。

（3）成员，包括责任人。

（4）文件控制。

（5）评审与审核程序。

（6）能力验证计划的目标、范围、统计设计和程序。（包括频率）

（7）运行程序

1）样品制备。

2）样品的均匀性测试。

3）设备。

4）供应方。

5）后勤服务。（如样品分包）

6）数据分析。

（8）报告的编制和发放。

（9）参加实验室的操作和反馈。

（10）每个程序的文件记录。

（11）申诉处理程序。

（12）有关保密和道德规范的政策。

（13）计算的信息，包括硬件和软件。

（14）安全和其他环境因素。

（15）分包。

（16）参加费用。

（17）各程序的适用性范围。

附录 2　测试样品充分均匀性的建议程序

能力验证中制备测试样品的程序建议如下：

（1）通过适当的方法，使整批材料处于匀质状态；

（2）将测试材料分置各参加实验室特定独立的容器中；

（3）严格随机选择，每个容器内设 n 个包装数，n 的最小值为 10；

（4）将容器中设定的 n 样品每个分成两部分，进行两次测试；

（5）在重复条件下，通过适当方法，按次序随机分析 $2n$ 测试结果。所用的统计分析方法必须充分准确，要适合 s_s 的满意度评估；

（6）将离群值排除，通过单向方差分析，建立取样方差评估值 s_s^2 和分析方差评估值 s_a^2。

(7) 报告$\overline{x}$、s_s、s_a、n 值和 F 检验结果;

(8) 假设标准偏差目标值为 σ,当浓度为$\overline{x}$,s_s/σ 值小于0.3时,才能证明样品是充分均匀的。

例:(表2.1)

表 2.1　大豆粉中的铜($\mu g/g$)

样品编号	铜含量	
	第1次测定	第2次测定
1	10.5	10.4
2	9.6	9.5
3	10.4	9.9
4	9.5	9.9
5	10.0	9.7
6	9.6	10.1
7	9.8	10.4
8	9.8	10.2
9	10.8	10.7
10	10.2	10.0
11	9.8	9.5
12	10.2	10.0

方差来源	自由度	平方和	均方	F 值
样品间	11	2.54458	0.231326	3.78
样品内	12	0.73500	0.061250	

方差分析:总平均值=10.02

变异分析:F 值范围为 3.78

F 临界值为 $2.72<3.78$($P=0.05$,$\upsilon_1=11$,$\upsilon_2=12$),说明样品间有明显差异。

$s_a=\sqrt{0.0613}=0.25$,$s_s=\sqrt{(0.2313-0.0613)/2}=0.29$

$\sigma=1.1$(为参考标准偏差的目标值,而非从数据中得到)

$$s_s/\sigma=0.29/1.1=0.26<0.3$$

尽管样品间有较大差异(F 检验),但当 $s_s/\sigma=0.26<0.3$(最大推荐值)时,样品的均匀程度能充分满足能力验证要求。

附录3　一轮测试实验结果的整合

一般情况不建议使用整合值。但如果谨慎使用,整合值有特殊应用意义。

A3.1 简介

将在一轮试验中产生的独立 Z 值进行整合的方法有几种,简述如下:

(1) Z 值的和,$SZ=\sum Z$

(2) Z 值的平方的和,$SSZ=\sum Z^2$

(3) Z 值绝对值的和,$SAZ=\sum |Z|$

将上述统计学资料分为两类。一类仅使用 Z 值标记的信息(SZ),另一类仅提供 Z 值大小,为 SSZ 和 SAZ 信息,例如偏差的大小。虽然后者针对单个离群值很敏感,但从数学的角度上说平方和更好统计处理。如果存在极度离群值或很多实验室都存在离群现象时,SAZ 特别有意义,但它的分布很复杂,所以不建议使用。

A3.2 Z 值的和(SZ)

变量 m 以零为中心分布是 SZ 的分布特征,其中 m 为所需整合 Z 值的个数。因此,SZ 值不能在与 Z 值同质的水平上解释。但可以重新使用一个评定公式

$$RSZ = \sum Z / \sqrt{m}$$

用于协助衡量对单个变量的评估。

Z 和 RSZ 均可释义为标准正常偏差。SZ 和 RSZ 都是表示偏差意义的数值。如果是单一 Z 值,如(1.5,1.5,1.5,1.5)设置,则可认为结果间的偏差无显著差异。如果是四个偏差整合的一组数据,无显著差异的可能性会很小。例如,当 RSZ=3 时,表明有显著性意义。在一个分析系统中,RSZ 对于固定的测量小偏差可以使用;但是在几个不同的分析体系中,对于没有固定偏差以及即使有固定偏差却无显著意义的结果,就不能使用整合。

RSZ 的另一特点是能抵消正负号的错误干扰。当然,一个运行良好的实验室得到的固定 σ 值是不存在误差的。但如果实验室在运行过程中存在很多问题时,偶尔会发生较大的 Z 值抵消现象。但这种情况非常少见。

关于 RSZ 值使用的种种限制,都强调了在多项分析测试中使用整合值时,必须注意与单一分析 Z 值要同时考虑的理由。

A3.3 Z 值的平方和(SSZ)

对于一个运行良好的实验室,合并 Z 值是随着变量 m 的自由度呈 χ^2 分布的。因此,单独在 Z 值的水平解释这个值是不可能的。χ^2 分布在大多数统计学表格中很常见。

SSZ 是平方的形式,所以 Z 值不存在正负号问题。在前面提到的例子中,当 Z 值为 1.5,1.5,1.5,1.5 时,SSZ=9.0,该值在 5% 水平上无显著性意义,而且对于一组结果的异常情况也不会引起足够的注意。在能力验证中,比起偏差的正负,我们更关心偏差的大小,而且对有显著意义的负数 Z 值也不需要担心,他们会相互抵消。因此,SSZ 作为整合值更加适用,它的优势在于,针对不同分析体系,在一定程度上可以作为 RSZ 的补充。另一个相关的值,即:SSZ/m,适用于"实验室评审和认证计划"。

附录 4　长期评估值的计算

能力验证一般情况下不建议使用长期评估值,但如果使用适当则会有特殊作用。从长期评估值建立的程序来看,是为总体评估设立一个"移动窗口"。该程序也适用于 Z 值或整合值的计算。

例如,本轮(第 n 轮)和前 k 轮的长期 Z 值,计算如下

$$RZ = \sum_{j=n-k}^{n} Z_j / (k+1)$$

其中,Z_j 即第 j 轮测试结果的 Z 值。

通常,一个单一分析体系产生的偏差会在移动窗口中产生"记忆效应",而且一直延续到能力验证所经历的第 $(k+1)$ 轮。这有可能导致某实验室在进行整改后很长一段时间内,评

估仍然不合格。长期评估值是对长期表现作评价,从某种程度上可以削弱实验室在一轮能力验证中不良表现的影响。

有两种方法可以避免单次不合格结果对实验室能力产生过分的"记忆效应"影响。

第一,用一定的条件限制单次 Z 值或整合值。例如,可以应用以下规则:

如果 $|Z| > 3$,则 $Z' = \pm 3$,且其正负号与 Z 相同。

其中 Z 是 Z 评估值的原始值,而被修正过的 Z' 值限定范围在 ± 3 之内。

针对运行不很良好的实验室,用这种方式限定实际的适用条件,就不至于使长期评估值对单次不合格表现判定太过严格。

第二,避免"记忆效应"。对评估值进行"过滤",可使以往能力验证中的不合格结果对长期评估值产生较小的影响。例如,可以应用幂指平滑法

$$\hat{Z}_n = \sum_{i=0}^{\infty} \alpha^i Z_{n-i} / (1-\alpha)$$

用以下公式计算

$$\hat{Z}_n = (1-\alpha) Z_n + \alpha \hat{Z}_{n-1}$$

其中,α 是 0 和 1 之间的参数,用来控制一组数据的均匀程度。

附录5 能力验证计划中替代值的计算步骤

另一种可选的评分模式称为 Q 值系统,它是建立在相对偏差而不是标准化数值的基础上,即

$$Q = (x - \hat{X}) / \hat{X}$$

其中 x 和 $\hat{X}$ 含义同上所述。该评分模式与分析误差是直接相关的,不需要参考可能来源于实验数据或者强制执行操作标准的 σ 值。

如果离群值较少,且所有参加实验室所得结果的平均值用作真值的评估值,则 Q 值的总体分布必定以零为中心。如果参与实验室同参考实验室的测试结果在一个总体范围内,且参与实验室一致使用参考实验室的公议检测方法,则 Q 值的总体分布也必定以零为中心。假设真值是真实正确的,且被定义成一个已知的附加条件时,Q 值也必定以零为中心而分布。大部分情况下,Q 值的实际分布可被用于检验基本假设是否正确。

当能力验证计划的组织者制订标准以评估实验室的表现是否合格时,需要考察 Q 值的分布。Q 值的分布是无法预测的,实际上,该分布经常接近于正态分布。

Q 值评估程序的优点在于它直接给出了与测定相关的测量误差。同时它又可以与实验室检测目的相适应的操作标准相比较[1]。如果不同的检测终端(实验室)使用不同的操作标准,则 Q 值可与最恰当的任一标准相比较。无论何时,只要能力验证计划的组织者决定调整操作标准,都可以很容易地将以前的结果同修订过的标准相比较。

参 考 文 献

[1] Jackson H M, West NG. Initial Experience with the Workplace Analysis Scheme for Proficiency (WASP), Annals of Occupational Hygiene, in press

附录6 确定和使用指定值与目标值的举例

本附录旨在介绍一个依据本协议书内容,计算和使用指定值与目标值的例子,仅仅为了举例方便对部分数值的细节做了限定;实际能力验证中应考虑每一特定领域的相关因素。

A6.1 计划

每年分四次发放实验样品,在1、4、7、10月的第1个工作周的星期一通过邮局派发。参加实验室的结果必须在对应月份的最后一日反馈到组织方。组织方在就近日期的两周内,将统计分析结果反馈到参加实验室。该例描述了来自特定循环轮次能力验证结果,该轮验证包括两种测试样品中对两种被测物的分析。

A6.2 样品的充分均匀性测试

依据附录2中描述的步骤。附录2是一个测试样品充分均匀的完整举例。

A6.3 分析要求

举例:每轮能力验证中需检测的目的物有:

(1) 油中的六氯苯;

(2) 谷制品中的凯氏氮。

A6.4 分析方法与结果报告

结果目标值由标准方法测定获得。当没有标准方法,且组织方不指定分析方法时,各参加实验室可以使用参考文献的方法,但必须提供实际使用的方法要点。

各参加实验室必须按照平时提供给客户的报告格式,上报一个结果。

各独立测试报告值见表2。

A6.5 指定值

A6.5.1 油中的六氯苯 将6个参考实验室用权威方法得到的分析结果作为该批测试样品中被分析物浓度 $\hat{X}$ 的指定值(表2.2)。

表2.2 各参考实验室样品油中六氯苯含量(μg/kg)

参考实验室	结果	参考实验室	结果
7	115.0	13	117.0
9	112.0	18	116.2
10	109.0	19	115.0

$\hat{X}$ 为114.23μg/kg,溯源性可通过内部参考标准校准过的参考方法获得,指定值的不确定度是通过参考实验室方法评估的,为±10 μg/kg。

A6.5.2 谷制品中的凯氏氮 将所有参与实验室结果中位值作为该批测试样品中被分析物浓度 $\hat{X}$ 的指定值(表2.3)。

表2.3 各实验室分析物指定值结果

实验室代码	油中的六氯苯(114.2 μg/kg)		谷制品中的凯氏氮(2.93 μg/kg)	
	结果	Z值	结果	Z值
001	122.6	0.3	2.97	0.9
002	149.8	1.4	2.95	0.5

实验室代码	油中的六氯苯(114.2 μg/kg)		谷制品中的凯氏氮(2.93 μg/kg)	
	结果	Z 值	结果	Z 值
003	93.4	−0.8	3.00	1.4
004	89.3	−0.10	2.82	−2.0
005	17.4	−3.8	2.88	−0.9
006	156.0	1.7	3.03	2.0
007	115.0	0.0	2.94	0.3
008	203.8	3.5	3.17	4.7
009	112.0	−0.1	3.00	1.4
010	109.0	−0.2	2.82	−2.0
011	40.0	−2.9	2.99	1.2
012	12.0	−4.0	2.84	−1.6
013	117.0	0.1	2.85	−1.4
014	0.0	4.5	2.93	0.1
015	101.8	−0.5	2.80	−2.4
016	140.0	1.0	2.96	0.7
017	183.5	2.7	2.97	0.9
018	116.2	0.1	2.88	−0.9
019	115.0	0.0	2.92	−0.1
020	42.3	−2.8	2.88	−0.9
021	130.8	0.7	2.78	−2.8
022	150.0	1.4	2.92	−0.1

A6.6 标准偏差的目标值

A6.6.1 油中的六氯苯　本例中,RSD_R 值已通过 Horwitz 公式计算

$$RSD_R\% = 2^{(1-0.5\log\hat{X})}$$

所以,标准偏差 σ 的目标值为

$$\sigma_1 = 0.222\,\hat{X} \quad (\mu g/kg)$$

A6.6.2 谷制品中的凯氏氮　本例中,$RSD_R\%$ 值的计算源于发布的协作实验。
标准偏差 σ 的目标值为

$$\sigma_2 = 0.018\,\hat{X} \quad (g/100g)$$

A6.7 测试结果的统计分析

A6.7.1 油中的六氯苯:Z 值的计算公式

$$Z = (x - \hat{X})/\sigma$$

对于每个独立的结果 x,使用上文中得到的 $\hat{X}$ 和 σ,结果见表 2.3。

A6.7.2 谷制品中的凯氏氮:Z 值的计算公式

$$Z = (x - \hat{X})/\sigma$$

对于每个独立的结果 x，使用上文中得到的 $\bar{X}$ 和 σ，结果见表2.3。

A6.8 结果报告

A6.8.1 Z 值表格　油中的六氯苯和谷制品中凯氏氮的独立结果及其对应 Z 值列于表2.3中。

A6.8.2 Z 值的柱状图　油中的六氯苯和谷制品中的凯氏氮的 Z 值结果用柱状图表示。

A6.9 结果判断

$|Z| < 2.0$，满意结果；

$|Z| > 3.0$，建议采取整改措施。

具体在本例中，评估结果如下：

测定油中六氯苯农药结果不满意的实验室编码是：005,008,012,014。

测定谷制品中的凯氏氮结果不满意的实验室编码是：008。

第三篇
分析化学实验室
内部质量控制指南

IUPAC HARMONIZED GUIDELINES FOR INTERNAL QUALITY CONTROL IN ANALYTICAL CHEMISTRY LABROATORIES
（IUPAC TECHNICAL REPORT：1995）
国际理论与应用化学联合会
分析、应用、临床、无机和物理化学部
跨部门工作组质量保证计划

1993 年 7 月 22—23 日于华盛顿
IUPAC/ISO/AOAC 分析实验室内部质
量控制体系协调研讨会
由 Michael Thompson[①]&Roger Wood[②] 整理出版

工作组成员名单：(1991-1995 年)
主席：M. Parkany(瑞士)
成员：T. Anglov(丹麦)；K. Bergknut(挪威和瑞典)；P. de Biève(比利时)；
K. -G. von Borovicz ény(德国)；J. M. Christensen(丹麦)；
T. D. Geary(南澳大利亚)；R Greenhalgh(加拿大)；A. J. Head(英国)；
P. T. Holland(新西兰)；W. Horwitz(美国)；A. Kallner(瑞典)；
J. Kristiansen(丹麦)；S. H. H. Olrichs(荷兰)；N. Palmer(美国)；
M. Thompson(英国)；M. J. Vernengo(阿根廷)；R. Wood(英国)

---

①Department of Chemistry, Birkbeck College(University of London), London WC1H 0PP, UK.
②MAFF Food Science Laboratory, Norwich Research Park, Colney, Norwich NR4 7UQ, UK.

分析化学实验室内部质量控制指南

（技术报告：1995）

国际理论与应用化学联合会（IUPAC）、国际标准化组织（ISO）、国际分析团体协会（AOAC）组成的工作组，共同就"协作研究的设计、实施及解释"[1]和"（化学）分析实验室能力验证"[2]的内容达成了协议。在此基础上工作组制定了关于分析化学实验室内部质量控制指南。

本指南概括推荐了实验室运行内部质量控制程序需满足的最低限度标准。

本指南草案在第五次国际化学分析质量保证体系研讨会上予以讨论。研讨会由 IU-PAC/ISO/AOAC 共同发起，于 1993 年 7 月在华盛顿开始，1994 年 5 月在荷兰代尔夫特工作组会议上结束。

目 录

1. 引言

1.1 基本概念　本文件制定了在分析化学实验室进行内部质量控制(IQC)的指导方针。IQC是分析化学家用来保证实验室检测数据符合其预期目标的众多协调措施之一。实际上,要知道实验所得结果的精确度是否符合预期目标,是将一定期间的结果精确度与所要求的水平进行比较而决定的。因此,内部质量控制由常规实验室操作程序组成,它能够帮助分析化学家判断一个或一组结果是否符合预期目标,或者是否需要否定这些结果而重新进行分析。如上所述,IQC是分析数据质量控制的一个重要决定因素,这一点也是被评审机构所认可的。

实施实验室内部质量控制,是将特定的参考物质"质控样品"纳入分析系列中,并进行重复测定。质控样品应在以下方面同被测样品基本一致:即基质的组成、样品的物理状态以及被测物的浓度范围。由于质控样品在整个实验过程中与被测样品经历同样的操作过程,因此,无论是在一个特定的时间还是在一个较长的期间内,质控样品的结果是表示分析系统运行状况是否良好的指标。

当运行过程的所有步骤(包括校准)都按照分析法则要求,执行了良好质量保证措施,IQC可作为最终结果的审核保证。因此,有必要经常对IQC进行回顾分析。IQC应尽可能独立于分析法则,特别是独立于实验过程中的标准回归曲线。

在理想状态下,质控样品以及所有用于配制标准曲线的物质都可溯源至合适的有证标准物质或公认的参考方法上来。当无法达到这个要求时,质控样品至少可溯源至具有可靠的物质纯度,或其他具有准确浓度特征的物质。但是,这两种溯源途径不能在分析过程的较晚阶段发生交叉。例如,质控样品和配制标准曲线的物质来源于相同的标准储备液,一旦标准储备液配制有误,IQC就无法从中发现问题。

在典型的样品分析中,质控样品会同一个或者很多相似的被测物一同进行检测分析。通常同一批样品会被分为不同的检测部分进行重复测定,在本文中被称为一"批(run)"分析样品[一"套(set)"、一"系列(series)"和一"批(batch)"或一"批(run)"]。这"一批"样品是在同一条件下测定的。理想条件下,在一批样品分析过程中,试剂、仪器、分析人员和实验室条件都应相同。在此情况下,一批样品分析的系统误差应保持不变,用来描述随机误差的参数值也不变。该批样品就是IQC操作的一个基本单元。

人们认为一批样品在可重复的条件下进行测定,较短时期内随机测量误差有一定范围。实际上,在完成一批样品分析的一定时间内,系统会发生微小变化。例如,试剂可能发生降解、仪器可能发生漂移、对仪器设备的微调或者实验室温度有可能升高,等等。将一批分析样品中的被测物按随机顺序排列,这些漂移可转化为系统误差。对于IQC的预期目的而言,这些系统误差可包含在重复性变异中。

1.2 文件范围　本文件对下列多种分析领域的IQC操作规程进行了协调,包括临床生物化学、地理化学以及环境科学、职业卫生和食品分析[3~9]。这些不同领域的操作规程具有共同的原理。分析化学的研究范围虽然非常广泛,但是IQC的基本原理能够覆盖所有范围。本文件排除了分析化学领域中个别的、局限的IQC实例,提供了适用于大部分范围的指导意见。在某些情况下,人们经常将本文中定义的IQC与其他质量保证措施结合起来,但是必须明确,IQC的本质同一般质量保证措施是有区别的。

为了使 IQC 基本方针在各方面达到协调,某些种类的分析不包含在本文件所指的 IQC 内,特别是以下几方面的内容:

(1) 抽样的质量控制:尽管人们认为测试结果的质量比抽取样品的质量难以控制,但抽样的质量控制却是一个完全不同的学科,在很多领域都没有得到充分的发展。在很多分析实验室,都没有对抽样的过程及其质量进行控制。

(2) 流水线分析及连续监测:流水线式及连续监测式的分析模式是不能进行重复检测的,所以 IQC 的概念不适用于这两种模式。

(3) 多元分析 IQC:多变量分析法是一门正在发展的学科,结论并没有充分建立。本文认为多变量数据需要一系列单变量实验在 IQC 的保证下获得。对多变量分析数据要谨慎对待,以避免有用数据的频繁丢失。

(4) 法定及合约的要求。

(5) 质量保证措施。

在测试前和测试过程中仪器稳定性的确定、波长的校正、天平的校正、色谱分离度判定以及设备问题的诊断等其他质量保证措施,被视为测试程序中的内容,包含在 IQC 的大框架下。IQC 的本质是对质量保证措施和分析方法的有效性采取的控制方式。

1.3 内部质量控制与不确定度 分析化学的研究前提是对"与预期目标符合程度"的认可,即对分析数据进行有效利用并达到足够的准确标准。这个标准是通过预先对数据使用过程中考察得来的。为了防止对数据不适当的解释,重要的是应该出具带有不确定度的分析结果,或者将数据及时提供给需要使用数据的人。

严格地讲,如果没有一定置信水平上对应的不确定度,分析结果是不可解释的。一个简单的例子能够证明这个原理。例如,法律规定某种食品中的某种特定成分含量不能超过 $10\mu g/g$。某制造商对该食品进行分析得到结果是:该成分的含量为 $9\mu g/g$。如果该结果(假设没有抽样误差)的不确定度为 $0.1\mu g/g$(即,真实值很可能在 $8.9\sim9.1$ 之间),可以得出保证,结果没有超出法定限值。相反,如果不确定度为 $2\mu g/g$,则没有这种保证。因此,由检测结果构成的解释和应用,依赖于其对应的不确定度。

如果分析结果具有确切的意义或需要对结果做出解释,则必须附带对应的不确定度。如果不能满足,数据的评估应用就要有所限制。此外,实验室内或实验室间的偏差会导致数据的质量有所变化,而测量不确定度是按常规实验步骤获得的。所以,IQC 的意义也包含一批样品分析中获得不确定度的过程。

2. 定义

2.1 国际定义

质量保证(quality assurance):指检测机构采取有计划和有组织的措施来确保产品或服务满足所规定的质量要求[10]。

真实度(trueness):指大量检测结果的平均值与公认参考值之间的一致程度[11]。

精密度(precision):指在规定条件下,多次独立检测结果间的一致程度[12]。

偏差(bias):测定结果的期望值与公认参考值间的差距[11]。

准确度(accuracy):指检测结果与测量真实值的一致程度[13]。

注:准确度是一个定量概念;术语"精密度"不能与"准确度"混淆。

误差(error):指测量值与真实值之间的差[13]。

重复性条件(repeatability conditions):指在限定条件下的重复检测。即在较短间隔时间内,由相同的操作人员在同一实验室内用相同的方法,对同一检测项目进行独立的重复检测,获得独立的重复实验结果[11]。

测量不确定度(uncertainty of measurement):指合理地赋予被测量值与真值之间的分离度大小,是对检测结果做解释时相互联系一并报告的参数[14]。

注:

(1) 测量不确定度可以用标准偏差(或其指定倍数)或规定置信水平区间的半宽度表示。

(2) 测量不确定度一般由许多分量组成。其中一些分量可以用一系列测量结果的统计分布进行估算,并以标准偏差来表示。而另一些分量可以根据经验或其他信息的假定概率分布进行估算,也可以用实验标准偏差表示。

(3) 一个度量结果是被测变量的最佳估计值。不确定度的全部构成来自反应体系,由修正值和参考标准等联合构成的离散度。

溯源性(traceability):指一个测量结果或者一个评估标准具有一种特性,这种特性是同已成为国家标准或国际标准的特定参考物进行比较的,完整具备同所有不确定因素之间有可追溯的关联性[13]。

标准物质(reference material):指具有一种或多种足够均匀和确定的特征,用以校准测量工具、评价测量方法或给测试材料赋值的材料或物质[13]。

有证标准物质(certified reference material):指附带有证书的标准参考物质,是在可追溯程序的控制下获得鉴定的标准物质。用有证标准物质可实现对一个或多个特定的数值,用某一度量单位精确地表达至最小测量值,可使该测量值得到准确的溯源重现。每一种有证标准物质在其指定的置信水平上都有一个不确定度[13]。

2.2 用于本文的特殊术语定义

内部质量控制(internal quality control):指由实验室人员建立的一系列程序,对测试操作和检测结果实施连续性监测的过程,旨在判断对外发布的检测结果是否足够可靠。

质控样品(control material):指用于内部质量控制的、同被测样品经历相同(或部分相同)实验步骤的样品。

批(分析批),**run**(analytical run):指在重复条件下进行的一组样品的测定。

目标的适合度(fitness for purpose):判断在质量保证程序下获得的测试结果,在技术和行政方面同既定目标的符合程度。

分析系统(analytical system):影响分析结果质量的一个条件范围,包括仪器、试剂、操作程序、检测样品、工作人员、环境和质量保证措施等。

3. 质量保证的实施和内部质量控制

3.1 质量保证 质量保证是进行可靠分析的重要基础。质量保证与下列事项及其达到的水平有关,如人员培训和管理、适当的实验环境、安全、储存、样品完整性和同一性、记录的保存、设备维护和校准、经技术验证后的方法和标准方法的应用。在这些范围内缺乏任何一项都可能对获得理想数据产生重要影响。近年来,质量保证已经被制成法律文件并被作为实施要素正式认可。当前,虽然有关分析质量重要性的政策在起主导作用,但并不意味就能保证获得适当的高质量的数据,除了实施 IQC。

3.2 分析方法的选择　实验室严格选择使用与样品基质和被测物相适应的分析方法至关重要。实验室必须将描述方法性能和特性的文件予以受控,并在合适的条件下对其进行评估。

方法本身的应用并不能保证实现被测物的性能特征。对于一个给定的方法,只有在一系列特定环境条件下使用时,才有可能达到一定的可靠性标准。这个特定环境条件的综合体,被称为"分析系统",因此适用的分析系统对获得正确数据是可靠的。为了达到目的,对分析系统的监测至关重要。这就是在实验室执行 IQC 措施的目的。

3.3 内部质量控制与能力验证　能力验证是对单个实验室或一组实验室进行的周期性评估,它是由参与者对特殊测试材料的独立测试分析来完成[2]。尽管它非常重要,但是参加能力验证计划并不能代替实施 IQC 措施,反之亦然。

能力验证计划可视为一种对实验分析误差开展的常规而又不很频繁的检查。如果没有运行良好的 IQC 体系的支持,实验室参加一次能力验证获得的评价不能说明问题。能力验证的主要作用就是能够辅助建立有效的质量控制系统。事实表明,IQC 运行有效的实验室,在参与能力验证计划时均表现良好[15]。

4. 内部质量控制程序

4.1 简介　内部质量控制包括在实际操作中实施一系列步骤,以确保分析数据的误差在一个恰当的范围内。IQC 的实施依赖于两个策略:对参考物质的分析以监测其真实性和统计控制,重复性检测是监测其精密度。

IQC 基本方法包括对质控样品和实验样品的分析。控制分析的结果决定了分析数据是否可靠。在此有两个关键点需要注意:

(1) 对数据的解释尽可能以原始资料、客观标准以及统计学原理为基础。

(2) 分析的结果首先作为判断分析系统运行是否良好的指标,其次作为独立检测结果误差产生的依据。表面上看,质量控制对精确度的真正改变有时可以决定当时的测试数据也发生了类似的改变,但是在此基础上对分析数据的校正是不能接受的。

4.2 统计学分析常规步骤　IQC 分析结果的解释很大程度上取决于统计学分析概念,与 IQC 运行的稳定性相关。统计分析的意义是:IQC 结果 x 可被解释为独立的随机的来源于一个具有均值 μ 和方差 σ^2 的标准正态分布总体。

在此限制下,大约只有占结果 (x) 0.3% 的数值落在范围 $\mu \pm 3\sigma$ 之外。这种极端结果的出现可以认为是"失控"的,并可以解释为分析系统的运行开始出现异常了。"失控"意味着系统产生数据的准确度不可知,因此不可信。需要在进行下一步分析之前,对分析系统进行检查和校正。统计分析可以通过 Shewhart 控制图进行监测(见附录)。也可以通过一个数学公式 $Z = (x - \mu)/\sigma$ 定义的 Z 值与适当的标准正态偏差值比较。

4.3 内部质量控制与目标的适合度　就大部分情况而言,建立 IQC 程序的基础是依据分析系统在正常运行状态下统计参数的表达。因此 IQC 的控制限是以统计参数的估计值而不是以测量值是否适合于目标为基础的。控制限范围必须小于目标适合度的要求,否则所做的分析无效。

然而,当进行专门分析时,用统计分析的概念是不适当的。在专门分析中,实验材料可能是从未见过或是很少遇到的。而且在样品构成中只有少量的实验材料熔在其中。这种情况下,就失去构建统计控制图的基础了。在这个实例中,分析化学家必须采用与目标的适合度相适应的标准,用以往测试数据,结合对实验材料的感官测试来判断获得的结果是否可接受。

任何经过批准的用于建立定量标准的方法,只要用来解释目标合适度都是可取的。不过,这只是 IQC 发展面临的较低层次。在特殊的应用领域,应用指南可能是综合了大多数人的意见产生的。例如,在环境研究中低于痕量分析物浓度 10% 的相对不确定度是很重要的。在食品分析中 Horwitz 曲线[16]有时被用做与目标适合度进行比较的标准。在临床分析中这个比较标准已经被界定[17,18]。在某些地理化学应用领域中,也建立了系统的、对抽样和分析精密度与目标适合度进行比较的标准方法。目前还没有一个常规统一的在特殊领域应用的指南,在这些领域建立一个统一指南的想法也不实际。

4.4 误差的种类 现在公认的两种主要分析误差为随机误差和系统误差,它们能够分别引起精密度降低以及偏差的产生。进行误差分类的重要性在于,它们的来源、纠正的措施和数据解释的后果不同。

随机误差决定了检测精密度。它能引起均数潜在的、随机的正或负的偏差。系统误差包含多次测定均数与真实值间的偏差。为了 IQC 目标,这两个水平的系统误差都需要重视。

(1)稳定性偏差对分析系统(对某指定类型的实验材料)和所有分析数据产生的影响会持续很长时间。当它与随机误差值相比较小时,只能在分析系统运行较长时间以后才能显出。假如它一直保持在一定范围内波动,则被认为是可以容忍的。

(2)批效应可以通过一批特殊材料的样品在检测过程中分析系统的偏离程度来说明。如果批效应很大,将会作为判别 IQC 失控的条件。

随机误差和系统误差之间的常规区分要依赖对系统考察的时间而定。从长期观察角度来看,未知来源的批效应可被认为是一种随机表现;而从短期观察的角度来看,可看做是一个类似特定批的偏差。

本文用于 IQC 的统计学分析模型[①]如下。

一个特定批的检测值(x)可由下式计算

$$x = 真实值 + 稳定偏差 + 批效应 + 随机误差(过失误差)$$

在没有过失误差时,x 的方差(σ_x^2)可由下式计算

$$\sigma_x^2 = \sigma_0^2 + \sigma_1^2$$

式中,σ_0^2 是(批内)随机误差的方差,σ_1^2 是批效应的方差。

当真实值方差和稳定偏差都为零时,IQC 控制下的分析系统完全由 σ_0^2、σ_1^2 的值来解释。当分析系统不符合该解释时,就暗示有过失误差存在。

5. IQC 与批内精密度

5.1 精密度与重复性 批内精密度的大小是通过对批内样品进行重复测定来实现的。

---

① 假如需要描述分析系统的其他特性,该分析模型的使用可以被扩大范围。

其目的是保证平行结果间的差异同实验室日常运行 IQC 的 σ_0 值相比,达到结果一致或者更好[①]。如测试结果提示批内分析的精密度可能不理想时,操作者还可提供控制图的信息做辅助解释。在这种情况下,操作者关注的是单个批次,从质控样品获得的信息又不能完全令人满意。这种方法在一些特定样品分析中很有用。一般情况下,所有检测样品或随机抽取的样品都要进行重复测定。要将两次分析结果 x_1 和 x_2 差的绝对值 $|d|=|x_1-x_2|$ 与适当的 σ_0 值的控制上限相比较。但是,如果批内测试样品被测物的浓度范围很大,则无法假设单个的 σ_0 值[17]。

以 IQC 为目的的重复检测必须尽可能反应批内差异的范围。如果重复检测被当做一批数据中相邻的数据来分析,只能看到最小的分析偏差。最好在每批样品内随机进行重复检测。完全对检测样品的各检测部分进行独立分析的重复检测才是 IQC 所要求的。仅对单个检测溶液进行仪器的重复检测是无效的,因为有可能将样品前处理过程中产生的偏差遗漏了。

5.2 重复数据的解释

5.2.1 在浓度范围小的情况下

最简单的情况是,一批样品的被测物浓度范围较小,此时可用一般批内标准差 σ_0。但必须对 σ_0 值进行评估以提出控制限范围。当 95% 上限的 $|d|$ 为 $2\sqrt{2}\sigma_0$ 时,平均可能只有 3‰ 的结果超过 $3\sqrt{2}\sigma_0$。

一组样品 n 个重复试验的结果可用多种方式解释。如标准误差来自均数为零和单位标准差的正态分布时,$Zd=d/\sqrt{2}\sigma_0$。

一组样品 n 个结果的总和也有一个标准差 $\sqrt{n}$,大约也只有 3‰ 的批次可能产生 $|\sum Z_d|>3\sqrt{n}$。或者一批样品的一组中 n 个结果的 Zd 可加合为 $\sum Z_d^2$,可以解释为服从自由度为 n 的 x^2 分布(x_n^2)。

5.2.2 在浓度范围大的情况下

如果一批样品的被测物浓度较大,就无法对批内标准差 σ_0 进行假设。此种情况下,σ_0 与浓度应存在着函数关系。当某特定样品的浓度值符合 $(x_1+x_2)/2$ 式计算时,应事先评估,以获得恰当的有关 σ_0 与浓度函数关系式的参数。

6. IQC 中的质控样品

6.1 简介
质控样品是插入批中与检验样品一同经历同样分析过程的物质。质控样品中所含被测物的浓度必须适当,并且应被赋予浓度值。质控样品作为检验样品的替代,应具有代表性,即它们潜在的误差来源应该相同。为了完全具有代表性,从材料成分看,质控样品必须有相同的基质,包括那些可能与准确度有关的次要成分也要相同。应该具有相似的物理状态,如与检验样品具有相同的粉碎状态。除此之外,质控样品还有一些其他的重要特征。在使用期间,质控样品必须足够稳定。为了保证在较长时间内大量使用质控样品,它还必须能根据需要的有效分析浓度被分割成 n 个部分。

---

①并不一定要对 IQC 数据中重复性 σ_r 的标准偏差进行评估或对其评估值做比较分析,因为通常很少有令人满意的结果。当需要进行评估时,可使用公式 $s_r=\sqrt{\sum d^2/2n}$ 。

在 IQC 运行中,同时使用质控样品和控制图可以同时反映稳定偏差和批效应(见附录)。作为观察指标,对显著偏离的,远离指定值中心线的稳定偏差是很明显的。从统计学分析来看,批效应的偏移可用标准偏差的形式来预见,标准偏差其实就是与真值保持适当距离的控制限和警告限范围。

6.2 有证标准物质的作用 如第 2 部分定义所示,当适用且基质成分合适时,有证标准物质(CRM)可作为理想的质控样品,在溯源的角度可被作为真值的最终标准[20]。过去,有证标准物质被认为仅是以参考为目的,不能够被常规使用。而由于较先进的技术的使用,使得有证标准物质较容易获得,而作为一般消耗品适用于 IQC。

然而,有证标准物质的使用受到下列限制:

(1) 尽管可使用的有证标准物质范围不断扩大,对于大多数分析而言,没有完全匹配的有证标准物质。

(2) 尽管同分析总费用相比,有证标准物质的花费并不大,但是对于一个从事大范围分析活动的实验室而言,备齐所有相关标准物质不太可能。

(3) 标准物质的概念不适用于基质或被测物不稳定的情况。

(4) 长期以 IQC 为目的,大量使用有证标准物质是不必要的。

(5) 并不是所有的表面上合乎标准的有证标准物质的质量都相同。当其证书中的信息不充分时应保持谨慎。这一点需要牢牢记住。

由于上述原因,当有证标准物质使用恰当时,单个实验室或实验室群就应自制质控样品,并赋予可溯源的被测物的值①。这种样品有时被称为"自制标准物质"(HRM)。有关 HRM 制备的建议在 6.3 中有详细叙述。但这里所描述的方法并不适用于所有的实际分析场合。

6.3 质控样品的制备

6.3.1 通过分析赋予真值

原则上说,通过精确地分析很容易对一种稳定的标准物质进行赋值。但为了避免指定值出现偏差要谨慎对待赋值的全过程,要有独立的验证过程。例如,当多个实验室进行分析时,多个实验室有可能使用不同理化原理的多种实验方法。在 IQC 体系中如果不注意对质控样品进行独立验证,将会产生失误[13]。

为一种实验材料溯源赋值的方法之一,是在重复和随机的条件下,对与有证标准物质相匹配的被选材料和一批待选的材料同时进行分析。这种操作在有证标准物质可使用的条件下是合适的。有证标准物质在基质构成和被测物浓度方面必须符合要求。

在质控样品分析过程中,有证标准物质的使用可以直接校正分析过程。但是基本前提是,必须有合适的分析方法。如果方法只能对被测物中一个较小和可变的部分进行提取测量,这种方法不适当。另外,将不确定度引入赋值非常必要。

6.3.2 经能力验证确证样品的使用

经能力验证确证的样品是质控样品的宝贵来源。这些样品曾在很多实验室用各种不同的方法进行了分析。使用这个方法的前提是:能力验证参与者不知情、结果显示有明显偏差或个体分布频率有异常。此时附带不确定度的、多个实验室的共议值可作为有效的赋予值。

---

①这里的有证标准物质仅针对于一种参考方法,或者对于一批由供应商必须提供的试剂而言,是不可用于溯源的。

因为共议值是可能存在结果偏差的,建立可溯源的这样一个数值可能存在理论问题,但是其有效性是有程序保证的。另外,质控样品的可用原料范围也有限,但是能力验证的组织方可以一次性制备大量的、可供多轮实验使用的样品,来确保样品的同一性和稳定性。

6.3.3 简单赋值法

在很多情况下,可以简单地用已知浓度的某种被测物的纯品按预定的比例混合制备质控样品。当质控样品为液状物质以及在物理状态下得到的固体质控材料时,用这种方法赋值是令人满意的。但是经常遇到的现实是,分析材料的基质处在生物的和物理的间质状态,这时要注意确保适用。此外,构成质控样品的所有成分都要充分的混匀。

6.3.4 添加法制备质控样品

“添加法”是制备质控样品的另一种方法,该赋值方法是通过计量公式和测试分析共同完成的。在测试材料完全不含被测物的条件下,此方法可行。在添加已知量的被测物之前,应对测试材料进行检验确保被测物的本底忽略不计。制备的质控样品与实验样品有相同的基质,且在分析前就已知分析物的浓度水平,赋予值的不确定度只能是被测物未加入之前的随机误差引起。使用该法要注意的是,要确保质控样品中添加的被测物与检验样品中的被测物具有同样的形态、键合方式及物理状态很困难,要确保质控样品达到充分的均匀也很困难。

6.3.5 回收率实验

如果没有有证标准物质可用,可通过回收率实验来控制偏差。当被测物或基质不稳定,或需要进行特殊分析时,这种方法非常有用。在测试样品的某部分加入已知量的被测物,并与其他测试样品一同检测。添加的被测物的回收率(又称为“边缘回收率”)是实际添加值扣除本底以后的回收率,同被添加样品实际检出的总量不同。该方法适用范围很广,显著的优势在于其基质具有代表性,大部分测试材料都可通过某些方法加入被测物。当然,回收率实验同上述方法一样,存在被测物形态、键合方式及物理状态方面很难达到一致的缺陷。假如添加的被测物与样品中的被测物具有同等量的回收率,可能是不正确的。我们通常可以推断,如果回收率实验的结果很差,则明显表示测试样品中被测物的检测结果也很差或者更糟。

IQC 使用的添加法和回收率实验必须与标准加入法有所区别,后者是一种测量的程序,单一的添加法不能同时满足测量和 IQC。

6.4 空白测定　空白测定是分析过程中的必需步骤,IQC 协议对其影响很大。最简单的空白为“试剂空白”,除了不加入实验样品,其他分析步骤与样品相同。实际上这种空白更多是检测试剂的纯度。例如,它可以测出分析系统中任何来源的污染,如玻璃器皿污染和空气污染,因此更确切地说,应称之为“过程空白”。在某些情况下,如果能够找到与实验材料相似的材料作空白,则可更确切地称其为“空白检测”。这种材料可以是已知不含被测物的与实际检测样品相似的材料或是代替品(例如,用无灰滤纸代替植物材料)。也可勉强使用被称为“背景”的空白,即被测物质为零浓度的典型基质材料。

在一批样品检测中设置不连续的空白测定有利于发现偶然性污染,并可为 IQC 拒绝实验结果时提供更多的证据。当分析方法规定要减去空白值时,在质控样品检测结果中也要扣除空白值,然后再用于 IQC。

6.5 添加法和回收率实验的溯源性　必须谨慎对待用于添加法和回收率实验存在的潜

在溯源性问题。在不能使用有证标准物质的情况下,通常只能根据制造商提供的一批分析物建立溯源性。在这种情况下,必须在使用前对被测物进行定性验证和浓度的定量验证。接着就要防止发生出现校准物和添加物不能溯源到同一储备液或同一个实验者。如果这种较差的溯源方式经常存在,那么相应的误差来源将不能被 IQC 检查出。

7. 建议

以下建议代表了适用于多种分析和应用领域的完整 IQC 方法。实验室质量体系管理者必须按照其各自领域的特定要求对建议进行适用性调整。这些调整可以通过下述方式进行,例如,调整重复实验的次数和批内质控样品的个数,或使用在特殊应用领域的附加检测手段。调整后选定的程序及其判定规则应在 IQC 协议中明文规定,并且与分析系统协议区分开来。

内部质量控制的实际步骤是由每批样品的种类和数量及其被测物的量来确定。本指南由此制定了以下推荐内容。质控图表的使用和判定规则在附录中做了详细叙述。

假如可能,以下建议的每一条,对于来自多种分析材料的一批样品是随意的。这种随意会导致对多种构成误差的低估。

(1) 低频率(如 $n < 20$)及相似样品的批:在这种情况下,批内被测物浓度范围较小,可以假设一个正常值的标准偏差。

至少每批样品检测中加入一个质控样品和至少加入一个空白对照。将测试所得的独立值或平均值标在恰当的控制图上。要随机选择一半以上测试样品重复检测。

(2) 高频率(如 $n > 20$)及相似样品的批:也可假设一个同一浓度水平的标准偏差。

大约每 10 个实验样品中加入一个质控样品和一个空白对照。如果每批的量不相同,则可简单地规定每批样品中需加入的质控样品数,将测试结果的平均值及个别测量值标在控制图上。至少应随机选取 5 个测试样品重复检测。

(3) 高频率及相似样品且被测物浓度范围较大的批:在这种情况下,无法假设一个可用的独立标准偏差。

按上述推荐在总样品量中插入质控样品,在每 10 个被检样品中插入一个空白对照。至少有两个具有代表性的被测物浓度水平,一个要接近被测物浓度的中等水平,另一个接近较高或较低被测物浓度水平,保留 2 位小数。分别在不同的控制图上标出两个质控样品的值。至少随机选取 5 个测试样品重复检测。

(4) 特殊分析:对于一些特殊分析,统计控制的概念不适用。但是可以假设批内样品为同一类型,即误差充分相似。

在这种情况下,要对所有被测物重复测定,要插入空白对照。要加入适当数量的质控样品(见上文),或者使用简单质控样品来赋值。在合适的情况下可对不同浓度的被测物进行添加回收率实验。当没有适当的质控限可用时,可用偏差和精密度与目标检测限或其他标准进行比较。

8. 结论

内部质量控制是确保实验室出具的结果数据与测试目的相符合的最基本要求。如果执行得当,质量控制的方法能够对每一批数据的多方面质量状况进行监测。一旦内部质量运行超出控制范围之外,那些批样品分析的数据则不可信,需要在对分析系统实施纠正措施后,再重新进行分析。

但是需要强调的是,即使 IQC 实施得当,也绝不是万无一失的。检测结果还有可能发生两种类型的错误,即实际合格的批被拒绝或者失控的不合格批偶尔被接受。

更重要的是,由于分析系统中的误差影响,IQC 可能会对个别样品测试中散在的过失误差或短期的干扰无法鉴别。另外,以 IQC 为基础推论的结果只适合在分析方法验证范围内的样品检测。尽管上述的局限性使 IQC 操作及使用效率有所下降,但 IQC 仍然是一个实验室出具数据结果质量保证的重要手段。如果实施得当,它将十分有效。

最后必须说明的是,如果不严格执行,任何质量体系都不能保证得到可靠的检测数据。实验室管理者还要制定有关信息反馈、纠正措施以及有关员工激励机制的程序。IQC 是实验室总质量管理系统中的一部分,所有的人都要建立对实验室内部质量控制的真正责任感。

参 考 文 献

[1] Horwitz W.1988. "Protocol for the Design, Conduct and Interpretation of Method Performance Studies", *Pure Appl. Chem.* 60:855-864. (Revision in press)

[2] Thompson M, Wood R. 1993. "The International Harmonised Protocol for the Proficiency Testing of (Chemical) Analytical Laboratories", *Pure Appl. Chem.* 65:2123-2144. (Also published in J. AOAC International, 1993, 76:926-940

[3] Clin J.1980. "IFCC approved recommendations on quality control in clinical chemistry. Part 4: internal quality control", *Chem. Clin. Biochem.* 18:534-541

[4] Cekan S Z, Sufi S B, Wilson E W. 1993. "Internal quality control for assays of reproductive hormones: Guidelines for laboratories". WHO, Geneva

[5] Thompson M.1983. "Control procedures in geochemical analysis", in Howarth R J(Ed), "Statistics and data analysis in geochemical prospecting", Elsevier, Amsterdam

[6] Thompson M.1992. "Data quality in applied geochemistry: the requirements and how to achieve them", *J.Geochem. Explor.* 44:3-22

[7] Health and Safety Executive, "Analytical quality in workplace air monitoring", London, 1991

[8] "A protocol for analytical quality assurance in public analysts' laboratories", Association of Public Analysts, 342 Coleford Road, Sheffield S9 5PH, UK, 1986

[9] "Method evaluation, quality control, proficiency testing" (AMIQAS PC Program), National Institute of Occupational Health, Denmark, 1993

[10] ISO 8402:1994. "Quality assurance and quality management-vocabulary"

[11] ISO 3534-1:1993(E/F). "Statistics, vocabulary and symbols-Part 1: Probability and general statistical terms"

[12] ISO Guide 30:1992. "Terms and definitions used in connections with reference materials"

[13] "International vocabulary for basic and general terms in metrology", 2nd, 1993, ISO, Geneva

[14] "Guide to the expression of uncertainty in measurement", ISO, Geneva, 1993

[15] Thompson M, Lowthian P J.1993. *Analyst*, 118:1495-1500

[16] Horwitz W, Kamps L R, Boyer K W, et al.1980. *Off. Anal. Chem.* 63:1344

[17] Tonks D.1963. *Clin. Chem.* 9:217-223

[18] Fraser G C, Petersen P H, Ricos C, *et al.* 1992. "Proposed quality specifications for the imprecision and inaccuracy of analytical systems for clinical chemistry", *Eur. J. Clin. Chem. Clin. Biochem.* 30: 311-317

[19] Thompson M.1988.*Analyst*.113:1579-1587

[20] ISO Guide 33:1989,"Uses of Certified Reference Materials",Geneva

附录　Shewhart 控制图

A1 简介　Shewhart 图[1]的建立并被解释的理论在很多质量控制和应用统计学的文章及 ISO 标准[2~5]中都有详细阐述。在应用化学学科领域,有大量的关于使用控制图的论著[6,7]。Westgard 及其同事为解释此控制图制定了很多规则[8],并对其结果的作用进行了详细的研究[9,10]。此附录中只介绍了简单的 Shewhart 图的制作。

IQC 中的 Shewhart 图是这样制成的:将连续多批使用的质控样品测试的浓度值做纵坐标,测试的批数做横坐标制图。如果一次检测中一个特定质控样品的测试值有一个以上,可使用独立值 x 或平均值 $\bar{x}$ 来建立控制图。控制图是在正态分布 $N(\mu,\sigma^2)$ 的水平上制成,它包含了所标记数值的随机误差。针对质量控制目标,选择三条水平线 μ,$\mu\pm2\sigma$ 和 $\mu\pm3\sigma$。不同的独立值和不同方法应选择不同的对应 σ 值。一个分析系统在统计控制图中,大约平均有 1/20 的值落在 $\mu\pm2\sigma$ 之外,这条水平线叫"警戒线";有 3/1000 的值落在 $\mu\pm3\sigma$ 之外,这条水平线叫"控制线"。实际应用中用参数 μ 和 σ 的估计值 $\bar{x}$ 和 s 来制作控制图。$\bar{x}$ 和真值指定值如呈现显著差异,表示分析系统存在一个持续性偏差。

A2 参数 μ 和 σ 的评估　分析系统在控制图中可表现两种来源的随机变异,即批内方差 σ_0^2 和批间方差 σ_1^2。这两个方差同样重要。

控制图中独立值的标准偏差 σ_x 可由下列公式计算

$$\sigma_x=(\sigma_0^2+\sigma_1^2)^{\frac{1}{2}}$$

控制图中平均值的标准偏差由下列公式计算

$$\overline{\sigma_x}=(\sigma_0^2/n+\sigma_1^2)^{\frac{1}{2}}$$

其中 n 是平均值所在批内样品数。因此,每批测试样品的 n 值应为一个常数。如果没有规定每批质控样品的重复次数(如每批的数量是可变的),则必须使用图中的独立测试数据。此外,公式还表明对 σ_x 或 $\overline{\sigma_x}$ 的评估必须细致。如果只用单批样品重复测量的数据进行估计,会导致质控限范围过度狭小。

因此,对 σ_x 或 $\overline{\sigma_x}$ 的评估必须要包括批间的方差。如果开始时假设使用 n 的特定值,那么 σ_x 可以直接由 m 个均值进行评估

$$\overline{x_i}=\sum_{j=1}^{n}x_{ij}/n$$

对其中 m 个连续测试样品批中的每批均进行 n 次重复测定,因此对 μ 的评估为

$$\bar{x}=\sum_i \overline{x_i}/m$$

对 $\sigma_{\bar{x}}$ 的评估公式如下

$$s_{\bar{x}}=\sqrt{\frac{\sum_i(\overline{x_i}-\bar{x})^2}{m-1}}$$

如果 n 值不可预设,对 σ_0 和 σ_1 就要通过单方差分析法进行独立评估。如果在组内和组间的均方分别是 MS_w 和 MS_b,那么,σ_0^2 由 MS_w 评估,而 σ_1^2 由 $(MS_b-MS_w)/n$ 评估。

尽管这种评估方法的代表性较差,但用在小批量测试数据建立控制图时还是可行的,除

非进行了大量数据的观察,小批量数据标准偏差的评估值是可变的。在质控图刚开始使用时可能会产生边缘值,出现失控。这种情况下$\bar{x}$值会产生偏移同时使 s 值超出正常范围。因此,建议在测试进入稳定阶段后重新计算$\bar{x}$和 s 值。在计算中避免边缘值效应的一个方法是,应用 Dixon Q 或 Grubbs[11]检测后将边缘值排除,再用经典统计学方法进行计算。或者使用更合适的统计学方法进行数据处理[12,13]。

A3 对控制图的解释　以下简单规则适用于单个测试结果或均数控制图的使用。

对单个测试结果控制图的使用:如果发生下列情况,则表示分析系统失控。

(1) 当前的测试数据标示落在控制限之外。

(2) 当前测试数据和前一个数据标示落在警戒限之外,但在控制限之内。

(3) 连续九个测试数据标示落在均数水平线的同一侧。

两个质控样品控制图的使用:当每批测试中使用了两个不同的质控样品时,应同时分别绘制控制图。这样会增加第一类错误(拒绝一个合格批)的发生概率,减少第二类错误(接收一个不合格批)的发生概率。如果发生下列情况,则表示分析系统失控。

(1) 至少一个测试数据标示落在控制限之外。

(2) 两个测试数据标示落在警戒限之外。

(3) 在同一个控制图内,当前测试数据和前一个测试数据标示落在警戒限之外。

(4) 两个控制图同时显示,有连续四个测试数据的标示落在均数水平线的同一侧。

(5) 其中一个控制图显示,有连续九个测试数据标示落在均数水平线的同一侧。

分析化学家应对失控状态做出以下反应:在诊断检测误差发生的原因和实施纠正整改措施期间,应停止样品分析,要弃去失控状态下的检测数据,对被测样品进行重新分析。

参 考 文 献

[1] Shewhart W A.1931."Economic control of quality in manufactured product", Van Nostrand, New York

[2] ISO 8258:1991. "Shewhart control charts"

[3] ISO 7873:1993 "Control charts for arithmetic means with warning limits"

[4] ISO 7870:1993. "Control charts-general guide and introduction"

[5] ISO 7966:1993. "Acceptance control charts"

[6] Levey S, Jennings E R.1950.Am. J. Clin. Pathol.20,1059-1066

[7] Nix A B J, Rowlands R J, Kemp K W et al. 1987. *Stat. Med.* 6:425-440

[8] Westgard J O, Barry P L, Hunt M R.1981.*Clin. Chem.* 27:493-501

[9] Parvin C A.1992.*Clin. Chem.* 38:358-363

[10] Bishop J, Nix A B J.1993.*Clin. Chem.* 39:1638-1649

[11] Horwitz W, Pure *Appl. Chem.* ,(in press)

[12] Analytical Methods Committee,*Analyst*,1989,114:1693-1697

[13] Analytical Methods Committee,*Analyst*,1989,114:1699-1702

第四篇
方法性能研究的设计、实施和解释协议

IUPAC PROTOCOL FOR THE DESIGN, CONDUCT AND INTERPRETATION OF METHOD PREFORMANCE STUDIES
(IUPAC TECHNICAL REPORT: 1995)

国际理论和应用化学联合会

分析、应用与临床化学部

协调分析实验室质量保证计划国际工作组

修订[1]: Lisbon, Portugal, 1993.08.04

Delft, Netherlands, 1994.05.04

整理出版: William Horwitz

食品和药品管理局食品安全和应用营养中心,

HFS-500, 美国, 华盛顿 20204,

(电话: +1202-205-4346/4046; 传真: +1202-401-7740)

工作组成员[2]: (1985-1993 年)

主席: F. Pellerin(法国); G. Svehla(英国); M. Parkany(瑞士)

秘书: G. Svehla(英国); M. Parkany(瑞士)

成员: S. S. Brown(英国); L. E. Coles(英国);

PDeBievre(比利时); G. den Boef(荷兰);

R. Greenhalgh(加拿大); B. Griepink(比利时);

A Head(英国); R. F. M. Herber(荷兰);

W. Horwitz(美国); S. H. H. Olrichs(荷兰);

M. Parkany(瑞士); W. D. Pocklington(英国);

G. Svehla(英国); M. Thompson(英国) R. Wood(英国)

---

①在充分参考 IUPAC 版权标志(© 1995 IUPAC)的要求,确认这份报告不需要 IUPAC 的正式批准可以再版印刷。

②1985-1987:分析协调合作研究国际工作组。

方法性能研究的设计、实施和解释协议

（技术报告：1995）

分析方法必须经过验证，经得起严格的专业检验和法律的挑战。根据首次出版的 *cf. Pure Appl. Chem.*，60，855-864（1988）协议，在经过广泛应用获得的经验基础上对本协议做了修改。为了更具有可读性，还做了文字上的修改。

经过多次会议和专题研讨会，27个组织的代表一致通过了发表在1998年"理论应用化学学报"（60.855-864）上的《方法性能研究的设计、实施和解释协议》。

目前，多个国际机构已经接受并应用此协议，根据经验以及食品法典委员会对分析和抽样方法的意见[1]，对原版协议做了三处小的修改，分别是：①删除原文2倍水平的设计。假如有统计学意义，相互影响的产生取决于选择的水平。②扩大"检验材料"的定义。③将异常值的剔除标准由1‰改为2.5‰。

本修订版协议已重新出版，为了增强可读性做了一些文字上的修改。发表在"理论应用化学学报"（66，1903-1911，1994）的《实验室研究术语》（1994年推荐）中，所用的术语和定义也被编辑到本修订版中，并尽可能采用国际标准化组织（ISO）的标准术语，使其适用于分析化学。

目　　录

1. 准备工作

参与方法性能研究的合作各方都要做出大的努力,一致按照充分验证过的预试验方法来操作。如果适用,实验室内部的预实验应包含以下信息。

1.1 精密度的初步评估 要对实验室内部分析结果超过规定浓度范围的总标准差进行评估,要注意在最小浓度范围上下限附近的结果,特别是对标准或规范要求限量值的评估。

注:

(1) 实验室内总标准差包含了 ISO 重复标准差在内的、更广泛意义上的、而非专一精密度的测量结果标准差(见 3.3)。它是实验室内方法性能研究预期的、精密度变量中最大的变异来源。它包括来自不同时间和不同的校准曲线,组间(批间)变异和组内(批内)变异,在此也可以将它看做是实验室内方法重现性的一个评价指标。如果实验室内总标准差在不可接受的范围内,实验室间的标准差(再现性标准差)也非最佳选择。本协议中不包含对最小值精确度评估的解释。

(2) 实验室内总标准差可以进行粗略估计,但需要指出采用了何种严格的实验控制条件,以及实验控制条件的容许范围,并将实验控制条件的确定范围纳入方法的描述中。

1.2 系统误差(偏差) 系统误差是对有关物质的测试结果超过了预期浓度范围的偏差的评估,特别是对标准或规范要求的最低检测限浓度上下超浓度范围测试结果的偏差的评估。通过使用有关参考物质方法获得的结果应当予以记录。

1.3 回收率 在测试样品或者其他处理溶液中添加一个真实的被测物,同样地提取、消化,然后重获该物质。

1.4 适用性 方法本身对测试样品中被测物实际呈现的物理化学形态的鉴定和测量能力,同时考虑由基质引起的效应。

1.5 干扰 在测试过程中,类似同基质效应有关的可评估浓度,以及其他要素对方法的影响。这些影响可以干扰测定。

1.6 方法比较 指有目的的用现评估的测试方法同以往使用有类似效果的方法进行应用结果的比较。

1.7 校准程序 专用于校准和空白修正的操作程序,确保不将重大的偏差带入测试结果。

1.8 方法的描述(解释) 所用方法一定要清楚明白地书写表达。

1.9 数字的有效性 实验室应预先在检测仪器输出结果的基础上,对实验报告的有效数字的位数予以规定。

注:用计算器或电脑统计报告数据时,直到计算出平均数和标准差的最终结果前,都不需采用四舍五入的方法。也就是说,只是在最后确定标准差值时,才被整合到 2 位有效数字,平均数和其他相关标准差也要随标准差有效数字位数相一致。举例来说,如果标准差 $S_R = 0.012$,均数 $\bar{x}$ 就要报告为 0.147,而不是 0.1473 或者是 0.15,RSD_R 报告为 8.2%(符号定义见附录 1)。如果标准差只能分步计算,包括中间数据转换在内,平方数所保留的有效数字位数至少是原数据有效数字位数的 2 倍再加 1。

2. 方法性能研究的设计

2.1 检验样品的数量 对于单一物质的检测,至少要用 5 份检验样品(样品数)。只有当单一分析水平涉及单一的基质时,检验样品的最小量或许可以减少到 3 份。这个参数的设计含义是,一个检验样品包含单方差水平上的两个部分和每个检验盲样重复测试的两个部分。

注:

（1）一个检验样品包含"被测物/基质/浓度"的混合物,方法性能参数要适用于这个混合物。方法性能参数决定了一个方法的适用性。由于要用到很多种不同的物质,考虑到潜在的干扰和通常使用的浓度,应当选择足够多种类的基质和多个浓度水平。

（2）统计学上盲样重复测试或公开重复测试中 2 个或以上的试样,指的是来自同一个检验样品的试样(它们不是相互独立的)。

（3）作为一对单方差水平(Youden 对)进行统计分析,指对单个的检验样品,假如统计分析和报告都作为 2 次独立测试结果使用的,称作 2 个检验样品。另外,这一对检验样品可被用来计算实验室内标准偏差 S_r,如

$$S_r = \sqrt{\left(\sum d_i^2\right)/2n} \text{（用于盲样或已知样品的实验）}$$

$$S_r = \sqrt{\sum (d_i - d)^2/2(n-1)} \quad \text{（用于 Youden 对）}$$

式中,d_i 是每个实验室偏离水平的两个独立值之差,n 是实验室的数量。在这种特殊情况下,实验室间的标准差 S_R,是从偏离水平的个体构成中计算出来两个标准差 S_R 的平均数,只用来检查计算结果。

（4）空白或阴性对照是否当做一个检验样品取决于分析目的。例如,在痕量分析中通常需要寻找测试的极低水平(接近检测低限),此时空白可看作是检验样品,而且它是确定某些"检测限"所必需的。如果空白对照仅仅是大量分析中(例如,奶酪中的脂肪)的一个控制对照,则不被当做检验样品。

2.2 实验室的数量　每个检验样品必须至少有 8 个实验室的结果报告。只有当(例如,需要非常昂贵的仪器或者实验室专业要求太高)不可能达到时,参加方法研究的实验室数量可以少一些,但绝对不能少于 5 个实验室。如果为国际范围内使用的方法,不同国家的实验室都应该参与。假如方法需要使用专门仪器,可能参与该方法研究的要包括所有实验室。在这种情况下,分母用 n 来代替 $n-1$ 计算标准差。在研究开始后加入的实验室,应证明自己与原参与实验室具有同样的良好操作能力。

2.3 重复实验的次数　必须采用下列其中一种设计对重复精密度参数进行估计(按照可获取的顺序排列)。

2.3.1 偏离水平

如果仅仅是单个测试样品,或者只是被测物的浓度略微不同(例如<1—5%),其他几乎一样的两个测试样品,计算每个水平的偏离和构成时,为了设计和统计分析的目的,必须每次实验只对每个测试样品分析一次。

注:必须满足的统计学标准是,一对测试样品构成一个偏离水平,单一偏离水平的两部分重复性标准差必须相等。

2.3.2 盲法重复和偏离水平的结合

在同一个方法研究中,对一些检验样品采用偏离水平,另一些检验样品采用盲法重复。可从每个样品获得独立值。

2.3.3 盲法重复

对每个检验样品采用相同的盲法重复性测试。在(例如自动输入、计算和打印)无法进行数据审核时,可以使用相同的已知样品进行重复性测试。

2.3.4 已知重复

对每个测试样品采用已知重复,即对同一个样品的不同部分做2次或2次以上的测试,但是只有当上一个方法的设计没有实际意义时才使用该法。

2.3.5 独立测试

在方法研究中对每个测试样品仅用单一测试部分,不做多因素分析。但使用这种方法要通过质量控制参数和其他实验室内部独立获得的方法性能研究数据来计算重复性参数,以矫正该方法的不足。

3. 统计分析(参见附录4图A4.1)

必须按照下列程序进行数据统计分析并报告结果,但不排除存在其他的补充程序。

3.1 有效数据 被报告的和经统计学处理的数据是有效的。有效数据是指实验室进行正常检测所产生的结果数据。它们不会因为方法偏差、仪器故障、操作过程中的意外情况或是由书写、打字和计算错误而改变。

3.2 单因素方差分析 单因素方差分析和异常值的处理必须分别用于每个测试样品,以估计方差的构成以及重复性和再现性参数的适合性。

3.3 预评估 计算均数 $\bar{x}$(所有实验室均数的平均值),重复性相对标准差 RSD_r,再现性相对标准差、没有剔除异常值的 RSD_R,只使用有效数据。

3.4 异常值处理 被评估过的精密度参数也必须报告。该参数在有效数据的基础上,按《异常值统一剔除程序》(1994)规定的方法,剔除了所有异常值计算得来。剔除异常值方法的本质是连续采用科克伦和格鲁布斯检验规则[在2.5%概率(P)水平上,采用科克伦单尾和格鲁布斯双尾检验],直至不再出现异常值,或者直至提供有效数据的实验室数量减少至22.2%(2/9)。

注:对实验室报告的有效数据异常值进行鉴定和剔除,可以起到纠正错误或者查找产生无效数据的原因(3.1)。识别错误和无效数据并查找原因,比依赖统计检验清除异常值更有意义。

3.4.1 科克伦检验

首次应用科克伦异常值检验($P=2.5\%$,单尾检验),将临界值超出附录3表4.1中的实验室剔除,表中的值是根据参加实验室数量和重复测试次数得到的。

3.4.2 格鲁布斯检验

先应用单数(双尾)格鲁布斯检验,剔除所有提供异常值的实验室。如果被剔除的实验室不再出现,再用一对(双尾)格鲁布斯检验,2个值对应同一尾端,然后再1个值对应每1个尾端,全部 $P=2.5\%$。通过检验,剔除临界值超出附录3表4.2中纵列对应所有不合格的实验室。直至22.2%(2/9)的实验室被标记为异常。

注:格鲁布斯检验是使用同一个检验样品一次性从所有参加实验室得到一批重复均数,而不是从重复设计得到的独立值,因为所有的数值呈多峰分布,而不是高斯分布,也就是说,差异来自同一测试样品的总体均数而非独立的数值。

3.4.3 最终评估

剔除异常实验室后,根据3.3重新计算参数。如果按照科克伦-格鲁布斯检验没有异常实验室需要剔除了,则停止检验。否则,科克伦-格鲁布斯检验将连续剔除所有标记异常的数据,直至占所有参与实验室总数22.2%(2/9)的实验室被剔除为止(参见附录4)。

4. 最终报告

最后按照以下格式(需报告的相关项目),公开报告全部有效数据以及其他信息和有关参数。

[x]国际水平的方法性能测试,在[哪年(S)]由[组织机构]的[y 和 z]所有参加的实验室,提供的每项重复性参数[k],做出以下结果统计:

方法-性能参数表

被测物:结果以[单位]表示

测试样品[描述并按数量递增方式排在表格第一列]

剔除异常值后实验室数量

被剔除实验室数量

剔除实验室代码(或名称)

可接受结果的数量

平均数

真值或可接受的值,如果已知

重复性标准差(S_r)

重复性相对标准差(RSD_R)

重复性限量 r($2.8 \times S_r$)

再现性标准差 S_R

再现性相对标准差(RSD_R)

再现性限量 R($2.8 \times S_R$)

4.1 符号 报告和公布结果中使用的一系列符号,参见附录1。

4.2 定义 研究报告和公布结果中所使用的一系列定义,参见附录2。

4.3 其他

4.3.1 回收率

添加回收率可作为一种质量控制的方法。

实验室偏差按下式计算

边缘回收率(%)=(检出被测物总量-样品中被测物本底量)$\times 100$/(添加的被测物量)

不管被测物的量用浓度或是用含量表示,在全部计算过程中单位要保持一致。在全部分析过程中要使用相同的分析方法。

分析结果应该是未修正的回收率报告,回收率报告是独立的。

4.3.2 当 S_r 结果为负时

根据定义,在方法性能研究中,S_R 应该大于或等于 S_r;但有时候 S_r 的估计值会大于 S_R(重复实验的均数大于实验室间的均数范围,计算出的 S_L^2 是负数)。在这种情况下,可设定 $S_L = 0$,且 $S_R = S_r$。

参 考 文 献

[1] 世界粮农组织/世界卫生组织关于食品标准计划的联合报告,第十八届会议,11月9日至13日,1992年;联合国粮农组织,意大利罗马,Alinorm 93/23,34-39

[2] Horwitz W. 1988. Protocol for the design, conduct, and interpretation of method-performance studies. *Pure&Appl. Chem.* 60:855-864

[3] Pocklington W D. 1990. Harmonized protocol for the adoption of standardized analytical methods and for the presentation of their performance characteristics. *Pure and Appl. Chem.* 62:149-162

[4] International Organization for Standardization. International Standard 5725-1986. Under revision in 6 parts; individual parts may be available from National Standards member bodies

附录1 符号

以下一系列符号和术语用于方法性能研究指定参数。

均数(实验室均数)	$\overline{X}$
标准差	S(估计值)
重复性标准差	S_r
纯实验室间标准差	S_L
再现性标准差	S_R
方差	S^2(带下标r,L 和R)
	$S_R^2 = S_L^2 + S_r^2 2$
相对标准差	RSD(带下标r,L 和R)
最大容许偏差(ISO5725-1986 定义;见附录2)	
重复性限值	$r=(2.8\times S_r)$
再现性限值	$R=(2.8\times S_R)$
每个实验室重复实验的数量	k(常规)
每i个实验室重复实验的平均数量	$\overline{k}_i$(均衡设计)
实验室的数量	L
检验样品的数量(测试样本)	m
一项特定检验的总数	$n(=kL$ 均衡设计)
一项特定研究的总数	$N(=kLm$ 整体均衡设计)

附录2 定义

要使用以下定义。前三个定义是使用 IUPAC 农药化学委员会的文件《实验室命名研究》(1994 年),后两个定义来自 ISO 3534-1:1993。假定所有的实验结果都是独立的,"不受先前相同或相似实验方案获得结果的影响。严格依据规定的条件进行精密度的定量测定。重复性和再现性条件是一组特殊的极为苛刻的规定。"

A2.1 方法性能研究　在实验室间研究中,所有实验室都要遵循同一书面协议,使用同一检验方法,测试同一项目,同样的采样方法和同样的检验样品数量,要用结果报告的方式描述方法的特征,这里通常是指对实验室内和实验室间精密度的描述。在必要和可能的情况下,也要对方法的其他相关特性如系统误差、回收率、内部质量控制参数、灵敏度、检测低限和适用范围进行描述。

如果使用其他的符号,要详细说明符号之间的关系。

A2.2 实验室性能研究 一项实验室间的研究，是通过一个或多个类似的实验室对一项或多项稳定的测试项目，采用已选定或者每个实验室已经在通用的方法，组成一个或多个分析和测量系统。通常结果报告要同其他实验室的研究报告进行比较，或者同已知的或指定的参考值进行比较。实验室性能研究还用于目标的评估或实验室性能的改善。

A2.3 测试样品的鉴定 多个实验室对测试样品中某种物质的含量（浓度或性能）进行测定研究，目的为了指定一个参考值（"真值"），通常带有一个不确定度。

A2.4 重复性限量(r) 在短时间内由同一个操作者，在同一实验室内，使用同样的仪器，用同样的方法检测同一个项目，从 2 个独立的测定值获得均数，在最终报告 4.0 中提到的均数范围内，两个结果的绝对值的差应当小于或等于重复性限量(r)$=(2.8 \times S_r)$，r 通常可以由报告中 S_r 的线性插补法推算出来。

注：相关的重复性定义和再现性定义已经组合成 5 个级联术语，并且被允许通过内插法扩展应用到一个具体的测试项目，其意义同建立一个初始参数是不同的。后者应用这些定义时通常是惯例。重复性（和再现性）限量术语，特定用于 95% 的概率和称作 $2.8 \times S_r$（或 S_R）。作为统计学术语的一般概念，重复性（和再现性）定义适用于任何特定区域的测量（例如中位数）和其他概率（例如 99%）。

A2.5 再现性限量(R) 当两个不同的操作者在不同实验室内，使用不同的仪器，用同样的方法，检测同一个项目得到的独立测定值的均数在最终报告 4.0 中提到的均数范围内时，这两个测定值绝对值的差应当小于或等于再现性限量(R)$= 2.8 \times S_R$，R 通常可以由报告中 S_R 的线性插补法推算出来。

注：

(1) 如果可能，实验室间检验结果 r 和 R 的值可以表示成一个相对值而不是绝对值（例如测定的平均值的率）。

(2) 如果最终研究的结果报告是由更多独立值获得的一个均数，即 k 大于 1，在用 R 来比较两个实验室之间常规独立的分析结果之前，R 必须经过下面公式校正

$$R' = \{R^2 + r^2(1 - [1/k])\}^{\frac{1}{2}}$$

如果重复实验的结果由 S_R 和 RSD_R 组成最终报告，那么作为质量控制的目的，这些被报告的参数也要同样经过校正。

(3) 重复性限量 r，可解释为一个实验室两次测定结果之间达到一致的 95% 可信区间；再现性限量 R，可解释为从不同实验室得到的两个独立结果之间达到一致的 95% 可信区间。

(4) S_R 的估计值只能从组织方法性能的研究计划里获得；S_r 的估计值可以从一个实验室在常规工作中使用的控制图里获得；有时在缺乏控制图的分析条件下，实验室内的精密度可能会接近 S_R 的一半（*Pure and Appl. Chem.*，62，149-162(1990)，Sec. I. 3，Note.）。

A2.6 单因素方差分析 单因素方差分析是实验室内和实验室间对不同测试样品间变异数偏差的一个统计方法。有关设计单一水平和单因素方差水平计算的例子见 ISO 5725-1986。

附录 3　临界值

A3.1 科克伦单尾实验临界值 是在单尾实验 2.5% 的拒绝水平上检验最大临界变异

值,所表达的最高变异百分比是总变异数。r 是重复实验的次数。

表 4.1　科克伦单尾实验临界值对照表（均衡设计）

No. of Labs	$r=2$	$r=3$	$r=4$	$r=5$	$r=6$
4	94.3	81.0	72.5	65.4	62.5
5	88.6	72.6	64.6	58.1	53.9
6	83.2	65.8	58.3	52.2	47.3
7	78.2	60.2	52.2	47.3	42.3
8	73.6	55.6	47.4	43.0	38.5
9	69.3	51.8	43.3	39.3	35.3
10	65.5	48.6	39.9	36.2	32.6
11	62.2	45.8	37.2	33.6	30.3
12	59.2	43.1	35.0	31.3	28.3
13	56.4	40.5	33.2	29.2	26.5
14	53.8	38.3	31.5	27.3	25.0
15	51.5	36.4	29.9	25.7	23.7
16	49.5	34.7	28.4	24.4	22.0
17	47.8	33.2	27.1	23.3	21.2
18	46.0	31.8	25.9	22.4	20.4
19	44.3	30.5	24.8	21.5	19.5
20	42.8	29.3	23.8	20.7	18.7
21	41.5	28.2	22.9	19.9	18.0
22	40.3	27.2	22.0	19.2	17.3
23	39.1	26.3	21.2	18.5	16.6
24	37.9	25.5	20.5	17.7	16.0
25	36.7	24.8	19.9	17.2	15.5
26	35.5	24.1	19.3	16.6	15.0
27	34.5	23.4	18.7	16.1	14.5
28	33.7	22.7	18.1	15.7	14.1
29	33.1	22.1	17.5	15.3	13.7
30	32.5	21.6	16.9	14.9	13.3
35	29.3	19.5	15.3	12.9	11.6
40	26.0	17.0	13.5	11.6	10.2
50	21.6	14.3	11.4	9.7	8.6

　　表 4.1 和表 4.2 是 R. Albert(1993.10)通过计算机模拟计算出来的,每个数值包括经过几次连续近 7000 次循环计算才达到稳定。尽管表 4.1 只严格适用于一种均衡设计(所有实验室重复实验的次数相同),但如果偏离度很小时,它也可以用于没有太多错误的非均衡设计。

　　A3.2 科克伦极端变异异常率　用计算机计算每个实验室的室内变异数,通过总变异数分出最大变异,然后乘以 100。如果得到的值超过了以上科克伦表对应的重复次数和实验室数量临界值,就表明存在异常值需要剔出。

　　A3.3 格鲁布斯极端变异临界值检验　在 2.5%(双尾),1.25%(单尾)拒绝接受水平上,剔除可疑值后引起的离均差百分数的减少(表4.2)。

表4.2 格鲁布斯极端变异临界值检验对照表

No.of labs	One highest or lowest	Two highest or two lowest	One highest and one lowest
4	86.1	98.9	99.1
5	73.5	90.9	92.7
6	64.0	81.3	84.0
7	57.0	73.1	76.2
8	51.4	66.5	69.6
9	46.8	61.0	64.1
10	42.8	56.4	59.5
11	39.3	52.5	55.5
12	36.3	49.1	52.1
13	33.8	46.1	49.1
14	31.7	43.5	46.5
15	29.9	41.2	44.1
16	28.3	39.2	42.0
17	26.9	37.4	40.1
18	25.7	35.9	38.4
19	24.6	34.5	36.9
20	23.6	33.2	35.4
21	22.7	31.9	34.0
22	21.9	30.7	32.8
23	21.2	29.7	31.8
24	20.5	28.8	30.8
25	19.8	28.0	29.8
26	19.1	27.1	28.9
27	18.4	26.2	28.1
28	17.8	25.4	27.3
29	17.4	24.7	26.6
30	17.1	24.1	26.0
40	13.3	19.1	20.5
50	11.1	16.2	17.3

A3.4 格鲁布斯检验值的计算 统计学上的格鲁布斯单侧检验是,先用计算机统计出每个实验室的均数,然后计算实验室均数的标准差(SD)(作为原始标准差 S)。然后将最大一个实验室均数组的标准差作为(S_H),将最小一个实验室均数组的标准差作为(S_L)。按下面的公式计算两个标准差减少的百分比

$$100 \times [1-(S_L/S)] \text{ 和 } 100 \times [1-(S_H/S)]$$

两个百分比中较大的那个是单侧格鲁布斯检验值,如果它超过了表4.2中对应第2列中的临界值,那么就表示在 $P=2.5\%$(双尾)水平上拒绝接受这个结果,存在着需要被剔除的异常值。实验室均数的个数用来计算原始标准差 S。

统计学上的双侧格鲁布斯检验是,在单侧检验获得原始标准差(S)的基础上,按上述公式,对可能除去的两个最大和两个最小均数组的标准差分别计算减少的百分比,将标准差百

分比减少较大的那个值与表格第 3 列对应比较,然后进行下面第①步或第②步操作:①如果超过了表中对应值,则删除两个最大均数组的标准差。再重新开始一次循环,从科克伦最大异常值检验开始,然后进行格鲁布斯极端变异值单侧和双侧检验。②上述检验如果不再发现被剔除值,计算去除最大和最小均数组标准差后减少的百分比,并且与表 3.2 中第 4 列值比较,如果超出,则删除这对大小极值。再开始新一轮科克伦检验直到再没有异常值被剔除。全部异常值检验在剔除大于 22.2% 均数组标准差后则可结束。

附录 4 异常值剔除流程

IUPAC:1994 年协调的异常值剔除统计步骤(图 4.1)。

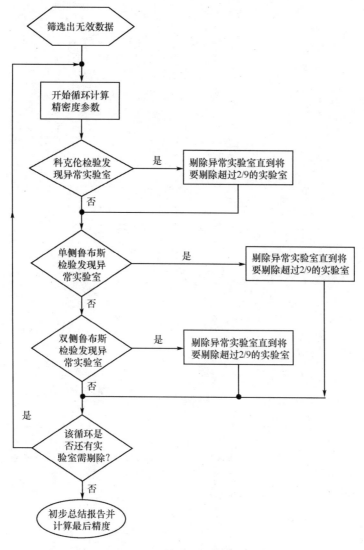

图 4.1 异常值剔除流程

第五篇
分析化学实验室
能力验证国际统一协议

IUPAC INTERNATIONAL HARMONIZED PROTOCOL FOR THE PROFICIENCY TESTING OF ANALYTICAL CHEMISTRY LABORATORIES
（IUPAC TECHNICAL REPORT：2006）

国际理论与应用化学联合会分析化学分部
质量保证计划跨部门协调工作组

MICHAEL THOMPSON[1]，STEPHEN L. R. ELLISON[2]
和 ROGER WOOD[3]

最后报告阶段工作组成员

主　　席：K. J. Powell（新西兰）
成　　员：D. Moore（美国）；R. Lobinski（法国）；R. M. Smith（英国）；
　　　　　M. Bonardi（意大利）；(A) Fajgelj（斯洛文尼亚）；B. Hibbert（澳大利亚）；
　　　　　J.-Å. Jönsson（瑞典）；K. Matsumoto（日本）；E. A. G. Zagatto（巴西）；
　　　　　Associate Members：Z. Chai（中国）；H. Gamsjäger（澳大利亚）；
　　　　　D. W. Kutner（波兰）；K. Murray（美国）；Y. Umezawa（日本）；
　　　　　Y. Vlasov（俄国）；National Representatives：J. Arunachalam（印度）；
　　　　　C. Balarew（保加尼亚）；D.A. Batistoni（阿根廷）；K. Danzer（德国）；
　　　　　E. Domínguez（Spain）；W. Lund（挪威）；Z. Mester（加拿大）
临时成员：N. Torto（博茨瓦纳）
通讯作者：电子邮件 s. ellison@lgc. co. uk

---

[1]School of Biological and Chemical Sciences，Birkbeck College，University of London，Malet Street，London WC1E 7HX，UK.
[2]LGC Limited，Queens Road，Teddington Middlesex，TW11 0LY，UK.
[3]Food Standards Agency，c/o Institute of Food Research，Norwich Research Park，Colney，Norwich NR4 7UA，UK.

分析化学实验室能力验证国际统一协议

（IUPAC 技术报告:2006）

国际组织 AOAC/ISO/IUPAC 联合制定了分析化学实验室能力验证国际统一协议。制定本协议的工作组成员一致同意,根据协议第 1 版颁布之后所获得的经验以及本专业发展近况对协议进行修改。此次修订是再次根据公开咨询收到的评议意见进行编写并得到认同。

目　　录

1. 前言和介绍

1.1 前言　在协议第1版颁布后的十年间,能力验证获得了巨大的发展[1]。这种方法被广泛运用在化学分析多个领域,许多新的能力验证计划也在国际范围内得到应用[2]。一个针对化学分析实验室能力验证的详尽的研究正在进行[3]。ISO颁布了一个能力验证指南[4]和一个应用于能力验证的统计方法标准[5]。国际实验室认可合作组织(ILAC)已经颁布了一个能力验证质量要求文件,多个能力验证计划也被同时认可[6]。另外,在过去的十年内已将不确定度概念运用到化学测量中,使得我们对能力验证的评价受到影响。超乎寻常的发展速度,证明了能力验证本身在解决化学分析过程中随时发生的问题方面有着卓越的能力,也是目前分析实验室在取得认可时,将参加能力验证作为必备条件的一个原因。

所有这些在分析化学不同领域的活动,以及众多已经完成的研究使分析学界获得了大量关于能力验证的经验。可喜的是,1993年出版协议中的基础概念和理论不需要实质性的修改就可以适应新的应用进展。但是,新获得的经验提供了一个更具体的、详细的改善能力验证的方法。第1版协议的重点是关注能力验证计划的组织,因此主要针对的是计划的提供者。但是,能力验证数据的日益重要显示出对计划的结果增加一个解释的指南的需求,这种需求来自于计划的参与者和分析数据的"终端用户"(如实验室客户、管理人员和其他关注实验室质量的相关人员)。所有这些都要求对1993年版协议进行更新。

本次修改也提供了证据说明目前能力验证的一些重要方面依然没有得到完整的记录。同时,我们必须认识到,ISO文件中的方法倾向于综合性和尽可能覆盖所有的检测领域。化学分析领域的实践经验强有力地证明了在各种大量的方法中获得一个限定目标是常规分析工作的最优方法。因此,本次统一协议书的更新不仅是对其他文件要点的整理,而且是对方法的最优汇集,更新的协议建立在对项目管理详细的实践经验、对分析化学本质的详细解释和新观点融合的基础上。

更新的协议有助于我们强调专业判断和经验对于计划的前瞻性,以及参与者对测试结果合理应用的重要性。严格遵守协议意味着必须要执行某种操作,但是应用范围可能很广泛并会随时间而变化,要根据具体情况对操作方式作不同程度的调整。任何有经验的分析人员都会敏锐地意识到在迅速变化的分析化学领域,活体的测试样品和检验方法都不可避免地会产生异常结果,需要给以专业考虑和警惕。因此,排除所有专业的判断,以刚性规则来处理专业问题,是不安全的办法。本协议的框架表达了这个观点。协议正文包含了一系列相关的短章节,概括了遵从协议必须采取的措施。在以后的章节和附录里,讨论了执行协议时可能的选择和对诸多建议的具体解释。附录包括了专门针对参与者和数据终端用户的部分内容,以帮助他们理解能力验证计划获得的数据。

最后,本文件题目保留"协议"作为冠名,是想倡导一个观点,即能力验证不是唯一的好方法,只是概述了能力验证对分析化学家而言,在大多数情况下良好的和有效的操作是什么。在不同环境下,可能要求采取一些替代程序,这是在顾问委员会指导下能力验证提供者的责任。特别指出,本协议的作用范围限制在为保证能力验证的科学性和技术性提供工具。因此,协议不包括对某个实验室或者某个职员的能力和缺陷,或者对能力验证提供者或具体计划的认可等具体事项进行评价。

1.2 能力验证原理　一个实验室要得到连续可靠的数据,必须要执行一个合适的质量保证监控程序。能力验证就是这样一个程序。在分析化学领域,通常能力验证计划的形式是给参加者分发测试样品。一般来说,参与实验室(参与者)知道测试样品是由能力验证计划提供者分发的,但偶然情况下,测试样品也会在"不知情"的情况下被接受(如由一个普通的实验室客户送检)。参与者对样品进行分析,并将测量结果报告给计划提供者。提供者将结果转换成反映参与实验室表现的分数。提醒参与者管理层对可能发生的意外结果引起注意,并采取相应的纠正措施。

本协议的主旨是,能力验证是为参与者提供其分析结果与目标实际适应度的信息,帮助参与者应对目标的要求。当满足下列各条款时,可以实现:

(1) 要考虑结果的评价标准对目标适应度的影响因素,最后的得分可使参与者明白如何改善服务水平来满足客户(利益相关者)的需求。

(2) 能力验证和大多数常规分析的环境条件相近,测得结果可代表"真实场景"。

(3) 评分的方法要简单明了,在全部分析测量领域尽可能一致,以保证参与者和客户能够获得简明的解释。

能力验证首先考虑的是为每个参与者提高自身水平提供基本帮助,但是也不可忽略其他用户对能力验证结果的使用。参与者通常采用他们的得分向潜在的客户和委托评估方展示其能力,无形中增加了分析师在能力验证中需要胜出的压力,参与者会尽全力避免得分不满意的倾向,而不是单纯完成一个常规的评估程序。大多数情况下,计划提供者也不可能发觉或消除这种倾向。参与者也必须尽量避免有关对累计评分的任何误解。

1.3 与能力验证相关的其他质量保证办法　在分析化学实验室,除了能力验证,确保质量的综合计划应包括以下的部分:分析方法[7];(当可能时)使用有证标准物质(CRMs)[8];常规的内部质量控制(IQC)程序的执行[9]。在传统意义上,确证一个分析方法是要充分地了解它所具有性能的真实性、各种条件下的精密性、线形校准的范围等。现代说法是,我们在比较可靠的单点操作法测量不确定度使用条件下,发现针对目标有潜在的适应性。最理想的方法包括确认与样品基质匹配的 CRMs 的应用。如果出现基质效应,用它检查当前的校准或者直接用它来进行校准,是适用的。

IQC 应当被引导作为日常工作内容,在每一轮分析中都要同时设置一个或更多的"对照"。IQC 程序结合控制图的使用,能确保测试因素中不确定度的量不会有本质上的改变。这一点最初在与目标适应度的确认过程中就被证明了,也非常理想的设置了包括 CRMs 在内的对照物,用来建立指定测量值的溯源。换句话说,(在统计学可信区间内)所有估计不确定度的因素已被证明在每一个独立的测试操作中被连续地使用。

理论上,方法确证和 IQC 对于确保精确度已经足够了,但是在实践中,它们常常不够完善。因此,能力验证是确保实验室两个内部工作程序得到满意运作的手段。在方法确证过程中,不明原因的影响可能会干扰测量过程,特别是在不能得到 CRMs 的情况下,难以建立溯源性,测量过程中误差来源可能难以识别。没有外部参考物质的实验室可能长期处在一个严重的偏差和随机误差中运行。能力测试是一种鉴定和开始纠正这些问题的手段(附录6)。它的主要优点是为参与者提供一种对检测结果精确度的独立的外部评估手段。

2. 组织能力验证的统一协议

2.1 应用范围和领域　本协议应用在:

(1) 首要目标是在总目标建立的适用性标准基础上进行实验室性能的评估。

（2）以指定值与测量结果的偏差来判断实验室对标准的执行程度。

（3）参与者的数据结果被报告成一个区间尺度或一个比例尺度。

注：能力验证广泛地运用于对分析化学实验室常规测试的能力评估，对很多其他领域中的测量和测试分析也有使用。

本协议不对校准服务进行评价，倘若参与者的结果受到计划内使用的供应品影响，由供应品带入的不确定信息也不做评估，也不提供任何估价、证明或者对计划提供者规定能力认可的标准。

2.2 术语学 参照 ISO 定义规定本协议技术性术语的定义；并采纳 IUPAC 分析命名概略（1997 年）的缩写要求。以下术语是经常在本文中出现的：

（1）能力验证提供者（proficiency testing provider），计划提供者（the scheme provider）或者提供者（provider）：负责协调特定能力计划的组织。

（2）（能力）测试样品（proficiency）test material：在能力验证中为参与者分发的分析测试物。

（3）分发单元（distribution unit）：分发或准备分发给参与实验室的部分测试样品。

（4）检测部分（testing portion）：一部分用来测试的分发单元。

注：检测部分可能包括全部分发单元或者它的一部分。

（5）系列（series）：能力计划的一部分，由测试样品的特定范围、被测物、分析方法或者其他特征的共同定义。

（6）轮次（round）：一个系列中单独的一次分发过程。

2.3 能力验证的框架

2.3.1 计划的实施

（1）按顺序将测试样品分发给参与者，并要求他们在一个规定的日期前报送结果。

（2）在分发之前或者之后，为每个被测物赋一个指定值；过了报告截止日期后，公布该指定值。

（3）计划提供者对结果进行统计分析和（或）转换成得分，及时告知每一个参与者在计划中的表现。给表现不佳者提出改进建议，将完整计划进程的信息通知给所有参与者。

2.3.2 单轮计划的组织

在一个系列计划中组织任一轮分析活动应按如下程序：

（1）计划提供者组织制备和确认测试样品。

（2）计划提供者依照进度表的顺序分发测试样品。

（3）参与者分析被测物并给组织者提供结果报告。

（4）计划提供者对结果进行统计分析和（或）评分。

（5）计划提供者反馈参与者的表现。

（6）计划提供者根据要求给表现不佳者提出可行性改进建议，但并不提供解决问题的方法。

（7）计划提供者回顾特定单轮计划的运作，在必要时作出调整。

注：前一轮计划在运行时，就要开始组织下一轮的准备工作。

2.4 组织

（1）计划提供者负责计划的日常运作。

(2) 计划提供者必须在质量手册中记录其所有的操作过程和程序，并将相关程序的概要提供给所有参与者。

(3) 计划提供者应当将整个计划的效果、任何准备提出的变动、所有被处理以及如何处理的问题等信息告知参与者。

(4) 计划提供者必须定期回顾计划的运作情况。

(5) 计划的整体目标必须在一个顾问小组的监督下实施，小组的代表要包括相关领域在职分析化学家，一般来自例如计划提供者、（可能的）签约实验室、相应的专业人士、参与者和分析数据的终端用户。小组中还必须有一个统计专家。

2.5 顾问小组的职责 顾问小组应思考下列内容并提出建议：

(1) 测试样品类型的选择、被测物以及被测物的浓度范围。

(2) 轮次的频率。

(3) 计分系统和统计程序（包括在均质性检验中使用的）。

(4) 给参与者提出的建议。

(5) 计划运作中可能出现的特殊或一般问题。

(6) 给参与者的指导书。

(7) 参与者结果报告的格式。

(8) 反馈给参与者报告的内容。

(9) 与参与者沟通的其他方式。

(10) 为参与者或终端用户做有关计划运作方面的解释。

(11) 与计划相适应的保密水平。

2.6 计划回顾

(1) 计划的实施必须做定期回顾。

(2) 计划提供者应当回顾每一轮计划的结果并记载，例如所有表现出的实力、不足、特殊的问题和改善的机会。

(3) 计划提供者和顾问小组成员通常在一年的间隔期内，应当考虑计划运作的各个方面，包括计划提供者在每轮结果发布和回顾中所指出的问题。

(4) 应当将回顾总结概述提供给参与者和其他合适的、得到顾问小组同意的相关对象。

2.7 测试样品

(1) 计划提供者应当负责安排测试样品的制备。对测试样品制备和计划的准备等其他方面的事项可以外包，但是要进行足够的监控措施。

(2) 制备测试样品的机构必须在分析测试领域具有相应的工作经验。

(3) 计划中分发的测试样品必须与常规分析中的物质类型大体相同（基质的成分、浓度范围、数量、分析水平等）。

(4) 制备散装的能力验证测试样品在分析过程中必须保证充分均匀和稳定，确保所有的实验室接收到的每一分发单元在平均分析浓度下不会有显著差异。计划提供者必须清楚地给出建立均匀性样品的程序。

注：当各个单元间样品的均匀性已经足够满意时，参与者就可以肯定，收到的分发单元对特定的分析程序是足够均匀的，有责任在分析过程中确保被测试部分能代表分发单元中的全部测试样品。

（5）分发单元中的样品数量必须充分满足分析的要求,包括计划协议书中要求的重复分析的要求。

（6）做样品稳定性分析评价时,计划提供者可能需要规定一个日期,分析必须在该日期当天或之前完成。

（7）计划提供者必须考虑测试样品存在的潜在安全风险,并采取适当的措施将其告知任何可能引起危害的部门和人员(例如,测试样品分发者、检测实验室等)。

注:"适当的措施"包括但不限于遵守特定的法律。很多国家也利用这个额外的"安全责任"提出了超出法律规定的最低细节的要求。

（8）参与者在收到测试样品时,必须充分了解有关测试样品的性状、采用适合目标要求的标准、选择合适的分析方法等信息。所得到的信息不包括指定值。

2.8 样品分发的频率 适当的测试样品分发频率应当由计划提供者结合顾问小组的建议来决定(参见 3.10 部分)。分发频率通常介于每年内安排 2～10 个轮次。

2.9 指定值 指定值是一个测量值的评估值,它用于计算参与者的得分。

（1）指定值应当由下列方法之一决定:①来自一个参考实验室的测量结果;②作为测试样品使用的 CRM 的鉴定值;③能力验证测试样品和 CRMs 的直接比较;④多个专业实验室的公议值;⑤一个公议值(即一个直接从结果报告中得到的值)。

指定值在结果报告最后期限之前不会告知参与者。

（2）在告知参与者结果和得分的时候,计划提供者必须将指定值和它相应的估计不确定度一同告知。同时必须详细指出,如何确定指定值和不确定度的细节。关于确定指定值的方法将在下文讨论(参见 3.2)。

（3）在使用经验分析方法时,指定值通常可以通过使用一个被清楚定义的分析程序得到的结果计算得来。同样指定值可以通过使用两个或者更多等效的经验方法得到的结果计算得来。

（4）有时候计划针对不同的方法使用不同的指定值可能是必要的,但这种设计只能是用在非常必要时。

（5）当需要依赖经验方法获得指定值时,必须提前告知参与者采用了哪种相应的经验方法来决定指定值。

2.10 参与者对分析方法的选择

（1）一般来说,参与者应当自主选择分析方法。但是在一些情况下,例如在立法需要时,参与者可能被指定使用一个特定的分析方法。

（2）方法必须是日常分析中使用的方法,而不是特别为能力验证设计的方法。

2.11 性能评估 根据实验室的报告结果和指定值之间的差异来评估各参与实验室的性能状况。并根据 3.1 中的统计方法对各参与实验室的表现进行评分。

注:基于目标适应度标准的 Z 评分是本协议建议的唯一评分类型。

2.12 执行的判断标准 通过实验室在一轮计划中对被测物的分析判断来建立评价实验室性能表现的标准。要建立的标准将确保实验室的日常分析数据的质量能够保证充分实现预期目标。建立的标准通常不是为了表现某个方法的最好性能,而是实验室提供的最佳能力(参看 3.5)。

2.13 参与者的结果报告

(1) 参与者必须按计划要求的格式和途径报告结果。

(2) 计划提供者应当确定一个必须报告结果的最终日期。在截止日期之后递交的结果应该被拒绝。

(3) 递交后的结果不能再更改和撤回。

注:这样严格规定是因为能力验证的目标是通过验证手段来检验实验室获得分析结果的每个方面,包括计算、校核和一个最终的结果报告。

2.14 计划提供者的报告

(1) 计划提供者应当在每轮计划完成后向每个参与者提供相关性能报告。

(2) 发给参与者的报告应当清晰全面,显示所有参与实验室结果的分布情况以及该参与者的性能评分。

(3) 计划提供者应向参与者出示其所使用的指定值,以便参与者检查自己的数据是否被正确的输入。

(4) 计划提供者收到可用的结果报告后,如果可能,应当在下一次分发样品前尽快发出反馈报告。

(5) 参与者至少应当收到:①格式简明和清晰的报告;②至少有图表形式概括所有参与实验室结果的统计图(例如,一个直方图、线形图或其他分布图)。

注:尽管在理想的情况下,所有参与者的结果都应当分别报告,但是在某些涉及量大而又广泛的计划(例如,有数百家参与者,每个参与者每轮计划中要验证 20 个被测物),可能做不到这一点。

2.15 同参加者的沟通

(1) 计划开始后,计划提供者应向参与者描述详细的信息:

1) 可用的测试范围和参与者已经选择并采用的测试方法;

2) 已建立的性能标准评估方法;

3) 在不能对每个测试样品分别设置标准的情况下,要考虑合并使用时的适用性标准;

4) 决定指定值的方法,包括相关的测试方法;

5) 概述用于参与者评分的统计方法;

6) 与参与者有关的注意事项(例如,上报结果的时间、避免同其他参与者串通等);

7) 选择顾问小组的方法和小组成员的组成;

8) 有关计划提供者和其他相关组织的联系细节。

注:同参与者的沟通可以通过适当的媒介,包括:定期的新闻稿、常规计划回顾报告、定期的公开会议或者电子通讯。

(2) 应当告知参与者将来可能发生的有关计划设计和运行方面的任何变动。

(3) 应向表现不佳者提供有用的建议,可以用列表的形式,列出该领域的专家,提供咨询。

(4) 如果参与者认为对自己的评估结论有错误,应该允许他们反馈意见给计划提供者。

(5) 必须有一个机制,使参与者通过此机制对计划运作和测试样品等问题进行评议,允许他们因为测试样品引起的任何问题及时提醒给计划提供者,共同对计划的发展作出贡献。

注:应当鼓励参与者反馈意见。

2.16 结果的串通和伪造

（1）所有参与实验室有责任避免结果的串通和伪造。这应当是参与计划的一个书面条件，并包含在给计划参与者的指引中。

（2）计划提供者应在计划中设计适当的条款防止串通。（例如，可以对外这样说，在一轮计划中有时候可能不止分发一种测试样品，使实验室间不能直接比对结果，同时在下面的轮次中，测试样品也不可能进行重复使用等。）

注：不论在参与者之间还是个别参与者同计划提供者之间串通，结果是违背职业科学操守的，只能削弱能力验证对客户、认可机构和分析人员所起的作用。

2.17 重复性
能力验证报告应当按照常规工作规范报告样品重复测定的平均值。（实验室参与能力验证计划使用的程序应当与常规分析使用的相同。）

注：可能存在有分别报告实验室内重复数据作为能力验证结果的现象，但并不推荐。如果允许，计划提供者和参与者都必须小心对待均数超过了多数参与者重复性标准差的解释。例如，当使用不同的分析方法时，通过方差分析获得的组内平方和不能被解释为一个"平均"的重复性方差。

2.18 保密性
有关计划的信息和参与者的数据，是计划提供者和参与者共同遵守的保密条件，应作为参与计划所设定的条件，在计划参与之前就知会各方。

注：提供者在设定保密条件时应当考虑，公开一般的性能数据对分析学界是有帮助的。在对参与实验室个别信息给予应有保护的前提下，提供一些可登载参与方相关信息的公开出版物。除非另有规定，参与者信息公开的条件是：

（1）没有相关参与者允许，计划提供者不应当将其身份泄露给第三方，包括其他参与者。

（2）在报告中参与者应当只能根据编号来确认。

注：每一轮对实验室的编号都要随机安排，避免根据历史记录识别参与者。

（3）出于评估或证明实验室分析能力的目的，参与者可以将他们的检测结果，包括日常参与计划的结果报告，同实验室认可或者其他评估机构、客户（包括实验室上级组织）进行私下地沟通。

（4）参与者可以公开自己的性能信息，但是不应公开同其他参与者的性能具有对比性质的信息，包括分数排名。

3. 实际操作

3.1 参与者的结果与得分的转换

3.1.1 Z 值的意义

1993 年版协议建议将参与者的结果转换为 Z 值，十几年间的经验表明 Z 值在能力验证中的具有可操作性和广泛接受性。一个参与者的结果 x 根据下式转换为 Z 值

$$Z = (x - x_a)/\sigma_P \tag{1}$$

x_a 是计划提供者对被测量值（能力检测样品中被测物含量真实值）的最优"指定值"，σ_P 是以目标适应度为基础的"能力评估标准差"。以下给出 x_a 和 σ_P 的评估指引（参见 3.2～3.5）。

注：

（1）σ_P 在 1993 年版协议中被定义为"目标值"[1]。现在这个定义被认为存在误导。

（2）在 ISO 43 的指南[4]和 ISO 统计指南 13528[5]中，$\hat{\sigma}$ 用来表示能力评估标准差。现在能力评估标准差使用 σ_P，是为了强调指定具体适应目标范围的重要性。

Z 评分的首要目的是使所有参加能力验证的得分都可以进行比较，无论是被测物浓度还是测试样品的均质性、类型、分析测量中潜在的自然法则或者提供计划的组织，分数的重要性等，都可以直接地表现出来。理想地说，得分 $Z = -3.5$，不论它的来源，对于任何参与能力验证的人、提供者、参加者或者终端用户都应当具有一致的简洁含义。这个结果是和目标的适应度紧密相连的。在界定 Z 的公式中，$(x-x_a)$ 表示测量误差；参数 σ_P 是分析应用领域最适合的标准不确定度，换句话说，是"与目标适应度"相适应的不确定度。这个参数不需要同结果报告的不确定度密切联系。所以，虽然我们能在标准正态分布的基础上解释 Z 值，但是他们的分布不可能完全一致。

在一个测量结果中如何使用目标适应度的不确定度。比如，一个 10% 的相关标准不确定度[如 $u(x)/x$]，对许多环境方面的测量可能是足够的，可是当分析一船含有金的垃圾时，则需要一个更小的相对不确定度来决定它的商业价值。但这还远远不够，决定一个合适的不确定度，是决定一个取舍分析成本和判断错误的问题。要求更小的不确定度就意味着要求增大分析成本的投入。但是使用更大不确定度就意味着可能得到一个更大的错误判断。目标适应度由平衡这些因素的不确定性来界定，也就是将预计的总损失减少到最小[10]。分析师和客户遇到这种情况通常不会作正式的数学计算，但是至少应当关注每个特殊示例与目标适应度的一致性。

3.1.2 如何解释 Z 值？

Z 值通常不是根据参与者提交的结果统计出来的，这一点对于 Z 值的解释很重要。相反 Z 值的解释是，使用建立在计划提供者与目标适合度规范基础上的假定指导模型，该模型由能力评估标准差特定 σ_P 值来描述，解释为在正常分布 $x \sim N(x_{true}, \sigma_P^2)$ 基础上，x_{true} 代表被测物含量的真实值。在这个模型中，假设指定值与 x_{true} 十分接近，故 Z 值服从标准正态分布。

（1）Z 值等于 0 分，代表结果非常好。但即使是在最具有能力的实验室也十分罕见。

（2）大约 95% 的 Z 值会介于 $-2 \sim 2$ 之间。得分的符号（如"−"或者"＋"）分别代表负或正误差。这个区域的分数一般定为"接受"或者"满意"。

（3）分布在 $-3 \sim 3$ 的区域之外的分数也很少见，说明应当调查造成如此得分的原因并进行纠正。这个范畴的得分一般定为"不接受"或"不满意"，用一个不含贬义的短语描述更好，即"要求纠正"。

（4）分数处于 $-2 \sim -3$ 和 $2 \sim 3$ 区域的概率约为 1/20，当这个结果孤立的出现时问题不大。有时候，这个范畴的得分被定为"可疑的"结果。

即使有，也是很少的实验室与上面的描述完全吻合。大多数的参与者会在一个有均数偏差和一个不同于 σ_P 的标准差下操作。由于总误差的原因，某些实验室会产生极端结果。但是，作为适用于处理 Z 值的指导模型能被所有参与者接受，是由于以下原因。

长期以来，一个有均数偏差和大于 σ_P 标准差的 Z 值评估方式，相对于标准正态模型而言，总是使更大的一部分结果为 $|Z| > 2$ 和 $|Z| > 3$，分别大约为 0.05 和 0.003。反之，一个

无均数偏差和标准差等于或小于 σ_P 的 Z 值评估方式,会使参与者产生更小一部分上述结果,并合理地接收到少数相反结果的报告。这个问题要准确地提醒参与者。

3.2 确定指定值的方法　能力验证提供者可使用以下几个途径来确定指定值和它的不确定度。每个方法都有各自的优点和缺点。因此,要根据不同的计划目标,甚至是在一个计划内的或系列轮次中的不同目标选择合适的方法。在选择方法决定指定值时,计划提供者和顾问小组应当考虑下列因素:

(1) 提供者和参与者的成本。高成本可能阻碍实验室参与,并因此降低效率。

(2) 与参考实验室或者其他组织一致的任何法定要求。

(3) 需要独立的指定值对整个总体的偏差进行检查。

(4) 具备溯源性特定基准值的任何具体要求。

注:参与者在计量上具有追溯性,是保证分析质量的一个重要因素。当计量溯源性和相应质量保证/质量控制方法——特别是通过相应基质 CRMs 能够被广泛执行时,结果可以得到良好的重复性和低分散性。简单地对所有实验室的得分结果观察其分散性,是依据有效的可溯的测试活动直接得来,与指定值无关。然而,依据一个独立可溯的指定值进行的测试,对溯源的有效性提供了一个有用的额外检查。

3.2.1 参考实验室[①]的测量结果

理论上,一个指定值和不确定度可以从一个适合而有资质的测量实验室通过使用一个充分小的不确定度的方法获得。对于大多数实际目标来说,这和使用 CRM 丝毫不差。它的优点是样品可以根据计划的要求得到有效的调整。它主要的缺点是需要付出的努力和花费很大,例如,样品测试方法的验证需要持续的研究,还要消除可能发生的显著干扰。

3.2.2 标准物质(CRM)的使用

如果一个能力验证中能大量使用 CRM,就能直接使用 CRM 的认可值和相应不确定度。这种操作快速简单,同时(通常)提供了一个独立于参与者测试结果的值。根据定义 CRM 可以自动提供标准值相应的溯源。但是也有缺点,在能力验证计划中天然的基质 CRMs 通常不能大量供应和(或)使用(成本昂贵),还可能很容易被参与者识别并随后就可推断出认可值。最后要说的是,尽管通常都认为能力验证是有价值的,但最有价值的是在缺乏或者没有使用参考物质的分析部分。

3.2.3 能力测试样品与认可的标准物质直接比对

这种方法是,在重复性条件下(即在单轮实验里),用一个合适的较小的不确定度对测试样品以及相应的 CRMs 按一个随机的顺序多次分析。倘若 CRMs 同预期的能力测试样品在基质和浓度、种类、被测物鉴定方面具有密切的可比性,那么能力测试样品的结果,是通过类似于建立在 CRMs 被鉴定值校准功能上的测试得到的,可以追溯 CRM 值,并通过他们达到更高的要求。

注:ISO13528[5]对该项操作进行了说明。使用一个匹配的 CRMs 作为校准测量值,能力验证可以被合理地描述为"使用适合校准材料的测量"。

实践中,判断 CRM 是否在各个方面与能力验证样品充分相同是困难的。如果它们有

---

①本文中提及的"参考实验室"是经过计划提供者和顾问小组同意的实验室,将为计划的目标提供充分可靠的参考值。

不相同,在指定值不确定度的计算中必须包含这个不确定因素。如同以上所述,能力验证在没有标准物质的分析部分最有价值。

3.2.4 专家实验室的公议值

指定值是由一组专家实验室经过仔细的、重复使用参考方法检测、对能力测试样品值达成共识的公议值。这种方法用在按"经验分析方法"定义测试参数时,或日常测试实验室结果与少数法律仲裁实验室认可的结果一致时特别有价值。这对专家实验室间的交叉检查避免存在实验室间的总误差很有意义。

在实践中,公议值的获取,同使用一个小的不确定度和确证一个标准物质一样,要付出同等的努力。如果参考实验室使用常规程序分析能力验证测试样品,所得结果不会比大多数能力验证的参与者的平均水平更好。因为参考实验室的数量毕竟很少,不确定度和(或)分组公议值变异可能会足够大,造成能力验证样品测试误差。

当使用从专家实验室得到的公议值时,通常通过相应的峰高来估计指定值和与之相关的不确定度。因此指定值的不确定度是报告不确定度(如果一致)或相应的合并附加条件需要解决的一系列校准不确定度中的任一个统计不确定度,以及基质效应和其他效应。

3.2.5 (物质)成分的使用

成分的使用是将已知含量或浓度的被测物(或含有被测物的样品)添加到浓度接近为 0 的基质中。使用时必须注意以下细节:

(1) 基质中原有的被测物必须充分独立或者必须知道它准确的浓度。

(2) 当添加微量的固体被测物到纯的基质中时,要充分混匀比较困难。

(3) 即使基质种类是合适的,添加被测物同基质的结合比典型样品基质中天然存在的被测物可能更松散,因此添加被测物回收可能较实际情况高。

倘若能够克服以上问题,指定值可由所使用样品的成分比例和已知浓度(或纯度,当添加一个纯的被测物时)简单的决定。根据纯度的不确定度或者使用样品中被测物浓度以及测定重量和容量的不确定度就可估计指定值的不确定度,还要注意混合过程中湿度和其他方面的重要改变。当能力测试样品是均质的液体,被测物在纯溶液中时,用这种方法操作相对简单。但是该方法对于固体材料可能不适用,在那里被测物已经存在("天然存在的"或"残留的")。

3.2.6 参与实验室的公议值

在决定指定值的方法中,从参与实验室得到公议值的方法目前得到最广泛的应用。确实,再没有比这更好的低成本、高绩效的方法了。公议值并不是指所有参与者同意经过可重复实验得到的精密度而决定的限值,而是大多数参与者无偏差的、容易确认的分布模型。我们通常使用参与者测量结果的集中趋势来推论一个合适的被测物的最有可能的值作为指定值,用它的标准误差作为它的估计不确定度(参见 3.3)。

从参与实验室得到公议值的优势在于成本低,因为这样确定指定值不需要额外的分析工作。在参与者之间采用同行接受通常是好办法,因为所有的成员或者群体都处于同一地位。公议值的计算通常很简单。在实践中,长期经验表明,公议值的值通常很接近成分比例、专家实验室公议值和参考值(从 CRMs 或从参考实验室得来的)。

从参与实验室得到公议值的主要缺陷是:第一,他们不是独立于参与者结果的;第二,当参与实验室的数量比较少时,它们的不确定度可能过大。缺乏独立性有两个潜在的影响:

①可能没有准确地测出总体的偏差,因为指定值是遵从总体结果的;②如果大多数结果有偏差,因而会导致无偏差结果的参与者却得到了不真实 Z 值,可能是不公平的。在实践中前者很少见,除非在小样本中使用该方法;独特不同的几个小样本的存在更是常见的问题。因此,能力验证的提供者和参与者都必须提防这些可能性(应当对其他指定值方法可能产生的误差都予以同样注意)。一旦发现这种情况,通常能够很快被纠正。能力验证的好处之一是参与者能够注意到不明显的一般性问题和具体的实验室问题。

小样本的局限性常常更为严重。当参与者的数量低于 15 时,公议值的统计不确定度(如标准误)将会比可接受的要高,Z 值应包含的信息会因此而减少。

尽管有明显的缺陷,但大量的经验表明,只要提供者注意可能出现的问题和使用合适的计算方法,使用公议值的能力验证就能进行得很好。从参与者的结果评估公议值的具体方法将在下文讨论。

3.3 指定值作为公议值的评估

3.3.1 对集中趋势的估计

如果一轮中参与者的结果是单峰,合理地接近对称,对集中趋势的不同测量几乎是一致的。因此,我们对采用众数、中位数或者稳健均数中的一种,作为指定值是有信心的。我们需要使用一个估计方法,以避免出现的离群值和重尾现象的过度影响,带来结果不准确,这也是为什么中位数或稳健均数有价值的原因。

稳健统计基于假设:数据是一个重要的正态分布样本,该正态分布受重尾和一小部分离群值的影响。该统计依据减少远离均数的数据权重来计算,并调整降低的权重。稳健统计有许多版本[5,11]。中位数是稳健统计的一个简单例子。Huber 稳健均数由分析方法委员会(AMC)推荐的算法获得[11],并被 ISO5725 和 ISO13528 定为"A 算法",比中位数更能充分利用数据信息,在大多数情况下具有一定程度上的更小的标准误差。但是,当分布频率强烈偏斜时,中位数更为稳健。因此,当分布近乎对称时,稳健均数更好。众数并不完全是从连续分布的样本中获得,获得它需要特别的方法[12]。然而,当出现双峰或者多峰结果时,众数可能特别有用。

下文推荐了估计公议值及其不确定度的方案。在分析化学和统计学家基础上提出的评估判断因素作为要素被关注也被写进方案,对方案内容进行了强化。因为目前很难或不可能设计出能自动操作并能对任一套数据系统提供公议值的规范。

3.3.2 获取公议值及其不确定度的建议方案

通过公议值获取一个指定值 x_a 及其不确定度的方案在下面的建议程序中给出。某些细节原理在 3.3.3 中讨论。附录 1 是应用本方案的举例。

建议一

(1) 数据以外的任何结果是无效的(非参与者数据来源或者获取方法是被禁止的)或者当做是极端离群值(比如中位数±50%以外的数据)。

(2) 通过图形检查结果的分布,点阵图(适用于 $n<50$ 的较小数据组),饼图或者直方图(适用于较大数据组)。如果离群值使得大多数结果在图上显示被过度地压缩,就重新制作一个没有离群值的新图。如果排除离群值的新图分布明显是单峰和大体上对称的,转到(3),否则转到(4)。

(3) 计算稳健平均数 $\hat{\mu}_{rob}$ 和 n 个结果的标准差 $\hat{\sigma}_{rob}$。如果 $\hat{\sigma}_{rob}$ 小于 $1.2\sigma_P$,那么 $\hat{\mu}_{rob}$ 为指

定值 x_a，$\hat{\sigma}_{\text{rob}}/\sqrt{n}$ 为它的标准不确定度。如果 $\hat{\sigma}_{\text{rob}} > 1.2\hat{\sigma}_P$，转到（4）。

（4）使用结果标准核分布图，在 h 带宽值和 $0.75\sigma_P$ 的条件下，做核密度评估。如果核密度图为单峰和大体对称，同时图形的形态和中位数几乎一致，使用 $\hat{\mu}_{\text{rob}}$ 作为指定值 x_a，$\hat{\sigma}_{\text{rob}}/\sqrt{n}$ 作为标准不确定度，否则转到（5）。

（5）如果一些较小的众数被安全地作为离群值的结果，并对小于总体 5% 的范围有影响，那么使用 $\hat{\mu}_{\text{rob}}$ 作为指定值 x_a，$\hat{\sigma}_{\text{rob}}/\sqrt{n}$ 作为它的标准不确定度，否则转到（6）。

（6）如果一些较小的众数对核区域有显著影响，要考虑可能有两个或更多的离散值将出现在参与者结果中。如果有可能从独立的信息中（如参与者分析方法的细节）推断出这些众数中的一个是正确的，而其他的是错误的，就使用这个正确的众数作为指定值 x_a，它的标准误作为标准不确定度，转到（7）。

（7）如果上述方法无效，就要放弃决定一个公议值的努力，并放弃对该轮实验中独立实验室性能得分的评估报告。但是作为一个总体数据的统计概要提供给参与者，可能依然有用。

3.3.3 决定指定值方案的原理及注意事项

上述方案的原理如下：

理论上认为，使用 $\hat{\sigma}_{\text{rob}}/\sqrt{n}$ 作为指定值的标准不确定度仍然可以商榷。因为 n 个结果的不确定度的影响在计算 $\hat{\sigma}_{\text{rob}}$ 时被降低了，同时它的样品分类很复杂。无论如何这是 ISO13528 推荐方法中的一个。在实践中，$u(\text{x}_a) = \hat{\sigma}_{\text{rob}}/\sqrt{n}$ 仅用作合适的指定值的初步指引，不太关注它的理论目标。

在上文第 2 部分，我们预计 $\hat{\sigma}_{\text{rob}}$ 约等于 σ_P 是因为参与者总是试图要达到目标适应度的。如果我们发现 $\hat{\sigma}_{\text{rob}} > 1.2\sigma_P$，合理的假设是，实验室要使总体中单个结果达到所要求的可重现的精密度是有难度的，结果中可能有两个或更多有差异的个体出现。核密度有助于在多种可能性之间做抉择。后一种情况是否会导致两个（或更多）的众数，取决于均数的离散度和每个样品得到的结果数。

使用 $0.75\sigma_P$ 带宽值 h 建立核密度是个折中的办法，该办法可以抑制虚假众数的影响不会过度地增加，核密度的变异与 $\hat{\sigma}_{\text{rob}}$ 相关。

3.4 指定值的不确定度　如果一个参与者依据与目标适应度相符合的标准差 σ_P 去操作，不确定度 $u(x_a)$，指定值是 x_a，那么参与者从 x_a 得到的不确定度偏差是 $\sqrt{u^2(x_a) + \sigma_P^2}$，这样我们可能期望看到一个除了 N(0,1) 以外的同偏差一致的 Z 值。此时，将 $u^2(x_a)$ 和 σ_P^2 进行比较，检查前者是否对 Z 值产生反作用。举例说明，如果 $u^2(x_a) = \sigma_P^2$，Z 值大约会增大 1.4 倍，这是一个不可接受的结果。如果 $u^2(x_a) > \sigma_P^2$，增大的倍数大约是 1.05，这种影响对于实际目标可以忽略不计。因此，假如 $u^2(x_a) > 0.1\sigma_P^2$ 时，建议不能将不合适的 Z 值推荐给参与者（系数 0.1 是一个合适的量，但它精确数值的本质是随机的，计划提供者应当考虑）。如果在一定程度上（但不是很大地）超出了这个不等式，计划提供者应当公布一个附带警告条件的 Z 值，例如，把它们标上"暂时性的"并附上一个适合的解释。因此，能力验证提供者要为表达式 $u^2(x_a) = l\sigma_P^2$ 指定一个合适的、低于计算得到 Z 值的 l 值。

ISO13528[5] 介绍了一个修订的 Z 值 Z'，当指定值的不确定度不可忽略时，使用 $Z' =$

$$\frac{x-x_a}{\sqrt{u^2(x_a)+\sigma_P^2}}\text{。}$$

但是,本协议书并不建议使用 Z',虽然它可能同相应的 Z 值是相同的。使用 Z' 掩盖了指定值不确定度非常高的这个事实。因此给出以下的建议。

建议二

能力验证提供者应当为计划推荐一个不等式 $0.1<l<0.5$,并按以下建议计算一轮计划的 $u^2(x_a)+\sigma_P^2$:

(1) 如果 $u^2(x_a)+\sigma_P^2\leqslant0.1$,标为不合格 Z 值。

(2) 如果 $0.1<u^2(x_a)+\sigma_P^2\leqslant l$,标为合格的 Z 值(如"暂时性的"Z 值)。

(3) 如果 $u^2(x_a)+\sigma_P^2>l$,不标 Z 值。

注:$0.1<l<0.5$ 不等式中的限制值可以根据具体计划的精确要求稍微做些修改。

3.5 能力评价标准偏差的确定　能力评价标准差 σ_P 是用来为实验室结果与指定值的差异($x-x_a$)提供大小比例并决定 Z 值的一个参数(参见 3.1)。决定参数值有几种方法,下文将分别讨论它们相对的益处。

3.5.1 通过目标适应度测定的值

在该方法中,能力验证提供者将决定一个不确定度的水平,该水平被参与者和数据终端用户普遍认为与结果的应用相匹配,并以 σ_P 界定。所谓"匹配"的意思是,不确定度足够的小,使得因数据产生的不正确结果的可能性十分低,也不会使分析的成本过度升高。对"与目标的适合度"建议性定义是,它应与不确定度相适合,这个不确定度能最小化这两者之和,包括分析成本和因不正确决定带来的财政损失被发生的概率相乘得到的结果[10]。必须强调的是,这里的 σ_P 并不代表实验室操作的日常表现,而是他们应当如何运作来实现对客户的承诺。参数值在作为最终结果的 Z 值时,可以参照标准正态分布得到解释。这可以由计划的顾问小组作出的专业判断来决定。在某些分析领域,已经有了公认的关于与目标适合度的工作标准。例如,在食品测试领域,Horwitz 公式常常被看做是与简单描述同样适用的目标适应度定义[13]。

但是要获得参数的值,必须在变量值确定和公布之后,再分发能力测试样品,可使参与者检查他们的分析程序是否与之相符。在某些被测物浓度可能范围比较小的计划中,一个独立水平的不确定度能够被解释覆盖所有的偶发事件。在被测物浓度变化范围较大时,复杂性也随之增大。因为参与者不能提前知道指定值,目标适合性标准被指定作为浓度。最普通的步骤如下:

(1) 指定标准为一个相对标准偏差(RSD)。由指定值乘以 RSD 得到 σ_P 值。

(2) 在分析结果有较低限制的地方,为 σ_P 设置一个超过指定范围的 RSD 与较低的限制相协调。例如,在测定酒中铅的浓度时,谨慎的做法是,在超过被测物浓度较宽范围设定一个 20% 的 RSD,但是在浓度充分低,低于允许的最大浓度值 $x_{\max}$ 时,这样的精密度水平既不需要也不经济。这样的事实可以通过公式化得到验证,目标适合性标准用公式表示

$$\sigma_P=x_{\max}/m+0.2x_a \tag{2}$$

m 是一个合适的常数。例如,假若 m 为 4,σ_P 不会小于 $x_{\max}/4$。

(3) 指定目标适合性的概述性表达方式,例如 Horwitz 公式[13],也就是(使用通用符号)

$$\sigma_P = 0.02\, x_a^{0.8495} \qquad\qquad (3)$$

x_a 和 σ_P 表示质量分数。要注意这里的 Horwitz 是不适用浓度低于 10 ppb(ppb$=10^9$ 质量分数)的,对于此已经推荐了一个修正的公式[14]。

3.5.2 法定值

有些情况下,因为某些特定分析目的结果的最大限量再现性标准差是由法规或者国际协议规定的。这个值可以作为有用的 σ_P 值。同样,如果设定一个允许的误差限量,对设定 σ_P 也有帮助,假如置信水平是适用的,可以由 t 检验的相应值来划分。但是,使用低于法定限量的 σ_P 值可能更好。这是能力验证计划提供者和顾问小组要考虑的问题。

3.5.3 其他途径

某些能力验证计划的评分不是建立在适用性的基础上,这极大降低了评分的价值。虽然这些评分方法被纳入 ISO 43 指南[4](并被上一个版本的协议所讨论[1]),本协议在化学能力验证中不推荐使用。类似的评分系统有两个重要版本。其中之一是,σ_P 值由从事分析的实验室专家根据分析类型而决定。很明显,实验室针对目标适合性的表现可以更好也可以更坏,所以该评分系统仅告诉我们哪一个实验室同其他实验室相比出了线,也不管它们是不是足够好地出了线。另一个版本看起来更权威,因为它依赖标准统计的理念,使用 σ_P 作为一轮中参与者结果的稳健标准差。结果每轮计划中大约有 95% 的参与者能获得一个明显的可接受 Z 值。这对计划提供者和参与者来说都是一个令人满意的结果,可是同样,这种评分方法只能指出与众不同的结果,同时也带来额外的难度,假如 σ_P 值在每一轮都不同,那么每轮得分之间就没有一个稳定比较的基础。虽然从几个轮次的汇总结果中导出的固定值可以使用,但对结果不符合目标适应性要求的实验室,依然不能起到激励其改善操作的作用。

可能许多情况使得能力验证提供者有理由不提供有关目标适合性指南。当参与者为了各种不同目的进行日常工作时就是这种情况,因此可能没有一个通用的目标适用性标准。在这种情况下,能力验证提供者更好的选择就是根本不进行评分,只给出一个指定值及其不确定度和(可能给出的)实验室误差(某种情况下以相对误差的形式,即"Q 评分")。无论使用何种评分方法都应当清楚地标明"仅为非正式使用",将评估者或预期客户根据得分作出的错误判断降到最小范围。这些计划的独立参与者也可以提出自己的目标适应度标准,操作方案将在下文叙述(参见 3.6 和附录 6)。

建议三

只要可能,能力验证计划应当使用能力评价标准差 σ_P,该值反映了这部分的目标适应度。如果没有一个大概的对应水平,计划提供者应避免计算得分,或者在报告中明确指出分数仅作为非正式地描述性使用,而不是作为判断参与者表现的指标。

3.5.4 为个别要求修正的 Z 值

一些能力验证计划不是以"目标适应度"为基础的,计划提供者仅根据参与者的独立结果计算得分(即没有考虑外部的实际需要)。一个参与者可能发现由计划提供者提供应用的目标适用度标准与实验室工作类别不匹配。对实验室来说,实际工作中虽然许多客户要求在同一材料中测定同一被测物,但每个客户都有不同的不确定度要求,这种情况很常见。

无论能力验证计划基于何种标准,参与者都可以根据自己的目标适应度要求来计算得分。可以通过下述方法直接完成:参与者应同意一个指定的、针对不同客户使用的目标适应

度标准 σ_{ffp}，并用它来计算相关的修正 Z 值：

$$Z_L = (x - x_a) / \sigma_{ffp} \tag{4}$$

以 Z_L 代替传统的 Z 值[15]。如果需要，σ_{ffp} 标准可以表示为一个浓度公式。它应当像 Z 值中的 σ 值一样被应用，也就是说，它应当以标准不确定度的形式来表示公认的目标适应度。如果一些客户有不同的精确度要求，采用任意一个结果都能够导出几个有效的分数值。修正过的 Z 值可用被推荐 Z 值的正确方式来解释(参看附录 6)。

3.6 参与者数据报告及其不确定度　本协议不建议参与者结果报告附带测量不确定度。这个建议和 ISO 43 指南一致。事实上，当前只有少数分析化学能力验证计划要求参与者结果报告要附上一个不确定度估计，这其实是一个假象。经过详细的专业思考以后，能力验证计划一般要设定一个 σ_P 值来表现超过全部应用部分的目标适应度。因此，最佳的不确定度设计是隐藏在计划中的。参与者被期望采用同规范一致的方式执行计划，因此不需要明确指出不确定度。按照计划要求实施的操作通常会获得介于 ± 2 范围内的 Z 值。那些严重低估了不确定度的参与者很有可能收到"不可接受的"Z 值。换句话说，被正确估计的不确定度大概同 σ_P 值十分接近，而低估了的不确定度则会导致一个低的 Z 值。在这种情况下，不确定度的报告不会使计划增值。更进一步说，迄今为止，凡是参与者没有提供不确定度数据的能力验证计划都非常有效，因此完全可以不根据是否提供了不确定度数据来判断参与者日常分析的能力。

但是，以上概述的情况可能不是普遍适用的。因此，实验室应当根据自身工作的适用性制订独立的能力评价标准，而不是按照能力计划一般性 σ_P 值来评价目标适用性。另外，不确定度数据越来越多地被客户要求，为此实验室应当按照规定检查相应的程序。下文将讨论三个重要的与参与者使用不确定度相关的问题：公议值的决定；利用得分来检查报告不确定度；使用参与者不确定度来评估单个实验室的目标适应度。

3.6.1 公议值

在可以使用不确定度评价的地方，参与者报告附带不确定度数据的时候，计划提供者需要考虑公议值是最好的鉴别，困难的是，如何最佳估计公议值的不确定度。解决难题的办法是，根据一组中每一个被测量值的不同的不确定度无偏估计，来建立公议值及其不确定度。实际操作时情况是：①在那些报告中经常有不一致的结果(也就是数据来自用不同方法分发的样品)；②不确定度的估计经常是错误的，可明显地看出与那些离群结果的联系很可能太小。

目前，对稳健均数的评估或者对带有变量不确定度的多个实验室数据的偏差处理还没有成熟的方法。但是，该领域正在快速发展，几个有价值的方案正在被探讨[16,17]。可能基于核密度估计的方法在目前看起来是有效的。

在一个既定的计划中，大多数参与者都是按照一个统一的规定去操作的，产生的不确定度预期相同。这种情况下，无论加权和未加权的集中趋势估计也很小。因此，稳健无加权评估在这里可以使用，它具有灵敏度很小、可真实地估计较低的不确定度或者离群值的优势。

这方面正在快速发展，而不确定度的估计在一定程度上是不可靠的，建议使用无加权稳健估计法计算指定值。

建议四

当不确定度的估计方法可行时，未加权稳健评估法(对独立的不确定度不考虑)应当根据 3.3 和 3.4 中所述方法来获取公议值及其不确定度。

3.6.2 ξ 值

ISO13528 界定的结果评分和上报不确定度的 ξ 值如下：

$$\xi = (x - x_a) / \sqrt{u^2(x) + u^2(x_a)} \qquad (5)$$

式中，$u(x)$ 是上报的标准不确定度。ξ 值是观察预计不确定度同指定值之间偏差一致性程度的指标。对它的解释同对 Z 值的解释是类似的，绝对值大于 3 表明应进一步检查。原因是，既可能低估了不确定度 $u(x)$ 的影响，也可能是总误差导致了 $x - x_a$ 的误差变大。后一种情况通常会导致一个高的 Z 值，因此重要的是，要综合考虑 Z 和 ξ 值。同时注意，在一段时期内持续低 ξ 值可能表示高估了不确定度。

注：ISO 13528 定义了额外使用扩展不确定度的评分方法；如果计划顾问小组认为合适，建议参考 ISO 13528。

3.6.3 连带不确定度的得分结果

参加者很容易用 ξ 值来检查自己对不确定度的估计。但是目前我们要考虑的是能力验证计划组织者要采取的行动。

计划提供者（而非独立的参加者）在把原始结果转换为评分分数时，会试着考虑不确定度的问题。这样做起来不会很难，但是要作出的结果有用就比较难。曾经有人建议，所有的计划都要提供一个图表，来展示参加者结果和分数。一个基于 ξ 值的图表是粗略的，因为很难有效地在一个二维图形中显示结果。一个具体的 ξ 值（例如 -3.7）可以有一个较大的误差和较大的不确定度，也可以有一个较小的误差和相应的较小的不确定度。计划提供者无法判断参加者递交的不确定度值是否与他们需要相符合，因此这个 ξ 值作为计划组织者用来评估参加者的结果是不明确的。

建议五

除非有特别的理由，计划中不应当提供 ξ 值。当一个参加者的要求和计划不一致时，参加者可以计算 ξ 值或等同的数值。

3.7 检测限附近结果的评价　许多分析工作涉及被测样品浓度的测量结果接近方法的检出限（甚至为 0）。能力验证计划采取的方法应当接近实际的样品检验；测试样品中应包含被测物浓度特别低的。通常 Z 评分法用于这部分的测试结果有困难。一部分困难来源于结果数据的出具：

（1）在许多实际操作中，对一个低浓度的检测数据会出一个诸如"未检出"或者"小于 c_L"的"错误"的结果，c_L 是一个任意的检测限。这类结果，虽然可能符合目标适应度，但不能被转换为 Z 值。Z 值需要结果建立在区间尺度或者比例尺度上。这里，特别不建议用一个随意的办法（如 0 或者一半检出限）来代替"错误"的结果。

（2）某些能力验证计划通过避免"错误"的结果来处理这个难题。如果很多参加者的检验数据都接近检测限，不论他们是否提供这样一个"错误"的结果，想为指定值估计一个有效的公议值都是很困难的。有效结果的分布可能会明显地出现正偏斜，大多数平均水平趋向一个高偏倚。

这个难题可以通过分析较高浓度的被测样品来克服。但这个方法还不能完全令人满意，因为实际样本同测试样品不完全一样。如果参加者出具了当时测试的真实数据以及不确定度，理论上估计一个有效的带有不确定度的公议值还是可能的。这是建议使用的方法，如果客户要求报告中要描述常规操作等情况时,这个方法就不能在常规分析中使用。因此只在下列条件下,Z 值可用于低浓度数据:

（1）参加者真实记录实际测出的数据。

（2）指定值独立于结果。如果指定值是 0 或者非常低,或者通过公式或者指定一个参考实验室测定,是可以实现的(参见 3.2)。

（3）能力验正评估的标准差是一个独立的目标适应度标准;它的值可被提前决定而同参与者出示的结果无关。

目前,对能力验证中低浓度结果没有一个可替代的完善的评分系统,这个课题仍然仅仅处于讨论阶段。如果符合基本二项式分布的要求($\leqslant x$ 或者 $> x$),那么一个评分系统可以基于结果的合适目标而设计,但是它的应用范围(如信息含量)比 Z 评分系统要小很多。一个混合评分系统(能同时处理二项混合、序列和定量结果)还不能乐观地看到。

3.8 使用 Z 值时注意事项 附录 6 和 7 将详细讨论参加者和终端用户如何适当地使用 Z 值。这里的注意事项是针对计划提供者的。

能力验证普遍要求每轮中有几个不同的分析项目。用每次单独测试获得的有效信息,来总结实验室在单轮中的表现,这种办法比较有用。这种合并计分产生错误的危险是,会导致非专业人士对计分的曲解或滥用,特别是对超出了上下限的独立分值。因此,在给参加者的报告里合并计分不作为常规来推荐,但是经过验证的、那些可能有特别应用意义的计分,如果它们基于可靠的统计原理,并与适当的使用警示一同发布,就可以使用。附录 4 叙述了可以使用时的程序。

特别要强调的是,任何不同分析项目的合并 Z 值计分计划都有局限和缺点。如果一个实验室单项得分产生离群的概率是几分之一,其合并得分很可能不会离群。从某些方面来说,单项分析偏差在合并计分中权重降低可能是有用的信息,但对实验室而言,将面临出现一个危险因素,即导致在一个特别的项目分析中持续出错,以致在后来连续的轮次中频繁地报告一个不可接受的值。合并计分将会使这个危险因素隐蔽起来。

3.9 分级、排序和对其他有关能力验证数据的评估 对实验室而言,分级不是能力验证的目的,计划提供者最好避免分级,因为它更可能带来混乱而不是相互间的启示。从科学观点来看,用几个指定实验室很少的几个测量数据得到的 Z 值来代替连续性测量,结果会使大量信息丢弃。因此,在能力验证中不建议分级。在 Z 值基础上建立的限定范围可以在需要的地方作为指南来使用。例如,要获得一个在 ± 3 范围之外的 Z 值,首先就需要对测试程序进行调查修正。尽管如此,这种限度仍然可以是任意的。一个 Z 值得分 2.9 应当和得分 3.1 一样被重视。这是针对单个参加者而言。

根据参加者在一轮计划中获得的绝对 Z 值对实验室进行排名,形成一个排名表甚至比分级更让人反感。实际上,每轮参加者的排名远比他们的得分变动要大,在一轮中获得最小绝对分值的实验室也不太可能是"最好的"。

建议六

能力验证计划提供者、参加者和终端用户应避免根据 Z 值得分对实验室进行分级和排名。

3.10 周期的频率 适当的轮次分布频率是平衡下列多种主要因素间关系的重要因素:

（1）执行有效的质量控制分析的难度。

（2）实验室对检测样本的承受量。

（3）在特定工作领域计划结果覆盖的一致性。

（4）计划的成本/效益。

（5）分析实验室获得 CRMs 的可能性。

（6）必要分析条件变化的频率，包括分析方法、仪器设备使用和相关人员变换操作的频率、同利害关系部门间交换分析目的等。目前为止，因为轮次频率对能力验证效果影响的客观性证据十分少，关于频率的唯一可靠的研究报告显示[18]，（在一个特定计划中）将轮次频率从每年 3 次改为 6 次对参加者的表现没有实质的影响（益处或坏处）。

在实践中，频率在每两个星期一次到每四个月一次之间比较合适。小于每两个星期一次的频率会带来测试样品和结果报告的时间周转问题，也可能使能力验证计划作为内部质控替代品的观念被助长，这个观念是不适合的。在常规分析工作中，如果轮次周期大于四个月，会延误对存在问题的发现和纠正改善，计划本身对参加者所起的作用也变得很小。能力验证的轮次如果远远大于一年两次的话，就没有什么实际价值了。

3.11 均匀性和稳定性测试

3.11.1 "均匀性"检测

作为能力验证和多个实验室间研究的测试材料，虽然尽最大努力使其均匀，但通常仍含有不同程度的其他成分。当大批材料被分成小的单位发到不同实验室时，小的单位成分之间也会有很微小的差异。为达到目的，本协议要求这种差异必须充分的小。附录 1 提供了一个推荐的程序。下一段讨论这个程序的原理。

当我们要检验测试材料的所谓"充分均匀"度时，就要找寻小的被分发单元成分之间的差异（以取样标准差 s_{sam} 表示），由参加者在能力验证测试操作中带来的差异，可以忽略不计。如果我们期望能力验证中实验室间变异标准差接近 σ_P ——"能力评价标准差"，使用该标准作为基准值是合理的。1993 年版的统一协议书[1]要求预计的取样标准差 s_{sam} 应当低于目标标准差 σ_P 的 30%，即 $s_{sam} < \sigma_{all}$，允许取样标准差 $\sigma_{all} = 0.3\sigma_P$。

完全满足这个条件的称为"充分均匀"。在此限量范围内，合并 Z 值的标准差由样品异质而增大的相关性不超过 5%，比如从 2.0～2.1，这是可以接受的。如果条件不满足，Z 值会反映出由样品带来的变异同实验室能力产生的变异一样，都到了一个不可接受的程度。能力验证计划的参加者需要再次确认测试样品的各个分发单元是充分相似的，这通常需要测试才能知道。

假定充分均匀的测试材料在被分装成独立的测试样品分发前，从中随机选取 10 个或者更多的测试样品，用充分满足分析精确度条件的方法，对每个样品在随机可重复的条件下（这样就可代表一轮中所有得样品）进行重复测试。然后根据单次方差分析（ANOVA）的均方来估计 σ_{sam} 值。

实践中充分均匀的测试结果从来没有完全令人满意。主要问题是高昂的分析成本花费，使被测样本的数量减少。这样统计检验的作用相对低（即确实因为均匀性问题带来的不合格样品的可能性相对高）。更进一步的问题是，不均匀可能是材料天然的不完整性，有偏差的测试样品可能在被测的样品中没有抽样代表性。均匀性测试应该被作为基本的要求，但并非是万无一失的保障措施。

然而，鉴于充分均匀是一个合理的前提假设（因为能力验证计划提供者尽力确保它的实现），它的测试成本常常很高，因此采取重点放在避免"第一类误差"（即错误地拒绝一份充分均匀的材料）的做法是明智的。那样将会产生一个修正的测试，趋向于起到减少拒绝合格样本的作用。

为了测试样品充分均匀，我们必须从 ANOVA 的随机重复实验结果中估计 σ_{sam}。在样品均匀性测试实验中，每一个随机选出的测试样品是在各自均匀的基础上进行重复测试的，测试分析结果的质量很重要。如果分析方法是充分精确的，σ_{sam} 就能可靠地被估计，并且有较大的可能检出任何缺乏充分均匀的测试材料。其实这种测试太敏感。测试材料在统计意义上可以是不均质的，但是相对于 σ_P 取样偏差可以忽略不计。然而，如果分析标准差 σ_{an} 不可忽略，重要的取样偏差可能会被分析偏差掩盖了。针对均匀性测试目的，我们可能获得了一个无意义的结果，不是因为不均匀性不存在，而是因为没有测试能力。

1993 年版的统一协议书，虽然细化了对于测试样品充分均匀测试的分析方法精密度要求，但对于 σ_{an} 数值限定范围没有要求。上文的讨论已经表明了这样做的必要。在设定该值方面，没有一个办法既能满足精确分析方法花费成本的适度，又能满足重要的取样偏差测试能力的需要，使这两者之间的风险达到平衡。因此我们建议用在均匀性测试分析方法的（重现性）精密度应满足：$\sigma_{an}/\sigma_P < 0.5$。

但是，我们认识到，这个要求偶然也有可能实现不了。因此，需要一个无论 σ_{an} 值是多少，都能够给出一个合理结果的统计程序。

建议七

在均匀性检测中，分析方法的（可重现性）精密度应当满足 $\sigma_{an}/\sigma_P < 0.5$，其中 σ_{an} 是相应的均匀性检测重复性标准差。

3.11.2 新的统计程序

充分均匀性用估计样本偏差 s_{sam}^2 来表示优于用标准表示，相对 1993 年版统一协议书的描述，对真实的取样偏差 σ_{sam}^2 加上限制看起来更合理[19]。真正的取样偏差与分发给多个实验室（未测）样本的变异性有更大的相关。因此，在这里我们规定，新的充分均匀标准必须是，取样偏差 σ_{sam}^2 小于一个允许的量，$\sigma_{all}^2 = 0.09\sigma_p^2$（即 $\sigma_{all}^2 = 0.3\sigma_P$）。在均匀性检测中，假设 $\sigma_{sam}^2 \leqslant \sigma_{all}^2$ 是有意义的，对照 $\sigma_{sam}^2 > \sigma_{all}^2$ 测试（在单因素方差分析 F 测试中，假设对照 $\sigma_{sam}^2 > 0$），相对于更为严格的 $\sigma_{sam}^2 = 0$ 测试，证明存在取样偏差，但不是大到不可接受的程度。新统计程序是为了适应上文提及的要求和其他难题。附录 1 给了完整的程序和实例。

建议八

用假设测验：$\sigma_{sam}^2 \leqslant \sigma_{all}^2$，发现对于 σ_{sam}^2 有一个单侧 95% 的置信区间，当这个区间不包括 σ_{sam}^2 时，拒绝 H_0。当 $s_{sam}^2 > F_1\sigma_{all}^2 + F_2 s_{an}^2$ 时，同拒绝 H 等效。

这里 s_{sam}^2 和 s_{an}^2 是从 ANOVA 中获得取样和分析变量的一般估计，F_1 和 F_2 是标准统计表中可以推导出的常数。

3.11.3 均匀性检测中离群结果的处理

零星的离群值通常会影响均匀性检测的数据集。每次测试至少产生 20 个分析结果，离群值就表明在多个样品中的一个样品重复分析结果间意外发生了大的偏差，不管原批次测试样品的异质性和同质性如何，任何重复结果间的离群值差异必定是分析上的而不是材料上的问题，因程序要求每个样本在测试之前是要严格均匀化的。

单一（即分析性）离群结果的影响可能是不可估计的：尽管增大了对样本间变量的估计，

但一个离群值有助于测试材料通过 F 检验,因为它增加了对分析变量的估计达到一个较大的程度。分析变量越极端,F 值越接近于一致(因其他结果保持不变)。因此,尽管 1993 年版的统一协议书要求保留所有结果,当分析结果极端离群值能够确定时,可以毫无疑问地排除它们。但是,如果当一个数据集明显地含有多于一对以上离群结果时,整个操作的有效性值得怀疑,相关的均匀性检测数据应当无效。

要注意拒绝单一离群数据对的建议仅适用于产生单一离群结果的样品,不适用于产生相互一致但是具有离群平均数的样品。如果一个样品的测试结果与其他样品的结果相符合,但是均数的结果与其他的数据不符合,这个结果必须保留——它们能证明样本间的不同质。图 5.1 说明了两者的区别。样本 9 提供了应当被排除的不相符合的结果。样本 12 提供了相符合的但有离群均数的结果,这是不能被排除的(见图 5.1)。科克伦方差检验(Cochran test)适合用来检测不同观察值的极端差异(附录 1)。

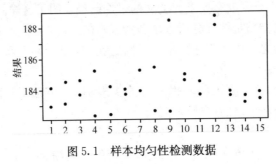

图 5.1 样本均匀性检测数据

注:
(1) 变量离群值在 95% 可信水平的自动拒绝,将在本质上提高均匀性检测失败的错误判断率,因此不被建议。
(2) 在某些罕见的情况下,建议剔除单独一对分析离群值可能不恰当。当被测物存在于一个整体低浓度的测试样品中,可以导致这种例外情况的发生。含金岩石的测试是一个实例。是否应当使用拒绝离群值是计划顾问小组需要决定的事,他们要考虑上文所讨论的各种因素。

建议九

在充分均匀检验时,如果来自一个独立分发单位的平行结果是在科克伦 99% 置信水平上有显著差异或者对一个极值的组内方差做等效检验时存在显著差异,这两个结果在做方差分析之前就应被剔除。含有这两个有差异分发单元的测试数据应被全部剔除。一对结果有离群平均数但没有极值方差证据的不应当被剔除。

3.11.4 均匀性检测数据集的其他特性

充分均匀性检验的所有方面都依赖于实验室的正确操作,要特别注意随机取样,分析之前要充分混匀,测试时也要在严格的随机条件下重复分析,结果的记录要有足够的数据位数满足变量分析。任何违反规定的操作都可能导致测试结果无效。除非维持严格的控制,数据集经常会发生一些不符合要求的情况。因此,我们建议①详细均匀性检验指引应当派发给实验室;②作为一种常规,对数据的可疑特征进行检查。附录 1 给出了这些指引和测试的建议。

建议十

(1) 详细的均匀性检测指引应当派发给实验室。

(2) 对产生数据的可疑特征进行检查。

3.11.5 测试样品的稳定性

能力验证中被分发样品的材料应当在指定值的整个有效期内充分稳定。术语"充分稳定"表明在相关时期内发生的任何变化,必须同计划对一轮结果的解释无关。一般认为,Z 值 ± 1 的变化是无关紧要的,不稳定性的量相当于 $0.1\sigma_P$ 被测物浓度的改变是允许的。正常情况下,发现问题期间是材料的准备与结果反馈的截止期之间,如果因为后一轮次或者其他目的,要重复使用剩余的测试样品,还会导致一个更长的周期。稳定性检验应当包含样品在分发和保存期间可能发生的最极端的不利条件下或者加速分解条件下的全部暴露情况。测试样品的包装应当保持与分发时一样。

足够稳定性的综合性检测对材料来源的要求极高(参看下文)。因此,通常对每一轮每一系列的每一批材料都要进行测试。在新的基质材料和被测物第一次组合用到能力验证之前(偶尔之后),测试可作为一个合理的预防措施,接下来会讨论这些。这也可能对稳定性监控有帮助,例如,安排某个实验室对接样后和分析前的样品进行分析。要安排一些样品返回提供方实验室,同原保存的分发样品进行直接比较分析,或者将样品分发后的分析结果同分发之前的测试结果信息进行比较。

基本的稳定性检验包括对可能受到分解条件控制和没有受该条件控制的材料之间分析水平的显著性比较。通常需要把分发样本随机分为(至少)两个相等的组。对"实验"组进行相应的处理,而"对照"组依然保持在可以实现的最大稳定性状态下,例如,一个低温、低压条件。另外,特别要注意的是,如何延长测试样品在期限中的稳定性是关键。当实验组保持在加速分解条件下(如高温)时,对照组则要在周围正常环境条件下,同时对两组测试样品进行分析。如果这样不可能,就要重新作随机设计。

这个实验必须谨慎设计,以免测试样品综合变化带来的偏差导致分析方法效果的变化。从测试开始到对照组和实验组的样本分析自动结束,操作过程中任何分析结果的差异和产生的任何错误结果,都可以乐观地认为存在重要的不稳定性因素。我们的建议是,如果可能,在单轮分析中以随机顺序把实验组和对照组共同分析。换句话说,在可重复性的条件下,两组结果均数间的任何显著性差异都可以被安全地作为不稳定性的证据。

在均匀性检测中,必须对统计学上显著不稳定和结果间的显著不稳定区分对待。例如,在分析结果中可能检测到一个极其显著变化,但是这个变化仍然很小,小到对参加者 Z 值起到忽略不计的影响,在实际工作中,除非使用特别精确的分析方法和(或)分析过多的测试单元,否则如此小的不稳定性不能用显著性检测验证。因此,稳定性测试只能发现一个总的不稳定性。

建议汇总

建议一　获取一个公议值及其不确定度的方案(参见 3.3.2)

(1) 剔除来自于任何可以发现的、有缺陷的结果数据(例如,它们在错误的单元中出现或者通过一个被禁止的方法获得)或者是极端离群值(例如,它们在中位值的 $\pm 50\%$ 以外)。

(2) 通过一个点阵图[适用于 $(n < 50)$] 的数据集,条形图或者柱状图(适用于更大的数

据集)对所有结果的可观察到的资料进行仔细检查。如果离群值使结果总体分布主图形过度压缩,就需要制作一个没有离群值的新图。如果排除了离群值的分布图明显呈单峰和大体对称,转到(3),否则转到(4)。

（3）计算稳健平均数 $\hat{\mu}_{rob}$ 和 n 个 $\hat{\sigma}_{rob}$ 结果的标准差。如果 $\hat{\sigma}_{rob} < 1.2\sigma_P$,那么使用 $\hat{\mu}_{rob}$ 为指定值 x_a 和 $\hat{\sigma}_{rob}/\sqrt{n}$ 为它的标准不确定度。如果 $\hat{\sigma}_{rob} > 1.2\sigma_P$,转到(4)。

（4）使用正常内核和 $0.75\sigma_P$ 带宽 h 对结果的分布进行核密度估计。如果核密度图为单峰和大体对称,同时众数和中位数几乎一致,就使用 $\hat{\mu}_{rob}$ 作为指定值 x_a 和 $\hat{\sigma}_{rob}/\sqrt{n}$ 作为标准不确定度。否则转到(5)。

（5）如果较小的众数能够被安全地认为是离群结果的原因,并对小于整个区域的 5% 有影响,那时使用 $\hat{\mu}_{rob}$ 作为指定值 x_a 和 $\hat{\sigma}_{rob}/\sqrt{n}$ 作为它的标准不确定度。否则,转到(6)。

（6）如果较小的众数对核分布面积有显著影响,要考虑的可能性是:在参加者的结果中有两个或更多的组的差异。如果可能,从独立的信息(如参加者分析方法的细节)中推导出一个正确的众数,其他是错误的。使用正确的众数作为指定值,它的标准误可以作为标准不确定度。

（7）如果上述方法都无效,就放弃公议值的选择,并不报告该轮独立实验室的表现得分。只需给参加者提供一个有用的数据集统计摘要。

建议二　指定值不确定度的使用(参见 3.4)

能力验证提供者应当推荐一个增效的范围 $0.1 < l < 0.5$ 与计划匹配,并且对一轮实验有一个 $u^2(x_a)$ 的评估,操作如下:

（1）如果 $u^2(x_a)/\sigma_p^2 \leqslant 0.1$,标为不合格 Z 值。

（2）如果 $0.1 < u^2(x_a)/\sigma_p^2 \leqslant l$,标为合格的 Z 值(如"暂时性 Z 值")。

（3）如果 $u^2(x_a)/\sigma_p^2 > l$,不标 Z 值。

注:在不等式 $0.1 < l < 0.5$ 中,限定范围可以作一定的修正以符合具体计划的明确需求。

建议三　能力评价标准差的决定(参见 3.5)

只要有可能,能力验证计划必须应用能力评价标准差,该值反映了这部分的目标适应度。如果没有一个大体对应的水平,提供者应避免计算得分,或者在报告中明确指出分数仅供非正式地描述性使用,而不作为参加者表现如何的指标。

建议四　在计算公议值中使用权重(参见 3.6)

当不确定度评估可行时,未加权方法(对单个不确定度不考虑此方法)可根据 3.3 和 3.4 来获取公议值和它的不确定度。

建议五　附有不确定度报告的评分结果(参见 3.6.2)

除非有特别的理由,计划不应当提供 ξ 值。当参加者参与计划的目的同计划不完全一致时,可以计算 ξ 值或等同的分值。

建议六　对实验室分类和排名(参见 3.9)

能力验证计划提供者、参加者和终端用户都应避免利用实验室所得的 Z 值对它们进行分类和排名。

建议七　均匀性检测中的重复性(参见 3.11.1)

在均匀性检测中,方法的分析(可重现性)精密性应当满足 $\sigma_{an}/\sigma_P < 0.5$,其中 σ_{an} 是均

匀性检测相应的重复性标准差。

建议八　均匀性检测中的统计检验(参见 3.11.2)

使用假设检验分析：当 $\sigma_{sam}^2 \leqslant \sigma_{all}^2$，对于 σ_{sam}^2 有一个单侧 95% 置信区间，当这个区间不包括 σ_{all}^2 时拒绝 H_0。当 $s_{sam}^2 > F_1\sigma_{all}^2 + F_2 s_{an}^2$ 时，同拒绝 H 等效。

s_{sam}^2 和 s_{an}^2 是对方差分析中获得的抽样和分析方差的通常估计，F_1 和 F_2 是从标准统计表中推导出的常数。

建议九　均匀性检测中离群值的处理(参见 3.11.3)

在进行充分均匀性测试时，如果一个独立分发测试样品的一对平行结果在科克伦测试 99% 置信水平，或者在一个组内极端偏差的同等测试中存在着显著差异，在方差分析前，这对结果就应该删除。两个分发单元含如此差异的数据集要全部删除。具有离群均数而没有极端变异证据的一对结果不应被删除。

建议十　均匀性检测的管理(参见 3.11.4)

(1) 详细的均匀性检测指引应派发给各参加实验室。

(2) 要检查具有可疑特征的数据结果。

参 考 文 献

[1] Thompson M, Wood R. 1993. "The International Harmonised Protocol for the proficiency testing of (chemical) analytical laboratories", *Pure Appl. Chem.* 65:2123-2144. [Also published in J. AOAC Int. 76:926-940(1993)]

[2] See: (a) Golze M. 2001. "Information system and qualifying criteria for proficiency testing schemes", Accred. Qual. Assur. 6,199-202; (b) Nogueira J M F, Nieto-de-Castro C A, Cortez L. "EPTIS: The new European database of proficiency testing schemes for analytical laboratories", *J. Trends Anal. Chem.* 20:457-61(2001); (c) <http://www.eptis.bam.de>

[3] Lawn R E, Thompson M, Walker R F. 1997. Proficiency Testing in Analytical Chemistry, The Royal Society of Chemistry, Cambridge

[4] International Organization for Standardization. 1994. ISO Guide 43: Proficiency testing by interlaboratory comparisons—Part 1: Development and operation of proficiency testing schemes, Geneva, Switzerland

[5] International Organization for Standardization. 2005. ISO 13528: Statistical methods for use in proficiency testing by interlaboratory comparisons, Geneva, Switzerland

[6] ILAC-G13:2000. Guidelines for the requirements for the competence of providers of proficiency testing schemes. Available online at <http://www.ilac.org/>

[7] Thompson M, Ellison S L R, Wood R. 2002. "Harmonized guidelines for single laboratory validation of methods of analysis", *Pure Appl. Chem.* 74:835-855

[8] International Organization for Standardization. 2000. ISO Guide 33:2000, Uses of Certified Reference Materials, Geneva, Switzerland

[9] Thompson M, Wood R. 1995. "Harmonised guidelines for internal quality control in analytical chemistry laboratories", *Pure Appl. Chem.* 67:649-666

[10] Fearn T, Fisher S, Thompson M, *et al.* 2002. "A decision theory approach to fitness-for-purpose in analytical measurement", *Analyst* 127:818-824

[11] Analytical Methods Committee. 1989. "Robust statistics—how not to reject outliers: Part 1 Basic concepts", *Analyst* 114:1693

[12] Thompson M.2002."Bump-hunting for the proficiency tester：Searching for multimodality",*Analyst* 127：1359-1364

[13] Thompson M.1999."A natural history of analytical methods",*Analyst* 124：991

[14] Thompson M.2000."Recent trends in interlaboratory precision at ppb and sub-ppb concentrations in relation to fitness-for-purpose criteria in proficiency testing",*Analyst* 125：385-386

[15] Analytical Methods Committee.1995. "Uncertainty of measurement—implications for its use in analytical science",*Analyst* 120：2303-2308

[16] Cofino P,Wells D E,Ariese F,*et al*.2000."A new model for the inference of population characteristics from experimental data using uncertainties. Application to interlaboratory studies",*Chemom. Intell. Lab Systems* 53：37-55

[17] Fearn T.2004."Comments on 'Cofino Statistics'",*Accred. Qual. Assur.* 9,441-444

[18] Thompson M,Lowthian P J.1998."The frequency of rounds in a proficiency test：does it affect the performance of participants?",*Analyst* 123：2809-2812

[19] Fearn T,Thompson M.2001."A new test for 'sufficient homogeneity'",*Analyst* 126：1414-1417

附录1 测试样品均匀性的推荐程序

A1.1 程序

(1) 通过合适的方法使整批材料处于均质状态。

(2) 将材料分装到发给参加者的容器中。

(3) 严格的随机选取实验容器,至少 10 个。

(4) 将 m 个被选容器中的每份材料分别均匀化,并且每份做一对平行检测样($2m$)。

(5) 用同样的方法,在可重复性条件下按随机顺序对 $2m$ 个样品做分析检验。分析方法必须充分精确,以满足对 s_{sam} 的估计。如果可能,$\sigma_{an} < 0.5\sigma_p$。

第一步检查数据可能存在的缺陷。可以使用一个结果与样本数量简单直观的图表寻找如下诊断特征：①趋势或者间断；②第 1 和第 2 个检测结果之间非随机的分布差异；③过度明显的循环周期；④样本的离群结果。

如果所有的因素都能满足,我们就可以使用数据来估计分析和抽样方差。假如一个单向方差分析的程序可执行,我们就可以使用。或者一个完整的计算方案将由下文提供。

A1.2 统计方法

A1.2.1 平行结果的科克伦测试程序

计算总和、S_i、每对平行样结果、D_i,$i = 1, \cdots, m$。

计算 m 个差异的平方和 S_{DD}：$S_{DD} = \sum_m D_2^2$

科克伦统计检验是平方差的最大值 D_{max}^2 与差值平方和的比

$$C = \frac{D_{max}^2}{S_{DD}}$$

计算两者的比,并将它和表中相应的临界值比较。表 1 给出了 m 介于 7～20 时,95% 和 99% 置信水平下的临界值。

一般情况下,在 95% 或者更高置信水平下检测到科克伦离群结果对时,应当仔细检查在分析过程中是否存在记录或其他方面的错误,如果发现这样的误差要采取相应的措施。一对离群的结果除非在 99% 置信水平差异显著,或者是不可纠正的分析程序上的误差,是不应被拒绝的。除非有理由,方差分析应当剔除 99％置信水平下单个科克伦离群值(参见 3.11)。

A1.2.2 非均匀性显著检测

使用相同的差值平方和来计算

$$s_{an}^2 = \sum D_i^2 / 2m$$

计算总和 S_i 的方差 V_S

$$V_S = \sum (S_i - \overline{S})^2 / (m-1)$$

S_i 的平均值 $\overline{S} = (1/m) \sum S_i$。

计算抽样方差 s_{sam}^2

$$s_{sam}^2 = (V_S/2 - s_{an})/2$$

在以上估计是负数情况下,或者 $s_{sam}^2 = 0$。

如果单向方差分析程序可行,上述 $V_S/2$ 和 s_{an} 可从方差分析表中作为"之间"或"内部"的均数平方中分别得到。

计算允许抽样方差 σ_{all}^2

$$\sigma_{all}^2 = (0.3\,\sigma_p)^2$$

σ_p 是能力评价标准差。

从表 2 中获取 F_1 和 F_2 数值,计算测试临界值 $c = F_1\sigma_{all}^2 + F_2 s_{an}^2$。

如果 $s_{sam}^2 > c$,有证据证明(在 95％置信水平下的显著差异)在样本总体中,在特定样品中的抽样标准差超过了目标允许标准差的值,则均匀性检测未通过。

如果 $s_{sam}^2 < c$,则无相应的证据,证明通过均匀性检测。

A1.2.3 均匀性检测关键值表(表 5.1 和表 5.2)

表 5.1 科克伦统计重复结果关键值

M	7	8	9	10	11	12	13	14	15	16	17	18	19	20
95％	0.727	0.68	0.638	0.602	0.57	0.541	0.515	0.492	0.471	0.452	0.434	0.418	0.403	0.389
99％	0.838	0.794	0.754	0.718	0.684	0.623	0.624	0.599	0.575	0.553	0.532	0.514	0.496	0.480

表 5.2 充分均匀性检测应用因子 F_1 和 F_2

m	20	19	18	17	16	15	14	13	12	11	10	9	8	7
F_1	1.59	1.60	1.62	1.64	1.67	1.69	1.72	1.75	1.79	1.83	1.88	1.94	2.01	2.10
F_2	0.57	0.59	0.62	0.64	0.68	0.71	0.75	0.80	0.86	0.93	1.01	1.11	1.25	1.43

注:m 是被用于重复性测量的样本数量

表 5.2 中的两个常数从标准统计表中推导出来,$F_1 = x_{m-1,0.95}^2/(m-1)$,这里 $x_{m-1,0.95}^2$ 是卡方随机变量在 $m-1$ 自由度时,大于 0.05 的可能性,$F_2 = (F_{m-1,m,0.95})/2$,这里 $F_{m-1,m,0.95}$ 是在 F 分布下,随机变量在 $m-1$ 和 m 自由度时,大于 0.05 的可能性。

A1.3 实验室充分均匀检验操作规程实例

实验室应当使用的分析方法。

(1)从一个完备的材料整体中严格随机选取 $m \geq 10$ 个独立分发单元,直接地(通过标号)或者间接地(通过位置摆放)用规范的方法给独立单元连续编号。通过随机数字表或者计算机软件(如 Microsoft Excel)合成方式(每次加入新的)作出选择。不接受任何其他方式的使用(如抽签)来选取实验单元,也不使用曾经用过的随机数列(见表5.3)。

(2)用合适的方法混匀每个分发单元内容物(如搅拌),从每个单元称出2个测试部分。如下标示被测试部分。

表5.3 两个检测部分标签

分发单元连续编号	第1个检测部分标签	第2个检测部分标签
1	1.1	1.2
2	2.1	2.2
3	3.1	3.2
·	·	·
·	·	·
m	$m.1$	$m.2$

(3)将20个测试部分随机排列,并按顺序进行全程分析操作。然后,用随机数字表或者计算机软件产生一个新的随机序列。一个随机序列的实例(不能复制)是 7.1 3.1 5.2 5.1 10.2 1.1 2.1 9.2 8.2 1.2 4.1 2.2 9.1 10.1 7.2 3.2 8.1 6.1 4.2 6.2。

(4)假如在可重复条件下(在一轮中)所有分析操作可行,或者因连续多轮实验对分析系统有很小的改变导致不可行时,就使用小于 $0.5\sigma_p$ 重复性标准差的方法。尽可能记录结果满足 $0.01\sigma_p$ 需求的多个显著性特征。

(5)反馈20个分析结果,包括轮次实验中所使用的标签。

A1.4 均匀性检测实例

A1.4.1 数据

表5.4所列数据来自于1993年版的统一协议书(第3部分参考文献[1])。

表5.4 12个豆粉中的铜含量(ppm)测试重复结果及方差分析中间值

样本	结果a	结果b	D=a−b	S=a+b	$D^2=(a-b)^2$
1	10.5	10.4	0.1	20.9	0.01
2	9.6	9.5	0.1	19.1	0.01
3	10.4	9.9	0.5	20.3	0.25
4	9.5	9.9	−0.4	19.4	0.16
5	10.0	9.7	0.3	19.7	0.09
6	9.6	10.1	−0.5	19.7	0.25
7	9.8	10.4	−0.6	20.2	0.36
8	9.8	10.2	−0.4	20.0	0.16
9	10.8	10.7	0.1	21.5	0.01
10	10.2	10.0	0.2	20.2	0.04
11	9.8	9.5	0.3	19.3	0.09
12	10.2	10.0	0.2	20.2	0.04

A1.4.2 图形评估(图 5.2)

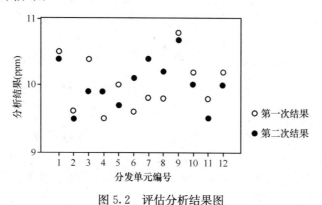

图 5.2　评估分析结果图

数据以图形的形式表现,没有发现可疑特征,比如离散的重复结果,离群样本,趋势,间断或者任何系统性效应(也可以用第 1 次检测结果与第 2 次重复检测结果对比的 Youden 图)。

A1.4.3 科克伦检验

D^2 的最大值为 0.36,D^2 的总和为 1.47,因此科克伦统计检验是 0.36/1.47＝0.24。比 5% 临界值 0.54 要小,没有发现任何分析离群值的证据,因此我们继续提供完整数据集。

A1.4.4 均匀性检测

分析方差:s_{an}^2＝1.47/24＝0.061,总和方差 $S＝a＋b＝0.463$,因此

样本间方差:s_{sam}^2＝(0.463/2－ 0.061)/2＝(0.231－0.061)/2＝0.085

可接受的样本间方差:目标标准方差为 1.14ppm,因此可接受样本间方差

$$\sigma_{all}^2＝(0.3 \times 1.14)2＝0.116$$

测试临界值:$1.79\sigma_{all}^2＋0.86s_{an}^2＝1.79 \times 0.116 ＋ 0.86 \times 0.061＝0.26$。

因为 s_{sam}^2＝0.085＜0.26,通过测试可知样本是充分均匀的。

附录 2　稳定性测试的操作实例

按已经完成的 3.11.5 介绍的程序。能力评价标准差 σ_p 设为 $0.1c$(如 10% RSD),在可重复性条件下,按照随机顺序进行结果 σ_p 分析,列表如下(见表 5.5)。

表 5.5　实验组和对照组稳定性测试结果(ppm)

材料	结果	材料	结果
实验	11.5	实验	10.9
对照	14.4	对照	12.5
对照	12.2	实验	11.4
实验	12.3	实验	12.4
对照	12.7	对照	12.5

下列统计给出双样本 t 检验合并标准差(见表 5.6)。

表 5.6　两组材料合并标准差

材料	n	$\bar{x}$
对照	5	12.66
实验	5	11.70
差异		0.96

合并标准差:0.551

$$95\%置信区间（\mu_{cont}-\mu_{expt}）:(0.16,1.76)$$

在 $H_0:\mu_{cont}=\mu_{expt}$ 对 $H_A:\mu_{cont}\neq\mu_{expt}$ 的 t 检验中,$t=2.75$,自由度为8,相对概率(P 值)为 0.025。因此,不稳定偏差 0.96ppm 在 95% 置信水平下有显著性差异(也可以从不包括 0 的 95% 置信区间推导出来)。

用均数大约 12 作为被测样品的浓度,可见 $\sigma_p=0.1\times12=1.2$。差异是因为不稳定性远大于 $0.1\sigma_p$ 的理想限值,因此材料明显不稳定并不适合使用。

附录 3　参与者的公议值作为指定值的实例

A3.1　例 1

下表列出参与者测试结果,并给出相关的综合统计。单位百分比(%)表示质量分数;数据的精密性根据参与者的报告而定(表 5.7 和图 5.3)。

表 5.7　参与者测试结果及综合统计

结果报告						
54.09	53.15	53.702	52.9	53.65	52.815	53.5
52.95	52.35	53.49	55.02	53.32	54.04	53.15
53.41	53.4	53.3	54.33	52.83	53.4	53.38
53.19	52.4	52.9	53.44	53.75	53.39	53.661
54.09	53.09	53.21	53.12	53.18	53.3	52.62
53.7	53.51	53.294	53.57	52.44	53.04	53.23
63.54	46.1	53.18	54.54	53.76	54.04	53.64
53	54.1	52.2	52.54	53.42	53.952	50.09
53.06	48.07	52.51	51.44	52.72	53.7	
53.16	53.54	53.37	51.52	46.85	52.68	

综合统计	
n	68
标准差	53.10
中位数	53.30
平均数的 $H15$ 预计*	53.24
标准差的 $H15$ 预计*	0.64

注:* 参见参考文献[1]和[2]

能力评价标准差 σ_p 为 0.6%,剔除了离群值的直方图为单峰,分布大体对称。

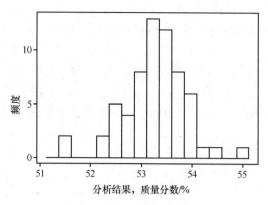

图 5.3 参与者测试结果频度

综合统计显示出稳健均数和中位数几乎一致。稳健统计标准差小于 $1.2\sigma_p$，因此与宽分布无关。$\hat{\sigma}_{rob}/\sqrt{n} = 0.079$，远小于 $0.3\sigma_p = 0.17$ 的规定。

公议值和它的标准不确定度分别为 53.24 和 0.08%。

例 2

下表列出参与者结果报告（单位是 ppb，即 10^9 质量分数）（表 5.8）。

表 5.8　参与者结果报告及综合统计

结果报告						
133	89	55	84.48	84.4	90.4	66.6
77	80	60.3	84	78	85	130
90	79	99.7	149	91	164	
78	84	110	77	91	89	
95	55	90	100	200.56	237	

综合统计	
n	32
平均数	99.26
标准差	39.76
中位数	89.0
平均数的 $H15$ 估计	91.45
标准差的 $H15$ 估计	23.64

结果点阵图显示的数据集具有明显正偏斜，可能会对稳健统计的有效性产生质疑（图 5.4）。

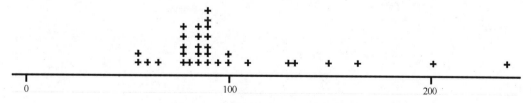

图 5.4　参与者结果报告点阵图（ppb）

为能力评价建立的临时标准差由稳健均数通过 Horwitz 功能式推导得出

$$\sigma_p = 0.452 \times 91.4^{0.8495} = 20.8 \text{ ppb}$$

由于数据集的偏斜和高稳健标准差,稳健均数是可疑的,因此核密度分布由 $0.75\sigma_p$ 带宽值 h 来建立:

核密度分布显示一个独立众数是在 85.2 ppb 水平,来自抽样的统计数据,为众数 2.0 ppb 提供了标准误。在浓度为 85.2 ppb 处的修正 σ_p 是 19.7 ppb。暗示众数(2.0)的不确定度是低于 $0.3\sigma_p = 5.9$ ppb 指南规定的。公议值和它的标准不确定度分别为 85 和 2 ppb(图 5.5)。

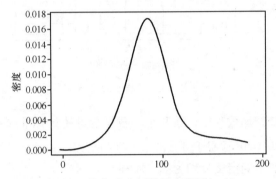

图 5.5　参与者分析结果密度图(ppb)

例 3

这是改变了报告方法后,一个系列计划的首轮报告实例。一个不同的被量化的"权重形式"。新旧权重形式分子量比为 1.35(表 5.9)。

该系列的能力评价标准差由 Horwitz 公式来测定,$\sigma_p = 0.16 \times c^{0.8495}$,$\sigma_p$ 和 c 的单位为 ppm(质量分数为 10^6)。

表 5.9　参与者的结果(单位为 ppm,质量分数为 10^6)

报告的结果						
102.5	97.9	102	101	99	75.9	101
74	94	93	70	82.9	106	113
122	97	114	101	70	103.88	93
96	107	103	96	119	99	83
107	101	134	109	103.8	106	77
95	108	96	104	101.33	92.2	
94.5	102	77	98.91	107	109	
89	110	103	112	55	87	
108	105.4	86	74	73	77	
96	77.37	73.5	78	92	84.6	

综合统计	
n	65
平均数	95.69
标准差	14.52
中位数	98.91
平均数的 $H15$ 估计	95.78
标准差的 $H15$ 估计	14.63

由以下点阵图显示,可能是来自于一个双峰的总体(图5.6)。

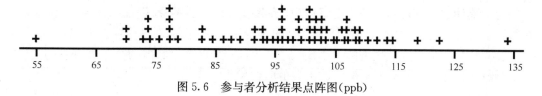

图5.6 参与者分析结果点阵图(ppb)

由稳健均数推导的临时 σ_p 为 7.71 ppm,但稳健标准差显著大于该值,因此可以高度怀疑该系列所得结果是一个混合分布。使用 $0.75 \times 7.71 = 5.78$ 的带宽值 h 得到核密度(图5.7)。

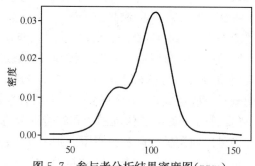

图5.7 参与者分析结果密度图(ppm)

该密度函数的众数为 78.6 ppm 和 101.5 ppm,利用抽样法估计的标准误分别为 13.6 和 1.6,众数比为 $101.5/78.6 = 1.29$,接近分子量比 1.35,表示主众数是正确的,次众数是参加者采用了旧的称量形式报告,导致了不正确的结果。

因此公议值可以确定为 101.5,不确定度为 1.6 ppm。根据该公议值修正的目标值为 8.1。不确定度 1.6 小于 $0.3 \times 8.1 = 2.43$,该不确定度可接受,公议值可用作指定值。

参 考 文 献

[1] Analytical Methods Committee. 1989. "Robust statistics—how not to reject outliers: Part 1 Basic concepts", *Analyst* 114:1693

[2] International Organization for Standardization. 2005. ISO 13528: Statistical methods for use in proficiency testing by interlaboratory comparisons, Geneva, Switzerland

附录4 评估长期 Z 值:得分汇总和控制图法

当单个 Z 值包含着一个实验室的能力有价值迹象时,就需要深入考虑一组或一系列 Z 值提供的价值。此外,随着时间过去,Z 值集中反应(单个的被测样/组合材料的检测)在参与者的不确定度上。图形和统计方法都可以合适地检查 Z 值。但是,在解释一个综合统计时,应小心避免错误结论的产生。特别要强调的是,来自 Z 值的与不同分析数据有关的综合评分不建议使用;它正确的使用范围非常有限,而且可能会给单个分析带来不易解决或顽固的难题。另外综合统计还容易被非专业人员误用。

A4.1 综合评分 下列两种综合评分有很好的统计学基础,对单个参与者获得的单一化合分析物、检测材料和测试方法的一系列 Z 值 $[z_1, z_2, \cdots, z_i, \cdots, z_n]$ 的评估很有用。

重新调整 Z 值总和

$$S_{Z,rs} = \sum_i z_i / \sqrt{n}$$

这个统计数可以在同样基础上解释为,如果单一的 Z 值本身有单位变异,z 评分就期望获得一个 Z 值的中心,因此,即使任一结果的本身不显著,都会对一个结果数列$[1.5, 1.5, 1.5, 1.5]$产生一个统计上显著的 $3.0\,S_{Z,rs}$ 值。但是,它可能会隐匿两个相反符号的大的 Z 值,就像在数列$[1.5, 4.5, -3.6, 0.6]$出现的时候发生一样。

Z 值的平方和

$$S_{ZZ} = \sum_i z_i^2$$

这个统计数被解释为具有单位方差的、以零点为中心的 Z 值 x_n^2 分布,具有避免消除相反符号的大 Z 值的优势,但是对小的偏差敏感性也较小。

上述两种综合统计都需要维护(如:通过删除或者过滤)以防过去离群的得分造成长期的偏差。S_{ZZ} 对离群值特别敏感。粗略地说,两种统计数都可以通过以下方法和测量不确定度进行联系。如果 Z 值是建立在适合性基础上的,在 $N(0,1)$ 的随机状态下,综合统计高显著性水平显示了参与者的测量不确定度,大于计划所规定的适合性标准。

A4.2 图形的方法　概要总结一系列 Z 值的图形和综合评分方法一样能提供很多信息并且更不容易被误解。我们可以使用警戒限和执行限分别为 $Z = \pm 2$ 和 $Z = \pm 3$ 的 Shewart 图,例如,以下所述的多变量象征图[1]给了一个清晰的概览,对于通过普通方法得到的一组被分析物的评分特别有用。手绘的图能快速更新用起来同电脑制作的图一样好。

在控制图(图 5.8)中,箭头上指的符号代表 Z 值大于 0,箭头下指的符号代表 Z 值小于 0。小的符号表示 $2 \leqslant |Z| < 3$ 的情况,大的符号表示 $|Z| \geqslant 3$ 的情况。图中的数据分布简明直观地表现了那些值得注意的特征。从第 11 轮的结果来看,大多数数据都太低了,证明在一些通常程序中有一个程序不完善;而 7 号被测样品得到的高结果次数太频繁,证明这个被测样存在着持续问题。剩下的结果与适合性大体一致,平均导致大约 5% 的 Z 值结果由小符号表示。

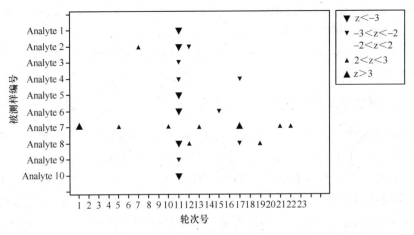

图 5.8　Z 值控制图

J 图也称为"区域图",甚至更具有信息量,因为它结合了 Shewhart 图和 cusum 图的功能。它专门累计位于零线两侧的连续性结果的 J 值,能发现分析系统持续性的微小偏差和突然的剧烈变动。Z 值转化为 J 值的通常规则如下：

如果 $Z \geqslant 3$，则 $J = 8$。

如果 $2 \leqslant Z < 3$，则 $J = 4$。

如果 $1 \leqslant Z < 2$，则 $J = 2$。

如果 $-1 < Z < 1$，则 $J = 0$。

如果 $-2 < Z \leqslant -1$，则 $J = -2$。

如果 $-3 < Z \leqslant -2$，则 $J = -4$。

如果 $Z \leqslant -3$，则 $J = -8$。

连续多轮的 J 值积累到 $|Z| \geqslant 8$，就认为偏差超出了纠偏限度，要启动调查程序。再次出现任何这样的偏差，以及当连续性 J 值出现相反的符号时，累计得分很快恢复到 0（在任何进一步累计计分之前）。

在图 8 中，可以看到几个累计偏差计算的例子，为了对比，分析结果与图 5.8 相同。例如，3 号被测样品在第 1~4 轮中 Z 值分别为 1.5，1.2，1.5 和 1.1，转换为 J 值是 2，2，2 和 2，第 4 轮后累计到 8，然后激发了调查程序。7 号被测样品是相似的例子（图 5.9）。

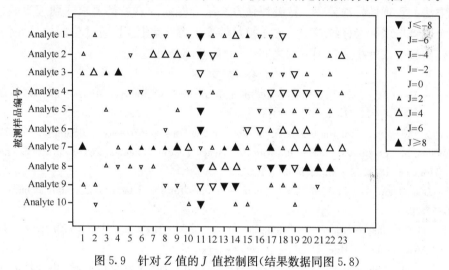

图 5.9　针对 Z 值的 J 值控制图（结果数据同图 5.8）

参 考 文 献

[1] Thompson M，Malik K M，Howarth R J．1998．"Multiple univariate symbolic control chart for internal quality control of analytical data"，*Anal．Comm*．35：205-208

[2] Analytical Methods Committee．"The J—chart：A simple plot that combines the capabilities of Shewhart and cusum charts，for use in analytical quality control"，AMC Technical Briefs：No 12．<www.rsc.org/amc/>

附录5　从能力验证计划到结果报告的全程方法确认

能力验证计划的目的是了解参加实验室的测试精确度。参加者可以自由选择分析方法并且通常使用多元化方法，或者对某个方法做了不同的改变。因此，方法确认通常不会作为能力验证的副产品产生。但是，如果在能力验证中，有足够多的参与者使用了被仔细界定的相同的分析方法时，方法确认就是可能的。如果再合理利用，这个可能性就可以作为实验室间合作的尝试。特别设计这个办法用于实验室间方法确认，作用很显著[1]，但是成本昂贵，需要相对经济的替代办法（一个特别设计的方法协作试验将需要花费 3 万欧元）。

但是能力验证计划的设计和结果在许多重要方面与方法协作试验存在着差异。

（1）在能力验证计划的任一轮中，通常只分发 1 种检测样品（或者少数几种），而协作试验则最少要 5 种。因此可能需要经过几年的时间来收集很多轮的数据才能获取满足有效性目标的信息（这里很重要的是，严格地说，我们不是将"一个方法"作为一个孤立的整体对待。我们要确认的是一种适用于具体被测物的定义范围，以及测试样品与被测物浓度的方法。因此，不是在一个系列中所有的轮次都符合方法确认操作的）。

（2）能力验证计划一般不要求报告平行结果，因此从能力验证结果不能获得对重复性标准差的估计（这并没有什么损失，实验室可以十分简单地估计到自己的重复性标准差）。

（3）在能力验证计划中，不能保证同样的实验室在不同的轮次都参与。

（4）在协作试验中，可根据参与者大概的表现能力对他们进行挑选。在能力验证计划中通常能力不是一个明智的假设。

由于这些差异，能力验证的结果就限制了参与者合理地使用一个严格界定的方法协议，估计该方法的重现性标准差[2]。稳健评估方法结合专家的意见都要求达到理想的目标，如果有两个或者更多的经仔细界定的方法被足够多的参与者使用，通过功能关系评估[3,4]，估计产生任何超过浓度扩展范围方法之间[5,6]的偏差都是可能的。

参 考 文 献

[1] Horwitz（Ed.）W. 1995. "Protocol for the design, conduct and interpretation of method performance studies", *Pure Appl. Chem.* 67:331-343

[2] Paper CX/MAS 02/12 of the Codex Committee on Methods of Analysis and Sampling. Validation of Methods Through the Use of Results from Proficiency Testing Schemes, Twenty-fourth Session, Budapest, Hungary, 18-22 November 2002, FAO, Rome

[3] Ripley B D, Thompson M. 1987. "Regression techniques for the detection of analytical bias", *Analyst* 112:377-383

[4] Analytical Methods Committee. "Fitting a linear functional relationship to data with error on both variables", AMC Technical Brief No 10.

[5] Lowthian P J, Thompson M, Wood R. 1996. "The use of proficiency tests to assess the comparative performance of analytical methods: The determination of fat in foodstuffs", *Analyst* 121:977-982

[6] Thompson M, Owen L, Wilkinson K, *et al.* 2002. "A comparison of the Kjeldahl and Dumas methods for the determination of protein in foods, using data from a proficiency test", *Analyst* 127:1666-1668

附录 6　参与者对能力验证结果的正常反应

A6.1 概述　如果参与者不充分利用每一轮的结果，参与能力验证计划是没有益处的。首先能力验证是一个自我帮助的工具，使参与者能够检测自己结果中意外误差的来源。但是，它并不是一个诊断性计划的设计。因此，它只对已经使用有效方法和具有常规 IQC 操作系统的参与者才有用。在这种情况下，如果接到一个意外的能力验证不满意结果，同时被指出在方法确认或是 IQC 系统上存在问题，这时候最有可能的是两者都有问题（一个良好的 IQC 系统通常在得到能力验证得分之前就应该看到分析中存在的问题。参加者在能力验证中的表现与 IQC 系统的应用功效能起到相互证明的联系[1]）。

应当避免以单纯的科研目的,对能力验证得分在使用上的误读,这一点特别重要。例如,在对实验室的认可,或在发表文献时要注意对能力验证得分的误读,参加者在解释 Z 值时必须考虑它本身的统计意义。

下列的指南可能会帮助参加者合理地解释和应用 Z 值。它们已经转载在 AMC 技术简报上,得到了皇家化学会的同意[2]。

A6.2 能力验证和认可　能力验证对发现分析工作中存在的意外问题十分有效,以至于计划的参与者通常将其视为分析工作获取认可的前提条件。认可评审员都期望看到一个对任何显示出不足够精确的结果有着适当反应的文件系统。

这样一个系统应当具备下列特征:

(1) 对触发调查程序和(或)纠正措施的相应标准的界定;

(2) 对使用的调查和纠正程序以及相关进展方案的界定;

(3) 调查期间对检测结果和结论的累积记录;

(4) 显示任何有效的纠正措施后续结果的记录。

这部分建议的提出是要保证分析化学家达到上述要求,并且要说明上述要求已经达到。

A6.3 程序和文件　参加者最好完全根据能力验证计划的组织程序,建立调查和处理不满意 Z 值的文件操作程序。该程序可以根据下面讨论的理由和参与者的具体需要,以流程图或者决策树的形式来表现。然而,专业判断的范围应当清晰地包含在程序中。

化学能力验证计划通常设定一个适合性的标准,广泛地在相关的应用领域使用。但是设定的"适合性"标准对某个参与者来说,可能为客户提供具体服务时会感到合适或者不合适。当一个参与者设定了规范程序,来回应参加计划结果的每轮得分时,需要考虑这个因素。以下讨论了主要可能性。

A6.4 评分标准的影响

A6.4.1 使用适合性标准的能力验证计划

最简单的来源是,计划提供者提供一个目标适应度标准 σ_p 作为一个标准不确定度并使用它来计算 Z 值。在此情况下,最重要的是,要看到 σ_p 主要由计划提供者决定,并用来描述他们对目标适应度的认识,它根本不依赖于参与者获得的结果。对决定的 σ_p 值可以使其作为标准差。因此假如结果是无偏正态分布,同时参与者的单个标准差 σ 等于 σ_p,Z 值的分布就服从 $Z \sim N(0,1)$,即平均大约 1/20 的 Z 值位于 ± 2 的范围之外,仅仅大约 3‰ 的 Z 值位于 ± 3 范围之外。

然而只有少数实验室完全满足这些要求。如果某个参与者得到的是无偏结果,那么其标准差 σ 小于 σ_p,同上述精确确定的点比较,只有较少的点位于各自限定范围之外。如果 $\sigma > \sigma_p$,那么就有更多的点落在限定范围以外。在实践中,大多数参与者在 $\sigma < \sigma_p$ 的条件下操作,结果也会产生一个更大或者更小的偏差。这些偏差常与结果的总误差大体一致,而且增加的结果比例总是超出限度范围。例如,在一个实验室里,$\sigma = \sigma_p$,与 σ_p 相同的偏差量,即落在 $\pm 3\sigma_p$ 之外结果部分的概率会增加大约 8 倍。

考虑到这些情况,以 Shewart[3] 或者其他控制图(参看附录 4)的形式记录和解释一个具体分析类型的 Z 值显然是有用的。如果某个参与者的表现与目标适应度相符,结果超出 $\pm 3Z$ 值范围的可能几乎不会出现。如果出现了,合理的解释应该首先怀疑分析系统产生了严重的偏差,而不是随机误差,后者非常少见。该实验室需要采取某种纠正措施来消除产生的问题。如果出现两个位于 $2\sim3$(或者 $-3\sim-2$ 之间)的连续 Z 值也可以同样被解释。实际上,所有 Shewhart 图(如 Westgard 规则[3])的一般解释规则都适用。

Shewhart 图除了如上述的使用方法外,也可以通过使用 cusum 图或者 J 图(附录 4)用来测试 Z 值以证明是否存在长期偏差。注意偏差测试不是严格要求一定要做的,如果参与者的 Z 值几乎总是满足适合性标准的要求,一个小的偏差对它而言可能不重要。但是,正如我们上文所讨论的,任何程度的偏差都有可能增加超出限度范围的结果比例,因此消除偏差还是有价值的。参与者应当在对系统程序进行调查措施中决定是否忽略偏差。换句话说,参与者应当清晰地向认可评审员指出忽略偏差的决定要慎重,是有充分根据的,而不是因为疏忽大意造成的。

A6.4.2 不使用适合性标准的能力验证计划

某些能力验证计划不是基于"目标适应度"而设计的。计划提供者仅根据参加者的结果计算得分(如对实际要求没有外部标准)。更常见的是,参与者可能发现计划提供者使用的适用性标准对实验室某些类型的工作不适用。但是这些参与者可能还是需要基于目标适应度计算自己的得分。这种可以根据下文介绍的方法直接做出。

参与者应当与客户就具体的工作目标,采用一个以标准不确定度 σ_{ffp} 表示的目标适应度标准,来达成公议值,并用它来计算修正后的 Z 值。如

$$Z_L = (x - x_a)/\sigma_{ffp}$$

用上式来代替原来的 Z 值(参看 3.5.4)。指定值 x_a 应当从计划本身获得。如果不同的客户对精确度的要求有几个,可以从任一结果中分别推导出几个有效的得分。这些分值完全可以按照处理 Z 值的建议方法来处理,即使用常见类型的控制图。因为在分析期间,参与者不知道被测样品的指定值,目标适应度标准通常细化为 3.5 中被测样品浓度 c 的等式。

A6.5 如何调查一个不满意的 Z 值　调查一个不尽如人意的 Z 值与 IQC 有紧密联系[3]。在通常情况下,一个能力验证参与者在进行分析几天后或者几周后才能发现一个 Z 值不是良好的。但是在实验室常规分析中,IQC 程序能够很快发现任何对分析系统造成实质性影响的问题,问题的原因能很快查出并马上被改正。有能力的实验室会对测试样品重新进行分析,将一个认为更精确的结果递交给能力验证提供者。所以那个意料外出现的不良 Z 值可能表示:①IQC 系统是不完善的;②仅在本轮分析中的能力测试样品有问题。参与者应考虑这两个可能性。

A6.5.1 IQC 系统的差错

IQC 系统普遍的一个差错是 IQC 的测试材料与具体的测试样品很不匹配。在基体和基质/被测物浓度方面,IQC 的测试材料应当尽量能代表典型的测试样品。只有当 IQC 测试材料性能有代表性,才能对系统的整体运行做有用的指引。如果测试样品离那些应被关注的方面差别很大,那么就要考虑使用多种 IQC 测试材料比一种要有利的多。例如,如果被测物的浓度在测试样品中有显著差异(比如相差两个数量级),就应当考虑使用两种不同的 IQC 材料,同时其浓度要接近使用范围的两端,这对避免简单地使用一个含被测物的标准溶液来替代有复杂基体背景的 IQC 测试材料非常重要。

如果 IQC 系统仅用来处理精确度和因操作疏忽带来的均数误差时,无论 IQC 测试材料与常规测试样品(通过与能力测试样品可能的联系)是否匹配,都可能出现另一类问题。为

了 IQC 材料的适用性,将平均结果和最优估计真值进行比较是重要的。要获取这样一个估计值需要追溯到外部的溯源实验室。例如,可以通过同类基体参考 CRMs 的使用,或者对候选 IQC 材料进行一些类型的多个实验室间研究。

A6.5.2 能力测试样品的问题

如果参与者对于 IQC 系统可以证明的无偏分析感到满意,还必须注意能力测试样品给分析结果带来的特有问题。不良的结果可能是因为能力测试样品被错误处理了(如重量或数量称量时一个错误的记录),这应该容易发现。另外一类意外来源的偏差(比如一个以前没有观察到的干扰效应或者不寻常低的回收率)可能会对能力测试样品或者分析过程有独特的影响。在这个阶段应该签订一个有效的合约,说明能力验证材料同典型测试样品有显著的不同,才使获得的 Z 值不适合所承诺的分析任务。

A6.5.3 诊断性测试

一个不良 Z 值是问题的提示,不是诊断,因此参与者通常需要更多的信息来查找不良结果的原因。第一步,参与者应当对能力测试样品的分析记录重新进行检查。检查中注意下列特征:

(1) 计算中系统性或随机性错误;

(2) 重量或者数量的错误使用;

(3) 常规 IQC 图中的失控迹象;

(4) 不常见的高空白;

(5) 低回收率等。

如果这样还不能发现问题,则需要进一步的测量。

在下一轮常规分析中,对有问题的能力测试样品重新做分析是理所当然的。如果问题消失了(如新结果产生的 Z 值可以接受),参与者可以认为原来的不良结果原因不明。如果结果持续不满意,就需要一个更为广泛的调查。假定所检查的结果都是相适合的,就有可能受到在计划中上一轮的能力测试样品和(或)相应的 CRMs 的影响。

如果对能力测试样品产生的问题进行调查处理后,不满意结果依然存在,但是其他参与者能力测试样品和 CRMs 的分析结果中不存在了,那么问题可能是由材料的特性造成,产生了意外的干扰或者基体效应。参与者可能需要修正常规分析程序来适应以后的分析中来自测试样品的干扰(正如我们都知道的,常规测试样品可能永远不会含有干扰物质,这决定了不良 Z 值对特定实验室不适用)。

如果问题广泛存在于以往的能力测试样品和 CRMs 中,这很可能是分析程序存在缺陷,同时在 IQC 系统中也存在相应的缺陷。这都需要注意。

A6.5.4 来自多项分析结果的特别信息

某些能力验证使用的方法,例如,原子发射光谱法,可以从单次测试组和单次化学处理中同时测定多种被测物(能够在一次快速连续测定中,测定多个被测物的色谱法也可以表述为"同时")。这种诊断性的特别信息有时可以从能力测试样品的多元分析中得到。如果所有或者大部分分析结果不令人满意,并受到同样程度的影响,那么问题一定存在于整个操作程序中。例如,将测试部分的重量计算错了或者加入了一个内标。如果仅有一个被测物受到了反向影响,问题一定是出在该被测物校准或者被测物的独特化学性质上。如果该被测物受到持续的影响,可以归结为同样原因引起。例如,在对一个岩石样品的元素分析中,如果一组元素都产生了较低的结果,这可以追溯观察是否样品中含有的矿石成分之一溶解的不完全,使得被测元素浓缩了。也有可能因喷雾系统的操作给光谱化学带来变化或者血浆物质自身的变异,影响到其中某些元素发生了变化。

A6.5.5 指定值的可疑偏差

大多数能力验证计划都将从参加实验室得到的公议值作为指定值,几乎没有其他适用性的替代方法。但是,使用公议值带来了另外一种可能性问题,比如,在实验室的总体中,大多数实验室都在应用一个有偏差的分析方法,少数参与者应用了无偏差方法。但是这些少数实验室根据公议值却获得了"不可接受的"Z 值结果。在实践中,这种情况虽不常见,但不是完全不存在,特别是当一种新的被测物或者测试样品被能力验证应用时可能会发生。在那种情况下,也许大部分参与者都使用一种容易产生不明干扰物的方法,而有少数参与者会发现这种干扰物,并开发出一个克服该干扰物的测试方法。

通常,少数参与者能迅速地发现干扰问题,并使用自己改进的方法。因为他们用的方法是在对化学过程有更深刻认识的基础上建立的,而不是大多数参与者都使用的方法。当大多数参与者或者计划提供者都没有意识到这一点时,那些少数参与者获得的结果就会受到影响。在实际工作中,如果参与者怀疑自己处在这种境地,经过上文的介绍,正确的做法是向计划提供者递交关于指定值存在缺陷的详细证据。通常计划提供者会获得少数参与者所用方法的记录,立刻进行对申诉的验证,或者可以组织一个长期的调查来解决这种差异带来的问题。

参 考 文 献

[1] Thompson M,Lowthian P J.1993."Effectiveness of analytical quality control is related to the subsequent performance of laboratories in proficiency tests",*Analyst* 118:1495-1500

[2] Analytical Methods Committee. "Understanding and acting on scores obtained in proficiency testing schemes", AMC Technical Brief No 11.

[3] Thompson M,Wood R.1995."Harmonised guidelines for internal quality control in analytical chemistry laboratories",*Pure Appl. Chem.* 67:649-666

附录7　能力验证数据终端用户指南

这里所谈的问题和答案都以分析数据终端用户对数据报告意见不一为基础。分析化学能力验证结果的解释应当在分析化学协会的指导下进行。

什么是能力验证?

能力验证是多个实验室为确保参加实验室实现日常测试精确度的体系。通常采取的形式是:计划提供者分发一组均匀性测试样品给每个参与者,参加实验室在日常条件下分析测试样品并将结果报告给提供者。提供者汇总结果并将实验室的表现通知给参与者,通常用一种同结果精确度相关的得分形式表示实验室表现程度。

能力验证和认可有什么差别?

认可机构要求分析实验室参加相应的可行的能力验证计划,并有一个处理结果的系统并执行。能力验证只是诸多认可要求的其中之一。

分发什么样的测试材料?

分发测试样品的材料尽量与常规分析样品的材料接近,因为计划的结果是在常规条件下的实验室能力的表现。

能力验证目的是什么？

能力验证的首要目的是帮助实验室发现并处理结果报告中任何意外的、明显的不准确信息。换句话说，能力验证是一个设计成参与者可以自我帮助的或被通知是否需要修正其操作程序的系统，而不是为其他任何服务目的而设计的，尽管参与者的结果涉及实验室存在的不足。能力验证结果要为某些其他目的服务，还需要结合其他的信息。

为什么分析结果会有不精确？

所有的测量都会存在不精确的情况，在测量领域被称之为技术上的"误差"（这里的"误差"并不表明发生了错误，仅指测量结果产生了变异）。误差的产生是因为进行测量的人员或化学分析程序方面存在着不可避免的变异。化学浓度的测量比常规的物理测量，如长度或者时间的测量要复杂得多。测量精确到百万分之一的长度很容易，但是化学测量精确度很少有超过百分之一。大多数时候，特别是当浓度非常低的时候，精确度是低于浓度水平的，例如，当检测食品中的农药残留量的情况。

能力验证提供的精确度足够吗？

这根据不同的应用对象而定。一些分析目的要求极端精确。例如，在鉴定一个货架寄卖的含金碎片商业价值时，含金量的测定偏差只允许在最小可能范围。在其他的应用方面，例如，测定土壤中铜的浓度，只要超过 1/10 的精确度可能就足够了。如果只是用来检测铜的浓度水平是高于还是低于 20 ppm，究竟真值是 20 ppm 还是 22 ppm 并没有太大不同，检验也要考虑成本。作为一个经验法则，测量精确度上升一个单位能降低两个单位决定错误机会的可能性，但是也会增加四个单位的分析成本。这些考虑因素就统称为"目标适应度"。

能力验证计划对单一实验室的精确度如何评估？

大多数计划都是将参加者的结果转换为 Z 值。这个分值反映了两个独立的特征：①实际达到的精确度（如参与者结果与可接受真值间的差异）；②计划提供者对精确度适合性程度的判断。

如何解释 Z 值？

Z 值必须根据统计学（概率）来解释，但这需要专业知识。可以运用下列简单规则：

（1）0 分值表示一个完美的结果，要达到这个结果在最具有完备能力的实验室也是罕见的。

（2）达到能力验证计划目标适应度标准的实验室，一般获得的分值介于 $-2 \sim 2$ 之间。在某种程度上偶然也会获得一个该范围之外的值，概率大约为 1/20，因此这样的一个孤立事件是正常的。分值的符号（如"＋"或"－"）分别表示负偏差和正偏差。

（3）对于执行给定的目标适应度标准的实验室来说，获得位于 $-3 \sim 3$ 之间的分值是很不正常的，表示分析能力没有达到精确度要求（至少是偶然没有达到）。应当调查造成这种情况的原因并进行纠正。

在使用 Z 值时一般会犯什么样的错误？

重要的是：不要以各种形式来过度地解释 Z 值。例如：

（1）对比各轮之间或者各实验室之间的 Z 值应当十分谨慎。一个实验室如一直遵照目标适应度标准操作，在连续轮次的参加中会获得 $-2 \sim 2$ 之间的 Z 值，这点很特别。数列集合 $[0.6, -0.8, 0.3, 1.7, 0.7, -0.1]$ 很有代表性，分值间微小的上下波动不表示有什么变异——它们是偶然产生的。因此，1.7 不比 0.3"差"，不表示实验室表现在恶化。

(2) 因为存在着"自然变异",根据实验室在一轮中获得的 Z 值制作一个"排序表"是不可行的。在单轮中不能宣称,获得 0.3 分的实验室比另一个获得 1.7 分的实验室表现要好。

(3) 同样,要根据平均 Z 值进行谨慎地判断。从多个不同质的被测样品 Z 值中获得的平均分值不应当使用;它可能掩盖了其中一个被测样品一直导致的低 Z 值的事实。几轮实验中相同值被测样品的平均分值可能有更大的帮助,但是依然需要给予专业解释。

能力验证的局限是什么?

(1) 能力验证适用于在一个完整体系内,各参加实验室具有相应匹配能力的情况下。它不能取代实验室日常的质量控制。单独一次能力验证不能作为一种足够好的确证分析方法的工具,对化学分析师来说,也不是一个很满意的培训方法。

(2) 能力验证仅指出参加实验室产生的问题的建议,并不提供帮助解决存在的问题。

(3) 实验室在参加能力验证中,对一个被测样品测试的成功并不代表该实验室在测试其他与此不相关的样品方面具备同等能力。

符号表

C	重复数据的科克伦检验统计($C = D_{max} / S_{DD}$)
c	充分均匀性检验临界值($Lc = F_1\sigma_{all}^2 + F_2 S_{all}^2$)
c_L	报告的任意测定限
D_i	在一个均匀性检测中,i^{th} 对重复结果的差异
D_{max}	重复结果的最大差异
f	在设定能力验证标准差中使用的常数
F	方差均数 F 检验中使用的样本方差比
F_1, F_2	均匀性检测临界值(附录1)
H	统计假设
H_0	无效统计假设
h	核密度的带宽值
$J-score$	基于零线的任意一边连续性结果的得分
l	在确定指定值可接受的不确定度上限使用的年数
m	均匀性检测中分发单元的数量
$N(\mu, \sigma^2)$	总体平均值和总体方差的正态分布
n	结果数量
s_{an}	分析标准差的实验性估计
s_{sam}	抽样标准差的实验性估计
S_{DD}	基于重复分析均匀性检测中的平方差总和
S_{ZZ}	Z 值的平方和 $S_{ZZ} = \sum_i z_i^2$
$S_{Z,rs}$	Z 值 $\sum_i Z_i^2 / \sqrt{n}$ 调整符号
t	标准 t 统计 $u(x)$
x	标准不确定度
V_s	均匀性检测的方差和 $= \sum (S_i - \bar{S})^2 / (m-1)$

$N(x)$	参与者的结果
x_a	指定值
$x_{\max}$	允许的被测物浓度最大值
x_{true}	测量真值
Z	Z 值 $Z=(x-x_a)/\sigma_p$
Z'	包括指定值不确定度的修正 z 分值,$z'=\dfrac{(x-x_a)}{\sqrt{u^2(x_a)+\sigma_P^2}}$
Zl	修正 Z 值,包含了确切的实验室性能标准,$Zl=(x-x_a)/\sigma_{HP}$
μ_{cont}	保存在稳定控制条件下材料浓度结果的总体平均值
μ_{expt}	稳定实验性条件下材料浓度结果的总体平均值
$\hat{\mu}_{\text{rob}}$	稳健平均数
σ	总体标准差
σ_{all}	允许标准差
σ_{ffp}	满足实用性标准差
σ_P	能力验证标准差
$\hat{\sigma}_{\text{rob}}$	稳健标准差
σ_{sam}	抽样标准差(真值),即样本之间变异对结果数据的可观测离散度的贡献
χ_n^2	自由度为 n 的卡方分布
ζ	zeta 值 $\dfrac{(x-x_a)}{\sqrt{u^2(x)+u^2(x_a)}}$

第六篇
国际食品法典委员会
关于授权食品采纳《单一实验室
分析方法确认一致性指南》

国际食品法典委员会

（食品法典指南 49:2003）

CODEX ALIMENTARIUS COMMISION: HARMONIZED IUPAC GUIDELINES FOR THE SINGLE-LABORATORY VALIDATION OF METHODS OF ANALYSIS (CODEX GUIDELINES 49:2003)

作为国际食品法典参考应用的目的，采用《单一实验室分析方法确认一致性指南》，并使用以下对标题的注释。

注释：

定义仅适用于指南的目的，而不适用于国际食品法典标准的目的。

参 考 文 献

Thompson M, Ellison SLR, Wood R. 2002. "Harmonized Guidelines For Single-Laboratory Validation Of Methods Of Analysis" *Pure Appl. Chem.* 74, (5): 835-855

第七篇
单一实验室分析方法确认
一致性指南

IUPAC HARMONIZED GUIDELINES FOR SINGLE-LABORATORY VALIDATION OF METHODS OF ANALYSIS（IUPAC TECHNICAL REPORT：2002）

国际理论和应用化学联合会
分析、应用与临床化学部
分析协调实验室质量保证计划国际工作组

源于分析实验室质量保证计划一致性专题报告会，匈牙利布达佩斯，1999 年 11 月 4～5 日，由 IUPAC、ISO 和 AOAC 主办。由 Michael Thompson[1]，Stephen L. R. Ellison[2] 和 Roger Wood[3] 筹备出版

工作组成员[2]：(1997-2000 年)

主席：A. Fajgelj，1997—，[国际原子能组织(IAEA)，意大利]

成员：K. Bergknut（挪威）；Carmen Camara（西班牙）；K. Camman（德国）；Jyette Molin Christensen(丹麦)；S. Coates(官方分析化学家协会，美国)；

P. De Bièvre(比利时)；S. L. R. Ellison(英国)；T. Gills(美国)；J. Hlavay(匈牙利)；D. G. Holcombe(英国)；P. T. Holland(新西兰)；W. Horwitz(美国)；A. Kallner(瑞典)；H. Klich(德国)；E. A. Maier(比利时)；

C. Nieto De Castro(葡萄牙)；M. Parkany(瑞士)；J. Pauwels(比利时)；M. Thompson(英国)；M. J. Vernengo(阿根廷)；R. Wood(英国)。

---

[1]Department of Chemistry，Birkbeck College (University of London)，London WC1H 0PP，UK.

[2]Laboratory of the Government Chemist，Queens Road，Teddington，Middlesex TW11 0LY，UK，通讯作者.

[3]Food Standards Agency，c/o Institute of Food Research，Norwich Research Park，Colney，Norwich，NR4 7UA，UK.

单一实验室分析方法确认一致性指南

（IUPAC 技术报告：2002）

  方法确认普遍认为是分析化学全面质量保证体系的必要组成部分之一。过去，国际理论化学和应用化学联合会（IUPAC）、国际标准化组织（ISO）和国际公定化学家分析协会（AOAC International）合作商定了《方法性能研究的设计、执行和解释》[1]、《（化学）分析实验室能力验证》[2]、《分析化学实验室内部质量控制》[3]和《分析测量中回收率信息的使用》[4]协议或指南。起草这些协议/指南的工作组目前已经由 IUPAC 授权制定《单一实验室分析方法确认指南》。该指南提供了应采用确保分析方法充分确认程序的最低建议。

  指南草案已经在化学实验室质量保证体系一致性的国际研讨会上讨论过，该草案程序已由英国皇家化学学会出版。

目　　录

1. 引言

1.1 背景 可靠的分析方法都要求遵守各分析领域国家和国际的法规。因此,国际公认的实验室必须采取适当的措施以确保它有能力提供需要的质量数据。这些措施包括:

(1) 使用确认的分析方法。

(2) 使用内部质量控制程序。

(3) 参与能力验证计划。

(4) 得到国际标准的认可,通常是 ISO/IEC 17025。

应该注意,ISO/IEC 17025 认可特别强调建立测量的溯源性,以及要求包括上述所列的一些其他技术和管理规定。

因此,方法确认是实验室应执行的使其产生可靠分析数据措施的基本组成。上述的其他方面先前已经由 IUPAC 内部工作组在《分析实验室质量保证计划的一致性》中讨论过,具体制定了分析方法性能(协同)研究[1]、能力验证[2]和内部质量控制[3]的协议和指南。

在某些行业,最引人注目的是食品分析,对已"充分确认"的分析方法的要求是由立法规定的[5,6]。进行分析方法"充分"确认,通常包括实验室间方法性能研究(也称协同研究或协同试验)中方法性能的检查。国际公认的通过协同试验分析方法"充分"确认的协议已经建立,最著名的是国际协调协议[1]和 ISO 程序[7]。这些协议/标准要求实验室和在充分确认分析方法协同试验中测试材料的最低数量。然而,提供分析方法的充分确认并不总是可行或必要的。这种情况下,"单一实验室分析方法确认"可能是适当的。

单一实验室方法确认在以下几种情况下是适用的:

(1) 在正式开展成本较大的协同试验之前,确保分析方法的可行性。

(2) 在不能获得协同试验数据,或开展正式的协同试验也不可行时,提供分析方法可靠性的证据。

(3) 确保正确使用"现成的"已确认的分析方法。

当我们在实验室内部描述分析方法时,非常重要的是,实验室要确定客户需要评估的具体项目。然而,在很多情况下,这些项目可能是由立法列明的(例如,食品中的兽药残留与食品行业的农药残留),实验室的评价必须满足立法要求。

在一些分析领域,很多实验室仍然使用一种同样的分析方法测定指定基质中稳定的化合物。应该认识到,如果合适的协同研究方法可以提供给这些实验室,那么确认协同试验方法的成本可能非常合理。在方法投入日常使用之前,使用协同试验方法大大减少了实验室必须投入的大量的确认工作。如果实验室在使用经协同研究的方法时发现,该方法是适用于预期目的的,实验室只需证明其能够实现方法中所表示的性能特性即可了。正确使用方法确认比完全单一的实验室确认花费的更少。通过协同试验确认某个特定方法并在希望使用方法的实验室中确认其方法特性性能的总花费,往往比独立承担相同方法的单一实验室确认花费要少。

1.2 现行协议、标准和指南 关于方法确认和不确定度,已经制定了很多协议和指南[8~19],特别是在国际公定化学家分析协会(AOAC)、关于协调的国际会议(ICH)以及欧洲化学委员会(Eurachem)等文件中:

(1) AOAC 的统计手册,其中包括在协同试验之前,单一实验室的研究指引[13]。

(2) ICH 的文本[15]和方法学[16],规定了用以支持药品批准提交前的测试最低确认要求。

(3) 分析方法的适用性:方法确认和相关主题(1998)[12]的实验室指南。

(4) 量化分析测量的不确定度(2000)[9]。

1997 年 12 月,在世界粮农组织/国际原子能机构(FAO/IAEA)联合专家会上也广泛讨论了方法确认,关于食品控制中分析方法的确认,该报告是可用的[19]。

本指南汇集了上述文件的基本科学原理,以提供一直受到国际认可的信息,更重要的是指出了在单一实验室方法确认中最佳做法的展望。

2. 定义和术语

2.1 总则　如果适用,本文件所使用的术语遵循 ISO 和 IUPAC 定义。下列文件包含本文有关定义:

(1) UPAC:Compendium of Chemical Terminology 2nd ed. (the "Gold Book"),A. D. McNaught and A. Wilkinson,1997.

(2) ISO:International Vocabulary of Basic and General Terms in Metrology,1993.

2.2 只在本指南使用的定义　相对不确定度:不确定度表示为相对标准偏差。

确认范围:已经确认的分析方法浓度范围的那一部分。

3. 方法确认、不确定度和质量保证

方法确认就是利用一系列试验证明该方法是否适合特定的分析目的,这些试验既要检验分析方法所依据的任何假设,也要确立和记录方法的性能特性。典型的分析方法性能特性是:适用性、选择性、校准、准确度、精密度、回收率、操作范围、定量限、检测限、灵敏度和重现性。这些特性可以加入测量不确定度以符合适用的目的。

严格来说,确认应涉及"分析系统"而不是"分析方法",分析系统包含详细说明的方法协议、被分析物定义的浓度范围,以及测试材料的指定类型。本文件中"方法确认"含义,指的是作为一个整体的分析系统对待。当强调分析程序时,将称为"协议"。

在本文件中,认为方法确认有别于如内部质量控制(IQC)或能力验证等持续进行的活动。在该方法工作全程期间,方法确认只进行一次,或在相对不大的间隔期内进行;方法确认告诉我们,可以预期今后该方法提供什么性能。内部质量控制告诉我们,随着时间的推移方法是如何表现的。因此,IUPAC 协调程序[3]认为内部质量控制是一个独立的活动。

方法确认关注的定量特性与可能获得的结果准确度有关。因此,一般来说,方法确认相当于测量不确定度的评估工作。多年来,出于确认的目的,它已成为传统,就是参照上面提到的独立项目来表示方法性能的不同方面,在相当程度上这些指南反映了这一模式。然而,一些关键指标随着测量不确定度作为目的适用性和结果可靠性得到越来越多的信任,分析化学家将越来越多地使用测量确认支持不确定度评估,有些业内人士希望立即这样做。因此,附录 1 中把测量不确定度作为分析方法的性能指标进行了简要的阐述,而附录 2 则提供了未包括的一些程序的附加指南。

4. 方法确认的基本原则

4.1 确认的规范和范围　确认用于指定的目的,适用于定义的协议,以测定特定类型测试材料中的指定分析物及其浓度范围。一般而言,确认应检查整个分析物浓度范围和应用

的试验材料是否充分执行了方法的目的。在进行任何确认前,应完全限定这些指标及任何适用性标准的声明。

4.2 测试假设 除了性能指标描述其表明的适用性,主导确认数据的实际使用,确认研究还是一种以分析方法为基础的任何假设的客观检验。例如,假如结果是由简单直线的校准函数计算得到的,这就暗示假设分析没有显著偏差,响应与分析物浓度成比例,而随机误差的离差在整体关注范围内是恒定的。大多数情况下,这种假设是在方法研发过程中或在较长时期内积累的经验基础上形成的,因此合理可靠。然而,良好的测量科学依赖于经过检验的假设。也就是说这么多的确认研究是基于统计假设检验的原因;目的是提供一个基本的检查,关于方法原理所做的合理假设没有严重缺陷。

表面上深奥的说明具有重要的现实意义。检查一个可靠假设的总偏离比"证明"某个特定的假设是否正确更容易。因此,如果特定的分析技术(如气相色谱分析、酸消解方法)在分析物和基质范围内有成功使用的长期实践经验,那么确认检查有理由采取相对较简单的预防性检验形式。相反,如果没有多少经验,确认研究需要提供强有力的证据表明研究中针对特定案例所作出的假设是否适当,它一般需要进行全面细致的研究。进而,在特定案例中确认研究的程度,部分依赖于所使用的分析技术所积累的经验。

在下面的讨论中,假定该实验室在所使用的技术方面有良好的操作经验,并且任何意义的测试目的都是在寻找一些有力的证据,证明特定协议书所依赖的假设是否存在。应该牢记,有必要对不熟悉或不够成熟的测量技术进行更严格的检查。

4.3 分析误差来源 分析测量中的误差产生于不同来源①和组织的不同层次。表示这些来源(为分析物某一特定浓度)的有效方法如下②[24]:

(1) 测量随机误差(重复性)。

(2) 运行效应(被视为单次运行偏差和多次运行的随机变异)。

(3) 实验室效应(视为单一实验室的偏差)。

(4) 方法偏差。

(5) 基质变异效应。

虽然这些不同来源未必独立,但这个列表提供了检查给定的确认研究是在某种程度上处理误差来源的有效方法。

重复性(批内)定义是指在一个程序运行过程中,发生变化的任一部分的贡献,包括我们熟悉的重量和体积误差、试验材料的非均质性、化学前处理阶段的偏差等贡献,都是很容易在重复分析离散因素中见到。运行效应解释为分析系统中附加的日常性变异,例如操作人员的改变、试剂的批次、仪器的再校准和实验室环境(例如温度的变化)的变化。在单一实验室方法确认中,典型地评估运行效应的方法是,对一个适当的材料做一个重复多次的实验设计。实验室间的差异来源于诸如校准标准的差异、对方法文本局部理解的差异、设备或试剂

---

①从严格的不确定度意义上讲,对散装货物中目的物的检验,制备实验室样品时的取样不确定度在本文中不予考虑。从实验室样品中抽取的测试部分,其相关的不确定度是测量不确定度不可分割的一部分,并且它自动包括以下分析的各个层次中。

②许多选择分组或"误差的划分"是做得到的,在研究更详细的或横跨不同应用范围下特定误差来源时可能有用。例如,ISO 5725 统计模型通常与实验室和运行效应相结合,而在 ISO 不确定度指南(ISO GUM)中,不确定度评估程序非常适合评估每个独立的和可测量的影响结果的效应。

来源的不同,或环境因素如平均气候条件的差异。实验室间差异也可在协同试验(方法性能研究)和能力验证结果中被识别,方法的差异在能力验证结果中也可看到。

一般来说,重复性、运行效应和实验室效应都同样重要,因此在方法确认中不能有意识地忽视任何一个。过去,曾经发现有忽视这方面的趋势,尤其是在评估和报告不确定度信息时。这导致了不确定度的范围变得太小。例如,正常进行的协同试验未给出完整的信息,因为方法偏差和基质效应对不确定度的贡献并没有在协同试验中被评估,而且不得不独立处理(通常事前由单一实验室研究)。单一实验室在方法确认中存在着一个特别危险的事实,就是实验室间偏差也可能被忽视,而这个问题通常是在上述列表中对不确定度单个贡献最大的因素。因此,在单一实验室确认中要特别注意实验室间的偏差。

除了上述提及的问题外,方法确认受限于其应用范围,即适用于测试材料某一特定类别的方法。如果在指定范围内存在基质类型本质上的差异,那么就会有一个附加的由基质效应引起差异的来源。当然,如果该方法后来用于所定义的类别范围以外(即在确认范围以外),就不能认为分析系统是经过确认的,因为有未知的重要的额外误差引入了测量过程。

对检验员来说,重要的是考虑方法性能作为分析物浓度函数变化的方法适用性。在大多数情况下,结果的离散度完全随着浓度而增加,并且回收率也可能在低浓度和高浓度处有显著不同。因此,与结果相关的测量不确定度通常取决于效应和其他与浓度相依赖的因素。幸运的是存在一个合理的假设:通常性能与分析物浓度之间有一个简单的关系,最常见的关系是误差与分析物的浓度成比例①。然而,当方法性能关系到完全不同的浓度时,重要的是要检查方法性能和分析物浓度间关系的假设。通常在可能的范围内包含极限值或者几个选定的浓度水平下检查方法性能。线性检查也可以提供同类信息。

4.4 方法和实验室效应　在单一实验室方法确认中,重要的是考虑方法偏差和实验室效应。有些实验室具备可以忽略这些偏差的特殊设施,但那种情况极为特殊。(但是如果只有一个实验室进行特定的分析,那就要从不同的角度看待方法偏差和实验室偏差。)通常情况下,方法和实验室效应必须包括在不确定度预估算中,但往往他们比重复性误差和运行效应更难处理。一般来说,评估各自的不确定度有必要使用实验室独立收集的信息。这些信息最普遍有用的来源是:①协同试验的统计(在单一实验室方法确认的大多情况下都不可用);②能力验证的统计;③从有证标准物质分析的结果。

协同试验直接评估实验室间误差的方差。尽管这种试验在设计上可能有理论缺陷,但这些方差的评估适合很多实际用途。因此,通过协同试验再现性评估同不确定度评估的比较,对于单一检验实验室方法确认来说总是有益的。如果单一实验室的不确定度结果相当小,很可能忽略了重要的不确定度来源。(或可能是特定实验室实际上以小的不确定度运行,比协同试验发现的还要小,该实验室将必须采取特别措施以证明这种说法。)如果对特定的方法/测试材料的组合不进行协同试验,在分析物浓度 c 约为 120 ppb 以上时,再现性标准偏差 σ_H 的估算通常可以由 Horwitz 函数 $\sigma_H = 0.02c^{0.8495}$ 得到,以质量分数表示两个变量(Horwitz 估算通常是在相邻两个协同研究观测结果的其中一个因素的范围内)。现已知 Horwitz 函数在质量分数低于 120 ppb 时不适用,而修正的函数[21,25]更适合。所有这些信息只要略加改变就可在单一实验室领域实施。

---

①这可能不适用于低于 10 倍检测限的浓度。

能力验证的统计特别令人关注,因为这种统计一般可以提供实验室数量和组合方法的偏差信息,并且给参与者提供特定情况下的总误差信息。如对分析物进行一轮试验就可得到参与者结果稳健标准偏差的统计,原则上,要使用类似于协同试验再现性标准偏差的方法,即通过比较单一实验室确认的每个评估值,得到所有不确定度的基准值。实际上,能力验证的统计可能更难使用,因为能力验证统计不像协同试验一样被系统地列表和公开发表,仅仅供参与者使用。当然,如果要使用这种统计,必须参考合适的分析物基质和浓度。能力验证的每个参与者也能通过比较他们所报告的结果与连续几轮的赋值来判断他们估算的不确定度的有效性。然而,这是一个持续进行的活动,而单一实验室验证范围内的活动(是一次性事件),因此在这里使用不太严格。

如果有合适的可用的有证标准物质,单一实验室测试允许实验室通过多次分析有证标准物质(CRMs)获得总体数据,评估实验室偏差和方法偏差。总偏差的评估是平均结果与标准值之间的差异。

适当的有证标准物质并非总是可用的,因此可能有必要使用其他物质。能力验证留存的物质有时用于这个目的,但是被测物的赋值可能存在可疑的不确定度,使用他们一定要提供总偏差的检查。具体来说,通常选择能力验证的赋值要提供一个最低限度的偏差估计,所以明智的做法是对被测物的分析误差进行显著性检验。另一个选择是使用添加物和回收率信息[4]提供偏差的估计,要注意这里的偏差有可能是与相关不确定度的不可测量来源有关。

目前,在方法确认方面最被忽视的效应是不同类别测试材料范围内的基质差异。评估这种不确定度分量,理论上要求在单次运行中收集有代表性的含被测物的测试材料、评估独立的偏差以及计算这些偏差的方差。(单次运行分析意味着更高水平的偏差对方差没有影响。如果涉及较宽的浓度范围,那么必须制定与浓度有关偏差变化的允差。)如果有代表性的被测物是有证标准物质,那么可以直接将结果与标准值之间的差异评估为偏差,整个过程很简单。更多的情况是可用的有证标准物质数量不足,那么就应当谨慎地采用典型适当范围内测试材料的回收率试验。目前,很少有关于这种来源的不确定度大小的定量信息,尽管在某些情况下,人们怀疑不确定度的量较大。

5. 确认研究的实施

详细的方法确认研究设计和实施已有广泛的报道,这里将不再重复。不过,主要的原则同重要性是相关的,以下是主要原则。

重要的是确认研究要具有代表性。也就是说,实施的研究应尽可能提供在该方法正常使用时影响操作的数量和范围,以及覆盖该方法范围内的样品基质类型和浓度大小的实际情况。当因素(如环境温度)在精密度试验过程中的随机变化有代表性,例如,直接在观测的方差中出现,就不需要再附加研究了,除非进一步的方法优化是令人满意的。

在方法确认时,"代表性变异"是指该变异因素必须属于讨论的参数值预期范围的分布。对于可以连续测量的参数,这可能是一个允许范围,说明了不确定度或预期范围;对于不连续的因素,或不可预测效应的因素,比如样品基质,代表性范围应该同在方法正常使用中允许的和遇到的各种类型或者"因素水平"相对应。理想情况下,代表性不仅包括值的范围,而且还包括它们的分布。但是,在很多测量水平上处理大量影响因素的全部变异往往是不经济的。不过,对于大多数实际用于预期极限值范围基础上的测试,或比预期而言没有更大变化的测试,都是可以接受的最低限度测试。

在选择变异因素方面,重要的是要确保尽可能多地"运用"较大的应因素。例如,每天的日常变异(也许由再校准效应引起)与重复性效应相比是较大的变异,每5日进行两次测定比每2日进行五次测定会有较好的精密度均数估计。在不同的日期进行十个单一测定将更好,能受到足够的控制,尽管在1日内重复测定不提供附加的信息。

显然,在做显著性检验时,任何研究计划都应有足够的能力,检验出将引起显著性效应的因素(即与不确定度的最大分量相比较)。

此外,下列考虑可能是重要的:

(1) 如果因素是已知的或怀疑其间有相互作用,重要的是确保将这些相互作用的效应计算在内。通过确保从不同水平随机选择相互作用的参数,或通过细致的系统设计以获得"相互作用"因素的效应或协方差信息,这些是可能实现的。

(2) 在进行总方差研究时,重要的是标准物质和标准值与常规样品的材料要有相关性。

6. 确认研究的范围

实验室在何种程度上必须对一个新的、修改的或不熟悉的方法进行确认,在一定程度上取决于方法现有的状态和实验室能力。假设该方法供日常使用,除非另有说明,不同情况下的确认范围和确认措施建议如下:

(1) 实验室使用"充分"的确认方法。该方法已经协同试验研究,所以实验室必须确认。实验室有能力达到已公布的方法性能特性(或其他能够实现分析任务的要求)。应进行精密度研究、变异性研究(包括基质变异研究),可能的话还要进行线性研究,当然一些测试如重现性可以省略。

(2) 实验室使用充分确认的方法应用于新的基质。该方法已经协同试验研究,所以实验室必须在分析系统中确认新的基质没有引入新的误差来源。要进行方法适用范围的确认。

(3) 实验室使用完善的,但没有经过协同研究的方法。要求进行与之前一样的范围确认。

(4) 该方法及其一些分析特性已发表在科学文献中。实验室应进行精密度研究、偏差研究(包括基质变异研究)、重现性和线性研究。

(5) 该方法已发表在科学文献中,或是实验室内部开发的方法,但没有给出分析特性。实验室应进行精密度研究、偏差研究(包括基质变异研究)、重现性和线性研究。

(6) 该方法是经验的。经验方法是指评估的结果仅仅为既定检验过程而得的测量值。不同的经验方法在于对各自评估目标的测量,如样品中特定被测物浓度的测量。在这种方法中,方法偏差通常是零,并且基质变异(即在所定义类别的范围内)不相关。实验室偏差不能忽略,但实验室偏差通过单一实验室的实验可能很难估算。此外,不可能有适用的标准物质。在缺乏协同试验数据的情况下,某些实验室间精密度的估算可以通过特别设计的重现性研究获得或使用 Horwitz 函数估算。

(7) 分析是"专设"的。"专设"分析有时也有必要确立测量值的大概范围,不需要太大的研究投入,但必须有低临界值。因为方法的"专设"性,确认的深入研究受到严格的限制。应该通过如分析物加入和回收率评估法,以及重复的精密度来研究方法的偏差。

(8) 职员和设备的变更。重要的例子包括:主要仪器的变化;易变试剂的新批次(例如,多克隆抗体);实验室场所的更改;新职员首次使用方法;在长期弃用后重新采用经过确认的方法。在这里,重要的是要证明上述变化没有发生方法的变异。单因素方差的检验是最低要求;在试验前后做典型测试材料或质控样品的测试。一般情况下,进行的测试要反映分析过程对变异带来的可能影响。

7. 建议

关于使用单一实验室方法确认提出如下建议:

(1) 只要可能和可行,实验室应使用性能特性经过符合国际协议协同试验评估过的分析方法。

(2) 如果这种方法不适用,那么分析方法必须在用于为客户生成分析数据之前进行实验室内确认。

(3) 单一实验室方法确认要求实验室从以下方面选择适当的特性进行评价:适用性、选择性、校准、准确度、精密度、范围、定量限、检测限、灵敏度和重现性。实验室必须考虑客户在选择测试特性方面有哪些要求。

(4) 如果客户有要求,客户必须能够得到这些方法特性经过评估的证据。

附录1 关于方法性能特性研究要求的注解

对每个方法运行特性的总体要求如下:

A1.1 适用性

确认后,除了任何性能指标外,文件应提供下列信息:

(1) 分析物的特性,包括在适当情况下的形态(例如"总砷")。

(2) 确认所涵盖的浓度范围(例如"0~50ppm")。

(3) 确认所涵盖的测试材料的基质范围(例如"海产食品")。

(4) 有协议,描述设备、试剂、程序(包括在规定的指令中允许的变化,例如,"在100℃±5℃加热30min±5min")、校准和质量程序以及任何特别要求的安全措施。

(5) 预期的应用及其临界不确定度要求(例如,"用于筛选目的食品分析。结果c的标准不确定度$u(c)$应小于$0.1×c$。")。

A1.2 选择性

选择性是指在干扰物存在的情况下,方法可以准确量化分析物的程度。理想情况下,选择性应该评价任何可能出现的重要干扰物。尤其重要的是检查在化学原理方面可能对测试有影响的干扰物。例如,氨的比色测试可合理地预期对初级脂肪胺有影响。考虑或测试每一个潜在的干扰物可能不切实际;如果是这样的话,则建议检查可能最坏的情况。作为一般原则,方法的选择性应好到足以忽略任何干扰。

在多种基质类型的分析中,选择性基本上基于重要性的定性评估或其他对干扰的合适测试。但是,也有有用的定量措施。特别地,定量措施是选择性指数b_{an}/b_{int},其中b_{an}是方法的灵敏度(校准函数的斜率),b_{int}是潜在干扰物独立产生的响应斜率,提供了干扰的定量措施。可以通过对基质空白或添加了适当浓度潜在干扰物的相同空白执行该程序近似地测定b_{int}。如果基质空白不可用,可以用典型材料替代,仅仅在假设基质相互影响不存在的情况下才可由这种简单的实验估算b_{int}。注意,在没有分析物存在的情况下测定b_{int}更容易,因为当分析物的灵敏度本身受干扰物影响(基质效应)时,该效应可能与另一种类型的干扰混淆。

A1.3 校准和线性

除了在标准物质制备中的过失误差,校准误差通常是(但并不总是)总不确定度预估算的一个较小分量,通常可以可靠地归入"由上而下"方法的各类估算中。例如,源于校准的随机误差是运行偏差的一部分,其作为一个整体评估,来源于校准的系统误差可能显示为实验室偏差,同样作为一个整体评估。不过在方法确认的一开始,了解校准的一些特性十分有用,因为它们影响最佳研发程序的策略。这个层面的问题是诸如校准函数是否真的是:①线性的;②通过原点;③不受测试材料基质的影响。这里描述的程序与确认中的校准研究有关,这就必然比在常规分析中进行的校准更加严格。例如,一旦确认时确立了校准函数是线性的并通过原点,那么更加简单的校准方法可用于日常使用(例如两点法重复的设计)。出于确认的目的,源于这种比较简单的校准方法的误差通常会并入更高水平的误差。

A1.3.1 线性和截距 在校准中,可以适当的通过集中浓度响应值的线性回归所产生的残差图的检查非正式地检验线性。任何弯曲的图都表明了由非线性的函数校准导致失拟。可以通过失拟的方差与纯误差的方差比较进行显著性检验。不过,除了由某些类型的分析校准引起的非线性外还有其他失拟的原因,因此显著性检验必须与残差图共同使用。尽管相关系数目前作为拟合质量的指标被广泛使用,但其作为线性的检验是误导且不合适,不应该使用。

在失拟检验中设计十分重要,因为非线性和漂移很容易混淆。如果没有独立的评估,重复测量需要提供纯误差的评估。没有特定的指南,下列应适用(单变量线性校准):

(1) 应该有 6 个或更多的校准标准。

(2) 校准标准应均匀分布在感兴趣的浓度范围内。

(3) 范围应包括可能遇到的 $0\sim150\%$ 或 $50\%\sim150\%$ 的浓度,要取决于更合适的浓度。

(4) 校准标准至少一式两份按随机顺序运行,最好是一式三份或更多。

用简单的线性回归探究拟合后,对显著性图应检查残差。在分析校准中异方差性十分普遍,意味着它的图校准数据最好由加权回归处理。在没有使用加权回归情况下,校准函数的低端可能引起放大了的误差。

可用简单的回归或加权回归进行失拟检验。如果没有显著失拟,也可以在此数据基础上对显著与零不同的截距进行检验。

A1.3.2 总基质效应的测试 如果校准标准可以制备成简单的分析物溶液,那就极大地简化了校准。如果采用这种方法,在确认中就必须评估可能的总基质不匹配的效应。可以使用将分析物加到(也称"标准加入法")由典型测试材料得到的测试溶液中的方法,来测试总基质效应。测试时最终稀释液应该同正常程序配制的相一致,加入法的范围也应围绕与程序定义校准确认相一致的范围。如果校准是线性的,通常使用校准函数的斜率图和分析物加入,可以对显著性差异进行比较。缺乏显著性就意味着没有检测到总基质效应。如果校准不是线性的,需要更复杂的方法检验显著性,但通常在相同浓度水平上直观比较就足够了。这种测试中如果没有显著性往往意味着不存在基质差异效应(见 A1.13)。

A1.3.3 最终校准程序 作为程序中指定的校准方法可能也需要单独确认,但有关误差将有助于共同评估不确定度。这里的重点是,来自具体的线性设计等评估的不确定度,将比由程序协议定义的简单校准产生的不确定度要小。

A1.4 准确度

A1.4.1 准确度的评估 准确度是方法被测量特性的测试结果和认可的标准值间相一

致的程度。以术语"偏差"定量表示准确度,较小的偏差显示更大的准确度。通常通过比较方法的响应值与赋予该物质已知值的标准物质来测定偏差。建议进行显著性检验。标准值的不确定度不可忽视,评价结果应考虑标准物质的不确定度以及统计学上的变异性。

A1.4.2 准确度试验条件　偏差可以在分析系统的不同组织水平出现,例如运行偏差、实验室偏差和方法偏差。重要的是要记住其中哪些正在被各种处理偏差的方法所运用。特别地:

(1) 在单次运行中所进行的有关标准物质的一系列分析数据的全部平均值,是该次运行得出的关于方法、实验室、特定运行效应的信息总和。由于每次的运行效应都假设是随机的,每次观察到运行结果的变更会比预期结果的离散变异更大,这一点在结果的评估中需要加以考虑(例如,通过分别研究运行中的标准偏差来检验测量偏差)。

(2) 用几次运行的标准物质重复分析的平均值,来评估特定实验室的组合方法效应和实验室偏差(除非使用特定方法给该值赋值)。

A1.4.3 准确度试验的标准值

A1.4.3.1 有证标准物质(CRMs)

有证标准物质可溯源至国际标准,有已知的不确定度,因此假定没有基质不匹配的现象,可以用来同时处理所有方面的偏差(方法、实验室间和实验室内)。如果可行的话,应该用有证标准物质确认准确度。重要的是确保检定值的不确定度要足够小,以允许重要度量偏差的检测。如果不是的话,使用有证标准物质时应进行附加检查。

典型的准确度试验能产生标准物质的平均响应值。在解释该结果时,与检定值有关的不确定度应该与由实验室统计差异引起的不确定度一并考虑。后者可能基于批内、批间或实验室间标准偏差的评估上,这主要取决于试验目的。当检定值不确定度较小时,通常使用合适的精密度条件进行 t 检验。

如有必要和可行,应当检查很多有适当基质和分析物浓度适用的标准物质。如果做到这一点,并且检定值的不确定度小于分析结果的不确定度,使用简单的回归评价结果十分安全。这样,以浓度函数表达偏差,可表现为非零截距("变异值"或恒定偏差)或无单位斜率("旋转"或比例偏差)。当基质范围较大时,应谨慎地用于结果解释。

A1.4.3.2 标准物质

如果不具备有证标准物质,或作为有证标准物质的补充,可以使用对研究目标有着良好标识的材料制成的物质(即标准物质[10]),要始终牢记没有显著偏差未必就证明是零偏差,任何物质间的显著性偏差都是研究的原因。标准物质的例子包括:标准物质生产商标识的、但其数值并未附上不确定度声明的、其他的物质;物质制造商标识的物质;实验室用做标准物质所标识的物质;受限状态下的循环使用,或经水平测试的物质。尽管这些物质的可追溯性可能会有问题,但使用它们比完全不对偏差进行评估的处理要好得多。这些物质在很大程度上将以有证标准物质同样的方式使用,尽管没有标称不确定度,但任何显著性检验都完全依赖于测试结果的精密度。

A1.4.3.3 参考方法的使用

确认时参考方法原则上可以用于检验另一个方法的偏差。当检查在实验室已确认和正在使用的替代或修改既定标准方法的时候,这是一个有用的选择。用两种方法分析一些典型的测试材料,最好能真正均匀地覆盖到所有适用的浓度范围。使用合适的统计方法对全范围内的结果进行比较(例如,配对 t 检验,用来适当地检查方差和正态均匀性),证明方法间的任何偏差。

A1.4.3.4 添加物/回收率的使用

在缺乏有证标准物质或标准物质的研究时,可以通过添加物和回收率来研究偏差。确认时,在典型的测试材料原状态下,加入已知量被分析物到测试部分,然后同时用同样的方法进行分析。两个结果之间的差值占添加量的比例被看做是替代物的回收率,或有时看作边际回收率。回收率与总体显著不一致表明方法有偏差。严格来说,这里的回收率研究只评估由加入分析物的操作引起的偏差;相同的效应不一定适用于相同程度的原有分析物,而附加效应可能适用于原有分析物。因此,添加物/回收率的研究非常容易受观察数据的影响,虽然好的回收率不是准确度的保证,但差的回收率一定是缺乏准确度的表现。处理添加物/回收率数据的方法已详细地包括在其他地方[4]。

A1.5 精密度

精密度是在规定的条件下获得独立测试结果之间一致的程度。通常用术语标准偏差和相对标准偏差规定精密度。精密度和偏差之间有根本性区别,但二者均依赖于分析系统所在的水平。因此,从单次测量的观点来看,任何影响运行校准的偏离将被视为偏差。从检验员审查一年工作的角度来看,运行偏差每天都会不同,表现的如同精密度有关联的随机变量。评估精密度所规定的条件在这个角度考虑了该变量。

对于单一实验室确认,两类条件是相关的:①在重复性条件下的精密度,描述单次运行过程中观测到的差异为期望值 θ 和标准偏差 σ_r;②在运行条件下的精密度,描述运行中的变异偏差 δ_{run} 为期望值 θ 和标准偏差 σ_{run}。通常这两种误差都是对单独的分析结果进行估算而来的,因此有一个合成精密度 $\sigma_{tot} = (\sigma_r^2/n + \sigma_{run}^2)^{1/2}$,其中 n 是在一个运行研究内重复结果的平均数据。要获得这两个精密度评估最简单的方法就是在一些连续运行中平行测定选定测试材料。可以应用单因素方差分析计算各自的方差分量。每个平行测定必须是应用于各自测试部分程序的独立操作。还有一种做法,可以通过以一次连续运行分析的测试材料直接评估合成精密度 σ_{tot},并以一般方程式评估标准偏差。(注意,通常以符号 s 给出观测的标准偏差,以区别于总体标准偏差 σ。)

重要的是,精密度数值是可能的测试条件的代表。第一,运行中条件的变化必须代表方法常规使用时实验室通常发生的变化。例如,应代表试剂的批次、分析者和仪器的变化。第二,使用的测试材料应该典型,指的是应在日常使用中有可能遇到的材料基质和(理想情况下)被粉碎的状态。因此,实际的测试材料,或在较小的程度上,应与标准物质基质相匹配,但被分析物的标准溶液将不适用。还要注意,有证标准物质和制备的标准物质通常要比典型的测试材料有更大程度的均匀性,因此从测试它们得到的精密度可能会低于从测试材料观测到的差异。

精密度往往随着被分析物浓度而变化。典型的假设是:①精密度不随被分析物水平而变化;②标准偏差与被分析物水平成正比,或线性依赖于被分析物水平。在这两种情况下,如果被分析物水平预期变化很大(即超过其中心值约30%),那就需要检查假设。最经济的检查很可能是在或者是接近操作范围的极端值对精密度进行简单的评估,连同使用合适的统计学方法检验方差的差异。F 检验适合于正态分布的误差检验。

精密度数据可能是在各种不同条件下获得的,除了最低限度的重复性和上述运行条件的诸多信息,获取更多的信息可能是适当的。例如,它可能对结果的评估有益,或为了改善测量条件,独立的操作者和运行效应,几个工作日间或一个工作日内的效应,或使用一个或几个仪器可达到的精密度等。不同的设计范围和统计分析技术都可供使用,在所有的研究中细致的实验设计始终被强烈地建议。

A1.6 回收率

评估回收率的方法与评估准确度的方法共同讨论(见上文)。

A1.7 范围

确认范围是指被分析物的浓度区间,在该区间内可以认为方法已被确认。重要的是要认识到这个范围并不一定和校准使用的范围一致。校准可能覆盖宽的浓度范围,但其余的确认(就不确定度而言通常是更重要的部分)却有可能覆盖更有限的范围。在实践中,大多数方法仅在一个或两个浓度水平上进行确认。确认范围可视为从浓度标示的浓度点进行合理的外推。

当方法的使用重点远远高于检测限所关注的浓度时,接近临界水平的确认将是适当的。将这个结果外推至被分析物其他浓度的通用安全定义不可能有,因为更大程度取决于个别的分析系统。因此,确认研究报告应说明操作者在临界值附近进行确认的范围,使用评估的不确定度作为专业的判断是适当的。

当所关注的浓度范围接近零或检测限时,原假设的恒定绝对不确定度或恒定相对不确定度是不正确的。在通常情况下,有用的近似法是假定不确定度 u 和浓度 c 之间存在线性函数关系,且截距为正,函数的形式为

$$u(c) = u_0 + \theta c$$

其中 θ 是在一些远高于检测限浓度时,评估的相对不确定度。u_0 是零浓度时评估的标准不确定度,在某些情况下可评估为 $c_L / 3$。此时,将确认范围从零点扩展到验证点以上的较小整数倍将是合理的。同样,这将取决于专业判断。

A1.8 检测限

从广义上讲,检测限(检测的极限)是在测试样品中能够可靠地区别于零的分析物最小量或浓度[22,23]。对于分析系统来说,如果确认范围不包含或不接近检测限,那么检测限就不必是确认的部分。

尽管这种想法表面简单,但以下概述还是困扰了整个检测限主题:

(1)关于这个主题有几个可能的阐述概念的方法,每一种都提供了稍有不同的极限定义。试图阐明这个问题似乎更加容易混淆。

(2)虽然这些方法的每一种都取决于在零浓度或接近零浓度的精密度评估,但尚不清楚这是否用于重复性条件或一些其他条件的评估。

(3)除非收集非常多的数据,否则检测限评估将易受相当大的随机变化的影响。

(4)检测限评估由于操作方面的因素往往偏低。

(5)与检测限有关的统计推论取决于正态的假设,这至少在低浓度时是不确定的。

为了方法确认中最实际的目的,作为实用方法的简明指南,选择一个简单的定义似乎更好,从而进行快速地实施评估。但是,我们必须承认,作为方法研究中检测限的评估,与用来表征完整的分析方法的检测限相比,在概念上或数值上未必相同。例如,"仪器的检测限",当在文献或在仪器手册中引用时,以稀释来调整,往往是远小于"实际"的检测限,不适合方法确认。

因此建议对于方法确认,使用(S_0)的精密度评估应基于在典型的基质空白或低水平材料中被分析物浓度至少经过 6 次单独的完整测定,不去除零或负值结果,近似的检测限计算

为 $3S_0$。注意,这是最低的建议自由度的数目,这个值相当不确定,并且可能是误差的 2 倍。这就要求更严格的评估(例如,支持基于检测或其他材料的判断),应该参考适当的指南(例如见参考文献[22,23])。

A1.9 测定限或定量限

有时用测定限表述一个浓度值是有用的,低于这个浓度时,分析方法就不能在可以接受的精密度内运行。有时任意定义精密度为 10%RSD,有时同样任意认为测定限是检测限的固定倍数(通常是 2)。虽然高于这样一个限值在一定程度上可以放心操作,但我们必须承认这完全是浓度标度的人工二分法;低于这样一个限值的测量并不缺乏信息内容,并可能非常适合目的。因此,这里不推荐在确证中使用这类限值。最好是使用测量不确定度为浓度的函数,并用实验室与客户或数据最终用户之间同意的适用性标准比较函数。

A1.10 灵敏度

方法的灵敏度是校准函数的倾斜度。因为这通常是任意的,灵敏度取决于仪器的设置,在确认中不使用。(它可能在质量保证程序中有用,用来检查仪器运行是否符合标准。)

A1.11 耐用性

分析方法的耐用性是指实验程序描述中具有的条件较小偏差影响由分析方法测试结果发生偏差的能力。对实验参数的限制值应在方法文本中有规定(虽然在过去并不完全这样做),单独或在任何合成实验中允许的偏差在得到的结果中产生的变异是无意义的("有意义的变异"在这里是指该方法不能在已定义适用的不确定度和约定的限值范围内操作)。应识别方法中有可能影响结果的各个方面,使用耐用性实验评价它们对方法性能的影响。

方法耐用性实验是通过有意引入对程序有微小影响的因素并检查其对结果的影响。可能需要考虑方法的许多方面,但是因为这些方面的大多数情况可能会被忽略,通常发生的可能是一个变异的几个方面。Youden[13] 叙述了基于部分影响因子设计的经济型实验。例如,有可能设计一个方法,利用 7 个可变因素的 8 种组合,查看 7 个参数对那 8 个分析结果的影响。单变量的方法也可行,即每次只有一个因素发生变异。

可以进行耐用性实验影响因素的例子是:仪器、操作者或试剂品牌的变化;试剂浓度;溶液 pH;反应温度;完成一个过程允许的时间等。

A1.12 适用性

适用性是指方法性能匹配标准的程度,标准在这里是指分析者和数据最终用户之间共同同意的标准,该标准描述了最终用户的需求。例如,在结果数据中的误差引起不正确判定的数量不能多于已定义的小概率,但它们也不应少到最终用户要付出不必要的支出。适用性标准可依据本附录中描述的一些特性,但最终将用可以接受的合成不确定度来表示。

A1.13 基质差异

基质差异在许多行业中是最重要的误差来源之一,但又是最少受到重视的分析测量中误差来源。当我们定义要确认的分析系统时,在诸多影响因素中,要详细指明测试材料的基质,在定义的类别范围可能有相当大的差异范围。举一个极端的例子:"土壤"类的样品可以由黏土、沙子、白垩、红土(主要成分是 Fe_2O_3 和 Al_2O_3)、泥炭等组成,或这些物质的混合物组成。我们很容易想到,这些物质类型的每一种将贡献一个独特的基质效应到分析方法如原子吸收光谱分析中。如果我们没有正在分析的有关土壤类样品的信息,那么由于基质效应的可变性,在分析结果中就会有额外的不确定度。

基质差异不确定度需要单独量化,因为在确认过程中的其他部分没有考虑基质差异。通过收集获得在定义类别范围内可能遇到的一组有代表性基质的信息,基质中被测物浓度都在适当的范围内。按照方法文本分析测试材料,并评估结果的偏差。除非测试材料是有证标准物质,否则必须用添加和回收率评估的方法进行偏差评估。用偏差的标准偏差来评估不确定度。(注:这个评估也将包含来自重复分析方差的贡献。如果已经使用添加物,评估值的量将是 $2\sigma_r^2$。如果按不确定度预评估的严格要求,这个值还应扣除由于基质差异引起的方差,以避免双重计算。)

A1.14 测量不确定度

正式评估测量不确定度的方法是从一个方程式或数学模型计算测量不确定度。作为方法确认所描述的程序设计是为了确保方程式用于评估结果,程序有适当允许值的各种随机误差,用一个有效的表达式则包含所有对结果的公认和重要影响。因此,下文有详尽的警告,经确认的方程式或"模型"可直接用来评估测量不确定度。基于"不确定度传递定律",用下列建立的原则进行评估,其独立输入效应是

$$u\left[y(x_1,x_2,\cdots,x_n)\right]=\sqrt{\sum_{i=1,n}c_i^2u(x_i)^2}$$

其中 $y(x_1,x_2,\cdots,x_n)$ 是几个独立变量 $x_1,x_2,\cdots,x_n$ 的函数,c_i 是灵敏度系数估算为 $c_i=\dfrac{\partial y}{\partial x_i}$,$y$ 对 x_i 的偏微分。$u(x_i)$ 和 $u(y)$ 是标准不确定度,即以标准偏差形式表示的测量不确定度。由于 $u\left[y(x_1,x_2,\cdots,x_n)\right]$ 是几个独立不确定度评估的函数,所以称其为合成标准不确定度。

如果使用计算结果的方程式 $y=f(x_1,x_2,\cdots,x_n)$ 来评估测量不确定度,则有必要首先对变量 x_1、x_2 等每一个参数确立不确定度 $u(x_i)$,其次,合成这些在确认中发现的需要代表随机效应的附加参数,最后考虑任何附加效应。在上述精密度讨论中,所指的统计模型是

$$y=f(x_1,x_2,\cdots,x_n)+\delta_{run}+e$$

其中 e 是特定结果的随机误差。由于 δ_{run} 和 e 是已知的,从精密度实验得知,分别得到标准偏差 σ_{run} 和 σ_r,后者(或严格说,它们的估算值 s_{run} 和 s_r)是与附加项相关的不确定度。如单独内部运行的结果是平均的,那么与这两项有关的合成不确定度是(如先前给出的):$s_{tot}=(s_r^2/n+s_{run}^2)^{1/2}$。注意,该合成项显示了精密度随分析物浓度水平而变化,测定结果的不确定度评估必须采取与浓度水平相适应的精密度类型。因此,不确定度评估的基础直接从假定的统计模型和确认试验中得到,必要时必须加上不均匀性和基质以及更多的效应加以计算(见 A13 部分)。最后,计算的标准不确定度乘以"包含因子"k,提供了扩展不确定度,即"包含期望可能贡献给被测量数值分布区间的很大一部分"[8]。确立适当的统计模型,已知分布是正态的,与评估相关的自由度数目高时,一般选择 k 等于 2。那么扩展不确定度对应大约 95% 的置信区间。

有一个重要的警告要加到这里:假设测试统计模型时,必然经过了初步的测试。已经注意到,这些测试并不能证明任一效应都是等同于零;只能表明效应太小以致在与特定试验相关的不确定度不能检测到其显著性。特别重要的例子是,对有显著意义的实验室偏差的测试。显然,如果这是进行准确性确认的唯一测试,那么必须有方法确认没有偏差的剩余不确定度信

息。到目前为止,剩余不确定度在计算不确定度方面是显著有效的,应制定附加允差。

在标准值不确定的情况下,最简单的允差是测试材料的不确定度,加上实验中应用的统计不确定度的声明。全面的讨论超越了本文的范围,参考文献[9]提供了更多的详细讨论。然而,重要的是,虽然直接用假设的统计模型评估的不确定度与相关分析结果的最小不确定度比较,结果几乎可以肯定是低估的;基于同样的考虑,使用$k=2$的扩展不确定度也将无法提供足够的信心。

ISO指南[8]建议,为了增强信心,应按需求提高k值,而不是人为地增加不确定项。实践经验表明,使用已确认的不确定度评估统计模型,且没有模型中提供的附加效应研究范围之外的多余证据,k应不小于3。只要有充分的理由怀疑确认研究的全面性,k应按照需求进一步提高。

附录2 确认研究中不确定度评估的附加考虑

A2.1 灵敏度分析 用于不确定评估中的基本表达式

$$u\left[y(x_1,x_2,\cdots,x_n)\right] = \sqrt{\sum_{i=1,n} c_i^2 u(x_i)^2}$$

要求式中"灵敏度系数"c_i。当给定的影响因子x_i有已知的不确定度$u(x_i)$时,系数c_i却不能被充分地表征或者从结果方程式中不容易获得,这在不确定度评估中很常见。特别常见的是,在测量方程式中不包括某些影响因素,因为它通常不显著,或因为对该关系的理解不足以证明需要修正。例如,在室温萃取过程中的溶液温度效应T_{sol}就很少被详细讨论过。

如果希望评估这类与结果效应有关的不确定度,根据实验有可能要确定该系数。最简单的做法是通过改变x_i并观测改变后对结果的影响,在形式上与重现性试验基本相似。在大多数情况下,在第一个例子中除了标称值外选择至多两个x_i值就足够了,并从观测到的结果计算近似梯度。然后赋予该梯度c_i一个近似值,就能测得$c_i \cdot u(x_i)$值。(在证明对结果有显著影响,以及有可能的影响时,这是一个实际可行的方法。)

在这种实验中,非常重要的是,观测的结果变化足以得到计算可靠的c_i。但这很难提前预计。然而,x_i影响量的允许范围或扩展不确定度量地给出,期望得到的结果变化不显著,这就需要从更大的范围估算c_i,这很重要。因此建议对于有$\pm a$预期范围的影响量(例如,其中$\pm a$可能是允许范围,扩展不确定度区间或95%置信区间),如果可能的话,灵敏度实验采用的变化至少为$4a$,以确保可靠的结果。

A2.1 判断 常常发现,虽然效应是公认的并可能是显著的,但它并不是总有可能获得可靠的不确定度评估。在这种情况下,ISO指南明确指出,最好要专业地考虑不确定度评估,而不是忽略不确定度。因此,如果对于一个潜在的重要影响没有不确定度评估可用,那么分析者应作出他们自己可能的不确定度的最佳判断,并将其应用于合成不确定度评估。参考文献[8]给出了关于在不确定度评估中使用判断的进一步指南。

参 考 文 献

[1] Horwitz W.1988. "Protocol for the design, conduct and interpretation of method performance studies", *Pure Appl. Chem.* 60:855, 864; revised version: Horwitz W.1995. *Pure Appl Chem.* 67:331-343

[2] Thompson M, Wood R. 1993. "The international harmonised protocol for the proficiency testing of (chemical) analytical laboratories", *Pure Appl. Chem.* 65:2123-2144. (Also published in J. AOAC Int.

1993,76, 926-940

［3］ Thompson M,Wood R.1995. "Harmonised guidelines for internal quality control in analytical chemistry laboratories",*Pure Appl. Chem.* 67(4):49-56

［4］ Thompson M,Ellison S,Fajgelj A,et al.1999. "Harmonised guidelines for the use of recovery information in analytical measurement",*Pure Appl. Chem.* 71(2):337-348

［5］ Council Directive 93/99/EEC on the Subject of Additional Measures Concerning the Official Control of Foodstuffs, O. J., L290,1993

［6］ Procedural Manual of the Codex Alimentarius Commission, 10th ed., FAO, Rome,1997

［7］ Precision of Test Methods, Geneva, ISO 5725,1994. Previous editions were issued in 1981 and 1986

［8］ Guide to the Expression of Uncertainty in Measurement, ISO, Geneva,1993

［9］ Williams A,Ellison SLR,Roesslein M (Eds.). 2000. Quantifying Uncertainty in Analytical Measurement,2nd ed. (English),available from LCC Limited,Teddington,London,or at Eurachem Secretariat, http://www. eurachem. org/>

［10］ International Vocabulary of Basic and General Terms in Metrology,ISO,Geneva,1993

［11］ Validation of Chemical Analytical Methods,NMKL Secretariat,Finland,NMKL Procedure No. 4. 1996

［12］ "EURACHEM Guide:The fitness for purpose of analytical methods. A Laboratory Guide to method validation and related topics",LGC,Teddington 1996. Also available from the EURACHEM Secretariat and Web site

［13］ Statistics Manual of the AOAC,AOAC International,Gaithersburg,MD,1975

［14］ An Interlaboratory Analytical Method Validation Short Course developed by the AOAC INTER- NATIONAL,AOAC International,Gaithersburg,MD ,1996

［15］ "Text on validation of analytical procedures" International Conference on Harmonisation. Federal Register,Vol. 60,p. 11260,March 1,1995

［16］ "Validation of analytical procedures:Methodology",International Conference on Harmonisation,Federal Register,Vol. 62,No. 96,pp. 27463-27467,May 19,1997

［17］ "Validation of methods",Inspectorate for Health Protection,Rijswijk,The Netherlands,Report 95-001

［18］ A Protocol for Analytical Quality Assurance in Public Analysts' Laboratories,Association of Public Analysts,342 Coleford Road,Sheffield S9 5PH,UK,1986

［19］ "Validation of analytical methods for food control",Report of a Joint FAO/IAEA Expert Consultation,December 1997,FAO Food and Nutrition Paper No. 68,FAO,Rome,1998

［20］ "Estimation and expression of measurement uncertainty in chemical analysis",NMKL Secretariat,Finland,NMKL Procedure No. 5,1997

［21］ Thompson M,Lowthian PJ. 1997. J AOAC Int. 80:676-679

［22］ "Nomenclature in evaluation of analytical methods,including quantification and detection capa-bilities", IUPAC Recommendation,Pure Appl. Chem. 1995,67:1699-1723

［23］ ISO 11843. "Capability of detection",(several parts),International Standards Organisation,Geneva

［24］ Thompson M. 2000. *Analyst* 125:2020-2025

［25］ Thompson M. 2000. "Recent trends in inter-laboratory precision at ppb and sub-ppb concentrations in relation to fitness for purpose criteria in proficiency testing",*Analyst* 125:385-386

［26］ "How to combine proficiency test results with your own uncertainty estimate-the zeta score",Analytical Methods Committee of the Royal Society of Chemistry,AMC Technical Briefs No. 2,M. Thompson (Ed.),www. rsc. org/lap/rsccom/amc

第八篇
国际食品法典委员会
关于授权食品采纳《分析测量中回收率信息应用一致性指南》

国际食品法典委员会

（食品法典指南：37：2001）

CODEX ALIMENTARIUS COMMISION: ADOPTION OF THE IUPAC GUIDELINES FOR THE USE OF RECOVERY INFORMATION IN ANALYTICAL MEASUREMENT（CODEX GUIDELINES 37：2001）

国际食品法典委员会出于参考的目的，采纳了《分析测量中应用回收率信息使用一致性指南》，但建议①的最开始的两句话除外。

出于国际食品法典委员会的目的，对 IUPAC 指南的建议 1 解读如下：

报告时，所有的数据都很重要，应该是：①清晰地识别是否应用了回收率修正；②如果应用了回收率修正，报告中应包括修正的量和修正的方法。这将促进数据集的直接可比性。修正功能应建立在适当的统计水平、文件化、存档化和客户可能得到的基础上。

参 考 文 献

Harmonised Guidelines for the Use of Recovery Information in Analytical Measurement *Pure Appl. Chem.*，1999，337-348

---

①"定量分析结果应当进行回收率修正，除非有特殊的原因不需要这么做。不评估和使用修正因子的原因所包括的情况有(1)分析方法是经验的；(2)合同或法定限已约定使用未修正的数据；或(3)回收率接近 1。

第九篇
分析测量中回收率信息应用一致性指南

IUPAC HARMONIZED GUIDELINES FOR THE USE OF RECOVERY INFORMATION IN ANALYTICAL MEASUREMENT (IUPAC TECHNICAL REPORT:1999)

国际理论和应用化学联合会
分析、应用、临床、无机及物理化学部
分析实验室质量保证计划协调内部工作组

源于国际理论和应用化学联合会(IUPAC)、国际标准化组织(ISO)和国际官方分析化学师协会(AOAC INTERNATIONAL)赞助,于1996年9月4～5日在美国奥兰多城举行分析实验室质量保证系统协调研讨会

准备由 Michael Thompson[①],Steven L R Ellison[②],Ales Fajgel[③],Paul Willetts[④] 和 Roger Wood[④] 出版

工作组成员(1995～1999年):

主席:M. Parkany,1995～1997(瑞士);A. Fajgelj,1997至今(IAEA,奥地利)

成员:T. B Anglov(丹麦);K. Bergknut(挪威);K. G. Boroviczeny(德国);Carmen Camara(西班牙);K. Camman(德国);Jyette Molin Christensen(丹麦);S. Coates(AOAC,美国);W. P. Cofino(荷兰);P. De Bievre(比利时);T. D Geary(澳大利亚);T. Gills(美国);A J. Head(英国);J. Hlavay(匈牙利);D. G. Holcombe(英国);P. T. Holland(纽西兰);W. Horwitz(美国);A. Kallner(瑞典);H. Klich(德国);J. Kristiansen(丹麦);Helen Liddy(澳大利亚);E. A Maier(比利时);H. Muntau(意大利);C. Nieto De Castro(葡萄牙);E. Olsen(丹麦);Nancy Palmer(美国);S. D. Rasberry(美国);M. Thompson(英国);M. J. Vernengo(阿根廷);R. Wood(英国)。

---

① 伦敦大学 Birkbeck 学院化学部(英国),London WC1H 0PP,UK

② 政府化验师实验室(英国),Queens Road,Teddington,Middlesex TW11 0LY,UK。

③ 国际原子能机构(IAEA),原子能机构塞伯斯多夫实验室(奥地利),A-2444 Seibersdorf,Austria。

④ 农业、渔业和粮食部食品科学实验室(英国),Norwich Research Park,Colney,Norwich NR4 7UQ,UK。

分析测量中回收率信息应用一致性指南

（技术报告：1999）

  ISO、IUPAC 和 AOAC 合作制定了关于"方法性能研究的设计、执行和解释"[1]、"（化学）分析实验室的能力验证"[2] 和"分析化学实验室内部质量控制"[3] 的协议或指南。要求制定这些协议/指南的工作组筹划制定关于《分析测量中回收率信息应用指南》。该指南将对使用内部质量控制程序产生分析数据的实验室提出最低限度的建议。

  该指南草案于 1996 年 9 月 4～5 日在美国奥兰多城举行，由国际理论和应用化学联合会、国际标准化组织和国际公定化学家协会主办的关于化学实验室质量保证体系协调第七届国际研讨会上进行了讨论。此次研讨会的议程[4]可以获得。

  该指南的目的是：讨论在分析过程中不可避免出现的分析物损失的分析类型，提出需要解决的概念性框架。因为某些问题的解决不能令人满意，其复杂性仍然不能简化，除非建立一个概念性的框架。这个议题的问题涉及：(1)评估测试材料基质中分析物回收率方法的有效性；(2)是否回收率评估应该用于修正原始数据以生成最终测试结果。最受这些问题影响的化学分析物类型是在复杂基质中以极低浓度存在的有机分析物。

目　　录

我们认识到,对分析化学家来说利用回收率信息修正/调整分析结果是一个有争议的问题。分析化学的不同行业有不同的做法。关于回收率因子使用的正式立法要求也因行业而异。然而,IUPAC的目的是制定可以理解的、有助于准备总"真实结果最佳评估"指导原则,并有助于分析结果报告的可比性。

本文件试图对上述范围的内容作出预期的一般性原则,并将作出能反映普遍做法且最能实现上述目的的建议。但是,具体的分析化学行业是为了他们自身的需求要研究这些指南的,因此建议并不一定对所有的分析化学领域都具有约束力。

1. 引言

回收率的评估和使用是分析化学家之间在不同领域的操作。这种操作差异在复杂基质如兽药残留和农药残留、食物和在环境分析方面的分析物测定中最明显。这些分析方法是典型地依靠将分析物从复杂基质中转移至用于呈现分析物的更简单的溶液中再供仪器测定。然而,转移过程导致分析物损失很常见。在这样的过程中有相当比例的分析物留在萃取后的基质中,以致转移不完全,并且随后测量出的值低于在原测试材料中的真实浓度。如果这些损失没有得到补偿,不同实验室可能得到有显著差异的结果。如果一些实验室补偿了损失而其他实验室没有补偿,那就会产生更大的差异。

回收率研究显然是所有分析方法确认和使用中一个重要组成部分。重要的是,所有与分析结果的产生和解释有关的依据和报告结果,都要认识到这个问题。然而,目前还没有明确定义的方法评估、表达和使用回收率的信息。在分析实践中最重要的不一致性涉及原始测量的修正,此修正(原则上)可抵消由于分析物损失的较小偏差。但是,修正因子评估的可信度是困难的,因而阻止了一些分析行业的实际操作者应用这种修正。

因为在回收率信息使用和评价上缺乏一致的对策,所以对不同实验室间的测试结果进行有效的比较,或验证这些数据对预期目的的适用性是困难的。这种缺乏透明度的数据解释将产生严重的后果。例如,在执法分析的背景下,对分析数据之间的差异应用或不应用修正因子分别意味着结果超过法定限量或符合法定限量。因此,当要求评估真实浓度时,在分析报告结果的计算中要强制执行对分析物损失的补偿。

该指南提供了在分析化学的各行业中回收率信息评估和使用的一致性决定的概念性框架。

2. 指南中使用的定义和术语

在假定一般分析术语是公认的前提下阅读该指南,以下是指南中所涉术语最恰当的具体定义。

回收率:测量提取出的和呈现的分析物数量,与存在于或加入到测试材料分析部分的分析物数量的比。

替代物:纯化合物或元素加入到测试材料中,其化学及物理性质被认为是原有分析物的代表。

替代物回收率:作为添加物特意加入到测试部分或测试材料中的纯化合物或元素的回收率(有时称为"边际回收率")。

原有分析物:通过自然过程和生产步骤结合到测试材料中的分析物(有时称为"原生分

析物")。一些分析协会行业认为原有分析物包括"原生分析物"和"原生残留物"。这样定义是为了将其与分析过程中加入的分析物区别开来。

分析的经验方法：该方法为确定被测量物的唯一方法（有时称为"规定的分析方法"）。只有通过该方法本身的测定才能测到被测对象真值的唯一方法，

分析的合理方法：这种方法是指测定特定的化学品（类）或分析物（类）时有几种可供选择的等效方法。

3. 评估回收率的程序

3.1 基质标准物质的回收率信息　原则上，是通过分析基质标准物质来评估回收率。回收率是检测到的分析物浓度与标明存在的分析物浓度之比。由相同基质的测试材料得到的结果，原则上在测得的标准物质回收率基础上进行回收率修正。然而，有几个问题可能困扰标准物质的使用，即：①任何此类回收率评估的有效性前提，取决于在分析方法其他方面无偏差；②可用的适当基质标准物质的范围有限；③在测试材料和可用的最适当的标准物质间可能存在基质不匹配。

最后一点，由标准物质得到的回收率值严格来说不能应用于测试材料。这一点尤其适用于食品分析行业，其中标准物质必须要精细地研成粉末并干燥以确保均匀性和稳定性。这样处理很可能影响回收率同有关同类的新鲜食物回收率的比较。然而，基质不匹配在回收率信息应用方面是一个普遍的问题，在3.3节中单独论述。

3.2 替代物的回收率信息　当有证标准物质不可用时，分析物回收率的研究可通过被当做原生分析物替代物加入的化合物或元素的回收率来评估。替代物转移到测量相的程度要单独评估，在适当时，该回收率有助于原生分析物。该程序原则上允许修正分析物的损失，并且允许对原有基质中原生分析物浓度进行无偏差评估。在几种不同的分析方法中这种"修正回收率"方法学已得到暗示或明示，如果能表明被正确地执行，则必须视为有效的程序。

为了保证该程序有效，替代物必须与基质中原有分析物以相同的方式进行定量分析，尤其对于在不同相之间的部分。实际上，要证明其等效是困难的，必须作出某种假设。通过建议使用的各种不同类型的替代物，观察假设所具有的特性。

3.2.1 同位素稀释法

最好的替代物类型是同位素稀释方法中使用的分析物同位素修饰形式。替代物的化学特性与原生分析物的相同或者非常接近，只要加入的分析物和原生分析物达到有效的平衡，替代物的回收率将会与分析物的回收率相同。在同位素稀释方法中替代物回收率可以通过质谱法单独评估，或如果使用放射性同位素就可通过辐射计测量进行评估，并有效地应用于原生分析物。然而，达到有效的平衡总是不容易。

在一些化学系统中，如测定有机物质中的痕量金属，原生分析物和替代物很容易被基质反应中所用的强力试剂破坏，转变成相同的化学形式。这种处理将转变为有机结合的金属，作为与替代物达到有效平衡的简单离子。这样一个简单的过程在痕量元素的测定中通常有效，但不可能应用于农药残留。在后面的例子中分析物可能是部分的化学结合到基质上。反应强烈的化学试剂不能用来释放分析物，以免有破坏分析物的危险，使原生分析物和替代物不能达到有效平衡。因此，替代物回收率很可能大于原生分析物回收率。这样，即使是最

佳的替代物类型,也可能产生回收率评估的偏差。而且,同位素稀释方法的应用受到同位素富集分析物成本和可获得性的限制。

3.2.2 添加法

一种成本较低和非常普遍适用的是作为添加物加入的分析物回收率,在单独实验中进行评估。如果有可用的基质空白(不含有任何有效分析物的基质样本),可将分析物加入到其中,并且经过正常分析过程后测定其回收率。如果没有基质空白可用,那么将添加物加入到平常的实验部分与未添加的实验部分一起分析。这两个结果之间的差值就是加入的分析物的回收部分了,该差值可以与加入的已知量比较。这类回收率评估在这里被称为"替代物回收率"(加入的分析物作为原生分析物的替代物)。这种方法类似于标准加入法。替代物回收率遭遇同位素修饰分析物所遇到的相同问题,即加入的分析物不可能与原有分析物达到有效平衡。如果加入的分析物不能像原生分析物那样牢固地结合到基质上,那么替代物回收率趋向相对于原有分析物的较高回收率。那种情况将导致给修正后的分析结果带来负偏差。

3.2.3 内标法

用于回收率评估的第三类替代物是内标物。当内标物用在回收率实验时,替代物与分析物在化学本质上是不同的,因此将不会有相同的化学性质。然而,通常选择内标物以便与分析物在化学上密切相关,这样代表它们的化学反应得到了最大的反应程度。例如,内标物将用于那些在相同基质中测定多种分析物的回收率评估。对每个分析物分别做边际回收率实验将是不实际的。实际操作上的问题超出了处理多个分析物的成本:一些分析物(比如新的兽药残留,或代谢产物)不可能像纯物质那样可操作。然而,在某些情况下它可能是最具成本效益的方法。内标物充其量是作为替代物,因此内标法在技术上没有添加法那么令人满意。因为内标物的化学性质与分析物不相同,使用基于内标物的回收率评估可能导致双向偏差。内标物也可以用于其他目的。

3.3 基质不匹配 当一种基质评估的回收率值应用于另一种基质时,就发生基质不匹配。除了上述问题,很显然基质不匹配的效应是作为回收率的偏差对待的。当两种基质化学性质差别很大时,基质不匹配效应很可能是最严重的。可是,当基质有相当好的匹配(如两个不同品种的蔬菜)或表面上相同(例如,两个不同的牛肝样本),分析化学家可能由此做出未经证实的回收率仍然适用的假设。这样做很明显会增加回收率和回收率修正结果的不确定度。基质不匹配原则上可以通过对每个单独分析的测试材料进行回收率实验(例如,用添加法)来避免。然而,在成本效益的基础上该方法经常做不到,所以在每种分析运行中要用有代表性的测试材料测定回收率。

3.4 分析物浓度 叙述到目前为止,替代物或原生分析物的回收率看起来好像与其浓度无关,实际上在低浓度时这是完全不可能无关的。例如,由于表面不可逆的吸附部分分析物可能是不可回收的。然而,一旦吸附点被全部占据,那么一个特定的分析物浓度就会产生,在更高浓度时就很可能没有进一步的损失,因此回收率将不会与浓度成比例。像这种的情况在分析方法确认时要进行研究,但对于特定的回收率使用一个完整的研究可能会太耗时间。

4. 回收率信息应该用于修正测量吗？

表面上有很激烈的争论,要么用回收率修正结果,要么放任其不修正。然而,若不加理会这些外在的争论,分析化学家就会经常在他们的应用领域被迫遵守常规或文件化的程序。这里列出了任何情况都不必修正的论据。

4.1 修正的论据

(1) 分析科学的目的在于用符合目标的不确定度获得原有分析物真实浓度的评估。

(2) 只有在分析物浓度非常低的回收率被修正后才能评估真实浓度。

(3) 由于未修正的低回收率产生的偏差,意味着结果将不具有普遍的可比性,不可传递,因此不适宜支持互相承认。

(4) 提倡的修正方法是与完全可以接受的分析技术,如:内标法和同位素稀释法是同形的,因此原则上不予怀疑。

(5) 虽然一些不确定度不可避免地与修正因子有关,但是那种不确定度是可评估的,亦可并入最终结果的合成不确定度。

4.2 反对修正的论据

(1) 基于替代物评估的回收率可能比原生分析物对应的值更高。合成的修正结果仍会有负偏差。

(2) 做评估的修正因子的适用性可能令人怀疑,因为这些因子在不同基质间和不同分析物浓度时可能有变化。

(3) 评估的修正因子通常有较高的相对不确定度,反之未修正的结果通常有较小的相对不确定度,这与容积和仪器独立测量相关(然而只有不包括偏差贡献的不确定度才会小)。因此,修正结果将会有较高的相对不确定度,如果明显太高会造成对分析科学生疏的不良印象。反过来可能影响到执行立法的科学可信度。

(4) 单独由修正因子引起的相对较小的偏差可能主要是通过随机误差产生,而不是系统的分析物损失,在这种情况下修正会使结果的绝对不确定度变大。

(5) 与强制性污染物的最大限量有关的立法框架,都是在未修正的结果用于强制目的理解上制定的。

4.3 合理和经验方法 分析测量一般来说都力求用符合测量目标的不确定度来评估被测物,即分析物浓度的真值。在这个基础上的结果完全是可比的。然而,我们必须认识到,这一立场同样适用于"合理的"和"经验的"的分析方法[5]。合理方法中的被测量目标是测试材料中分析物的总浓度。经验方法中的被测量目标是通过应用特定程序在测试材料中可以测量的"分析物"的浓度,并且结果可追溯至方法。因此,如果这个方法被认为是经验的,那么测量浓度就必然接近①真值。在这种情况下,被测量目标是"可提取的"分析物浓度。

但是,认为方法是经验的并不导致结果也符合同等的要求。只有当单一方法协议(而不是类似协议的其中一个协议)用于特定的测量时,在整个特定分析部门,经验的结果将是"同等的"。在一些部门,方法已稳定下来或是法规中指定的,这种单一的经验方法协议将被广泛使用。然而,在许多部门,方法学易受持续发展的影响,没有单一协议可用。在这种情况

---

①接近,但与真值不相同。不同实验室可能执行该协议略有不同,引入系统误差,并且也有重复性(随机)误差的贡献。

下,只有回收率修正的结果可能是同等的。

5. 回收率评估

评价回收率还没有一个完善的普遍适用的程序,然而使用理想程序时就有可能实施"思想实验"。该实验提供了真实程序的各参照点。在这个理想程序中,有权威分析方法可用,即使用无回收率损失的完全无偏差的方法测定分析物。使用这种方法对于常规分析太过消耗资源,还有另一个具有不完全回收率的常规方法。通过使用这两种方法分析很多组典型的测试材料,评估常规方法获得的回收率,每一组都覆盖要求的基质范围和分析物浓度。这能给出在任何可能情况下常规方法的回收率(以及它的不确定度)。

实际上不可能有这样权威的方法可供参考,因此要使用标准物质或替代物研究评估回收率。然而,标准物质是很少的,并且资源的缺乏限制了使用替代物用于评估回收率的测试材料的种类范围。此外,使用替代物本身增加了回收率评估的不确定度,因为它可能无法确定是否有部分原生分析物以共价或其他方式牢固地与基质结合而无法回收。

处理这种问题通常采用的方法是在方法确认过程中评估回收率。如果资源允许尽可能地选择较多的相关基质和较宽的分析物浓度范围来测定回收率。那么这些值就可以适用于随后使用的分析方法中。为了证明这种假设,该方法的所有日常运行必须包括标准物质(或添加的样品)作为内部质量控制。这有助于确保分析系统原先的回收率评估不会发生任何显著的无效变化。

因此,建议考虑以下几点,以防在实际操作中即使资源不足妨碍这些措施完全执行时,需要参考的内容。

5.1 典型的回收率研究 对于方法确认应提供方法适用的基质类型全部范围。此外,应该用每种基质的几个实例评估该类基质回收率(不确定度)的正常范围。很可能材料的来源将影响分析物回收率(例如食品加工或烹调工艺),那么应在加工的不同阶段采集样本。如果确认不能包括这个范围,那么在回收率使用中将有一个同基质不匹配相关的额外不确定度,该确定度可能必须凭经验评估。

如果在技术上和经济上可行,应研究分析物浓度适当的范围,因为分析物回收率可能是浓度的基本所在。考虑加入几种不同水平的分析物到基质中。分析物在非常低的水平,可能是大量的化学吸附在基质有限吸附点上,或不可逆的吸附在分析容器的表面。在这种浓度水平的回收率可能会接近零。在略高些的浓度水平,其中分析物超过被吸附的那部分,回收率将是部分的。在相当高的浓度,吸附的分析物仅是总分析物的一小部分,回收率实际上可能是完全的。分析化学家可能需要关于以上这些浓度范围所有的回收率信息。如覆盖范围不完全,它可能只适合评估分析物浓度在一些临界水平的回收率,例如在法规限量时。在其他浓度水平的值可能必须凭经验评估,此外还有一个附加不确定度。

当添加法应用于基质空白时,就可以很方便地考虑整个浓度范围。当原生分析物的浓度明显较大时,添加的标准物至少也应该大,以避免在替代物回收率中有比较大的不确定度。

5.2 内部质量控制 内部质量控制(internal quality control,IQC)的原则和应用已在别处描述[3]。IQC 目的是确保分析系统的性能在使用期间保持有效。在 IQC 应用于日常分析(与专门分析相反)时统计控制的概念非常重要。当应用于回收率时,IQC 有一些必须考虑的特殊性能。可以用两种不同的方式进行回收率的内部质量控制,这取决于所用的质控物质的类型。

（1）基质匹配的标准物质可以作为质控物质使用。这种物质的回收率和其运行过程中变异性的初始估算是在方法确认时测定的。在后来的日常运行中完全当做一个正常的测试样品得到同样的分析，其测试值（或数学等值）在质控图上得以描绘。如果运行结果是在控制中，那么就可以认为，该运行的回收率确认评估有效，如果结果不受控制，那就需要进一步研究，可能需要摒弃运行结果或需要重新研究回收率。它可能有必要使用几个质控物质，这取决于运行时间的长短、分析物浓度的范围等。

（2）添加的物质也可以用于质量控制。通常，在方法确认时要做平均回收率和其运行间变异性的初始估算，并用来建立控制图。两种不同的方法可选其一用在日常分析中，方法的选择取决于物质的稳定性：①在每个日常运行中可准备一个单一的长期质控物质（或几个质控物质）；②在运行中可以添加所有的/随机选择的测试材料。在上述两种情况下将替代物回收率绘制在控制图上。当回收率保持在控制范围内，认为其适用于一般的测试材料。两种可选方法中，后者（包括实际的测试材料）可能更具有代表性，而且要求更高。

有一种趋势把内部质量控制的作用与简单的（在认为适当时）回收率评估混淆了。最好是把 IQC 的结果完全作为检查分析过程是否保持在控制范围内的手段。在方法确认时评估的回收率应用在质控运行的后续检查中通常更准确，因为更多的时间可花在研究其典型的水平和变异性上。如果实时添加用于修正回收率，就更像是一种通过标准加入法的校准。

6. 回收率报告中的不确定度

不确定度是用公式表示回收率信息评估和使用方法的重要概念。尽管在不确定度评估中（在撰写本文时）有大量的实际问题仍待解决，但在使回收率的问题概念化时，不确定度原理仍是宝贵的工具。附录中给出了不确定度的定义、主要参考文献和广泛的讨论。

当在分析过程中出现分析物损失时，两种不确定度需要分别考虑。第一，是不确定度 u_x，只与测定有关，即由重量、体积、仪器和校准误差引起。这种相对不确定度 u_x/x 结果将是小的，除非分析物的浓度接近检测限。第二，是不确定度 u_R，评估回收率 R 方面的。这里相对不确定度 u_R/R 结果很可能略大些。如果用回收率修正原始结果，就有 $x_{corr} = x/R$（即修正因子是 $1/R$）。给出关于 x_{corr} 的相对不确定度：

$$\frac{u_{corr}}{x_{corr}} = \sqrt{\left(\frac{u_x}{x}\right)^2 + \left(\frac{u_R}{R}\right)^2}$$

这必然大于 u_x/x，并且可能是大很多。因此，回收率修正乍一看似乎大大降低了测量的可靠性，其实这种看法不正确。只要认为该方法是经验的（存在如上所述有关可比性的缺点），适当的不确定度就是 u_x。如果认为该方法是合理的，就不需修正由分析物损失引起的偏差，不确定度 u_x' 的实际评估必须包括程序描述的各项偏差。因此，u_x'/x 至少比得上，可能还要大于 u_{corr}/x_{corr}。

在附录中更详细地研究了这个论题。

在回收率实验中评估不确定度　这里提供的回收率不确定度评估方法当然是试行的，当详细的研究成为可用的时候，预计可能会迅速地取代该方法。重要的原则如下：

（1）回收率和其标准不确定度两者可能都取决于分析物浓度，这需要在几个浓度水平进行研究。本节之后的评论适用于单一水平的浓度。

（2）主要的回收率研究应涉及经方法确认的种类所包括基质的全部范围。如果种类是严格的（例如牛肝），那么应该研究那种类型的一些不同的样本，以代表在实际分析中很可能遇到的变异（例如性别、年龄、品种、储存期间等）。回收率评估可能要求最少十个不同的基质。关于这些基质的回收率标准偏差被认为是回收率标准不确定度的主要部分。

（3）如果有理由怀疑有部分原有分析物未被提取出来，那么通过替代物评估的回收率将会有偏差。这种偏差应连同其对不确定度预估算的贡献一起评估。

（4）如果方法在其确认的基质范围之外使用，那么在确认回收率实验和分析时，测试材料之间就存在基质不匹配。这会导致回收率值的额外不确定度。评估这个额外不确定度可能是个问题。或许最好是在新的基质中评估回收率，在单独的实验中评估其不确定度。

7. 结论

处理回收率信息变化的做法是导致数据不等同的重要原因。为了减轻其影响，通常应鼓励在应用适当的修正因子后才报告分析数据。但是，如果强制性限量是基于没有应用修正因子的数据，那么目前报告"原始"数据的局面在可预见的将来还将继续。

应正确地记录回收率试验和结果的详细说明。如果已知或者怀疑经过分析程序后，测试材料中的部分原生分析物还没有提取出来，那该程序就必须被视为，测定的只是"可得到的"分析物。这种限定应在分析结果报告中说明。对于"结合的"分析物，没有做有效的补偿，或者可以尝试做一下补偿，因为其回收率模型并不包括这一点。

应该认识到，回收率测定在分析测量中有双重角色，即：①质量控制目的，②获得回收率值。在后一种应用中，要求更广泛和详细的数据。

8. 建议[①]

在这些指南中关于对回收率信息的使用有以下建议：

（1）定量分析结果应该用回收率修正，除非有不这样做的具体原因。不评估或不使用修正因子的原因包括的情况：①认为分析方法是经验的；②合同或制定的法定限量使用了未修正的数据；③已知回收率接近 1。然而，最重要的是，报告结果时，所有数据应该：①被清楚识别是否已经应用了回收率修正；②如果已经应用了回收率修正，报告应包含修正的量和其导出的方法。这将直接促进数据集的可比性。修正函数应建立在适当的统计学分析、文件化、档案化以及对客户而言可以得到的基础上。

（2）无论是否报告回收率或修正结果，回收率值总是作为方法确认的一部分而确认，以致测量值可以转变为修正值，反之亦然。

（3）当回收率因子合理使用时，其评估方法应在方法协议中规定。

（4）回收率 IQC 控制图应在方法确认中建立，并在所有常规分析中使用。如果给出的回收率值在 IQC 控制范围之外运行，应考虑在可接受的变异范围中重新分析，或将结果作为半定量结果来报告。

[①]国际理论和应用化学联合会、国际标准化组织及欧洲化学委员会接受这个指南的科学原则和建议。国际官方分析化学师协会接受这些科学原则但不同意用回收率修正分析结果作为总方针。

参考文献

[1] Horwitz W. 1988. Protocol for the Design, Conduct and Interpretation of Method Performance Studies, *Pure Appl*. Chem, 60:855-864, revised 1995, 67:331-343

[2] Thompson M, Wood R. 1993. The International Harmonised Protocol for the Proficiency Testing of (Chemical) Analytical Laboratories, *Pure Appl. Chem.*, 65:2123-2144. (Also published in J. AOAC International, 1993, 76:926-940

[3] Thompson M, Wood R. 1995. Harmonised Guidelines For Internal Quality Control in Analytical Chemistry Laboratories, *J. Pure & Applied Chemistry*, 67:49-56

[4] Parkany M. 1993. Quality Assurance for Analytical Laboratories, Royal Society of Chemistry, London, UK

[5] Thompson M. 1996. Sense and Traceability, *Analyst*, 121:285-288

附录 回收率报告中的不确定度

不确定度原理在概念化回收率定义时是有用的工具。此附录的主要目的是阐明这些原理。回收率中不确定度的评估还有待详细研究。

不确定度的定义

ISO[1,2]定义测量不确定度为:"与测量结果相关的参数,表征合理地赋予被测量值之间的分散性。"

同时指出,"此参数可能是诸如标准偏差(或其指定的倍数),或说明了置信水平的区间半宽"。国际标准化组织指南建议此参数应该或作为标准不确定度报告,表示为 u,定义为:

"用标准偏差表示测量结果的不确定度",或作为扩展不确定度,表示为 U,定义为:"定义了关于测量结果的一个区间量,这可能期望包含赋予被测量值分布的大部分。"扩展不确定度由标准不确定度乘以包含因子得到,实际上包含因子只在 2~3 这个范围内(表 9.1)。

表 9.1 分析化学中不确定度来源

1	被测物的定义不完全(例如,不能详细说明所测分析物的准确形式)
2	取样——测量的样品可能不代表定义的被测物
3	被测物萃取和(或)预浓缩不完全,测量样品的污染,干扰和基质效应
4	对环境条件影响测量过程的认识不充分,或环境条件测量不完善
5	交叉污染,试剂或空白的污染
6	读模拟仪器时的个人偏差
7	重量和容量设备的不确定度
8	仪器分辨率或判别阈值
9	测量标准和标准物质的赋值
10	用在数据归约算法中和外部来源所得的常量和其他参数的值
11	近似和假设并入测量方法和程序中
12	在表面相同的条件下被测物重复观察的差异

被测量的定义

相对于不确定度评估和回收率值的相关性或其他方面而言,被测量的明确定义很重要。这里最重要的问题是,是否被测量是实际存在于样品基质中被测物质的量(合理方法),或出于比较的目的而建立的,但在别的方面基本上是经验方法可再现的响应值。

回收率和不确定度

回收率($R = c_{obs}/c_{ref}$)是由应用分析程序得到的观测浓度(或量)c_{obs} 与含有分析物的材料所在参考水平 c_{ref} 的比。c_{ref} 将是:①标准物质测定值;②由可选的指定方法测量的值;③由添加物加入所定义的值。在理想条件中 R 完全是1。实际上,在不完全提取的情况下,给出的观测值常常不同于理想值。因此确认分析方法较好的做法是:对分析系统评估回收率 R 。在这种实验中,对于显著偏离整数1的可以测试回收率。在某一置信水平上,这种测试考虑的问题是"$|R-1|$ 大于测得 R 的不确定度 u_R 吗?"。表9.2给出了测量的回收率中一些不确定度来源。实验人员可以进行下列形式的显著性检验:

$|R-1|/u_R > t$:R 与1显著不同。

$|R-1|/u_R \leqslant t$:R 与1无显著不同。

其中 t 是临界值,或基于实际允许显著性"包含因子",或完全是统计学 t 检验 $t_{\alpha/2, n-1}$,对于置信水平 $1-\alpha$ 的相关值。

表9.2 回收率评估中不确定度来源

1	回收率试验的重复性
2	标准物质值的不确定度
3	加入添加物量的不确定度
4	经加入添加物的原生分析物代表性差
5	实验程序描述的基质和遇到的样品基质全部范围之间的匹配不良或受到限制
6	分析物/添加物水平对回收率的影响以及添加物或标准物质分析物水平与样品中分析物水平不完全匹配

如此检验之后,可以区分四种情况,主要通过回收率 R 的使用来区分。

R 与1无显著不同。应用不修正。

R 与1显著不同。应用对 R 修正。

R 与1显著不同,但是由于操作原因,应用对 R 不修正。

使用经验方法。经验地认为 R 是1,并且 u_R 为0。(尽管在重复的和再现的结果中回收率明显有一些差异,但该差异包含在方法精密度的直接评估里。)

在以上每一种情况下的不确定度可以处理如下:

(1)R 与1无显著不同。实验没有测到需要用回收率调整报告结果的证据。也许是认为回收率中的不确定度不重要。然而,实验不能在 $1-ku_R$ 和 $1+ku_R$ 之间区分回收率范围。因此,在计算总不确定度时应该考虑回收率仍有不确定度。(另一种观点是盲目使用 $R=1$ 的修正因子,但实验人员不能确定这个值完全是1。)因而,u_R 要列入不确定度预估算中。可是,它不必两次列入,因为回收率的不确定度往往会自动包括在精度评估中。

(2)R 与1不同并应用修正。R 是明确列入修正结果计算中(即,$c_{corr} = c/R$,其中 c 是有不确定度 u_c 的原始结果),很显然,u_R 必须列入不确定度预估算中。导致给出修正结果的合成不确定度 u_{corr} 。u_{corr} 乘以 k(通常是2)得到扩展不确定度 U 。

$$\frac{u_{corr}}{c_{corr}} = \sqrt{\left(\frac{u_c}{c}\right)^2 + \left(\frac{u_R}{R}\right)^2}$$

(3)R 与1显著不同并应用不修正。在合理方法中对已知的系统性效应未能使用修正,这与得到的被测量的最大评估可能不一致。在这种情况下计算总不确定度时考虑回收率就没那么直接。如果 R 与 1 显著不同,那么包含被测量值的分布不具有适当的代表性,除非不确定度 u_R 显著增加了。有时采用一种简单又实用的方法,当没有使用已知的系统性效应修正值 b 时,可以在最后的结果中增加扩展不确定度到 (U_c+b),其中 U_c 是假设 b 为 0 时计算的。因此,对于回收率,$U=U_c+(c/R-c)$。这个步骤给出了不利的总不确定度,并且背离了用标准偏差处理所有不确定度的 ISO 建议的原则。

另外,如果实验人员判断,在正常使用中这种差异没有意义,那么对回收率就不用修正,由于显著性检验应该使用大于 u_R 的值,所以在增加 u_R 后可以用①相同的方式处理情况③。评估 u_R 的量为 $|1-R|/t$,其中 t 为用于显著性检验的临界值,这个在回收率中放大了的不确定度应该如②那样列入不确定度预算。通常只有当 u_R 可与 $|1-R|$ 比较或大于 $|1-R|$ 时,这个不确定度才是显著的。

提供不确定度评估的两种方法都有类似的缺陷,都是结果未得到修正就给出被测量的最佳评估而引起。两种方法都会导致不确定度的夸大,而且被测量结果所引用的范围只接近一个极值(通常是上端),该范围的剩余部分不太可能包括有效概率的值。

对于达到了 70% 的回收率,附加不确定度的贡献(在应用包含因子之前)将接近结果的 20%。很明显,给出的被忽略回收率修正值的大小看起来是合理的,但它确实强烈地指出不确定度报告忽略真实的回收率修正值的后果。

因此如果客户没有被从假定的合理方法得出的结果所误导,那就要做出明确的选择,或者必须修正回收率或者必须引用实际上更大的不确定度。

最后,应注意前面的讨论叙述了测试结果和它的不确定度按照真实尺度得出并如实报告的情况。未考虑分析者提供结果解释(例如说明该值"不少于……")的实例。在这种解释中,实验人员对回收率和总的检验不确定度的专业知识将会在解释中一并考虑,所以可既不必报告回收率也不必报告不确定度。

参 考 文 献

[1] Guide to the Expression of Uncertainty in Measurement', ISO, Geneva, 1993, (ISBN 92-67-10188-9)

[2] International Vocabulary of basic and general standard terms in Metrology. ISO, Geneva, Switzerland 1993 (ISBN 92-67-10175-1)

第十篇
国际食品法典委员会关于授权食品采纳《关于测量不确定度指南》

（食品法典指南 54:2004）

CODEX ALIMENTARIUS COMMISION: ADOPTION OF CODEX
GUIDELINES ON MEASUREMENT UNCERTAINTY (CODEX
GUIDELINES 54:2004)

1. 引言

ISO/EC 17025:1999 的要求分析工作者都明了,每个分析结果都有相关的不确定性,并需要评估其不确定度。测量不确定度可能由多个程序产生。为达到食品法典标准的目的,委员会要求食品分析实验室受此控制[1],在可能的条件下使用经过协同实验的或确认的方法,在投入常规使用前验证这些方法的适用性。这些食品分析实验室因此会得到一系列可以用于评估其测量不确定度的分析数据。

这些指南只适用于定量分析。

大多数定量分析结果以" $a \pm 2u$ 或 $a \pm U$ "表示,其中" a "是指被测物真实浓度的最佳估计值(分析结果)," u "是标准不确定度,而" U "($=2u$)是扩展不确定度。范围" $a \pm 2u$ "代表可以找到真值的 95% 置信区间。分析者通常使用或报告的值是" U "或" $2u$ ",这就是此后提到的"测量不确定度",并可以用几种不同的方法评估。

2. 术语

国际测量不确定度(measurement uncertainty)的定义为:

与测量结果相关的参数,其表征合理地赋予被测量值的分散性[2]。

注:

(1) 该参数可以是标准偏差(或其倍数),或说明了水平置信区间的半宽度。

(2) 测量不确定度一般由许多分量组成。其中一些分量可由测量结果的统计学分布来估算,并用实验的标准偏差来表征。另一些分量也可用标准偏差来表征,由基于经验的或其他信息的假定概率分布来评估。

(3) 测量结果应理解为被测量值的最佳估计值,而所有的不确定度分量,包括那些由系统效应引起的,如与修正和参考标准有关的分量,都贡献给了分散性。

3. 建议

(1) 与分析结果有关的所有测量不确定度都要进行评估。

(2) 用几个程序去评估分析结果的测量不确定度,特别是由 ISO[3] 与 EURACHEM[4] 推荐说明的程序。这些文献推荐的程序是基于逐步分析法、方法确认的数据、内部质量控制数据和能力验证数据。如果其他形式的数据适用并用于评估不确定度,就不必采用 ISO 提出的逐步分析法。在许多情况下,总不确定度可以通过多个实验室的实验室间(协作)研究和 IUPAC/ISO/AOAC INTERNATIONAL[5] 提出的一些模型,或按照 ISO 5725 协议[6]的要求去测定。

(3) 根据要求,必须让结果的使用者得到测量不确定度和置信区间。

参 考 文 献

[1] As outlined in Codex GL 27-1997. Guidelines for the Assessment of the Competence of Testing Laboratories Involved in the Import and Export of Food

[2] International vocabulary of basic and general terms in metrology, ISO 1993, 2nd Edition

[3] Guide to the Expression of Uncertainty in Measurement, ISO, Geneva, 1993

[4] EURACHEM/CITAC Guide Quantifying Uncertainty In Analytical Measurement (Second Edition), EURACHEM Secretariat, BAM, Berlin, 2000. This is available as a free download from http://www. eurachem. ul. pt/.

[5] Horwitz W, 1995. Protocol for the Design, Conduct and Interpretation of Method Performance Studies, e-d. Pure Appl. Chem. , 67, 331-343

[6] Precision of Test Methods, Geneva, 1994, ISO 5725, Previous editions were issued in 1981 and 1986

第十一篇
关于测量不确定度指南

（由英国制定）

JOINT FAO/WHO FOOD STANDARDS PROGRAMME
CODEX COMMITTEE ON METHODS OF ANALYSIS AND SAMPLING：
GUIDANCE ON MEASUREMENT UNCERTAINTY（PREPARED BY
THE UNITED KINGDOM）

粮农组织/世界卫生组织联合食品标准
计划国际食品法典委员会关于分析和
取样方法第二十八次会议

2007 年 3 月 5～9 日，匈牙利布达佩斯
由国际食品法典委员会和其他法典委员会交付委员会

关于测量不确定度指南

目　录

背景

法典委员会在 2006 年 7 月第 29 次会议上正式通过了关于"分析结果的使用:取样计划,分析结果、测量不确定度、回收率因子和法典标准规定之间关系"的规定(ALINORM 06/29/41,P.33~34 和附录Ⅲ)。现行文本包括在《程序手册》中,作为所附指南文件的一部分给出。

泰国代表团在其他代表团的支持下,表达了对测量不确定度规定的关注,并指出,如果每个商品委员会都有可能决定如何解决测量不确定度,这将导致各方的法典不一致。因此,应该为测量不确定度的允差提供明确的指南。

因此,代表团提出推迟通过关于分析结果的使用规定,直到制定出这种指南。

经过一番讨论,委员会同意通过作为提出的建议列在《程序手册》中,并将一些代表团制定进一步指南的要求提交给"分析和取样方法委员会",以解决测量不确定度。

制定这份报告为的是帮助完善测量不确定度指南。

讨论

测量不确定度一直是分析化学家多年有争议的问题,在许多文件中都讨论过。在大多数情况下,这些文件都集中在如何评估测量不确定度上。仅仅在最近才讨论如何使用测量不确定度。

本指南草案说明了该情况,旨在将已直接影响食品法典委员会工作领域的各种研究草拟在一起,以"问答"的形式写出。

正在或将必须草拟的研究都包括关于测量不确定度的食品法典委员会准则,食品法典委员会程序手册中有"分析结果的使用:取样计划,分析结果、测量不确定度、回收率因子和法典标准规定之间关系"、法典术语定义和那些有争议的问题的描述。

建议

(1) 委员会讨论是否应该依照食品法典委员会 2006 年会议上泰国代表团的要求制定指南;

(2) 无论是否同意制定这种指南,所附的草案将有助于研究该指南;

(3) 是否有应当处理的其他问题。

关于测量不确定度指南

食品法典委员会同意将指南 A 部分的内容列入程序手册，这使"测量不确定度"的概念得到广泛使用。特别强调在讨论极限值和其符合性时要考虑测量不确定度。

早先，法典已通过了《测量不确定度指南(CAC/GL 54-2004)》，在 B 部分给出。

然而，在一些代表中，关于测量不确定度的评估和其后续的使用的意见，受到了分析方法与取样法典委员会和食品法典委员会的误解，已经制定的指南，将有助于测量不确定度的正确评价。

以问答的形式给出。

1. 什么是测量不确定度？

分析结果是可变的。大多数定量分析的结果表达形式为"$a \pm 2u$"或者"$a \pm U$"，其中"a"是接近被测量(分析结果)真值的最佳评估值，"u"是标准不确定度，"U"($=2u$)是扩展不确定度。"$a \pm 2u$"代表可以找到真值的 95% 置信水平。分析者通常使用或报告的值是"U"或"$2u$"，通常称为"测量不确定度"，可以有多种不同的方法评估。

在食品分析中以 95% 的概率(即 $2u$)来计算扩展不确定度。其他行业可以指定不同的概率。

因此在考虑扩展不确定度时以及在"真实"结果范围内，可以认为测量不确定度是报告结果附近的可变性，定量为值"U"。

2. 测量不确定度既适用于取样也适用于分析吗？

测量不确定度适用于整个测量过程。分析者仅考虑到"分析的"测量不确定度，但现在越来越多地认识到必须考虑整个系统，所以"取样"的测量不确定度也逐渐受到重视(见 CX/MAS 07/28/11,2007 年 2 月)。不过，本指南仅考虑了"分析"。

3. 测量不确定度、分析结果和用于获得结果的方法之间有什么关系？

重要的是评估与分析结果有关的测量不确定度。测量不确定度不完全与方法有关，但在某些情况下方法确认获得的值可以用来评估结果的不确定性。通常不容易理解"结果"与"经确认的方法"之间的不同，所以易引起混淆。它确实意味着不同实验室，即使对"相同的"样品采用"相同的"(确认的)方法，也可能报告不同的测量不确定度，这是可以预料的。如果没有限定条件，就不能把确认方法的结果精密度值(重复性和再现性的值)看作测量不确定度。特别需要考虑如偏差、基质效应和实验室能力等附加因素，这些在 F 部分和 H 部分有更详细的论述。

4. 测量不确定度和 ISO/IEC 17025:2005

评估测量不确定度是认可过程中不可缺少的部分。ISO/IEC 17025 标准规定必须评估测量不确定度，从而使有要求的客户可以获得不确定度。食品法典委员会已经制定了指南，要求涉及食品进出口的实验室要获得认可。

5.测量不确定度的使用和有争议情况的定义

当考虑法典标准的最大限值时将引起争议,如果:

(1)出口证书报告的分析结果加上与其相关的测量不确定度小于法典标准(即"$x + U$"$<L$,其中 x 表示报告的分析结果,U 表示扩展不确定度,L 表示法典标准即最大限值),那么样品符合法典标准。

(2)进口证书报告的分析结果减去与其相关的测量不确定度仍大于法典标准(即"$x - U$"$>L$,其中 x 表示报告的分析结果,U 表示扩展不确定度,L 表示法典标准即最大限值),那么样品不符合法典标准[①]。

假设进口方的实验室扣除了测量不确定度,如指南 A 部分所示。如果扣除后的值仍大于法典标准,那么将毫无疑问地报告该样品不符合法典标准。

6.测量不确定度评估值

人们担心一些实验室低估不确定的大小,并报告给客户不可信的较小的不确定度。

对于化学分析家来说,利用协同实验的结果可以合理地预测实验室报告的(扩展)不确定度将是以下数量级(表 11.1)。

表 11.1　扩展不确定度

浓度	扩展不确定度	允许浓度范围 *
100 g/100 g	4%	96～104 g/100 g
10 g/100 g	5%	9.5～10.5 g/100 g
1 g/100 g	8%	0.92～1.08 g/100 g
1 g/kg	11%	0.89～1.11 g/kg
100 mg/kg	16%	84～116 mg/kg
10 mg/kg	22%	7.8～12.2 mg/kg
1 mg/kg	32%	0.68～1.32 mg/kg
<100 μg/kg	44%	56～144 μg/kg

* 这实际上意味着,在这些范围内的数值可以认为是相同分析群的值。

通常对于微生物分析来说,在 $\pm 0.5^{\log}$ 单位范围内的结果是允许的,而这个范围等同于实际计算的范围通常会比客户的分析数据评价(或要求的)更大。

可以预测,如果实验室是在"分析质量控制"下,那么所有实验室报告的测量不确定度都不会显著超过从有效浓度的重现性标准偏差(S_R)得到的评估值。

7.评估测量不确定度的方法

有许多方法可用于评估结果的测量不确定度,C～J 部分概述了一些较常用的方法。

但是,在法典范围内,有许多控制实验室必须执行的正式的质量保证措施。特别是,该实验室必须是:

[①]评论争议情况的论文中所建议的英国定义。

（1）国际认可标准认可的（目前的 ISO/IEC 17025 标准）；可通过利用内部质量控制程序帮助获得该认可。

（2）参与能力验证计划。

（3）使用确认的方法。

在评估实验室的测量不确定度时，为避免实验室不必要的工作，实验室使用执行这些措施所提供的信息至关重要。在法典中，主要的重点放在"充分确认的"分析方法上，例如，在许多情况下，通过协同试验确认的方法都可以使用由这些实验获得的信息。

另外，在有些情况下，由内部质量控制程序获得的信息也可以用来评估不确定度。

对分析者来说，重要的是不要进行现有工作的不必要的重复。

实验室可以使用来源于下列程序的信息帮助评估结果的测量不确定度，概述在本指南的 C~G 部分里。

C 部分：表达测量不确定度的 ISO 指南

D 部分：量化分析测量不确定度的欧洲化学委员会（EARACHEM）指南　介绍

E 部分：量化分析测量不确定度的欧洲化学委员会指南　逐步分析法

F 部分：量化分析测量不确定度的欧洲化学委员会指南　协同实验数据方法的使用

G 部分：协同实验的应用：数据　ISO 5725 临界差

H 部分：ISO TS 21748　测量不确定度评估的重复性、再现性和准确度估值的使用指南

I 部分：执行理事会指令 96/23/EC　关于分析方法性能和结果解释委员会决议 2002/657/EC 设定的概念

J 部分：国际公定化学家分析协会（AOAC）的评论

K 部分：内部质量控制方法

L 部分：北欧食品分析委员会（NMKL）方法

该信息概述在附件的以下各节给出。

给出的各节是没有次序的程序，认为它们有同等效力。不过，认可机构作为其 ISO/IEC 17025 认可的一部分，要考虑某一个实验室使用该程序是否适当。

我们认识到，更进一步评估测量不确定度的方法还在研究中，并且在不断发展的情况下，更进一步的建议将形成合格的程序。例如，可以预料基于参加能力验证计划获得结果的方法将得到发展。

8.实用的参考文献

在本文 M 部分给出了一些参考文献，但只是通用的参考，并需要更新。

A 部 分

（将列在法典程序手册中的指南"分析与取样方法"章节的最后，具体的条款列入法典和相关文本中）

分析结果的使用：取样计划、分析结果、测量不确定度、回收率因子和法典标准规定之间关系。

1. 问题

有许多分析和取样方面考虑的因素阻碍了立法标准的统一执行。特别是关于取样步骤、测量不确定度的使用和回收率修正可能采用不同方法。

目前，在法典框架下还没有关于如何解释分析数据的官方指南。分析"同一样品"后可能采取明显不同的决定。例如，一些国家采用"每个项目必须符合"的取样方法，而其他国家采用"批平均"的取样方法；一些国家扣除了与结果相关的测量不确定度，还有些国家不扣除；一些国家用回收率修正分析结果，而一些国家不修正。商品规格所包含有效数字的位数也可能影响分析结果的解释。

如果是在法典框架内协调，那就必须用同样的方法解释分析结果。

需要强调的是，这并不是分析和取样本身的问题，而是由于分析行业近期的活动突出了管理问题，最突出的是当报告分析结果和制定处理测量不确定度的各种指南，特别是有关使用回收率因子的国际指南的研究。

2. 建议

建议法典商品委员会在讨论和接受某个商品规格和相关的分析方法时，法典标准应规定下列信息。

2.1 取样计划　适当的取样计划，如取样指南（CAC/GL 50-2004）的概述，控制产品符合规范的 2.1.2 节取样指南。应该说明：

（1）规范是否适用于一批的每个项目，或适用于批平均，或者部分不符合。

（2）使用适当的可接受的质量水平。

（3）控制批的验收条件，有关测定样品的定性，定量特性。

2.2 测量不确定度　当判定分析结果是否落在规范范围内时，应该制定测量不确定度的允许值。在涉及直接健康危害时该要求不适用，如食品中的病原体。

2.3 回收率　在适当的和相关的回收率修正基础上表示分析结果，当分析结果经过修正时必须要说明。

如果用回收率修正结果，那么应该说明考虑回收率的方法。尽可能引用回收率。

当制定标准规定时，必须声明，是否应该在回收率修正的基础上，在符合性检查范围内使用分析方法表达所得出的结果。

2.4 有效数字　在报告的结果中要有表示结果的单位和有效数字的位数。

B 部分 关于测量不确定度指南

(CAC/GL 54-2004)

1. 引言

ISO/IEC 17025:1999 要求分析者明了与每个分析结果相关的不确定性并评估其不确定度。测量不确定度可能由多个程序产生。为达到食品法典标准的目的,要求食品分析实验室在控制之内[2],在可能的条件下使用经过协同实验的或确认的方法,在投入常规使用前,验证这些方法的适用性。这种实验室因此会得到一系列可以用于评估其测量不确定度的分析数据。

这些指南只适用于定量分析。

大多数定量分析结果以" $a \pm 2u$ 或 $a \pm U$ "表示,其中" a "是指被测物真实浓度的最佳估计值(分析结果)," u "是标准不确定度,而" U "($=2u$)是扩展不确定度。范围" $a \pm 2u$ "代表在真值的 95% 置信区间。分析者通常使用或报告的值是" U "或" $2u$ ",这就是一般提到的"测量不确定度",并可以用几种不同的方法评估。

2. 术语

国际上对测量不确定度(measurement uncertainty)的定义:与测量结果相关的参数,其表征合理地赋予被测量值的分散性[3]。

注:

(1)该参数可以是标准偏差(或其倍数),或说明了水平置信区间的半宽度。

(2)测量不确定度一般由许多分量组成。其中一些分量可由测量列结果的统计学分布来估算,并用实验的标准偏差来表征。另一些分量也可用标准偏差来表征,由基于经验或其他信息的假定概率分布来评估。

(3)测量结果应理解为被测量值的最佳估计值,而所有的不确定度分量,包括那些由系统效应引起的,与修正和参考标准有关的分量,都贡献给了分散性。

3. 建议

(1)与分析结果有关的所有测量不确定度都要进行评估。

(2)用几个程序评估分析结果的测量不确定度,特别是那些由 ISO[1] 与 EURACHEM[2] 说明的程序。这些文献推荐的程序是基于逐步分析法、方法确认数据、内部质量控制数据和能力验证数据。如果其他形式的数据适用并用于评估不确定度,就不必采用 ISO 提出的逐步分析法评估测量不确定度。在许多情况下,总不确定度可以通过多个实验室的实验室间(协作)研究和按照 IUPAC/ISO/AOAC INTERNATIONAL[3] 或 ISO 5725 协议[4] 提出的一些模型来的测定。

(3)根据要求,必须让结果的使用者得到测量不确定度和置信区间。

参考文献

[1] Guide to the Expression of Uncertainty in Measurement, ISO, Geneva, 1993

[2] EURACHEM/CITAC Guide Quantifying Uncertainty In Analytical Measurement (Second Edition), EURACHEM Secretariat, BAM, Berlin, 2000. This is available as a free download from http://www.eurachem.ul.pt/.

[3] Horwitz W. 1995. Protocol for the Design, Conduct and Interpretation of Method Performance Studies, *Pure Appl. Chem.*, 67, 331-343

[4] Precision of Test Methods, Geneva, 1994, ISO 5725, Previous editions were issued in 1981 and 1986

C 部分　表达测量不确定度的 ISO 指南

1993 年，ISO 与 BIPM、IEC、IFCC、IUPAC 和 OIML 联合出版了《表达测量不确定度的指南》[①]。指南制定了跨越化学测量较宽范围的测量不确定度的表达和评估通则，也包括了指南所描述的概念如何能应用于实践的示例，也给出了不确定度概念的介绍以及不确定度与误差之间的区别，以下是有关不确定度评估步骤的描述。

指南可应用于：

      制造业中的质量控制和质量保证

      法规符合性的测试

      使用公认方法的测试

      标准和设备的校准

      标准物质研制和认证

      研究与开发

      经验方法和理论方法

指南强调逐步分析法，该方法是剖析方法，并进行不确定度因素逐步增加的计算，最后加合得到合成标准不确定度。对这种方法的可行性也有一些批评。追溯测量不确定度更多的工作迄今还是理论上的，支持分析数据的数量也受到限制，这引起了化学分析者的关注，特别是已通过立法要求那些食品行业的分析者做一些结果变异性的评估，主要是由于要求使用已在协同实验中评估过的方法结果。

评估方法的测量不确定度要求分析者找出方法中几乎所有可能的不确定度来源，这可能会花费相当多的努力，尽管付出的努力不应该是不成比例的。通常从实际来说，对一种方法最初的研究是识别与方法有关的不确定度的主要来源，这对方法总不确定度将是决定性的影响。因此，通过集中方法最主要的不确定度来源作为一个整体，尽可能充分地评估方法的总不确定度。在某一特定的实验室对某个方法评估测量不确定度以后，该评估可以应用于以后得到的结果，但他们都是在同一实验室内采用同样的方法和设备得到的，当然这需要提供质量控制数据证明该实验过程。

[①]"Guide to the Expression of Uncertainty in Measurement", ISO, Geneva, 1993

D 部分　量化分析测量不确定度的欧洲化学委员会指南　介绍

　　欧洲化学委员会已在最近出版了《量化分析测量中不确定度指南》第二版[①]。它可从 www. measurementuncertainty. org 中下载。

　　欧洲化学委员会指南是一个协议,是基于 ISO 指南制定的方法来评价和表达定量化学分析中不确定度所建立的通则。它可以应用于所有水平的准确度和所有领域,包括制造业、法规符合性的测试、校准、标准物质的认证和研究与开发测试的质量控制。

　　指南假定,评估要求分析者尽量找出所有不确定度可能的来源。它认识到,尽管这种详细研究可能需要相当大的努力,但实质上付出的努力应该是成比例的。它表明在实际工作中初步的研究将是快速识别不确定度最重要的来源,如例所示,主要贡献几乎完全控制了获得的总不确定度值。建议通过集中评估最大的贡献就可以做出好的评估,一旦某一实验室应用某一给定方法评估了测量不确定度,提供在同一实验室由相关的质量控制数据证明的方法,所获得的不确定度就可以可信地用于后来的结果。除非方法本身或使用的仪器改变了,在这种情况下评估将作为正常的重新确认的一部分加以审查,不然也没有必要再做进一步的工作。

　　指南第一章和第二章论述了不确定度的概念和范围。第三章"分析测量和不确定度",涵盖了方法确认的程序和测定方法性能的实验性研究的实施,以及它们与不确定度评估的关系。还有关于溯源性的新章节。在原来的指南中关于不确定度评估的章节已经相当扩展,并分为 4 个独立的章节论述涉及评估不确定度的四个步骤。第一章,讨论被测量的规格;第二章,识别不确定度的来源;第三章,详述包括现有方法确认数据的使用,论述量化不确定度;第四章,包括合成标准不确定度的计算。特举的例子得到完全修订,并增加了新的例子。现在它们都是按照上述四个步骤的标准模式,并用因果分析帮助识别来源,确保包含所有不确定度评估的重要来源。另外,还建立了 www. measurementuncertainty. org 网站,包括指南的索引 HTML 版本。该网站还主办了关于指南应用的论坛,有一个板块发表了其他的例子。

　　从指南第一版论述了方法性能数据的使用尤其是方法确认数据的使用至今,从协同确认研究和内部研究来说,食品分析者的特殊兴趣是变化的。有一个新的章节论述方法性能数据的使用,说明在许多情况下这些数据给出了评估不确定度需要的所有的或近乎所有的信息。这些新章节都是食品和饲料分析者特别感兴趣的,他们经常将这些部分用于经过协同实验"充分确认"的分析方法。一个重要的方面是用因果分析帮助确认方法和评估不确定度。通过使用这些图表尽可能确定是否有确认数据未包含在任何不确定度的分量中。大多数情况下,充分的确认研究将提供所有必要的数据,并尽可能证明使用了适当的统计,如 S_R,测定不确定度。

　　[①]Williams A,Ellison S L R,Roesslein M(eds.),Quantifying uncertainty in analytical measurement,available as QUAM2000-p1. pdf. ,2000,EURACHEM Secretariat,www. measurementuncertainty. org

E部分　量化分析测量不确定度的欧洲化学委员会指南　逐步分析法

《量化分析测量不确定度的欧洲化学委员会指南》是一个协议,它是基于 ISO 指南制定的方法基础上建立表达和评估定量化学分析中不确定度的通则。它可应用于所有水平的准确度和所有领域包括制造业、法规符合性测试、校准、标准物质的认证和研究与开发测试的质量控制。

1. 不确定度

不确定度这个词语,在世界科学领域范围之外使用时是用来描述怀疑程度的,可以理解不确定度意味着分析者不确定其结果的有效性和准确性。在欧洲化学委员会指南中赋予不确定度的定义是"表征合理地赋予被测量之值的分散性,与测量结果相联系的参数"。

2. 不确定度评估过程

在欧洲化学委员会指南中概述了评估过程,并包含图 11.1 给出的步骤。其中:

规范:明确说明有关测量方面的问题,包括被测量和被测量所依赖的参数之间的关系。

识别不确定度来源:列出步骤的每一部分或每一个参数的不确定度来源,可通过分解测量步骤为"因果关系",最好获得图表。

量化不确定度分量:评估每个不确定度的大小。在这一步,近似值就足够了,对于显著值可在随后的步骤中精确计算。

转换为标准偏差:以标准偏差表示每一个分量。

计算合成标准不确定度:使用电

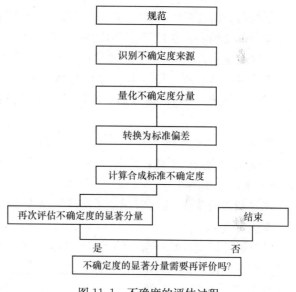

图 11.1　不确度的评估过程

子数据表的方法或代数方法合成不确定度分量,识别显著分量。

最后一步是计算扩展不确定度,这可由合成标准不确定度乘以包含因子 k 得到。包含因子是在考虑很多问题后而选择的,例如要求的置信水平并了解基本分布。对大多数目的,选择包含因子为 2,这时给出的置信水平约为 95%。

3. 报告不确定度

报告测量结果所需要的信息最终取决于其预期的用途,但应包含足够的信息以致如果有新数据可用时可以重新评估结果。完整的报告应包括用于计算结果和其不确定度的方法描述;在结果计算和不确定度分析中使用的所有修正值和常数的来源和值;以及不确定度所有分量的清单包括如何评估每一个分量的完整文件。给出的数据和分析的方式应能容易跟踪并在必要时容易重复。除非另有要求,否则测量结果应与扩展不确定度 U 一起报告。

F 部分　量化分析测量不确定度的欧洲化学委员会指南
协同实验数据方法的使用

欧洲化学委员会指南第二版 7.6.1 节明确规定：

"为确认公开发表的方法所进行的协同研究，例如根据 AOAC/IUPAC 协议或 ISO 5725 标准，是支持不确定度评估的有价值的数据来源。这些数据通常包括几个水平的响应值再现性标准偏差的评估值 S_R。S_R 依赖于响应水平的线性评估值，并且可能包括基于有证标准物质（CRMs）研究的偏差评估值。如何使用这个数据取决于进行该研究时考虑了哪些因素。在上述所指的"调和"阶段，有必要识别那些没有包括在协同研究数据内的不确定度来源。需加以特别考虑的来源是：

取样：协同研究极少包括取样步骤。如果实验室内所使用的方法涉及二次取样，或被测量（见规范）是从个别小样本来评估整批产品的特性，那么必须研究取样效应并包括取样效应。

预处理：在大多数研究中，样品是均质的，分发前还可能需要进一步稳定。可能有必要调查并增加实验室内使用该特定的预处理程序的效应。

方法偏差：方法偏差的检查通常在实验室间研究之前或之中进行，只要可能就通过比较标准方法或标准物质进行。当偏差本身、所用标准值的不确定度和与偏差检查有关的精密度，与 S_R 相比都小时，对偏差不确定度不必再制定额外的允差。否则，就必须制定额外的允差。

条件的变化：参加研究的实验室可能倾向于允许的实验条件范围的中间值，导致在方法定义范围内可能低估了结果范围。已经研究了这种效应并显示其在全部允许的范围内不显著，不要求进一步的允差。

样品基质的变化：需要考虑由于基质组分或干扰物水平超出了研究所覆盖的范围所引起的不确定度。

没有被协同研究数据覆盖的不确定度的每个重要来源，都应以标准不确定度或按通常方式与再现性标准偏差 S_R 合成的形式加以评估。

对于在定义范围内操作的方法，当调和阶段证明所有识别的不确定度来源已包括在确认研究中，或任何其余来源的贡献证明已忽略时，那么再现性标准偏差 S_R，在必要时对浓度进行调整，就可以作为合成标准不确定度使用。

G 部分　协同实验的应用:数据　ISO 5725 临界差

(注:此程序是从 ISO 5725 标准摘录而来[①]。它最早的研究是在 1981 年,也就是测量不确定度的概念被正式认可以前。假设实验室是在相同水平下进行操作的,就像他们最初参加协同实验确认方法时的操作水平相同)。

通常签约实验室有经协同实验充分确认的适当的分析方法可用。协同实验会给出方法分析性能的信息,特别是以重复性(实验室内)和再现性(实验室内和实验室间)的方法特性来表示精密度。虽然评估所谓的临界差,但这些值仍可用来获得测量不确定度。

在按下式计算分析结果的临界差后,将重复性条件下得到的两个单独的分析结果的算术平均值与(法定的或契约的)限值比较。

分析结果的临界差用下面给出的公式进行计算:

$$CrD_{95}(|\bar{Y}-\bar{m}_o|)=\frac{0.84}{\sqrt{2}}\sqrt{R^2+r^2\frac{n-1}{n}}$$

其中:CrD_{95} 表示 95% 概率值时的临界差;$\bar{Y}$ 表示所得结果的算术平均值;m_o 表示(法定的或契约的等)限值;n 表示每个样品的分析数量;R 表示有关浓度的方法再现性;r 表示有关浓度的方法重复性。

如果分析结果(算术平均数)和限值之间的差异大于以上计算出的临界差,那么可以认为所分析的样品不满足法定的或契约的要求。

为了得到适用于限定浓度或数值的值,可能必须通过内推法测定 r 和 R 的值。

如果期望大多数样品符合法定的或契约的限值的话,那么当限值是最大值时,可期望最终的分析结果小于 $[m_o+CrD_{95}(|\bar{Y}-m_o|)]$;当限值是最小值时,期望最终的分析结果大于 $[m_o+CrD_{95}(|\bar{Y}-m_o|)]$,其中 m_o 是给出的限定值。

[①]"Precision of Test Methods",Geneva,1994,ISO 5725,Previous editions were issued in 1981 and 1986.

H 部分　ISO TS 21748　测量不确定度评估重复性、再现性和准确度估值的使用指南

1. 介绍

将 ISO 指南介绍如下，它说明了指南的范围。

与测量结果有关的不确定度知识对于结果的解释是必要的。如果没有不确定度的定量评估，就不可能判断观察到的结果之间的差异带来的影响是否大于实验的变异性、测量项目是否符合规范、或是否打破了基于限值的法律规定。如果没有关于不确定度的信息，就会有误解结果的风险，在此基础上采取的不正确的判断可能导致工业上不必要的消耗、法律上错误的起诉或者对健康或社会带来不利的后果。

因此，在 ISO 17025 认证和相关体系下运作的实验室要评估测量和测试结果的测量不确定度，并报告与其相关的不确定度。由 ISO 出版的《表达测量不确定度指南（GUM）》是广泛使用的标准方法，然而它只适用于具有适用的测量过程模型的条件。但是，要按照 ISO 5725：1994 第 2 部分对标准测试方法非常广泛的范围进行协同研究。目前的技术规范 TS 21748 提供了适当的和经济的方法来评估与这些方法结果相关的不确定度，该技术规范完全符合 GUM 的相关原则，同时考虑到由协同研究得到的方法性能数据。

技术规范中使用的通用方法要求：

①通过如 ISO 5725：1994 第 2 部分所述的协同研究获得的使用方法的重复性、再现性和准确度估值，可从使用的测试方法所公布的信息中得到。其提供了方差的实验室内或实验室间的分量，还有与方法准确度有关的不确定度评估。

②实验室通过检查其自身的偏差和精密度，以确认测试方法的实施与测试方法建立的性能相一致，确认公布的数据适用于实验室得到的结果。

③识别测量结果中协同研究没有充分包括的一些效应，量化与可能由这些效应产生的结果有关的方差。

通过以 GUM 描述的方法合成有关方差的估值做出不确定度评估。

协同研究中获得结果的离差与运用 GUM 过程得到的测量不确定度估计值作比较，可以作为充分了解该方法的一个测试。对于使用协同研究数据评估相同的参数来说，这种比较将能更有效地给出一致的方法。

2. TS 21748 的范围

文件给出的指南：

①使用符合 ISO 5725-2：1994 进行研究所得的数据评价测量不确定度。

②协同研究的结果与根据不确定度传递一般规则得到的测量不确定度（MU）作比较（该主题包括在第 14 条中）。

ISO 5725-3：1994 为研究中的精密度提供了额外的模型已经得到承认。虽然同样的通用方法可能应用于这种扩展模型的使用，但使用这些模型的不确定度评价还没有纳入本文。

该技术规范没有描述在缺乏再现性数据时重现性数据的应用。

本文件可应用于必须测试与结果有关的不确定度所有测量和测试的领域。

本文假定,通过应用数字修正作为测量方法的一部分,或通过对因果效应的研究和消除来修正认识到的不可忽略的系统效应。

本文的建议主要是引导。虽然本文的建议对于许多目的来说的确形成了不确定度评价的有效方法,但也可以采用其他合适的方法。

一般而言,了解本文测量结果、方法和过程的参考文献,应该也适用于测试结果、方法和过程。

I 部 分
执行理事会指令 96/23/EC 关于分析方法性能和结果解释
委员会决议 2002/657/EC 设定的概念

1. 介绍

1996 年 4 月 29 日理事会指令 96/23/EC 关于监控活体动物和动物制品[①]中特定物质和残留物的措施,提供了监控指令附件中所列物质和残留物种类的测量方法。执行理事会指令 96/23/EC 关于分析方法性能和结果解释[②]的 2002 年 8 月 12 日委员会决议 2002/657/EC,给出了关于分析方法性能和结果解释指令执行的规定。为证明指定的方法能用于加强立法,该决议还提供了可以效仿的程序。适用于该指令基本概念之一是"$CC\alpha$"和"$CC\beta$"的计算。这些缩写词意指通过在假设检验中运用统计学术语定义的 α 和 β 值所表征的"临界浓度"。该概念在应用于表征分析方法时可解释如下。

2. 概念

实验室将测定样品中特定的污染物浓度。采取基于结果的判定,测量值是否:

(1) 高于浓度限表明不符合限量要求。

(2) 低于浓度限。

因为测量值有分析误差,就会采取错误的决定:由于测量值高于浓度限,会错误地认为含有分析物低于浓度限的样品不符合。该指令用希腊字母 α 表示误差发生的概率。同样,由于测量值低于浓度限,就会把含有分析物(真实浓度)高于浓度限的样品错误地分类为符合。这种误差也具有用希腊字母 β 来描述的某一概率。$CC\alpha$ 和 $CC\beta$ 值表明在规定的概率发生这种误差的浓度。由已知的 $CC\alpha$ 和 $CC\beta$ 值,实验室可以评价其结果的显著性。因此,在委员会决议 2002/657/EC 中适用的分析领域内,认为该值是需要经实验评估的方法重要性能特征。

委员会决议 2002/657/EC 描述了各种案例和计算 $CC\alpha$ 和 $CC\beta$ 的不同方法。在该附件中还描述了以允许量存在的物质的测定方法其 $CC\alpha$ 和 $CC\beta$ 的计算情况。如果测定的物质在允许量外则情况会有所不同。

3. 计算

在规定了允许量的情况下,为确定分析物未知的真实浓度是否高于允许量,必须评估测量浓度。首先考虑样品仅含有的分析物浓度在立法限量上的情况。由于有分析误差(测量不确定度),测定值低于或高于允许限的概率都会是 50%。因此,测量结果高于立法限量的所有情况都会导致假阳性的判定,这时就不考虑结果的不确定度。为了确定测量结果证明真实浓度高于允许限值或立法限值,委员会决议 2002/657/EC 使用了 $CC\alpha$ 概念。大于立法或允许限量的浓度是最低测量浓度,在该浓度下,可以确定给定概率下的真实浓度是高于

---

①Official journal of the European Communities, L 125, 23. 5. 1996, P. 10.

②Official journal of the European Communities, L 221, 17. 8. 2002, P. 8.

允许量的。因此，$CC\alpha$ 是确定限，并且以 α 表征真值低于允许限的风险。典型的 α 值是 5%，表明假阳性结果的概率为 5%。

4. $CC\alpha$ 评估

确定方法的 $CC\alpha$ 浓度，可以通过把允许量或立法量的目标分析物添加到 20 个空白样品中，并计算 20 个分析结果的平均值以及结果的标准偏差。$CC\alpha$ 等于平均值加上标准偏差的 1.64 倍，这时接受 5% 的 α 误差概率。

通过 $CC\alpha$ 的研究，集中研究含有浓度不大于允许量的目标分析物样品，建立该方法不给出假阳性结果的能力。

5. $CC\beta$ 评估

相比之下，讨论 $CC\beta$ 时要考虑相反的情况，例如，尽管是(真实地)含有高于允许量的目标分析物的样品，在低于允许量时分析它们。该部分认为方法明确地指出不符合样品非常重要。但是该方法指出不符合样品的能力取决于目标分析物的真实浓度。我们再来看上面的例子。现在假定真实浓度等于 $CC\alpha$，应该认为含有该浓度分析物的样品是不符合的，但是测量浓度低于 $CC\alpha$ 的概率是 50%，从而导致假阴性结果。也许可以推断，当真实浓度等于确定限时，该方法检测不符合样品的能力不足。实际上，只是在样品的真实浓度高于 $CC\alpha$ 的时候，假定假阴性结果是低比例的，方法才有能力验证不符合。特别有假阴性结果的概率，例如低于 5% 时确立临界浓度，因此称该浓度为检测性能 $CC\beta$。

要测定该值可以通过把浓度等于 $CC\alpha$ 的目标分析物添加到 20 个空白样品中，并计算 20 个分析结果的平均值以及结果的标准偏差。$CC\beta$ 等于平均值加上标准偏差的 1.64 倍，这时接受 5% 的 β 误差概率。

6. 评论

重要的是要认识到，在统计学上 $CC\alpha$ 和 $CC\beta$ 源自测量方法，以便限制错误地将符合的样品分类为不符合的风险，并表明在高于允许限浓度时方法有能力验证不符合，以确保假阴性结果的比例足够低。此外，有了性能特征如定量限，这些限制应该是不会错的。事实上，虽然 $CC\alpha$ 和 $CC\beta$ 高于允许量，但委员会决议 2002/657/EC 还要求方法在浓度低于允许量时显示足够的准确度和重复性。

可是，对于正常的强制性分析不使用 $CC\beta$ 概念，因此，接受测定的浓度低于立法限的所有情况。

J 部 分
国际公定化学家分析协会（AOAC）评论

下面的论文，最近已经发表在 *Journal of AOAC INTERNATIONAL*[1] 上，陈述了国际公定化学家分析协会关于测量不确定度的观点。试图说明"不确定度"的概念，因为在分析协会正广泛地讨论和使用它。

概念非常简单——从自身的测量中什么变异性可以预测。但概念最初是从计量学引入分析实验室的，其要求检查所有可能的误差来源、将它们矢量相加并扩展引起的统计学上的总误差得出附带有 95% 概率说明的结果。不过，分析化学家早就认识到，利用一组有代表性的实验室分析一组有代表性的基质来进行标准方法的实验室间研究，他们可以再现自然条件引起的几乎所有的不确定度。该实践层面正纳入不确定度的讨论。

测量不确定度的官方定义［来自美国国家标准与技术研究院（NIST）网页 http://physics. nist. gov/cuu/Uncertainty/glossary. html］是：

（1）（测量）不确定度：表征合理地赋予被测量之值的分散性，与测量结果相联系的参数。

（2）参数可以是诸如标准偏差（或其倍数），或说明了置信区间的半宽度。

（3）测量不确定度通常由多个分量组成。其中一些分量可用测量结果的统计分布估算并用实验标准偏差表征。另一些分量则从基于经验或其他信息假定概率分布估算，也可用标准偏差来表征。

（4）测量结果应理解为被测量之值的最佳评估，全部不确定度分量均贡献给了分散性，包括那些由系统效应引入的，如与修正值和参考测量标准有关的分量。

如果你注意到"不确定度"术语是附属于结果，而不是附属于方法时，那么关于此术语的相当多的混淆就会立刻消除；也就是说正在讨论的是测量不确定度，而不是方法不确定度。我们将看到如何把方法加入到以后的讨论中。

几乎每一本定量分析的教科书的介绍性章节都讨论了分析结果的变异性，并经常建议以一系列重复实验的平均值报告结果和一个区间，如果今后的分析以相同的方式操作，那么你所期望的未来结果的大多数（如 95%）就落在该区间内。然而，化学分析的经济情况表明对于一个样品只进行几个分析（"结果通常是好到足够为政府工作"），因此直到最近都忽视了理论的劝告。现在出于认证的目的，要求实验室的分析结果附上测量不确定度的说明。为获得围绕报告结果的不确定度概述，基本上有四种选择：

（1）从应用于重复标准偏差的"t"因子计算相当于置信区间的选择。

（2）由九个国际组织批准的关于不确定度规则所推荐的理论上的"由下而上"方法[2]。

（3）来源于依据协调性的 IUPAC/AOAC 协议[3]或 ISO 5725[4] 实验室间研究的相对标准偏差所使用的"由上而下"方法。

①Horwitz W，2003，The Certainty of Uncertainty Journal of AOAC INTERNATIONAL，86，109-111.

②"Guide to the Expression of Uncertainty in Measurement"，ISO，Geneva，1993.

③Horwitz W，1995. "Protocol for the Design，Conduct and Interpretation of Method Performance Studies"，Pure Appl. Chem. ，1995，67；331-343.

④"Precision of Test Methods"，Geneva，1994，ISO 5725，Previous editions were issued in 1981 and 1986.

（4）通过应用与浓度有关的相对标准偏差 Horwitz 公式获得估算值，表示为质量分数，$RSD_R = 2C^{(-0.15)}$，它是基于超过 10,000 个实验室间结果的重复观测，首次发表在 *Journal of AOAC INTERNATIONAL* 上。

替代公式是：$\sigma_H = 0.02c^{0.8495}$ 和 $RSD_R = 2^{(1-0.5\log C)}$

选项 1

在日常工作中要得到使结果的分散度良好的办法时，对特定的测试样品要运行足够多的重复次数。如果要每天生产含 20％脂肪含量的产品，在统计学家的帮助下，你很快就能知道产品的脂肪含量、取样时和分析时的典型不确定度。但是如果由从未见过的原料的重复序列提供"不确定度评估"，那么必须将对计算的结果标准偏差乘以因子 12。这是最主要的评估，除非有经验表明，否则一个有适当经验的分析者，他的分析都极少会接近预期的极限值。

偶尔运行更多的重复次数将不会改变平均值或标准偏差的"真值"。更多的重复次数将提供对真实浓度和真标准偏差的更大置信区间的估计。

选项 2

仔细考虑可能影响结果的每一个因素并评估每一个因素将贡献给最终值的预期变异。这些将包括不确定度，表示为标准偏差，由：

> 标准重量修正
> 浮力修正（温度、压力）
> 容量瓶修正（刻度、温度）
> 移液管体积修正（刻度、温度）
> 标准物质含量的不确定度
> 校准物浓度的不确定度
> 信号测量的不确定度
> 时间测量的不确定度
> 萃取法的变异性（体积、温度和溶解效应）
> 反应或分离的可变性
> 可能表现出或可能未表现出的干扰效应

当考虑一切可能影响反应、分离和测量的因素，并给每个因素的标准偏差赋值，计算方差线性组合的平方根以得到作为测量不确定度附属于测量的最终标准偏差。然后用包含因子(k)2 乘以最终的标准偏差以确保 95％的概率，即真值落在扩展不确定度限值之外的机会只有 5％。顺便说一下，不要忘记取样和分析批，对每批都是唯一的，因此为了完整性要求通过这些分量的重复进行独立评估。实例见欧洲化学委员会指南[1]。

这种称为"由下而上"的方法，做完后再回来加入起先忽略的那些因素，或在提交前或忘记报告数月以后由同事或友善的助手指出的因素。

---

[1]Williams A，Ellison S L R，Roesslein M（eds.），Quantifying uncertainty in analytical measurement，available as QUAM2000-p1. pdf. ，2000，EURACHEM Secretariat，www. measurementuncertainty. org

这种不合理的和破坏预算的方法(对分析化学)源自于计量化学家完全借用计量学家用5~9位有效数字测量的物理过程(重力常数、光速等)所研究的概念,并用2或3位有效数字将其应用于分析化学测量。这种方法也忽视了一些化学方法受许多因素影响的事实,有些是正的,有些是负的,往往会抵消,通常其他的化学方法也受几个因素影响,这些因素胜过出现在所发表的论文示例中重量和体积不确定度计算。

选项3

该方法正成为在欧洲普遍接受的方法,引导用协调性的 IUPAC/AOAC 或 ISO 5725 协议(使用相同的统计模型,除了离群值删除以外)的方法进行实验室间研究。协议要求至少有8个代表性的实验室分析5个基质,覆盖关注原料范围的最低浓度限量组的样品。那么有关实验室间的标准偏差(S_R)与测量不确定度成比例,这被称为由上而下的方法。利用假定有代表性的实验室在不同的环境下分析涵盖被关注范围的至少5个原料样品,很可能引入实际上有可能遇到的大多数潜在的误差因素。因此,如果我们将 S_R 等同于测量不确定度,并称它为标准测量不确定度(简称标准不确定度),那么至少70%确定,结果加上或减去 S_R 将包含"真"值。如果 S_R 乘以包含因子2,得到"扩展测量不确定度"(简称扩展不确定度);那么现在至少能95%的确定,结果加上或减去 $2S_R$ 将包含"真"值。

当使用协同研究方法时,正如 ISO 17025 使用的"标准方法"的结果一样,可以确定所有重要变量都用赋值的极限值来规定或说明(见"国际公定化学家分析协会官方分析方法"的"术语定义和注释说明"章节)。假定重量在±10%内(但使用实际重量计算),当使用仪器方法(但不用于滴定)时,假定玻璃量的不确定度赋值体积可以忽略,假定毕业生从其刻度传递体积读数,温度设定在±2℃内,pH 在±0.05 个单位内,时间都随机在5%内,并且仪器的刻度、刻度盘和标记都估算到最佳程度,于是 ISO 17025 条款 5.4.6.2 注释2写到,"在这些情况下,公认的测试方法规定了测量不确定度主要来源的极限值和规定了计算结果的表示形式,认为该实验室通过遵循测试方法和报告说明满足了该条款。"在这种条件下,假定已说明实验源自相同的单位支持的协同研究,实验室是在方法性能极限范围内操作的,通常是2~3位有效数字作为报告结果,S_R 作为标准不确定度。

选项4或0

作为最后的手段,甚至在开始任何分析之前,可做一个粗略的计算以确定是否在期望浓度的范围、适用于预定目的的期望不确定度。应用 Horwitz 公式(或合适的 Horwitz 公式的适当版本,以说明特定环境如单一实验室)在预期浓度以得到实验室内的 S_r,并乘以2得到扩展不确定度。作为最初应用于实验室间的再现性参数,用质量分数 C,%表示,Horwitz 公式是:

$$RSD_R(in\%) = 2C^{(-0.15)}$$

或作为标准偏差

$$S_R = 0.02C^{(0.85)}$$

应用于实验室内重现性参数,除以2就等于估算的标准不确定度:

$$S_r = 0.01C^{(0.85)}$$

乘以2得到扩展(重复性)不确定度:

$$S_r = 0.02C^{(0.85)}$$

例如,如果我们处理一个纯的药典原料,C 表示为质量分数是 1,那么预期的扩展不确定度 $2S_r$ 是 0.04 或 4%。这说明 95% 的预期结果会落在 96%～104% 之间。可通过运行独立的重复数据"改善"不确定度。"独立"是指最低限度的"不同步",再说经济花费也不允许,因此改善将远远少于理论上的。

总结:Horwitz 公式将告知我们,预期的不确定度是否在典型分析方法大致限定的范围之内。在几乎所有的示例中用由上而下方法获得的最大分布都将包含"真值"。与事先通过预估算方法大胆地尝试预见它们相比,即使在最谨慎的分析者身上都会发生不可预见的技巧上的效应因素,通常更容易被自然地错过。

注:

(1) 一些不可预见的技巧是无序的,像掉落温度计或忘记小数点。它们都不遵循统计学的描述。用质量控制来处理这些偶发的缺陷,但并不能以任何定量的方式来预测它们。这些缺陷不是方法固有的。

(2) 方法不确定度的偏差和变异性,通过独立测量的分布来显示,即通过一组测量的均数和标准偏差来显示。理论上设想,每一个真实浓度都要获得无限个组的浓度估算,但是,仅能迫使有限个化学家们从给定浓度的无限组中进行取样,通常只是 1～2 个估算。露天的实验往往通过化学方法的适当应用来消除明显的外部干扰。也要注意到不确定度分量,偏差和变异性二者都是真实浓度的函数,但是通常观察到变异性比偏差更依赖于浓度。

如果使用回收率(偏差)修正方法,那么通常方法要求标明如此修正。许多法定方法都不要求这样的修正,因为用相同的方法建立了规范(公差),所以回收率已包括在规范中。

(3) 分析化学家通常忽视了取样的不确定度,主要是因为很少或没有有代表性的信息伴随着实验室样品流转。实验室样品是否真的能反映该批样品的特性,通常留给管理层协调来分析信息与取样信息。可是,如果已按照统计原理采集样品(该过程通常要求非常大的数目递增),如果分析这些增量就会为评估取样不确定度提供基础,那么可以考虑误差的延伸,提供总的"取样+分析"的不确定度。

(4) 我们有意省略了提到微生物学检验的测量和方法不确定度的表达问题,其中有意将目标分析物稀释到产生"真实的"假阳性和"真实的"假阴性那一点,比较测试方法得到的结果与参照方法得到的结果。

K 部分　内部质量控制方法

要求认可实验室引进可以接受的内部质量控制程序。在食品行业,国际食品法典委员会推荐使用"国际协调指南"。

从质量控制程序的应用,有可能通过内部质量控制程序介绍所建立的休哈特图中使用的标准偏差,研究实验室内部重复性和再现性估计。这里该值乘以 1.6 以计算再现性的适当值,然后像先前描述的相同的 σ_R 值那样使用。

该程序已在"荷兰食品检查局(Keuringsdienst van waren)"内部使用。

L 部分　关于"评估和表示化学分析中的测量不确定度"北欧食品分析委员会(NMKL)方法

1997 年出版了第一版的 NMKL 程序,该程序经较大的修改后,于 2003 年再版。目前它与 GUM 文件(Guide to the Expression of Uncertainty in Measurement,ISO,1993)和欧洲化学委员会(EURACHEM)关于测量不确定度的新文件保持一致。

第一版是如何评估测量不确定度用户友好界面的介绍。批评其在处理测量不确定度评估时没有足够宽的视角。这使得在目前的版本中产生了一个更全面的方法分析定量研究中的测量不确定度。在评估测量不确定度时要考虑以往的经验和验证数据,从而简化总测量不确定度的评估。重要的是尝试识别方法中所有的不确定度来源。对方法中所有步骤以及所有的不确定度来源进行彻底评估,可给予分析者寻找误差的主要来源提供有用的信息。

除此之外,该程序通过使用由验证和其他质量控制获得的数据简单清晰地描述了如何实现良好的测量不确定度评估。在 NMKL 的主页(www. nmkl. org)上可下载计算合成测量不确定度的 Excel 数据表。

M 部分　实用的通用测量不确定度的参考书目

Analytical Methods Committee of the Royal Society of Chemistry "Uncertainty of Measurement -Implications of its use in Analytical Science",Analyst,1995,**120**(**9**),2303-2308.

Dveyrin,Z. ,Ben-David,H. ,Mates,A. 2001 Proficiency testing as tool for ISO 17025 implementation in National Public Health Laboratory:a mean for improving efficiency. Accreditation & Quality Assurance,**6**:190-194.

EURACHEM Guidance Document No. 1/WELAC Guidance No. WGD 2:"Accreditation for Chemical Laboratories:Guidance on the Interpretation of the EN 45000 series of Standards and ISO/IEC Guide 25"

EURACHEM/CITAC Guide Quantifying Uncertainty In Analytical Measurement (Second Edition),EURACHEM Secretariat,BAM,Berlin,2000. This is available as a free download from http://www. eurachem. ul. pt/

"Guide to the Expression of Uncertainty in Measurement",ISO,Geneva,1993.

ISO (2nd ed. ,1993) VIM "International Vocabulary of Basic and General Terms in Metrology".Geneva.

NMKL Procedure no. 3 (1996) "Control charts and control samples in the internal quality control in chemical food laboratories"

NMKL Procedure No. 5,2nd edition (2003):"Estimation and Expression of Measurement Uncertainty in Chemical Analysis"

NIST Technical note 1297 (1994 Edition):"Guidelines for Evaluating and Expressing the Uncertainty of NIST Measurement Results"

Ömemark,U. ,Boley,N. ,Saeed,K. ,van Berkel,P. M. ,Schmidt,R. ,Noble,M. ,Mäkinen,I. ,Keinänen,M. ,Uldall,A. ,Steensland,H. ,Van der Veen(A),Tholen(D) W. ,Golze,M. ,Christensen,J. M. ,De Bièvre,P. ,De Leer,W. B (ed). 2001 Proficiency testing in analytical chemistry,microbiology,and laboratory medicine-working group discussions on current status, problems, and future directions. Accreditation & Quality Assurance,**6**:140-146.

第十二篇
贯彻执行 96/23/EC 关于分析方法和结果解释的决议

欧盟委员会决议授权文件

COMMISSION DECISION OF 12 AUGUST 2002 IMPLEMENTING COUNCIL
DIRECTIVE 96/23/EC CONCERNING THE PERFORMANCE OF ANALYTICAL
METHODS AND THE INTERPRETATION OF RESULTS

（2002/657/EC）

（原文与欧洲经济区文件相关）
2002 年 8 月 12 日（根据 C［2002］3044 文件通知）

欧盟授权文件,参考欧盟建立的条约。见 1996 年 4 月 29 日欧盟委员会的指令 96/23/EC:监测活体动物和动物制品中特定物质及其残留物质的分析方法,废除的指令 85/358/EEC 和决议 89/187/EEC 及 91/664/EEC[①],特别是 15[①]条第二小段的以下内容:

(1) 动物源性产品中存在的残留物关系到公众健康。

(2) 1998 年 2 月 23 日欧盟授权发布的决议 98/179/EC 中规定了动物活体和动物源性产品中特定物质和残留物质监测过程中详细的官方取样规则[②],监测样品分析只能由国家权威的官方残留监控部门认可的实验室独立进行。

(3) 经过官方残留监控认可的实验室所提供的分析结果,必须确保质量和可比性。应当通过使用质量保证体系,特别是通过按照通行的程序和执行标准进行方法验证,以及确保能溯源到常用标准品或公认标准品来实现。

(4) 根据 1993 年 10 月 29 日有关食品官方控制附加测定项目的委员会指令 93/99/EEC 和决议 98/179/EC 的要求,从 2002 年 1 月开始,官方控制实验室应依据 ISO 17025[①]进行认可。依照决议 98/179/EC[③],已认可授权的实验室要参加国际承认的外部质量控制评估和认可计划。此外,已认可的实验室还必须通过定期参加国家或欧盟标准实验室承认或组织的能力测试并取得满意结果以证明其能力。

(5) 欧盟基准实验室、国家基准实验室和国家控制实验室网络在指令 96/23/EC 下运行,以加强协调。

(6) 自采用指令 96/23/EC 以来,随着分析化学发展,常规方法和参考方法的概念已经被标准方法所取代,在标准方法中建立关于筛选结果的验证和确认方法的执行标准和程序。

(7) 为了确保指令 96/23/EC 的一致执行,必须确定解释官方控制实验室测试结果的通用标准。

(8) 为了确保指令 96/23/EC 的一致执行,必须对没有建立容许限的物质逐步建立分析方法的最低要求执行限(MRPL),特别是那些未经批准使用物质或欧盟禁用的物质。

(9) 考虑到科技技术的不断发展,在此决议前已对 1990 年 11 月 26 日的欧洲经济共同体决议 90/515/EEC(规定了检测重金属和砷残留的参考方法)[④],1993 年 5 月 14 日的欧洲经济共同体决议 93/256/EEC[⑤](规定了用于检测激素类残留物的方法),1993 年 4 月 15 日的欧洲经济共同体决议 93/257/EEC[⑥](规定了检测残留物的参考方法和国家基准实验室名单,最终由欧盟决议 98/536/EC 修正[⑦])重新进行了审查,结果发现它们的程序和范围已经过时,因此给以废除而采用现在的标准。

(10) 为了使官方样品的分析方法遵循本决议的规定,应有一个过渡时期。

(11) 本决议中提出的措施与"食物链和动物健康常务委员会"的意见一致。

---

① OJ L 125,23.5.1996,P.10.

② OJ L 65,5.3.1998,P.31.

③ OJ L 290,24.11.1993,P.14.

④ OJ L 286,18.10.1990,P.33.

⑤ OJ L 118,14.5.1993,P.64.

⑥ OJ L 118,14.5.1993,P.75.

⑦ OJ L 251,11.9.1998,P.39.

正式通过以下决议：

第一条　材料和范围

根据指令 96/23/EC15 条第一段第二句,本决议对官方样品的分析方法作出了规定,并详述了官方控制实验室解释此类样品分析结果的通用标准。

本决议不适用于欧盟其他法规中已有特别规定的物质。

第二条　定　义

指令 96/23/EC 和本决议附录中的定义适用于本决议。

第三条　分 析 方 法

依照指令 96/23/EC 成员国应确保所采集的官方样品的分析方法是:

(1) 测试指南中记录在案的方法,最好是依据 ISO78-2(6) 的方法。

(2) 符合本决议附录的第二部分的规定。

(3) 已经按照附录第三部分的步骤进行了验证。

(4) 符合第四条建立的有关的最低要求执行限(MRPL)。

第四条　最低要求执行限

应当定期审议本决议,以逐步建立用于分析尚未建立容许限物质分析方法的最低要求执行限(MRPL)。

第五条　质 量 控 制

依照指令 96/23/EC,成员国应确保获取样品的分析结果的质量,特别是要根据 ISO 17025(1) 第 5.9 章中要求的对测试质量和(或)校准结果进行控制。

第六条　结 果 解 释

(1) 如果分析结果超出了确证方法的判断限,则应视为不合格。

(2) 如果一种物质的容许限量已经建立,则判断限就是这个浓度限,如超过该浓度,则以 $1-\alpha$ 的统计置信度判定残留已经确实超过了容许限量。

(3) 如果一种物质的容许限量尚未建立,判断限就是能以置信度 $1-\alpha$ 判定特定已知分析物的最低浓度。

(4) 对于指令 96/23/EC 附录 I 中 A 组所列的物质,α 误差在 1% 或低于 1%。对于所有其他物质,α 误差在 5% 或低于 5%。

第七条　废　除

废除决议 90/515/EEC、93/256/EEC 和 93/257/EEC。

第八条　过渡性条例

满足决议 90/515/EEC、93/256/EEC 和 93/257/EEC 所建立的标准,用于指令 96/23/EEC 附录I中 A 组所列物质官方样品的分析方法,在本决议生效后,最多还可以应用两年。目前用于指令 96/23/EEC 附录I中 B 组所列物质的分析方法,应在本决议执行后的最近五年内满足本决议要求。

第九条　执 行 日 期

本决议从 2002 年 11 月 1 日起执行。

第十条　收 件 人

本决议呈送各成员国。

2002 年 8 月 12 日,于布鲁塞尔

David BYRNE,委员会委员

代表委员会签发

附录 分析方法的执行标准、其他规则和程序

1.定义

1.1 精确度 是指测量值和公认标准值[1]的接近程度。通过准确度和精密度进行测定。

1.2 α 误差 是指被测样品为阴性的概率，即使得到的测量结果为阳性（假阳性判断）。

1.3 分析物 是指在分析过程中被检测、鉴别和（或）定量，及生成衍生物的物质。

1.4 β 误差 是指被测样品为阳性的概率，即使得到的测量结果为阴性（假阴性判断）。

1.5 偏差（bias） 系指测定结果的预期值和公认的标准值之差[2]。

1.6 校正标准 是一种器件，其测定值可与某种标准基准物相关联以表达所关注物质的量。

1.7 有证标准物质（CRM） 是对特定分析物进行赋值的物质。

1.8 混合层析法 是指在色谱分析前先将提取物分为两部分的方法。第一部分按原样进行色谱分析；第二部分与待测标准分析物混合，然后将混合物再进行色谱分析。加入标准物的量应与提取物中待测物的估计含量大致相当。这种方法可用来改善色谱法对分析物的定性，特别适用于没有合适内标物的情况。

1.9 协同实验 是指不同实验室用同样的方法分析同样的样品，以测定方法的性能指标。这种研究包括了随机测量误差和实验室系统误差。

1.10 确证方法 是指能提供全部或补充信息，以能明确对物质定性，并且必要时可在关注的浓度水平上进行物质定量的方法。

1.11 判断限（$CC\alpha$） 是指等于或高于此浓度限时，样品检测得出阳性结论的误差率为 α。

1.12 检测能力（$CC\beta$） 是指以误差率为 β 时，确定样品中物质能被检测、鉴别和（或）定量的最小含量。对于尚未建立法定容许限的物质，检测能力是指该方法能以 $1-\beta$ 置信度检出样品中确实被污染该物质的最低浓度。对于已经建立了法定容许限的物质，检测能力就是该方法能以 $1-\beta$ 置信度检出该物质的容许限浓度。

1.13 加标样品 是指添加了已知量待测标准分析物的样品。

1.14 实验室间研究（比对） 是根据预定条件，由两个或多个实验室就相同或类似的物品进行检测/校准的组织、实施和评价，以确定检测能力。根据检验目的的不同，分为协同实验或能力验证。

1.15 内标物（IS） 是指样品中没有的，被加入到每份样品以及每份校正标准中，且物理-化学性质与要测定的分析物相似的物质。

1.16 实验室样品 是指发送给实验室用于检验或测试的预先准备好的样品。

1.17 关注的浓度水平 是指对样品中物质或分析物判断其是否符合法规规定的、有决定性意义的浓度。

1.18 最低要求执行限量（MRPL） 是指样品中至少必须检出和能被确证的分析物的最小含量。当物质的容许限未建立时，MRPL 为方法的分析低限。

1.19 性能指标 是指分析方法中用到的功能特性。例如，可以是方法的特异性、精确度、准确度、精密度、重复性、重现性、回收率、检测能力和耐用性。

1.20 性能标准 是指对分析方法性能指标的要求，据此可以判断分析方法是否符合标

准要求,适用该法是否能得到可靠的结果。

1.21 容许限量 是指欧盟法规规定的物质最大残留限量,其他又称最高允许浓度或最大容许量。

1.22 精密度 是指在规定条件下独立测量结果之间的相近程度。精密度通常以测量结果的不精密性表示并称为标准偏差。标准偏差越大,则精密度越低[2]。

1.23 能力检验 是各实验室选择自己的方法,在常规条件下对同样的样品进行重复分析。这种测试应按照 ISO 指南 43-1(3)和 43-2(4)进行,可以用来评估方法的重现性。

1.24 定性方法 指根据物质的化学、生物或物理性质对其进行鉴定的分析方法。

1.25 定量方法 指测定物质量或质量分数的分析方法,可用适当单位的数值表示。

1.26 试剂空白测定 指用不含待测成分,或用等量的适当溶剂代替待测部分,执行全部分析过程。

1.27 回收率 指分析过程中确能回收测试物质浓度的百分率。它是在没有有证标准物质的情况下,在方法验证过程中测定的。

1.28 标准物质 指物质的一种或多种性质已由验证方法进行了确证,可用于校正仪器或验证测量的方法。

1.29 重复性 是指在重复条件下的精密度[2]。

1.30 重复性 条件是指在同一实验室,由同一人操作、使用相同的设备、用同样方法获得独立测量结果的条件[2]。

1.31 重现性 指在重现性条件下获得的方法精密度[2,4]。

1.32 重现性条件 指在不同实验室,由不同的人员操作、使用不同的设备、用同样方法的获得测量结果[2,4]的条件。

1.33 耐用性 指分析方法对实验条件变化的敏感性。这些条件为方法所规定,或稍加改动,包括样品原料、分析物、保存条件、环境和(或)样品制备条件等。所有在实际操作中可能波动的实验条件(例如,试剂稳定性、样品组成、pH、温度),其可能影响分析结果的任何变化都应当指明。

1.34 样品空白测试 指对不含分析物的样品执行全部分析过程。

1.35 筛选方法 指用于检测一种物质或一组物质在所关注的水平上是否存在的一种方法。这些方法具有处理高通量样品的能力,用于对大量样品筛选可能的阳性结果。该方法是专门用来避免假阴性结果的。

1.36 单实验室检验(内部验证) 指在一个实验室内,在合理的时间间隔内,用一种方法,在不同条件下,对相同或不同测试原料进行的分析测试。

1.37 特异性 指某方法区分待测分析物与其他物质的能力。特异性虽然是测量技术本身的功能,但也可能随化合物或基质种类而改变。

1.38 标准添加 指在一个方法中将测试样品分成两(或更多)部分。一部分照常规分析,其他部分在分析前加入已知量的标准分析物。加入标准分析物的量应是样品中分析物估计含量的 2~5 倍。该方法用在以回收率测定样品中分析物含量的时候。

1.39 标准分析物 指含量和纯度已知并经过鉴定,并用做分析中的参考标准的物质。

1.40 物质 指化学组成和其代谢物已经明确的特定化合物。

1.41 试料 是指从准备测试或观察的样品中取出一定分量的部分。

1.42 样品 是指实验室样品中制备,测试部分将从中抽取的样品。

1.43 准确度 是指从大量测量结果中得到的平均值与公认标准值的相近程度。准确度通常用偏差表示[2]。

1.44 单位 是指 ISO 31(20)和指令 71/354/EC(19)中描述的单位。

1.45 确证 是指通过检验确证,并提供有效证据以证明符合具体应用方法的特定要求。

1.46 实验室内重现性 是指在同一实验室中,合理的时间间隔内,在规定条件下(包括方法、测试原料、操作者、环境等)得到的精确度。

2.分析方法的性能标准和其他要求

除以下描述的分析方法或组合方法外,其他任何方法即使能证明其满足本决议提出的相关要求,也仅可用于筛选或确证目的。

2.1 总体要求

2.1.1 样品处理

应最大限度地保证以物质能被检测的方式进行样品的采集、处理和加工。样品处理过程中应避免受到二次污染或分析物的损失。

2.1.2 性能测试

2.1.2.1 回收率

在样品分析过程中,如果要使用一个固定的回收率校正因子,每批样品都应测定回收率。若回收率在限定范围内,可以使用固定的校正因子。除非用标准加入法(见 3.5 节),否则就要用那批样品测定的回收率因子,或用内标法进行样品中分析物的定量测定。

2.1.2.2 特异性

该方法在实验条件下应能够区分分析物和其他物质。要提供对区分程度的评价。当使用所述测试技术时,应使用排除可预见的干扰物质的策略,干扰物质可能包括同系物、类似物、代谢产物等。最重要的是要研究可能来自基质组分的干扰。

2.2 筛选方法 按照 96/23/EEC 指令的要求,只有那些有可溯源文件记录表明的,经过验证并在所关注的浓度水平上的,假阴性率<5%(β 误差)的方法,才可作为筛选方法。如有可疑阳性结果,则要用确证方法进行确证。

2.3 有机残留物和污染物的确证方法 有机残留物或污染物的确证方法能提供分析物的化学结构信息。因此,仅基于色谱分析而不使用光谱检测的方法不适用做确证方法。不过,如果一种单一技术缺乏足够的特异性,通过适当组合净化、色谱分离和光谱检测等分析过程仍可以使其具有所需的特异性。

下列方法或组合方法适用于对指定组别物质的有机残留物或污染物进行鉴定(表12.1)。

表 12.1 有机残留物或污染物的验证方法

分析技术	96/23/EC 附录 I 的物质	局限性
LC 或 GC/MS	A 组和 B 组	仅在在线或离线色谱分离时适用
		仅适用于使用全扫描技术,或非全扫描谱图但至少使用 3(B 组)或 4(A 组)个识别点时
LC 或 GC/IR	A 组和 B 组	被测物需有红外光谱吸收

分析技术	96/23/EC附录Ⅰ的物质	局限性
液相-全扫描DAD	B组	被测物需有紫外光谱吸收
液相-荧光	B组	仅适用于具有天然荧光以及转变或衍生后有荧光的分子
2D TLC-全扫描UV/VIS	B组	必须使用二维HPTLC和混合层析法
GC-电子捕获检测	B组	仅适用于两根极性不同的柱子
LC-酶联免疫	B组	仅适用于使用至少两个不同的色谱系统或使用第二种独立的检测方法时
LC-UV/VIS(单波长)	B组	仅适用于使用至少两个不同的色谱系统或使用第二种独立的检测方法时

2.3.1 一般性能标准和要求

确证方法应能提供分析物的化学结构信息。当多于一种以上的化合物产生同一响应时,该方法就无法区分这些化合物。仅基于色谱分析而不用光谱检测的方法不适于做确证方法。

当采用内标法时,在提取步骤开始时就应将适当的内标物加入到测试样品中去。根据分析物获得情况,既可选稳定性同位素标记的分析物(特别适用于质谱检测),也可以选用结构与分析物相近的化合物作为内标物。

如果没有合适的内标物可以使用,对分析物进行鉴别就要采用混合层析法。在这种情况下,只有一个色谱峰,且峰高(或峰面积)的增加相当于加入分析物的量。用气相色谱(GC)或液相色谱(LC)测定时,半峰宽应在原来半峰宽的90%～110%以内,保留时间的变化应在5%以内。用薄层色谱法(TLC)测定时,只有目标分析物的斑点得到加强,不应出现新的斑点,而且斑点形状也不应改变。

分析物含量等于或接近容许限量或判断限的标样或加标样(阳性对照样品),以及阴性对照和试剂空白样的整个分析过程都应与每批样品同时进行。在分析仪器上的进样顺序是:试剂空白、阴性对照样品、要确证的样品、阴性对照样品,最后是阳性对照样品。任何顺序的调整都应有充分理由证明其合理性。

2.3.2 定量分析方法的附加性能标准和其他要求

2.3.2.1 定量方法的准确度

在重复分析参考标准物质时,对测定经回收率校正的平均质量分数与检定值间的偏差范围的指导原则如下(表12.2)。

表12.2　定量方法的最低准确度

浓度水平(μg/kg)	范围
≤1	−50%～20%
1～10	−30%～10%
≥10	−20%～10%

没有标准物质(CRM)时,准确度可以通过测定空白基质中加入已知量分析物的回收率获得。平均回收率校正的数据在表12.2所示范围内时才合格。

2.3.2.2 定量方法的精密度

在重现性条件下，对参考标准或加标样重复分析的实验室间变异系数(CV)，不得超出 Horwita 方程计算的水平。该方程如下：

$$CV = 2^{(1-0.5\log C)}$$

式中 C 为质量分数，以 10 的幂次(指数)表示(例如 1 mg/g＝10^{-3})(表 12.3)。

表 12.3　定量方法在分析物质量分数范围内的重现性 CV 示例

质量分数(μg/kg)	重现性(CV%)
1	*
10	*
100	23
1000(1 mg/kg)	16

* 质量分数低于 100 μg/kg 时，用 Horwitz 方程给出无法接受的高值。因此，浓度低于 100 μg/kg 的 CV 应尽可能低。

在重复性条件下，实验室内变异系数 CV 通常在上述数值的 1/2～2/3 之间。在实验室内重现性条件下进行的分析，其实验室内 CV 不应大于上述重现性 CV。

对已有法定允许限量的物质，方法的实验室内重现性不应大于在 0.5 倍允许限的浓度下相应的重现性 CV。

2.3.3 质谱检测的性能标准和其他要求

质谱法只有与在线或离线色谱分离联用时才能作为确证方法。

2.3.3.1 色谱分离

进行 GC-MS 分析时，气相色谱分离应使用毛细管柱。进行 LC-MS 分析时，色谱分离应使用适当的 LC 柱。在任何情况下，实验室内分析物的最小可接受保留时间，应相当于色谱柱死体积时间的两倍。测试部分分析物的保留时间(或相对保留时间)，应在一个特定的保留时间窗口范围内与校正标准的保留时间相符。保留时间窗口应与该色谱系统的分辨力相当。分析物和内标物的保留时间之比，也就是相对保留时间，应与校正溶液的相对保留时间一致，GC 的容许偏差为±0.5％，LC 的容许偏差为±2.5％。

2.3.3.2 质谱检测

质谱检测使用的质谱技术，例如记录全质谱图(全扫描)或选择离子监测(SIM)，以及 MS-MSⁿ 技术例如选择反应监测(SRM)，或其他合适的结合相应的离子化模式的质谱(MS)或质谱质谱(MS-MSⁿ)技术。高分辨质谱(HRMS)在整个质量范围内的分辨率一般应大于 10,000(10％峰谷)。

全扫描：用记录全扫描质谱图进行质谱测定时，在标准品参考图谱中所有相对丰度大于 10％的定性(诊断)离子(分子离子、分子离子的特征加成物、特征碎片离子、同位素离子等)都必须在质谱中出现。

选择离子监测：用碎片离子色谱图进行质谱测定时，最好是其中一个分子离子被选择作为检测离子(分子离子、分子离子特征加成物、特征碎片离子、所有同位素离子)。选择的检测离子并不一定要源于分子的同一部分。每个检测离子的信噪比应≥3∶1。

全扫描和选择离子监测：在同样检测条件下，检测到的离子的相对丰度，用与最强离子的强度百分比表示,应当与浓度相当的校正标准相对丰度一致,校正标准可以是校正标准品溶液,也可以是添加了标准物质的样品,容许偏差如下(表12.4)。

表 12.4　使用质谱技术时相对离子丰度最大容许偏差

相对丰度(%基峰)	EI-GC-MS(相对)	CI-GC-MS、GC-MS^n　LC-MS、LC-MS^n(相对)
>50%	±10%	±20%
20%~50%	±15%	±25%
10%~20%	±20%	±30%
≤10%	±50%	±50%

质谱数据的解析:检测离子和(或)母离子/产物离子对的相对强度应对照图谱,或对质量图谱信号积分进行鉴别。只要进行背景校正,整批样品就都要做(见2.3.1第4段),并明确说明。

全扫描:当用单级质谱记录全扫描图谱时,至少要有四种离子的相对丰度不小于基峰的10%。如果分子离子峰在参考图谱中的相对丰度≥10%,则必须包括在内。四种离子的相对离子丰度至少应在最大容许偏差范围内(表12.5)。可以使用计算机辅助谱库检索。在这种情况下,测试样品与校正溶液质谱图的对比,应超过临界的匹配因子。这个因子应在每种分析物的验证过程中根据满足下述标准的图谱测定。应核查样品基质和检测器性能引起的图谱改变。

选择离子监测(SIM):不用全扫描技术测定质量碎片时,应使用识别点系统进行数据解析。要验证指令96/23/EC附录Ⅰ中A组所列的物质,最少需要4个识别点。验证指令96/23/EC附录Ⅰ中B组所列的物质,最少需要3个识别点。表5列出了每种基本质谱技术的识别点数。但是为了有资格得到确证需要的识别点数和求算识别点之和,必须:

(1) 至少应测定一个离子比。

(2) 所有测定的相关离子比应符合上述标准。

(3) 可最多结合三种不同的技术取得最低需要的识别点数。

表 12.5　质量碎片类型和识别点的关系

MS技术	每种离子的识别点
低分辨质谱	1.0
LR-MS^n 母离子	1.0
LR-MS^n 子离子	1.5
HRMS	2.0
HR-MS^n 母离子	2.0
HR-MS^n 子离子	2.5

注:

(1) 每个离子仅可计算一次。

(2) GC-MS电子轰击电离和GC-MS化学电离可作为不同的技术处理。

(3) 仅在用不同化学反应得到不同衍生物的情况下,才可用这些不同的分析物来增加识别点数。

（4）对于指令 96/23/EC 附录Ⅰ中 A 组的物质，如果在分析过程中使用了下列任一种技术（表 12.6）：HPLC 与全扫描二极管阵列（DAD）分光光度联用测定；HPLC 与荧光检测器联用；HPLC 与酶联免疫联用；二维 TLC 与光谱检测联用；只要满足这些技术的相关标准就可最多贡献一个识别点。

（5）转化产物包括子离子和第三代离子。

表 12.6　各种联用技术和组合联用技术挣得识别点数示例（n＝整数）

技术	离子数	识别点数
GC-MS(EI 或 CI)	N	n
GC-MS(EI 和 CI)	2(EI)＋2(CI)	4
GC-MS(EI 或 CI)2 衍生物	2(衍生物 A)＋2(衍生物 B)	4
LC-MS	N	n
GC-MS-MS	1 个母离子，2 个子离子	4
LC-MS-MS	1 个母离子，2 个子离子	4
GC-MS-MS	2 个母离子，各一个子离子	5
LC-MS-MS	2 个母离子，各一个子离子	5
LC-MS-MS-MS	1 个母离子，1 个子离子，2 个第三代离子	5.5
HRMS	N	$2n$
GC-MS 和 LC-MS	2＋2	4
GC-MS 和 HRMS	2＋1	4

2.3.4 色谱与红外检测联用的应用标准和其他要求相关峰：相关峰即为符合下列要求的校正标准物红外光谱的最大吸收峰。

2.3.4.1 红外检测

最大吸收：应在 $4000cm^{-1} \sim 500cm^{-1}$ 波数范围内。

吸收强度：此值不应小于 a 或 b：

（1）相对于峰的基线有 40 比摩尔吸光度；

（2）在 $4000cm^{-1} \sim 500cm^{-1}$ 波数范围内，最强吸收峰有 12.5％的相对吸光度。

两种情况都是相对于零吸收的测定，并且两种情况下相对于峰的基线，最强峰在 $4000cm^{-1} \sim 500cm^{-1}$ 波数范围内有 5％吸光率。

注：虽然从理论上看，按照（1）可能更好一些，但实践上按照（2）却更容易测定。

测定分析物的吸收频率与校准标准物相关峰的对应，且偏差在 $\pm 1cm^{-1}$ 范围内的红外光谱峰的数目。

2.3.4.2 红外光谱数据的解析

分析物应在校正标准物的参考图谱出现相关峰时所有区域都有吸收。校正标准物的红外图谱至少应有 6 个相关峰，如果少于 6 个峰，则该图谱不能用作参考图谱[7]。"得分"，即在分析物红外光谱图中找到相关峰的百分比，至少应有 50％。如果某个相关峰不完全匹配，则分析物相关区域的图谱应与匹配峰一致。这一方法只有在样品图谱的吸收峰强度至少高于噪声三倍时才能使用（峰对峰）。

2.3.5 用 LC 与其他检测技术联用测定分析物的应用标准和其他要求

2.3.5.1 色谱分离

如果有适合于方法的内标物,应使用内标物。最好是保留时间与分析物接近的相关标准品。在实验条件下,分析物的保留时间应与校正标准一致。分析物的最小可接受保留时间应大于色谱柱死体积相应保留时间的两倍。分析物与内标物保留时间之比,即分析物的相对保留时间,应与相关基质校正标准的相对保留时间一致,偏差在±2.5%以内。

2.3.5.2 全扫描 UV/VIS 检测

应符合 LC 方法的应用标准。

分析物光谱的最大吸收波长应与校正标准相同,偏差应在由检测系统的分辨率所决定的范围内。二极管阵列检测器一般在±2 nm 内。220 nm 以上的分析物光谱,在相对吸光率=10%的部分应与校正标准的光谱无明显差别。如首先最大吸收相同,其次两个光谱任何一点的差别都不大于 10%吸光率时,则符合这一标准。使用计算机辅助检索和匹配时,测试样品与校正溶液的光谱数据对比应超过临界匹配因子。每种分析物的匹配因子在验证过程中,要根据符合上述要求的光谱条件来测定。应查核样品基质和检测器性能引起的光谱图改变。

2.3.5.3 荧光检测的应用标准

应符合 LC 方法的应用标准。

适用于有天然荧光及经转化或衍生后具有荧光的分子。结合色谱条件选择激发和发射波长时,应尽量减少空白样品提取物中成分的干扰。

色谱图中离分析物最近的峰应与分析物分开,相距至少为分析物峰高 10%处的峰宽。

2.3.5.4 LC-免疫亲和色谱用于分析物定性判定的应用标准

LC-免疫亲和色谱法不能单独作为一个分析判定标准,而应同时考虑 LC 方法的其他相关标准要求。

在前期方法验证时,应预先按质控要求优化各种能影响实验结果的条件,如非特异性结合,对照样品结合率以及空白样品的吸光值等。

LC-免疫亲和色谱图至少由 5 个组分组成,且每个组分应小于其半峰宽。其中含有最大含量分析物的组分应与可疑样品、阳性质控及标准品一致。

2.3.5.5 用 LC 与 UV/VIS 检测(单波长)测定分析物

带 UV/VIS 检测(单波长)的 LC 本身不适合做确证方法。

色谱图中离分析物最近的峰应与分析物分开,间距至少为分析物峰高 10%处的峰宽。

2.3.6 用二维薄层色谱(TLC)与全扫描紫外-可见(UV/VIS)光谱联用检测技术测定分析物的应用标准和其他要求。

必须使用二维 HPTLC 和混合层析法。

分析物的响应函数(RF)值应在±5%范围内并与标准物的响应函数值一致。

分析物的斑点形状应与标准无差别。

对于颜色相同的斑点,分析物斑点中心与最近斑点中心的距离至少为斑点直径之和的一半。

如全扫描 UV/VIS 一节所述,分析物的全扫描 UV/VIS 图谱应与标准的图谱一致,使用计算机辅助检索和匹配时,测试样品与校正溶液的图谱数据对比应超过临界匹配因子。

在确证过程中,每种分析物的匹配因子应根据符合上述要求的图谱来测定。应核查样品基质和检测器性能所引起的图谱改变。

2.3.7 GC 与电子捕获检测(ECD)联用测定分析物的应用标准和要求

如果有适合于方法的内标物,应使用内标。最好是选择保留时间与分析物接近的相关标准品。在实验条件下,分析物的保留时间应与校正标准一致。分析物的最小可接受保留时间应大于色谱柱死体积相应保留时间的两倍。分析物与内标物保留时间之比,即分析物的相对保留时间,应与相关基质中校正标准的相对保留时间一致,偏差在±0.5%以内。色谱图中离分析物最近的峰应与分析物分开,间距至少为分析物峰高10%处的峰宽。

2.4 元素的确证方法　化学元素的确证分析应以明确定性、准确而精密的定量为原则,利用化学元素独特的理化性质(例如,元素的特异性发射或吸收辐射波长、原子质量等)在关注的浓度水平进行确证。适用于鉴定化学元素的方法或组合方法如下(表12.7)。

表 12.7　化学元素的确证方法

技术	测定参数
差示脉冲阳极反萃伏安法	电信号
原子吸收光谱法	
火焰	吸收波长
氢化物发生	吸收波长
冷蒸气	吸收波长
电热雾化(石墨炉)	吸收波长
原子发射光谱法	
电感耦合等离子体	发射波长
质谱法	
电感耦合等离子体质谱	电荷比

2.4.1 确证方法的一般应用标准和其他要求

已知分析物的含量等于或接近于最大容许限或判断限的标准样品或加标样品(阳性对照样品),以及阴性对照样品、试剂空白,应随每批测试样品同时进行全过程分析。建议按下列顺序在仪器上进样:试剂空白、阴性对照样品、要确证的样品、阴性对照样品,最后是阳性样品。任何顺序的调整均应有充分的理由证明其合理性。

通常,大多数分析技术都需要在测定分析物之前对有机基质进行完全消化。可以通过微波消化程序完成,这种方法对目标分析物的损失和污染最小。应使用高质量的去污染的聚四氟乙烯容器。如欲选用其他湿法或干法消化方法,则必须有文献证明可以排除对分析物的潜在损失与污染。在某些情况下,也可以不用消化,而选择分离方法(例如萃取),将分析物从基质中分离和(或)进行富集,以便导入分析仪器中。

至于校准,不管是外标法或标准添加法,应注意不要超出分析方法的工作范围。使用外标校正时,校正标准溶液必须尽可能与样品溶液的组成接近。在特殊情况下,还应进行背景校正。

2.4.2 定量分析方法的附加应用标准和其他要求

2.4.2.1 定量方法的准确度

对标准物质的元素进行重复分析时,实验测定平均值与标准值的偏差不得超过±10%。如果没有标准物质(CRMs),其准确度可通过未知样品中加入已知量元素的回收率来评价。值得注意的是:与分析物不同,加入的元素和基质之间没有化学键合,因此用这种方法得到的结果比用标准物质(CRMs)的准确性低。回收率只有在目标值的±10%范围内才算合格。

2.4.2.2 定量方法的精密度

在实验室内重现性条件下对样品进行重复分析时,平均值的实验室内变异系数不得超过以下值(表12.8)。

表12.8　定量方法在一定的元素质量分数范围内的变异系数(CV)

质量分数(μg/kg)	CV(%)
10~100	20
100~1000	15
1000	10

2.4.3 差示脉冲阳极反萃伏安法(DPASV)的具体要求

最重要的是在进行DPASV测定前要将有机物完全破坏。有机物的存在会使伏安图中没有信号。无机基质成分可能对DPASV的峰高有影响。因此,应使用标准添加法进行定量。方法应附样品溶液的典型伏安图。

2.4.4 原子吸收光谱法(AAS)的具体要求

这种技术基本上是单元素的,因此根据需要定量的特定元素对实验参数进行优化。只要有可能,都应通过选用不同吸收线对结果进行定性和定量检查(最好应选择两条不同的吸收线)。校正标准应制备成与测定样品溶液尽可能相近的溶液(例如,酸浓度或调节剂的组成)。所有试剂都应是市售最高纯度品,以使空白值最低。根据用于样品蒸发和(或)雾化等的模式,可区分各种类型的AAS。

2.4.4.1 火焰原子吸收光谱法(AAS)的具体要求

要对每种元素进行仪器设置条件的优化。尤其需要检查气体的组成和流速。应使用连续光源校正器避免背景吸收造成的干扰。当遇到未知基质时,要判断是否需要进行背景校正。

2.4.4.2 石墨炉原子吸收光谱法(AAS)的具体要求

当在超痕量水平进行石墨炉操作时,实验室内的污染常常会影响精确度。因此,在处理样品和标准品时,应使用高纯度的试剂、去离子水和惰性塑料器皿。要对每种元素进行仪器设置条件的优化。特别是必须检查预处理、雾化条件(温度、时间)和基质的变化。

等温雾化条件(例如,带联合LVOV平台的横向平加热的石墨管)[8],将会减少基质对分析物雾化的影响。如将基质改变和塞曼(Zeeman)背景校正结合起来[9],则允许用标准水溶液测定的校正曲线进行定量。

2.4.5 氢化物发生原子吸收光谱法的具体要求

含有砷、铋、锗、铅、锑、硒、锡、碲等元素的有机化合物非常稳定,要得到准确的总元素含量需要进行氧化分解。因此,建议使用微波消化或强氧化条件下的高压灰化。将元素完全地重现转化为相应的氢化物时,应当十分小心。

在盐酸溶液中与 $NaBH_4$ 生成砷化氢的速度,取决于砷的氧化态(三价砷生成最快,五价砷需要较长时间)。为避免用流动注射技术测定五价砷时,由于在系统中的反应时间短而损失灵敏度,应在氧化分解后使用碘化钾/抗坏血酸或半胱氨酸将五价砷还原成三价砷。空白溶液、校正溶液和样品溶液都应按同样方法处理。用批处理系统方法可测两种砷的氧化态而不影响准确度。由于五价砷的氢化物生成较慢,应使用峰面积积分进行校正。应优化仪器设置。将氢化物转入雾化器的气体流速尤为重要,应予检查。

2.4.6 冷蒸气原子吸收光谱法的具体要求

冷蒸气只有在测汞时使用。由于元素态汞易造成挥发和吸附损失,在整个分析过程中应特别加以注意。必须小心避免试剂或环境造成的污染。

要得到总汞含量的准确结果,对含汞有机化合物应进行氧化分解。可以使用密封的微波消化系统或高压灰化器进行分解。清洗接触过汞的设备时也要特别地小心。

使用流动注射技术较为有利。判断限较低时,建议用金/铂吸附剂吸附元素汞,然后进行热脱附解析。吸附剂和测定池与水分接触会干扰测定,应予避免。

2.4.7 电感耦合等离子体原子发射光谱(ICP-AES)的具体要求

电感耦合等离子体原子发射光谱[10]是一种多元素技术,可同时测定各种元素。应用 ICP-AES 时,首先要进行样品消化,分解有机基质。应使用密封的微波消化系统或高压灰化。在 ICP-AES 分析中,仪器校正和元素或波长的选择至关重要。进行仪器校正时,如果是线性校正曲线,通常只需要测定 4 个浓度的校正溶液,因为 ICP-AES 校正曲线一般的线性范围是 4~6 个数量级浓度。ICP-AES 系统的校正通常要用多元素标准进行,该标准用于测定溶液含同样酸浓度的溶液配制。应根据线性曲线检查元素浓度。

用于检测分析物发射波长的选择应与测定元素的浓度相适应。如果分析物浓度在发射线范围以外,应使用其他的发射线。首先,要选择最灵敏的发射线(无干扰),然后是次灵敏的发射线。当在判断限上或临近判断限测定时,各分析物的最灵敏线通常是最佳的选择。光谱和背景干扰是 ICP-AES 的主要问题。可能的干扰是,简单背景位移、斜边背景位移、直接光谱叠加和复杂背景位移等。每一种干扰都有其原因和补救的办法。应根据不同的基质进行干扰校正和操作参数优化。有些干扰可以通过稀释或调整基质而避免。标准和含已知量分析物的加标样,以及空白样都应随着每批测试样品,按同样的方法进行处理。为测试漂移情况,应作标准样检查,比如测定 10 个样品后即应作此种检查。所有试剂和等离子体气体都应得到最高纯度的产品。

2.4.8 电感耦合等离子体质谱法(ICP-MS)的具体要求

测定典型原子质量的痕量元素,例如铬、铜、镍,可能会遇到来自其他同种元素和多原子离子的强烈干扰。只有当仪器分辨率至少达到 7000~8000 时才可进行此类测定。与 MS 技术联用的难点包括仪器的漂移、基质影响和分子离子干扰(m/z<80)。要用与测定元素同一质量范围的多个内标才能修正仪器的漂移并消除基质效应。

在 ICP-MS 测定前应对样品中的有机物质进行完全分解。和 AAS 一样,在密封的容器中消化后,挥发性元素如碘将转化成稳定的氧化态。最严重的干扰来自于分子离子与氯(等离子气体)、氢、碳、氮、氧(溶解酸、等离子气体杂质和残留的大气气体)、样品基质的结合。避免干扰的办法有完全消化、背景测定、选择合适的分析质量(有时可能会降低丰度,使检测限较差),以及选择合适的分解酸,例如硝酸。

对于测定元素,可通过选择特定的分析质量比包括同位素比来确定干扰的排除。每次测定时都要用内标检查是否考虑了 Fano 仪器响应系数。

3.验证

验证是证明分析方法相关性能指标是否符合标准的要求。

不同的控制目的要求使用不同类型的方法。表 12.9 阐明了哪种类型的方法需要用什么性能指标来进行验证。

表 12.9　分析方法要测定的性能指标类别

指标		检测限 $CC\beta$	判断限 $CC\alpha$	准确度/回收率	精确度	选择性/特异性	适用性/耐用性/稳定性
定性方法	S	+	−	−	−	+	+
	C	+	+	−	−	+	+
定量方法	S	+	−	−	+	+	+
	C	+	+	+	+	+	+

注:S,全扫描方法;C,确证方法;+,强制检测。

3.1 验证的步骤　本章提供了分析方法验证步骤的示例和(或)一些参考文献。提供与本章规定同样水平和质量信息的其他方法,只要能证明其分析方法符合性能标准的,也可以采用。

验证也可以通过以下方法完成:如国际营养学法规委员会(codex alimentarius)、国际标准化组织(ISO)或国际理论化学和应用化学联合会(IUPAC)[12]等建立的实验室间检测(对比)方法,或根据其他方法如单一实验室检测或实验室内验证等[13,14]。本章将集中探讨采用标准方法的单一实验室检测(实验室内验证)。方法包括:

(1) 一组与验证所用模型无关的通用性能指标。

(2) 表 12.10 中所列的是更具体一些的与模型有关的步骤。

表 12.10　与模型有关和无关的性能参数

验证		
与模型无关的性能参数	与模型有关的性能参数	
通用性能指标(3.1.1)	常规验证方法(3.1.2)	实验室内验证方法(3.1.3)
特异性	回收率	回收率
准确度	重复性	重复性
耐用性:微小改变	实验室内重现性	实验室内重现性
稳定性	再现性	再现性
	判断限($CC\alpha$)	判断限($CC\alpha$)
	检测能力($CC\beta$)	检测能力($CC\beta$)
	校正曲线	校正曲线
	耐用性:重大改变	耐用性

3.1.1 与模型无关的性能指标

无论选择哪种验证方法，都要测定下列性能指标。为了减少工作量，可以使用一种精心设计、统计合理的方法结合实验来测定不同参数。

3.1.1.1 特异性

对于分析方法来说，区分分析物与有关相近物质（异构体、代谢物、降解产物、内源性物质、基质成分等）的能力至关重要。应使用两种方法检查干扰。

因此，应选出潜在的干扰物，并分析相关的空白样品，以便检测是否存在可能的干扰物，并评估干扰物的影响：

（1）选择一系列化学结构相关的化合物（代谢物、衍生物等）或样品中可能存在的其他有关物质。

（2）分析一定数量的代表性空白样品（$n \geqslant 20$），检查在目标分析物出现的区域是否有干扰（信号、峰、离子痕迹等）。

（3）此外，代表性空白样品中应添加一定浓度的有可能干扰分析物的定性和（或）定量的物质。

（4）分析之后，检查是否有。

定性错误；

一种或多种干扰物的存在妨碍目标分析物的定性；

明显影响定量。

3.1.1.2 准确度

本节介绍准确度（组分精确度）的测定。准确度只能通过有证标准物质（CRMs）确定。随时都可以使用 CRM。ISO 5725-4(5)中详细介绍了具体步骤。下面是一个例子：

（1）按方法的测试说明分析 6 份平行的 CRM 样品。

（2）测定每份平行样品中分析物的浓度。

（3）计算这些浓度的平均值、标准差、变异系数（%）。

（4）计算准确度：用检测出的平均浓度除以标示（检定）值（以浓度表示），再乘以 100，结果以百分比表示。

$$准确度（\%）= 平均回收率 - 检测出的校正浓度 \times 100 / 标示值$$

如果没有 CRM，可按 4.1.2.1 所述来测定回收率以代替准确度。

3.1.1.3 可用性/耐用性（微小变化）

研究由实验室引入预先设计好的微小的合理变化因素，然后观察其影响。

需选择样品预处理、净化、分析过程等可能影响测定结果的因素进行预实验。这些因素可以包括分析者、试剂来源和保存时间、溶剂、标准品和样品提取物、加热速率、温度、pH 值，以及许多其他实验室可能出现的因素。不同实验室间这些因素可能有一个数量级的变化。因此应对这些因素做适当修改以符合实验室的具体情况。

（1）确定可能影响结果的因素。

（2）对各个因素稍作改变。

（3）用 Youden 方法（注：不同条件下的实验设计法）[15,16]进行耐用性实验。也可以使用其他的验证方法。但 Youden 法所需的时间和工作量最少。Youden 法是一种分级阶乘设计。它不能检测不同因子之间的相互作用。

（4）一旦发现对测定结果有显著影响的因素，应进行进一步实验，以确定这个因子的允许极限。

（5）对结果有显著性影响的因子应在方法方案中明确地注明。

基本思路：不是一次改变一种因素，而是一次做几种因素的改变。例如，A、B、C、D、E、F、G 代表 7 种影响结果的不同因子，如果使其数值发生细微变化，变化后的数值用小写字母表示 a、b、c、d、e、f、g。结果可能会有 2^7 或 128 种不同的组合。

可以选择兼顾大、小写字母的 8 种组合做为一个子集（见表 12.11）。用选定因子（A～G）的组合进行 8 次测定，测定结果见表 12.11，下面以 S～Z 表示。

表 12.11　耐用性实验设计（小变化）

因子的 F 值	检测数目的组合							
	1	2	3	4	5	6	7	8
A/a	A	A	A	A	a	a	a	a
B/b	B	B	b	b	B	B	b	b
C/c	C	c	C	c	C	c	C	c
D/d	D	D	d	d	d	d	D	D
E/e	E	e	E	e	e	e	e	E
F/f	F	f	f	F	F	F	f	F
G/g	G	g	g	G	g	G	G	g
得到的结果	S	T	U	V	W	X	Y	Z

注：计算参见 3.3 耐用度的例子。

3.1.1.4　稳定性

已经证明，在样品保存或分析过程中分析物或基质成分的稳定性不够，可能引起分析结果的明显偏差。此外，还应检查校正标准在溶液中的稳定性。通常各种分析物在保存条件下的稳定性都已有很好的表征。监测保存条件作为常规实验室验证系统的一部分。如果稳定性未知，下面的例子介绍怎样测定稳定性。

溶液中分析物的稳定性（表 12.12）。

表 12.12　溶液中分析物稳定性测定计划

测试条件	−20℃	4℃	20℃
避光	10 份	10 份	10 份
光照			10 份

（1）制备新鲜的分析物储备液，并按照测试方法进行稀释，使每个选定浓度（在容许限附近选择浓度，尚未建立容许限时，在物质的最低要求执行限附近选择浓度）有足够的测试等份量（如 40 份）。用于标准添加和最终分析的分析物溶液和关注的其他溶液（例如，衍生化标准品）等都要制备。

（2）按照方法测定新配制溶液中分析物的含量。

（3）按测试计划将上述溶液分装到适当容器中，贴上标签，并保存。

（4）保存时间可选择为 1、2、4 周，或必要时更长，例如，保存到经定性和（或）定量测定开始，发现降解现象时为止。应记录最长保存时间和最适宜的保存条件。

（5）每份样品中分析物浓度的计算，应将分析时新配的分析物溶液作为 100%。

$$剩余分析物（\%）＝C_i×100/C_{新配}$$

式中：C_i，时间点的浓度；$C_{新配}$，新配溶液的浓度

基质中分析物的稳定性

（1）只要可能，应使用实物标样。如果没有实物标样，应使用加标的（添加分析物）基质。

（2）当有实物标样时，要在样品新鲜时就测定样品中目标分析物的浓度。将样品分成几份，分别放置 1、2、4 和 20 周后再进行测定。应至少在－20℃保存组织，如有必要温度可更低。

（3）如果没有实物标样，取适量空白样混匀分为 5 份。将分析物配成小体积的水溶液，分别添加到空白样中。立即分析其中的一份，将其他几份保存在－20℃，如有必要温度可更低，然后于 1、2、4 和 20 周后进行分析。

3.1.1.5 校正曲线

当校正曲线用于定量时：

（1）建立一条校正曲线至少应包含 5 个点（包括零点）。

（2）应说明曲线的工作范围。

（3）应描述曲线的数学方程和曲线数据拟合度。

（4）应说明曲线参数的适用范围。

当需要用一种标准溶液进行系列校正时，应指明校正曲线参数的适用范围，各系列之间可能有所不同。

3.1.2 常规验证步骤

根据常规方法计算性能参数需要分别进行若干实验。每个性能指标都要在每次发生较大变化时进行测定（见前面可用性/耐用性的有关内容）。对于多组分分析方法，只要预先除去相关干扰物，则几种分析物可以同时分析。若干性能指标可以用类似的方法测定。因此，为了减少工作量，建议尽可能多地将实验结合起来操作（例如，重复性和实验室内重现性与特异性结合，空白样品分析确定判断限和特异性试验结合）。

3.1.2.1 回收率

如果没有有证标准物质，应在空白基质中添加分析物测定回收率。示例如下：

（1）选择 18 份空白样品，其中 6 份分别加入最低分析限（MPRL）的 1、1.5、2 倍，或法定容许限的 0.5、1.0、1.5 倍的分析物。

（2）对样品进行分析，并计算每份样品中的分析物浓度。

（3）用下列公式计算每份样品的回收率。

（4）计算每个浓度水平上 6 份样品的平均回收率和变异系数 CV。

（5）回收率% ＝ 100×测定的含量/添加浓度。

当存在以下情况时，本回收率常规测定方法就是 3.5 中所述的标准添加法的改进：

（1）样品被认为是空白样品而不是要分析的样品。

（2）认为两个测试等分的收益[1]和回收率[2]相同。

注：

（1）收率（yield）：在最终提取的样品中所含分析物的质量分数。

（2）回收率(此处)：在最终提取的样品中所含添加分析物的质量分数。

在本文件的其他部分均假定收率与回收率相等，因此只使用"回收率"这一术语。

（1）测试样品具有同样的质量，测试等分被提取同样的体积。

（2）加入到第二等分测试样中(加标样品)的标样数量为 X_{ADD}（$X_{ADD}=P_A\times V_A$）。

（3）X_1 是空白样品的测量值，而 X_2 是第二等分加标样的测量值。

（4）回收率＝$100\times(X_2-X_1)/X_{ADD}$。

当以上任何一个条件不满足时，整个步骤就应按照 3.5 中阐述的平均加标回收率方法进行测定。

3.1.2.2 重复性

（1）准备一组同样基质的样品，添加一定量的分析物，使浓度相当于最低分析限(MPRL)的 1.0、1.5、2.0 倍，或者法定容许限的 0.5、1.0、1.5 倍。

（2）每个浓度至少应作 6 个平行测定。

（3）分析样品。

（4）计算每批样品的浓度。

（5）计算加标样的平均浓度、标准差和变异系数(%)。

（6）选择至少两种其他场合再重复以上步骤。

（7）计算加标样的总平均浓度和变异系数(CVs)。

3.1.2.3 实验室内重现性

（1）准备一组特定原料的测试样(相同或不同的基质)，添加一定量的分析物，使浓度相当于最低分析限的 1.0、1.5、2.0 倍，或者法定容许限的 0.5、1.0、1.5 倍。

（2）每个浓度至少作 6 次平行测定。

（3）如果可能，至少应在两个场合，由不同操作者重复以上步骤，或者在不同的操作环境条件下重复以上步骤，如：不同批次的试剂、溶剂、不同的室温、不同仪器等。

（4）分析样品。

（5）计算每批样品的浓度。

（6）计算加标样的平均浓度、标准差和变异系数(%)。

3.1.2.4 重现性

当需要验证重现性时，各实验室应根据 ISO 5725-2 标准要求参加协同实验[5]。

3.1.2.5 判断限($CC\alpha$)

判断限应根据定性或定性加定量的需要建立，参见"分析方法性能标准和一般要求"(第二部分)。

对于没有建立法定容许限的物质，$CC\alpha$ 可按下列步骤建立：

（1）按照 ISO 11843(17)标准中校正曲线方法(此处称为净状态变量的临界值)。在这种情况下，应使用空白样品，在等于或大于最低分析限的浓度水平上，对样品等距加标。定性后，以信号强度对所加入的浓度作图。y-截距的相应浓度加上实验室内重现性截距标准偏差的 2.33 倍就是判断限。这种方法仅适用于定量分析($\alpha=1\%$)。

（2）或每种基质至少分析 20 份空白样，在预期分析物应该出现的时间窗口计算信噪比。信噪比的 3 倍就是判断限。这种方法可用于定性和定量分析。

对于已经建立法定容许限的物质，$CC\alpha$ 可按下列步骤建立：

（1）按照 ISO 11843(17)标准中的校正曲线方法(此处称为净状态变量的临界值)。这种情况下，应使用空白样品，在法定容许限附近，等距浓度添加加标样品。定性后，以信号强度对所加入浓度作图。法定容许限的相应浓度加上实验室内重现性标准差的 1.64 倍就是判断限。这种方法仅适用于定量分析(α＝5％)。

（2）或至少分析 20 份空白基质样，每份基质中添加法定容许限浓度水平分析物。法定容许限的相应浓度加上实验室内重现性标准差的 1.64 倍就是判断限(α＝5％)(参见第 5 条 3.2 款)。

3.1.2.6 检测能力($CC\beta$)

检测能力应根据筛选、定性或定性加定量的要求测定，定义见第 2 部分。

对于没有建立容许限的物质，其 $CC\beta$ 可按下列方法测定：

（1）按照 ISO 11843(17)标准中的校正曲线方法(此处称为净状态变量的临界值)。在这种情况下，应使用有代表性的空白样，在小于和等于最低分析限的浓度水平等距加标分析样品。定性后，以信号强度对添加浓度作图。判断限的相应浓度加上实验室内重现性标准差的 1.64 倍，就相当于检测能力(β＝5％)。

（2）对至少 20 份在基质中添加了判断限浓度分析物的空白样品进行分析。分析样品并对分析物定性。判断限值加上测试浓度的实验室内标准差 1.64 倍，就相当于检测能力(β＝5％)。

（3）当没有定量结果可用时，可以通过空白样品在判断限和在判断限以上浓度加标样品测定，确定检测能力。该浓度水平(假阴性结果≤5％)就相当于方法的检测能力。因此，为了保证结果的可靠性，至少要在 1 个浓度水平测定 20 次。

对于已有法定容许限的物质，$CC\beta$ 可按下列方法测定：

（1）按照 ISO 11843(17)标准的校正曲线方法(此处称为净状态变量的临界值)。在这种情况下应使用有代表性的空白原料，在法定容许限附近，等距浓度加标，分析样品定性分析物。计算平均检测浓度的标准差。法定容许限相应浓度加上实验室内重现性标准差的 1.64 倍，就等于检测能力(β＝5％)。

（2）或对至少 20 份基质中添加判断限浓度水平分析物的空白样品进行分析。判断限值加上相应标准差的 1.64 倍，就等于检测能力(β＝5％)(请同时参见 3.2 节)。

3.1.2.7 耐用性(重大变化)

分析方法应在不同实验条件下进行测试，包括不同种类、不同基质或不同取样条件等。这样产生的变化就是大变化。这些变化的重要性是可以评估的，比如使用 Youden 方法[15,16]。所有已证明对方法性能有显著影响的重大变化都要重新测定方法的性能特点。

3.1.3 根据替代模型进行验证

当使用替代验证方法时，应在验证方案中确定基本模型和策略，包括相关的前提要求、假设和公式等，或者至少给出参考文献。下例给出的是替代验证方法。例如，当使用实验室内验证模型时，可以在同一验证过程中对大变化进行验证，测定性能指标，这需要设计验证的实验计划。

3.1.3.1 实验计划

根据要研究的不同种类和不同影响因子的数量，制定实验计划。因此，整个验证计划的第一步应考虑到将来实验室要分析的样品种类，以选择可能影响到测定结果的最重要的种类和因素。然后，根据要测定的浓度水平，选择浓度范围。介绍示例如下(表 12.13)。

表 12.13　验证过程中认为重要的因素示例

动物的性别	（因素 1）
种类	（因素 2）
运输条件	（因素 3）
保存条件	（因素 4）
样品的新鲜程度	（因素 5）
饲养肥育条件	（因素 6）
经验不同的不同操作者	（因素 7）

（1）在方法验证中几个分析物可同时研究。

（2）确定主要因素是两个变量（A 和 B）。各因素水平共同作用时，主要因素决定其偏差。这些主要因素包括种类或基质等。在本例中，主要因素在两个水平上变化，即，两个不同的种类（种类 A 和 B）。一般来说，主要因素也可以在两个以上的水平上改变，但这只会增加分析次数。

（3）选定的因素在两个水平上的改变（用＋或－表示）。

因为每份样品（每个因素水平组合）应在所关注的浓度附近的 4 种不同浓度水平进行加标，每个浓度水平再加分析一份空白样品，因此整个验证实验需要进行 5×16＝80 次分析（表 12.14）。

表 12.14　上述例子的可能实验计划

种类	因素 1	因素 2	因素 3	因素 4	因素 5	因素 6	因素 7	样品号
A	＋	＋	＋	＋	－	＋	－	1
A	＋	＋	－	－	＋	－	－	2
A	＋	－	＋	－	－	－	＋	3
A	＋	－	－	＋	＋	＋	＋	4
A	－	＋	－	＋	＋	＋	－	5
A	－	＋	＋	＋	－	－	＋	6
A	－	－	＋	－	＋	－	－	7
A	－	－	－	－	＋	＋	＋	8
B	＋	＋	＋	＋	＋	－	＋	9
B	＋	＋	－	－	－	＋	＋	10
B	＋	－	＋	－	＋	＋	－	11
B	＋	－	－	＋	－	＋	－	12
B	－	＋	－	－	＋	－	＋	13
B	－	＋	＋	＋	＋	－	－	14
B	－	－	＋	＋	－	＋	＋	15
B	－	－	－	＋	－	－	＋	16

从这 80 次分析的结果中可以计算[13,14]：

回收率

　　　每个浓度水平的重复性（S_{ir}）；

　　　每个浓度水平的实验室内重现性（S_{in}）；

　　　判断限（$CC\alpha$）；

　　　检测能力（$CC\beta$）；

　　　能力曲线（误差率对浓度作图，见 3.1.3.2）；

　　　大变化的重现性和小变化的重现性可按照 3.1.2.3 节进行测定；

　　　16 条与样品相关的校正曲线；

　　　1 条总的校正曲线；

　　　总校正曲线的预测区间；

　　　基质引起的偏差（S_{mat}）；

　　　分析过程引起的偏差（S_{run}）；

　　　各种因素对测定结果的影响。

　　利用这些性能指标可以对方法的性能水平进行综合评价，不仅研究了个别因素的影响，而且还研究了组合因素的影响。在某个被选因素明显偏离其他因素标准差时，借助于这个实验设计可以判断其是否应该排除在总校正曲线之外。

3.1.3.2 能力曲线

　　能力曲线提供了该方法在选择浓度范围的检测能力信息。该能力曲线与研究应用方法时的 β 误差风险率相关。用能力曲线可以计算一定的 β-误差内（如 5%）不同种类（筛选、确证）或类型（定性或定量）的方法的检测能力（图 12.1）。

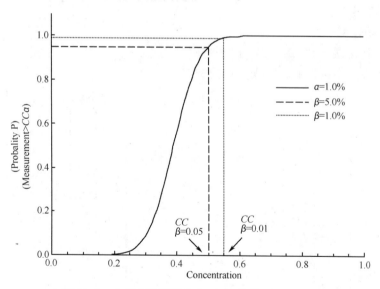

图 12.1　分析方法检测能力（$CC\beta$）曲线的绘制示例

　　在这个方法中，$0.5\mu g/kg$ 浓度下仍存在 5% 的错误判断率。$0.55\mu g/kg$ 浓度下的假阴性判断率降为 1%。

3.1.3.3 重现性

使用单个实验室检验（实验室内验证）定义的某种测定方法的重现性，需要按 ISO 指南

43-1(3)和43-2(4)重复进行其熟练程度的检验。实验室允许选择自己的方法,但前提是在常规条件下使用这些方法。实验室内的标准偏差可用来评定方法的重现性。

3.2 不同测定限的图形表示 （图 12.2 和图 12.3）

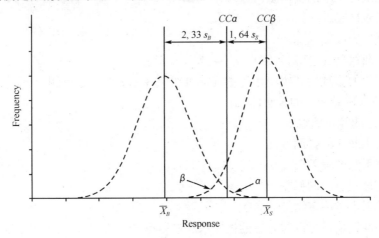

图 12.2 尚未建立法定容许限的物质

$\overline{X}_B$ 空白样品的平均响应值；

$\overline{X}_S$ 待测样品的平均响应值；

S_B 空白样品的标准差（在实验室内重现性条件下测定）；

S_S 待测样品的标准差（在实验室内重现性条件下测定）；

α 假阳性率；

β 假阴性率；

$CC\alpha$ 在 α-误差和 50%-误差时的响应；

$CC\beta$ 在很小 α-误差和 β-误差时的响应。

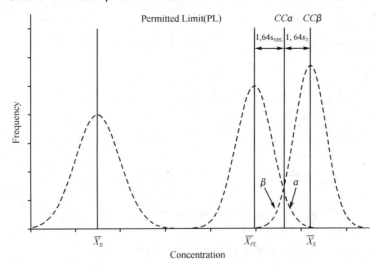

图 12.3 已建立法定容许限的物质

$\overline{X}_B$ 空白样品的平均"浓度";

$\overline{X}_S$ 待测样品的平均"浓度";

$\overline{X}_{PL}$ 含法定容许限分析物样品的平均"浓度"（在实验室内重现性条件下测定）；

S_{PL} 含法定容许限分析物样品的标准差（在实验室内重现性条件下测定）；

S_S 待测样品的标准差（在实验室内重现性条件下测定）；

α 假阳性率；

β 假阴性率；

$CC\alpha$ 在 α-误差和 50%-误差时的响应；

$CC\beta$ 在很小 α-误差和给定 β-误差时的响应。

3.3 按 Youden 法[16]计算小变化可用性实验的示例　平均值(A)的比较

$A_A = \sum(A_i)/4$，比较大写字母(A_A 到 A_G)与其相应小写字母(A_a 到 A_g)的平均值。如果某个因素有影响，其差异将明显大于其他因素的差异。

一个完善的方法应当不受实验室间变化的影响。

如果没有显著性差异，则随机误差最真实的量就是这 7 种差值(表 12.15)。

$$AB = \sum(Bi)/4$$
$$AC = \sum(Ci)/4$$
$$AD = \sum(Di)/4$$
$$AE = \sum(Ei)/4$$
$$AF = \sum(Fi)/4$$
$$AG = \sum(Gi)/4$$
$$Aa = \sum(ai)/4$$
$$Ab = \sum(bi)/4$$
$$Ac = \sum(ci)/4$$
$$Ad = \sum(di)/4$$
$$Ae = \sum(ei)/4$$
$$Af = \sum(fi)/4$$
$$Ag = \sum(gi)/4$$

表 12.15　随机误差的量

差异(Di)	差异的平方(Di^2)
$Da = A-a = \sum(Ai) - \sum(ai)$	$Da^2 = a$ 值
$Db = B-b\sum(Bi) - \sum(bi)$	$Db^2 = b$ 值
$Dc = C-c = \sum(Ci) - \sum(ci)$	$Dc^2 = c$ 值
$Dd = D-d = \sum(Di) - \sum(di)$	$Dd^2 = d$ 值
$De = E-e = \sum(Ei) - \sum(ei)$	$De^2 = e$ 值
$Df = F-f = \sum(Fi) - \sum(fi)$	$Df^2 = f$ 值
$Dg = G-g = \sum(Gi) - \sum(gi)$	$Dg^2 = g$ 值

差异 Di 的标准差（S_{Di}）

$$S_{Di} = \sqrt{2 \times \sum (D_i^2)/7}$$

当 S_{Di} 明显大于实验室内重现性条件下方法的标准差时，可以预见：①所有影响因素的总和对分析结果有影响，即使每单个因素都没有表现出显著的影响；②方法对于所选择的变化没有足够的耐用性。

3.4 实验室内验证方法的计算示例　实验室内验证方法的示例和计算已在替代模型 (3.1.3)(13,14) 的验证方法中说明。

3.5 标准添加法示例　将有 T 含量分析物的测试样品分成测试等分 1 和 2，质量分别为 m_1 和 m_2。在测试等分 2 中加入 V_A 体积分析物浓度为 ρ_A 的溶液。经过方法的提取和纯化步骤，分别得到体积为 V_1 和 V_2 的两个测试等分提取物。假定分析物的回收率为 rc。两份提取物用灵敏度为 b 的测定方法进行分析，分析响应值分别为 X_1 和 X_2。

如果假定天然样品和添加（加标）样品的 rc 和 b 相同，则含量 T 可以按下式计算

$$T = X_1 V_1 \rho_A V_A / (X_2 V_2 m_1 - X_1 V_1 m_2)$$

该方法可测定回收率 rc。然后，除了上述定量分析方法外，在一部分测试等分 1 的提取物中（体积 V_3）加入已知量 $\rho_B V_B$ 的分析物，并进行分析。分析响应值为 X_3，回收率为

$$rc = X_2 V_1 V_2 \rho_B V_B / \left[X_3 V_1 V_3 (T m_2 + \rho_A V_A) - X_2 V_2 T m_1 (V_3 - V_B) \right]$$

此外，还可以计算灵敏度 b

$$b = X_1 V_1 / rc\, T\, m_1$$

所有应用的条件和细节均已有报道[18]。

3.6 缩略语

　　AAS　原子吸收光谱法

　　AES　原子发射光谱法

　　AOAC-1　国际官方分析化学家协会

　　B　键合组分（免疫分析）

　　CI　化学电离

　　CRMs　有证标准物质

　　CV　变异系数

　　2D　二维

　　DAD　二极管阵列检测器

　　DPASV　示差脉冲阳极反萃伏安法

　　ECD　电子捕获检测器

　　EI　电子轰击电离

　　GC　气相色谱法

　　HPLC　高效液相色谱法

　　HPTLC　高效薄层色谱法

　　HRMS　高分辨（质谱法）

　　ICP-AES　电感耦合等离子体-原子发射光谱法

　　ICP-MS　电感耦合等离子体-质谱法

IR 红外

ISO 国际标准化组织

LC 液相色谱

LR(MS) 低分辨(质谱法)

MRPL 最低分析限

MS 质谱法

M/Z 质荷比

RF 相对于溶剂前沿的迁移(TLC)

RSDL 实验室相对标准差

SIM 选择离子监测

TLC 薄层色谱法

UV 紫外光谱

VIS 可见光

参 考 文 献

[1] ISO 17025:1999 General Requirement for the Competence of Calibration and TestingLaboratories.

[2] ISO 3534-1:1993 Statistical Methods for Quality Control — Vol. 1 Vocabulary and Symbols.

[3] ISO Guide 43-1:1997 Proficiency Ttesting by Interlaboratory Comparisons — Part1:Development and Operation of Proficiency Testing Schemes.

[4] ISO Guide 43-2:1997 Proficiency Testing by Interlaboratory Comparisons — Part2:Selection and Use of Proficiency Testing Schemes by Laboratory Accreditation Bodies

[5] ISO 5725:1994 Accuracy (Trueness and Precision) of Measurement Methods and esults— Part 1:General Principles and Definitions; ISO 5725-2 Part 2:Basic Method for theDetermination of Repeatability and Reproducibility of a Standard Measurement Method; Part4:Basic Methods for the Determination of the Trueness of a Standard Measurement Method

[6] ISO 78-2:1999 Chemistry — Layouts for Standards — Part 2:Methods of ChemicalAnalysis

[7] de Ruig WG, Weseman JM. 1990. "A New Approach to Confirmation by Infrared Spectrometry" J. Chemometrics. 4:61-77

[8] See e. g. May,TW,Brumbaugh WG. 1982. Matrix Modifier and L′vov Platform for Elimination of Matrix Interferences in the Analysis of Fish Tissues for Lead by Graphite Furnace Atomic Absorption Spectrometry:Analytical Chemistry,54(7):1032-1037 (90353)

[9] Minoia C,Caroli S (Eds.). 1992. Applications of Zeeman Graphite Furnace Atomic Absorption Spectrometry in the Chemical Laboratory and in Toxicology,Pergamon Press (Oxford),PP. xxvi + 675

[10] Montaser A,Golighty D. W. (Eds.). 1992. Inductively Coupled Plasmas in Analytical Atomic Spectrometry,VCH Publishers,Inc. (New York)

[11] Holland G,Tanner S. D. (Eds.). 1997. Plasma Source Mass Spectrometry Developments and Applications,The Royal Society of Chemistry:329

[12] IUPAC. 1995. Protocol for the Design,Conduct and Interpretation of Method-Performance Studies, *Pure & Applied Chem.* 67:331

[13] Jülicher B,Gowik P. ,Uhlig S. 1998. Assessment of Detection Methods in Trace Analysis by means of a Statistically Based In-House Validation Concept. Analyst,120:173

[14] Gowik P,Jülicher B. ,Uhlig S. (1998) Multi-Residue Method for Non-Steroidal Anti-inflammatory

Drugs in Plasma Using High Performance Liquid Chromatography-Photodiode-Array Detection. Method Description and Comprehensive In-house Validation. *J. Chromatogr.* ,716:221

[15] AOAC-I Peer Verified Methods, Policies and Procedures, 1993, AOAC International, 2200 Wilson Blvd. , Suite 400, Arlington, Virginia 22201-3301, USA

[16] Youden WJ, Steiner EH. 1975. "Statistical Manual of the AOAC — Association of Official Analytical Chemists", AOAC-I, Washington DC:35

[17] ISO 11843:1997 Capability of Detection — Part 1:Terms and Definitions, Part 2:Methodology in the Linear Calibration Case

[18] Stephany RW, van Ginkel LA. 1995. "Yield or Recovery:a Word of Difference". Proceedings Eight Euro Food Chem, Vienna, Austria September 18-20 Federation of European Chemical Societies, Event 206. ISBN 3-900554-17X, 2-9

[19] Directive 71/354/EEC of 18 October 1971 on the Approximation of the Laws of the Member States Relating to Units of Measurement, OJ L 243, 29. 10. 1971:29

[20] ISO 31-0:1992 Quantities and Units — Part 0:General Principles

第十三篇
国际食品法典委员会关于在分析方法和取样中对分析（测试）结果有争议时的 CRD-19（草案）指南

欧洲委员会对食品法典委员会通函 2006/47-MAS 的评论
Mixed Competence. Member States Vote

CODEX COMMITTEE ON METHODS OF ANALYSIS AND SAMPLING CRD19-DRAFT GUIDELINES FOR SETTLING DISPUTES OVER ANALYTICAL (TEST) RESULTS

1. 范围

本指南为政府间解决发生在食品主管当局之间关于食物贸易①问题的争议时提供指导,当进口国与出口国的实验室②检验结果不同时,用以决定是否贸易可以继续进行问题。

基本假设是进口国与出口国基于各自实验结果而做出的评估不同。

本指南只涉及与解决争议相关的分析方法和实验室的性能,不涉及采样问题。不排除由于其他原因而导致的争议,这样的情况也应进行调查。

尽可能不要选择新的分析或采样方法解决争议。

2. 先决条件/假设

指南中描述的做法只在下列情况中使用:

实验室符合质量保证规定和《食品法典委员会:进出口食品测试实验室资质评估指南(法典指南 27:1997)》(CAC-GL 27)的要求,实验室由进口国和出口国的各自主管当局决定。

在适用的情况下,各国管理机构按照既定的抽样计划和(或)可接受的抽样程序,从同一进口食品中至少选择一个有代表性的实验室样品;该实验室样品按照测试目的被分为初筛分析和确证分析(留样),留样样品需在恰当的条件下被保存适当的时间。

实验室报告定量分析结果以"$a\pm2u$ 或 $a\pm U$"的形式来表示,"a"是被测变量(分析结果)的最佳估计值,"u"是标准不确定度,"U"(等于 $2u$)是扩展不确定度。范围"$a\pm2u$"代表真值处于这个范围的可信度为95%。"U"或"$2u$"是测试人员报告结果时通常使用的,并称为"测量不确定度",该值可以使用多种方法来评估(参见《食品法典委员会关于食品授权采纳测量不确定度的指南》,CAC/GL 54-2004)。

实验室测试结果的报告应依据食品法典关于《分析结果的使用:法典标准中的抽样计划、分析结果和测量不确定度间的关系、回收率影响因素及规定》(已被 CAC 接受为程序手册)的建议。

实验室要使用由食品法典委员会(CAC)认可的方法或者满足 CAC 认可性能参数的分析方法。否则,所用方法必须根据 CAC 的要求确定其合法性。

3. 争议的产生

当两个国家的实验室测试结果之间的差异大于他们结果的扩展不确定度的总和,并且其中一个国家声明不认同对方的结果时,本指南所述的争议就会出现。

如果实验室采取了"分析质量控制",实验室报告的扩展不确定度将有可能超出所关注浓度水平的再现性标准偏差(SR)的两倍。

---

①根据测量不确定度,用抽样误差和分析结果与限量值的接近程度进行对分析结果的"解释"对于食品贸易有重要的决定意义。或许分析结果之间的差异小到不足挂齿,但往往是一个结果意味着合格,另一个却意味着不合格。

②本指南中所提到的"实验室"适用于官方实验室和官方认可的实验室。所谓官方实验室是指由政府机构管理,并被授权执行法规性或(和)强制性职能的实验室。所谓官方认可的实验室是指被政府机构正式批准,指定或认可并拥有权限的实验室。

4. 按照测量不确定度的结果进行比较

实验室应提供必要的文件以证明其具有相关的认可资质,并满足上述先决条件。

按照有关规范指南[1],以下信息应当由进口国和出口国的主管当局共享,以便比较出口国及其对应的进口国实验室测试结果和程序,有关资料包括:

(1) 所使用分析方法的合法性和具体描述(包括具体的抽样方法和前处理程序)。

(2) 原始数据(包括光谱数据、计算、使用的化学标准品)。

(3) 重复实验的结果。

(4) 内部质量保证/控制过程(控制图、分析过程、空白值、回收率数据、回收率校正值、不确定度、采用的参考标准品和材料)。

(5) 实验室的官方认可地位。

(6) 能力验证中对相关项目的比对结果。

各主管部门根据从其他方面收集的资料实施对实验室的初步评估,以便识别每个实验室分析结果的有效性。如果每个实验室测试结果都是可接受的,那么进口国将使用自己的结果来评估其符合性。

如果其中一个实验室的结果不可接受,其测试的结果将被废弃,然后根据剩余的结果进一步决定接受或者拒绝交货。

通过这种方式,无须进一步做分析或采样,争议就被解决了。

如果没有达成协议,争议也可以通过以下所述步骤解决。

5. 进一步分析

5.1 先决条件

如果能确定样本的完整性在过境时未遭到破坏,可进行如下步骤:

(1) 共享或交换任何储备样品。

(2) 每个实验室使用相同的分析方法。

(3) 检查是否存在实验室偏差(通过测量共同样本[2]来确定实验室偏差)。

5.2 通过评价实验室偏差来解决

通过对已知分析物含量的同一样本的测试,比较每个实验室的结果,该样本最好是经过确认的参考物质。如果发现结果有偏差,则修正原始数据。如果报告的结果附带有不确定度,那么进口国和出口国的实验室可以做出共同的判定,则争议可被解决。

5.3 留样的分析

如果有必要,可进一步分析:

(1) 出口国采集的任何样品由进口国送另外指定的实验室进行分析。

---

[1] 见《拒绝进口食品的国家之间信息交换的指南》(CAC/GL 25-1997)的附件:"当进口的食品因在进口国的抽样和(或)分析而被拒绝进口的,应按照要求详细提供样品抽样、分析方法、测试结果和参与测试的实验室的身份等信息。"

[2] 为了研究实验室间的分析差别(偏差),实验室需要对已知浓度的样本(通常是复制的加标样本)进行检测。无需对来自有争议的货物的原始样本进行分析或重复分析:只是需要进行重新评估时,才需要进行此类操作。为了对偏差提供一个合理的评价,需要将同一样本分割成相同的若干份,由每个实验室对其中一份样本进行分析。应选取适当数量的实验室参与这种评价。

（2）从进口产品中抽取样品由进口国的第二个指定实验室进行分析。

（3）进口的第二份样品由进口国指定的第二个实验室进行分析。

如果上述任何一项分析表明货物质量不能令人满意，该贸易被认为是不符合法规规定的。

5.4 在贸易依然有效的情况下重新采样

货物已经到达进口国。在该阶段，可以不再考虑上次的测试结果，由进出口国协商一致决定重新采样和分析方法。

在涉案双方的代表均到场的情况下进行抽样和分析，是一种双方都能接受的方法。

根据出口国主管当局的要求，从货物中采集一个新的样本，在双方选定的一个实验室进行分析，如不能达成协议，则在进口国选定的实验室中进行分析。

使用获得的分析结果对符合性进行判断即可解决争议。

第十四篇
国际食品法典委员会抽样通用指南

（食品法典指南 50：2004）

CODEX ALIMENTARIUS COMMISION：ADOPTION
OF GENERAL GUIDELINES ON SAMPLING（CODEX
GUIDELINES 50：2004）

目　　录

前　言

基本原理

国际食品法典标准旨在保障消费者的健康和确保食品贸易的公平。

国际食品法典标准的抽样方法旨在确保当需要按照某一具体国际食品法典商品标准来对食品进行检测时,所使用的抽样程序公平而有效。鉴于可以采用国际食品法典标准的有关条款,本抽样方法可以作为国际方法予以使用,以避免和排除可能出现的分歧。这些分歧可能由不同的关于抽样的法律、行政和技术方法引起,也可能由对食品批和交付货物分析结果不同的解释引起。

为便于国际食品法典商品委员会及政府和其他使用方执行上述目标,有必要对现有的指南进行详细阐述。

关于选择国际食品法典标准抽样方案的基本建议

现有的条款阐述了使用本指南的必要性,且力求使国际食品法典标准的抽样方案选择更加便利,同时在选择时能够有章可循。

当设立具体规范时,国际食品法典商品委员会及政府和其他使用方在选择合适的抽样方案时,应着重考虑以下要点:

(1) 是否存在有关产品抽样的国际性参考文件。

(2) 控制的类型

　　适用于批的单个产品的特征。

　　适用于整批的(统计方法)特征。

(3) 要控制的特征类型

　　定性特征(基于是否合格或类似的原则来进行检测的特征,例如是否存在致病微生物)。

　　定量特征(基于连续性模式进行检测的特征,例如某种成分的特征)。

(4) 质量水平的选择(可接受质量水平 AQL 或者限制质量水平 LQ)

依据国际食品法典标准中程序手册规定的原则和风险类型,质量水平的选择可分为临界性不合格和非临界性不合格。

(5) 批的性质

　　散装或预包装的商品。

　　与控制特征有关的大小、均匀性和分布。

(6) 样本的组成

　　单次抽样单位组成的样本。

　　一个以上抽样单位(包括复合样本)组成的样本。

(7) 抽样方案类型的选择

1) 接收抽样方案(统计质量控制)

　　为了控制检测特征的平均水平

　　为了控制批内不合格产品的百分数:①在样品中不合格品的定义和举例(计数方案);②根据代数公式,比较样本中各产品的平均值(计量方案)。

2) 方便的(务实的、经验的)抽样方案

下面的两个流程图总结了一个选择抽样方案的系统方法,并参考了文件中的适当章节,但并不适用于非均匀性散装批样本的抽样(图 14.1 和图 14.2)。

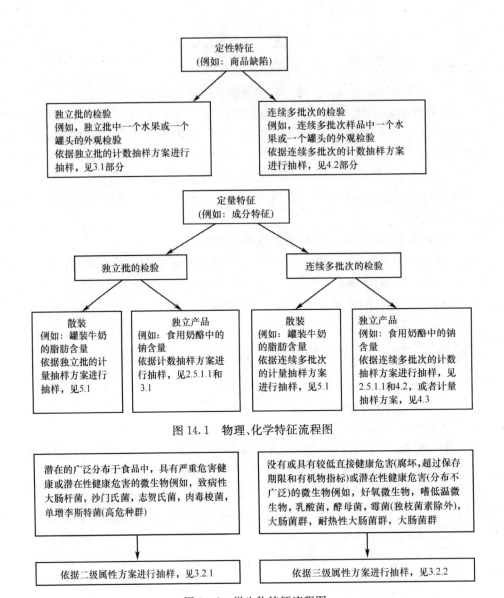

图 14.1　物理、化学特征流程图

图 14.2　微生物特征流程图

(8) 接受/拒绝批的判定规则

在第 3、4 或 5 部分有适当的参考内容。

1. 国际食品法典抽样通用指南的目的

1.1 目的 抽样方案旨在确保当需要依据某一具体国际食品法典商品标准来对食品进行控制时,所使用的抽样步骤公平而有效。

由于可用的抽样方法众多,而且往往比较复杂,因此本指南的目的是帮助那些负责抽样的部门选择出符合国际食品法典标准的有关规定且适合于统计检验的抽样方案。

任何抽样方案都不能确保每一个单位产品都合格。但是这些抽样方案能够帮助我们达到一个可接受的质量水平。

本指南包含了统计控制可接受的基本原则,且使得前言中的基本建议更加完善。

1.2 本指南的目标人群 本指南的目的是当国际食品法典商品委员会起草一份商品标准时,他们能够从3、4、5部分提到的方案中选出他们认为最适合于检验的方案。如果可能的话,本指南也可以由各国政府在解决国际贸易争端时使用。

国际食品法典商品委员会、政府和其他用户,应配置能力强的技术专家保证这些准则的有效使用,包括选择适宜的抽样方案。

1.3 指南推荐抽样方案的使用者 本指南描述的抽样方案可能由政府食品管制机构或由专业人士自己[包括生产方和(或)贸易商内部检查时]实施。在第二种情况下,政府机构应根据本指南核查由专业人士实施的抽样计划是否适当。

建议与抽样相关的不同部门应就抽样方案的执行达成一致意见。

1.4 本指南的范围 本指南首先在第2部分中界定了有关食品取样的一般概念,这些概念对于任何不同的情况均适用。在第3~5部分中介绍了统计学食品控制的某些情况,包括已选定的特定抽样方案。

包括下列抽样情况(仅针对均匀物品的控制):

(1)依据计数和计量方案,对散装或独立包装的物品中不合格品的百分数控制。

(2)平均含量的控制。

本指南不适用于如下情况的控制:

(1)非均匀的货品。

(2)对于均匀的货品,与抽样误差相比,测量误差作为散装原料中的定性特征是不能忽略的(见2.4)。

(3)不适合使用双倍、多次和连续抽样方案进行抽样,在本指南的框架中,它们被认为太过复杂。

详细的抽样程序,不在这些一般性指南的范围之内。如有需要,应由国际食品法典商品委员会制定。

本指南适用于接收样品的控制,可能不适用于终端产品和生产过程中的控制。

表14.1概括了本指南覆盖及排除在外的各种情况。同时,也给出了对于某些覆盖范围之外的抽样情况有哪些合适和有用的国际参考文献。

表 14.1 均匀样品批的抽样方案选择指南

批次	由可独立的散装原料构成的批	由独立产品构成的批		
	计量测定方法	计数测定方法	计量测定方法	
独立批	散装材料不合格百分比的变量检验（第 5.1 节）（例如，检查牛奶罐中添加的水分）	不合格百分比的属性检验（第 2.5.1.1 节）（例如，水果的缺陷检验）产品的微生物检验（第 3.1，3.2 节）（例如，检测未烹调过的蔬菜中嗜温好氧微生物）（见 ICMSF 标准）	不合格百分比的变量检验（第 4.3.2 节）（S 方法）（例如，检验脱脂奶粉中脂肪的含量是否符合国际食品法典标准的限制）	平均含量（第 3.3 及 4.4 节）（例如，检验一批中各产品的平均重量与标签值是否一致）（见 ISO 2854-1976,3494-1976）
连续多批次	散装材料不合格百分比的变量检验（第 5.1 节）（例如，检查牛奶罐中添加的水分）	不合格百分比的属性检验（第 2.5.1.1 节）（例如，水果蔬菜的缺陷检验）产品的微生物检验（第 3.1，3.2 节）（例如，检测未烹调过的蔬菜中嗜温好氧微生物）（见 ICMSF 标准）	不合格百分比的变量检验（第 4.3.2 节）（S 方法）（例如，检验脱脂奶粉的脂肪含量是否符合国际食品法典标准的限制）	平均含量（第 3.3 及 4.4 节）（例如，检验膳食中所含钠的量是否超过规定的水平）（见 ISO 2854-1976,3494-1976）

1.5 本指南与 ISO 通用标准的关系 在本文件述及的控制中，即使本文件参考了下列 ISO 标准的科学性和统计学背景资料，也应仅遵循本文件抽样方案的有关规定。

在本文件未能述及的控制情况中，如果在 ISO 通用标准（见下文）中有所规定，那么国际食品商品委员会或政府部门可以参考，并确定如何使用。

现提供 ISO 标准如下：

ISO 2854：1976（E）：Statistical interpretation of data-Techniques of estimation and tests relating to means and variances

ISO 2859-0：1995（E）：Sampling procedures for inspection by attributes-Part 0：Introduction to the ISO2859 attribute sampling system

ISO 2859-1：1999（E）：Sampling procedures for inspection by attributes-Part 1：Sampling plans indexed by acceptable quality level（AQL）for lot-by-lot inspection

ISO 2859-2-1985（E）：Sampling procedures for inspection by attributes-Part 2：Sampling plans indexed by limiting quality（LQ）for isolated lot inspection

ISO 3494：1976：Statistical interpretation of data-Power of tests relating to means and variances

ISO 3951：1989（E）：Sampling procedures and charts for inspection by variables for percent nonconforming

ISO 5725-1：1994（E）：Application of statistics-Accuracy（trueness and precision）of measurement methods and results-Part 1：General principles and definitions

ISO 7002：1986（E）：Agricultural food products-Layout for a standard method of sampling a lot

ISO 8423：1991(E)：Sequential sampling plans for inspection by variables for percent nonconforming（known standard deviation）

ISO 8422：1991(E)：Sequential sampling plans for inspection by attributes

ISO/TR 8550：1994（E）：Guide for the selection of an acceptance sampling system, scheme or plan for inspection of discrete items in lots

ISO 10725：2000(E)：Acceptance sampling plans and procedures for the inspection of bulk material

ISO/FDIS 11 648-1：Statistical aspects of sampling from bulk materials-Part 1：General principles

ISO/DIS 14 560 ：Acceptance sampling procedures by attributes-Specified quality levels in nonconforming items per million

以上列出的各标准在本指南出版时有效。然而,因为所有标准都会被修订,基于本指南的协议,应确保所使用的标准均为最新版本。

2. 抽样的主要概念

2.1 概要

2.1.1 本部分的简介　这一部分介绍了:

(1) 抽样和选择抽样方案之前应遵循的原理和程序(第2.1.2节)。

(2) 抽样中所用的词汇和主要概念(第2.2节),尤其是抽样方案操作特征曲线的原理(第2.2.12节)及可接受的质量水平和限制的质量水平相关概念(第2.2.14)。这些概念是选择方案之前进行风险评估的基础。

(3) 抽样技术是用来收集和构成待分析用的样本的方法(第2.3节)。

(4) 与抽样方案相关的不同误差类型(第2.4节)。

(5) 抽样方案的类型规定了从检验的批中抽取样本所得数据而得到某一结论的规则,换言之,经检验后,是接受还是拒绝一个批(第2.5节)。

(6) 根据对应的操作特征曲线(第2.5.1.3),阐述了有关不合格百分比的属性独立抽样方案(第2.5.1.1)和变量独立抽样方案(第2.5.1.2)的检验原则。

(7) 依据检验情况所得结果的图表,阐述属性方案和变量方案的选择(第2.5.1.4)。

(8) 用表格形式能够概述属性方案和变量方案的相对优势和劣势(第2.5.1.5)。

2.1.2 概述　大多数的抽样程序包括了样本的选择、检验和分析,以及基于样本检测或分析结果的批的分类(即"可接受的"或"不可接受的")。

接受的抽样方案是一套规则,它规定了一个批如何被检验和分类。该方案将规定产品的数量,及从接受检验的批中随机抽样而得到的子样的数量。抽样程序所涉及的由一个抽样方案变换为另一个抽样方案的"转换"(见第2.2.16部分)被称为"抽样设计"。抽样方案及抽样设计构成了"抽样体系"。

在拟订任何抽样方案之前,或在负责分析及抽样方法的国际食品法典委员会签署任何方案之前,国际食品法典委员会还应当说明下列事项:

起草国际食品法典标准的依据,例如:

(1) 是否遵守标准规定的规则,在一个批中确定高比例的子样数。

(2) 是否必须规定从一个批中抽取的一系列子样的平均数,若是,是否给定了适当的最小或最大允许误差。

标准的相对重要性是否存在差别。若是,标准应当指明用于每个标准中的适当的统计学参数。

执行抽样方案的程序操作应说明下列事项:

(1) 采取必要的措施,以确保所抽取的样本能够代表所交付的货物或批(如果单次交付的货物由几个批组成,样品应能代表每一批。)

(2) 样本应随机抽取,因为随机抽样更能反映整批的质量。但由于存在抽样误差,单一样品所反映的信息仍然可能与整批样品不一致。

(3) 从一个批或交付的样本中抽取的构成子样的大小和数量。

(4) 采集、处理和记录样本时应采取的程序。

除了前面说明的内容,当选择一个抽样程序时,还应说明以下问题:

(1) 被抽样本总体的特征分布。

(2) 抽样方案的成本。

(3) 风险评估(见第 2.2.11 节和第 2.2.14 节):检验体系目的是确保食品安全,它与适当的抽样方案相结合,且应在与环境相适应的客观风险评估的基础上运行。只要可能,所使用的风险评估方法应与国际公认的办法一致;并应基于现有的科学证据。

一个可接受的抽样程序的确切定义,需对下列因素进行确定或选择:

(1) 待检测的特征。

(2) 批次大小。

(3) 方案的属性或变量。

(4) 独立批的限制质量(LQ)水平;或连续系列批的可接受质量水平(AQL)。

(5) 检验的水平。

(6) 样本的大小。

(7) 批可接受或拒绝的标准。

(8) 万一发生争议时可使采用的程序。

2.2 常用的术语和概念

本指南中使用的抽样术语大多已在 ISO 7002 中有所界定。

抽样中一些更为常用的抽样术语将在本节中描述。

2.2.1 批(lot) 批是指在一定条件(符合本指南目的)控制下,制造或生产的具有确定数量的商品。

对于非均匀性货物,抽样只能在非均匀批中的均匀部分进行。在这种情况下,最终的样本即是所谓的分层样本(见 2.3.3)。

注:连续的系列批,是指在假设相同的条件下,以连续方式生产、制造或成交的一系列批。对于连续多批次的样本,其检查只能在生产或加工阶段进行。

2.2.2 交付货物(consignment) 交付货物,是指一次交付的具有一定数量的某种商品。它可能是一个批中的一个部分,或是一系列的多个批。

但是,在统计学检验中,对结果进行解释时,交付货物应被认为是一个新的批。

(1) 如果交付货物是一个批的一部分,则每一部分均应被视为检验的一个批。

(2) 如果交付货物是一系列的多个批,在进行检验之前,应注意交付货物的均匀性。如果不是均匀的,应采用分层抽样。

2.2.3 样本(代表性样本)[sample (representative sample)] 样本,是指运用不同的方法从总体(或从某种物质的重要部分)中抽取的一个或多个子样(或某种物质的一部分)构成的集合。它提供了被研究总体(或物质)一定特征的信息,并为总体、物质或生产样本过程的确定提供依据。

代表性样品是指能够保持其所在批的所有样本的特征。简单随机抽样就是如此,批内的每个子样或增量的各部分以相同的概率进入样本。

注:ISO 7002 标准的附件 A 中的 A. 11 至 A. 17 定义了复合样本、参考样本、全球样本、测试样本、实验室样本、初级样本和放宽级样本。

2.2.4 抽样(sampling) 是指用于抽取或构成一个样本的程序。

经验式或点式抽样程序是不以统计学为基础的抽样程序,而被用于对检验批做出判定。

2.2.5 总体估计误差(total estimation error) 总体估计误差是指在估计一个参数时,存在于计算值与其真值之间的差异。

总体估计误差取决于:

(1) 抽样误差。

(2) 测量误差。

(3) 数据的四舍五入或归组分类。

(4) 估算人员产生的误差。

2.2.6 抽样误差(sampling error) 是总体误差的一部分,取决于下列参数中的一个或者几个:

(1) 检验特征的非均匀性。

(2) 抽样的随机性。

(3) 抽样计划已知的和可接受的特征。

2.2.7 可独立化商品的单位或子样(item or increment of individualisable goods)

(1) 可独立化的商品(individualisable goods):可以被独立为单位的产品或子样的商品,例如:

1) 一个预包装的商品;

2) 依据抽样方案从一个批次的商品中抽取的含有一定量商品的 1 瓶或 1 匙商品,例如:

储存于桶里的一个定量的牛奶或葡萄酒;

从传送带上抽取的一个定量的商品。

(2) 单位产品(item):是指被抽取用于形成一个样本的实际的或方便的客观对象,并且要对其进行一系列的检查。

注:术语"独立的"和"单元"与"单位产品"是同义词

(3) 子样(increment):是指从一个较大量的物质中一次性抽取出的,用于构成样本的一个定量物质。

2.2.8 抽样方案(sampling plan)　是指为了获取所需信息(如判定批是否符合要求),而设定的能够从一批中选择或抽取独立样本的程序。

更确切地讲,抽样方案要规定出所抽取的单位产品的数量和用于评价其合格状况所需的不合格品的数量。

2.2.9 特征(characteristic)　特征是指能够帮助确认或鉴别指定批内单位产品的特性。特征可能是可以定量的(根据计量方案确定测量的数量)或可以定性的(根据计数方案可以做出符合或不符合规定)。三种类型的特征及相关类型的抽样方案见表 14.2。

表 14.2　与特征类型相关联的抽样方案

特征的类型	抽样方案的类型
商品缺陷:是指可以用两种对立的状态来表征的特征,如通过/不通过、是/否、整数/非整数、变质/未变质(例如,色彩缺失之类的视觉缺陷、分级错误、杂质等)。	"变量方案"(例如,关于预包装食品的国际食品法典抽样方案,CAC/RM 42-1969)
成分特征:是指可以用连续变量来表征的特征。它们可能是正态分布(例如,最常用的分析测定成分的特征,如水分含量),也可能不是。	"未知标准偏差的变量方案"对应于正态分布的特征,"属性方案"对应于非正态分布的特征。
与健康相关的特性(例如,微生物污染、微生物危害和非常规化学污染物等)的评估	适合于每种独立情况的特殊抽样方案(例如,微生物控制,见 3.2)。可以使用测定总体中事件发生概率的抽样方案。

2.2.10 均匀性(homogeneity)　是指一个指定特征的均匀性,如果批内分布均匀,则该特征在一定的概率下,是分布均匀的。

注:对于一个指定的特征,均匀的批并不意味着该特征值在批内是完全相同的。

一个批是非均匀的,是指对于一个指定的特征,该特征在批内分布不均匀。同批内的单位产品可能就一个特征而言是均匀的,而就另一个特征而言是非均匀的。

2.2.11 缺陷(不合格品)**和完全不合格品**[defects(nonconformities) and critical nonconformities]　当一个或多个单位产品中,其质量特征无法满足已建立的质量规范时,就会出现缺陷(不合格品)。一个存在缺陷的单位产品可能包含一个或多个缺陷(见第 3.2.3 部分的示例)。

无论是何种类型的缺陷,批的质量可依据可接受的缺陷单位产品百分比或缺陷(不合格品)的最大百分数来判定(见第 2.2.7 中单位产品的定义)。

大部分可接受的抽样涉及一个以上的质量特征的评价,从质量和(或)经济的角度考虑,在重要性方面可能会有所不同。因此,建议根据其严重程度,将不合格品进行如下分类(见第 2.2.9 中特征的定义):

A 类:那些质量和(或)安全性受高度关注的不合格品(如与健康相关的特性,见表 14.2);

B 类:受关注程度不如 A 类高的不合格品(如商品缺陷或成分特征,见表 14.2)。

这种分类法应由国际食品法典委员会确定。

2.2.12 操作特性曲线(operating characteristic curve)　对于给定的抽样方案,操作特性(OC)曲线将一批产品的可接受概率描述为其实际质量的函数。它描述了批内产品的缺陷存在率(x 轴)与受控批合格率(y 轴)之间的关系。第 4.1 中介绍了这种曲线的基本原理,并给出例证。

2.2.13 生产方和消费方的风险(producers' risk and consumers' risk)

生产方的风险(producers' risk, PR)

在抽样方案的操作特性曲线中(见 2.2.12),生产方的风险是以由抽样方案决定的缺陷单位产品的比例 P_1(一般较低)随拒绝批的概率变化而变化的。对于生产方而言,这样一批产品不应当被拒绝。

换句话说,生产方的风险是指错误地拒绝一批产品的概率。

通常情况下,生产者的风险用一个比例值 P_{95} 来表示,对应于接受批 95% 的情况下(即存在 5% 的拒绝批)缺陷单位产品的比例。

消费方的风险(consumers' risk, CR)

在抽样方案的操作特性曲线中(见 2.2.12),消费方的风险以由抽样方案确定的缺陷单位产品的比例 P_2(一般较低)随接受批的概率变化而变化。对于消费方而言,这样的产品批应当被拒绝。

换句话说,消费方的风险是指错误地接受一批产品的概率。

通常情况下,消费方的风险用一个比例值 P_{10} 来表示,对应于接受批 10% 的情况下(即存在 90% 的拒绝批)缺陷单位产品的比例。

辨别距离(discrimination distance, D)

辨别距离(D)是生产方风险(PR)和消费方风险(CR)之间的差值,应当在考虑抽样和测量的总体标准差的基础上予以确定。

$$D = CR - PR$$

辨别率(discrimination ratio, DR)

辨别率(DR)是消费方风险(CR)和生产方风险(PR)之间的比率。通常用 P_{10} 与 P_{95} 之间的比率表示。

$$DR = \frac{P_{10}}{P_{95}}$$

这个比率能够使抽样方案的效率得到增强。当比率低于 35,则说明抽样方案的效率极低。

2.2.14 可接受质量水平(AQL)**和限制质量**(LQ)**水平**[the acceptable quality level (AQL) and limiting quality (LQ) level] 无论采用计数抽样方案还是计量抽样方案进行对一个批的检验,都需要对批的质量给出结论。

对于一个既定的抽样方案,可接受质量水平(AQL)是指一批产品被拒绝的可能性极低(通常为 5%)时的产品不合格率。

可接受质量水平(AQL)被用作度量标准,应用于连续多批次产品的检验,并随多批次中可接受缺陷产品的最大比例(或缺陷产品的百分数最大值)变化而变化。它是由行业确定的一个质量目标。然而,在实施控制时,这并不意味着所有缺陷产品比例大于 AQL 的批都将被拒绝,仅意味着缺陷产品比例大于 AQL 的批被拒绝的可能性更大。当样本量确定时,AQL 越低,对消费方免于接受高缺陷率的批应受到的保护越大,且对生产方的要求也会越高。在实际操作时,AQL 值应当切合实际,并在经济上可行。如果有必要,AQL 值的确定应考虑安全因素。

应该明确的是,AQL 值的选择应基于指定特征及其整体标准的相关性(经济的或其他的因素)。可通过风险分析来评估对公众健康造成负面影响的可能性和严重程度,例如,存在于食品中的添加剂、污染物、残留物、毒素或致病微生物。

与严重缺陷(例如存在公共卫生风险)有关的特征应与低 AQL 值(即 0.1%～0.65%)相关联,而成分特征(例如脂肪或水的含量等),应与较高的 AQL 值(例如,乳制品的常用值为 2.5%或 6.5%)相关联。AQL 值在标准 ISO 2859-1,ISO 3951 的表格中和 ISO 8422,ISO 8423 的部分表格中作为索引方法使用(见第 1 条)。

AQL 值是特殊的生产方风险,一般不同于 P_{95}(见第 2.2.13)。

对于一个既定的抽样方案,极限质量(LQ)是指一批产品被接受的可能性极低(通常为 10%)时的产品不合格率。

极限质量(LQ)被应用于独立批的检验。它表示了一个质量水平(例如,用批内不合格产品百分比表示),并随批(缺陷产品率为 LQ 值)的被指定的、相对较低的可接受概率变化而变化。一般来说,当以 10%进行控制后,LQ 值随接受批的缺陷产品率的变化而变化。LQ 值在标准 ISO 2859-2 中作为索引方法使用(建议 LQ 值应至少设置为 AQL 期望值的 3 倍,以确保可接受质量的批具有合理的接受概率)。

当方案以食品的安全标准为控制目标时,LQ 值通常很低。当以质量标准为控制目标时,LQ 值通常较高。

LQ 值是一种特殊的消费方风险,它随 P_{10} 的变化而变化(见第 2.2.13)。

抽样方案的使用方有义务同意方案中用于各批质量控制的 AQL 值或 LQ 值的选择。

对于一个指定的产品,应该对第 2.2.11 部分说明的两个不合格品的类别分别指定独立的 AQL 值(或 LQ 值),可将低的 AQL 值(例如 0.65%)作为 A 类不合格品(例如婴幼儿奶中的杀虫剂含量)的指定值,将较高的 AQL 值(例如 6.5%)作为 B 类不合格品(例如婴儿奶的蛋白质含量)的指定值。

对于 AQL 值和 LQ 值两项指标中的每一个,均有独立的抽样方案,而只有当每个方案都被接受时,一个批才能够被接受。如果评价对于一种以上类型的不合格品不具有破坏性,则每个类型的评价可以使用相同的样本。从实际因素出发,如果必须收集两个样本,则可以同时进行。

2.2.15 责任机构(responsible authority)　责任机构应由进口国通过官方授权而指定;并且通常负责诸如制定"检验水平"和介绍"转换规则"等事宜(见 2.2.16)。

2.2.16 检验水平和转换规则(inspection levels and switching rules)　检验水平是将样本量与批的大小联系起来,并因此将质量的"优"和"劣"的辨别联系起来。例如,ISO 2859-1:1989(E)和 ISO 3951:1989(E)中的表Ⅰ和表Ⅰ-A 分别提供了 7 个和 5 个检验水平。对于一个指定的 AQL 值,代表检验水平的数值越低,接受劣质批的风险就越大。

检验水平是由"责任机构"来设定的。除非另有说明,通常使用正常的检验水平(Ⅱ)。当需要对检验的程度加以区分时,相应地也应分别使用放宽的水平(Ⅰ)或更加严格的水平(Ⅲ)。水平(Ⅰ)样本量为水平(Ⅱ)的两倍以上,水平(Ⅰ)样本量大约为水平(Ⅱ)样本量的 1.5 倍。"特殊"水平(S-1～S-4)需要在样本要求量相对较小,并且可能会/或必须会承受较大的抽样风险时予以使用。

一次抽样设计还涉及正常、加严和放宽这三种检验抽样方案之间的"转换"。建议,所有的国际食品法典商品标准应包含应用于连续系列批抽样方案的转换规则。

当产品质量优于 AQL 值时,正常检验旨在保护生产方避免生产出较高比例的拒绝批。

然而,如果5个(或更少)中有2个连续批没有被接受时,必须进行加严检验。另一方面,如果产品质量持续优于 AQL 值,可以通过使用放宽检验水平的抽样方案来降低抽样成本(由责任机构酌情决定)。

有关连续系列批的转换规则,详细说明见 4.2.2.4 和 4.3.4。

2.2.17 可接受数(acceptance number) 对于一个指定的计数抽样方案,可接受数是指当批被接受时,样本中允许的不合格品的最大个数。可接受数为零的方案见 2.5.2。

2.2.18 批量和样本量(lot size and sample size) 对于国际贸易的商品,批量通常在货运单上注明。如果为满足抽样目的而使用不同的批量,则必须由相应的国际食品法典商品委员会在标准中明确规定。

样本量(n)和批量(N)之间没有数学关系。因此,从数学意义上讲,允许使用小量样本对较大量的均匀批进行检验。然而,对于较大的批,ISO 和其他的相关文献中的方案设计者,为了降低对其做出的不正确判断的风险而专门介绍了两者之间的关系。当批量较小时,比率 $f=n/N$ 会影响抽样误差。另外,为保护消费方(尤其是保护其健康方面),当批量较大时,建议选择较大的样本量。

例如,使用计数抽样方案(AQL 值为 2.5%),对 8,500 件单位产品全奶中的脂肪含量进行检验。

可采用如下两种不同的方案:方案 1($n=5$, $c=0$, LQ$=36.9\%$)和方案 2($n=50$, $c=3$, LQ$=12.9\%$)。

对于指定 LQ 值的方案 1,在 10% 的可接受情况下,批中有 36.9% 的不合格品(即3,136件不合格品)。

对于指定 LQ 值的方案 2,在 10% 的可接受情况下,批中有 12.9% 的不合格品(即1,069件不合格品)。

在 10% 的可接受情况下,方案 2 的选择避免了($3136-1068$)$=2067$ 件不合格品出现在市场上。

当比率 $f=n/N$(n 是样本量,N 是批量)小于或等于 10%,且假设批是均匀的,f 为绝对样本量,它比与批量的关系更为重要。

尽管如此,为了降低接受大量缺陷产品的风险,随着批量的增大,通常也应增加样本量,特别是当假设为非均匀批时。

对于较大的批,采用较大的样本并同时保持批与样本的较大比率是经济可行的,从而可以更好地区分可接受批和不可接受批。此外,对于一套指定的高效抽样标准,随着批量的迅速增加,样本量的增加缓慢,并且当批量确定之后,样本量不会继续增加。然而,限制批量的原因有很多:

(1)批的增大可能会导致质量的变化幅度增大。

(2)生产或供应速度可能太低,而不允许有较大的批。

(3)在实际操作时,由于储藏和处理方面存在问题,可能不允许有较大的批。

(4)较大批难获得随机性的样本。

(5)未被接受的较大批,其经济损失也较大。

样本量和批量的相关性参见 ISO 2859 和 ISO 3951 中的表。

2.3 抽样程序

2.3.1 概述 应按照与被检商品相关的 ISO 标准实施抽样程序（sampling procedures）（例如，用于牛奶和奶制品的 ISO 707）。

2.3.2 抽样人员的录用 抽样应由进口国经过样本采集技术培训的人员实施。

2.3.3 抽样的材料 每个被检验的批必须明确界定。相关的国际食品法典商品委员会应该规定，在没有指定批的情况下应如何处理交付的货物。

2.3.4 代表性抽样 代表性抽样是用于抽取或构成有代表性的样本的程序。

如有必要，可以通过各种程序来满足这些条款的需求（例如，如何收集和准备样本）。这些抽样程序可以由使用方，尤其是国际食品法典商品委员会来确定。

随机抽样需要从 N 件产品的批中抽取 n 件产品，抽取应按一定的方式进行，即批中任何 n 件产品的集合被采集的概率相同。通过使用电脑软件所产生的随机数字表，可以实现抽样的随机性。

为了避免样品代表性方面产生的任何争议，只要有可能，均应选择随机抽样程序，或与其他抽样技术结合使用。

假设每个单位产品是可计数的或可排序的，但实际情况中存在不具有独立的单位产品情况（例如，一桶奶或者一仓谷物），可按照下述方法进行单位产品和子样的选择，以构成样本：

（1）将批内所有单位产品或子样编号（真实的或模拟的）。

（2）形成样本的单位产品或子样的编号，应通过运用标准 ISO 2859-0：1995 中的表或其他被认可的随机数字表而随机决定。

如果可能，在批物品装载和卸载时，应用随机的方式实施样本的收集。

如果批是不均匀的，随机抽取的样本就不能代表整个批。在这种情况下，应使用分层抽样。分层抽样是指将批划分为许多不同的层或区，与原来的批相比，每一层更加均匀。然后遵照国际食品法典商品委员会制定的特殊规定，对每一层进行随机抽样。每一层通过随机抽样进行检验，通常每个样本中包含 2～20 个单位产品或子样（见检验水平 II 字母代码为 A～F 的 ISO 2859-1 中的抽样方案）。但是在抽样之前，如有必要，可以参考国际食品法典商品委员会的特殊规定。

当不能进行随机抽样时，例如，在一个非常大的仓库里，货物摆放杂乱，或当生产过程包含周期现象时（例如，位于仓库的某一特定区域的污染物或每 k 秒运转一次的调整器；例如，通过设置调整器，每 k 秒进行一次产品包装），则必须按照下面的方法实施抽样：

（1）避免优先选择那些更易于获得的、或视觉特征与其他产品有所区分的单位产品。

（2）对于周期现象，为避免从每 k 秒或每 k 次包装，或每 k 厘米中抽样，应从每个次序的组内或预包装中抽取单位产品。

2.3.5 样本的准备

2.3.5.1 初级样本

初级样本是指在抽样过程第一阶段，从一批产品中抽取的"部分产品"，它通常以单位产品（例如，在预包装产品中抽取）或子样（例如，在散装批中抽取）的形式存在。（然而，如果是对每个独立的子样进行检测，则"子样"也可以看做是一个"单位产品"。）只要可行，初级样本应该从整个批中抽取和分离出来，并做好记录。为方便实验室分析，应抽取数量充足且大小相近的初级样本。在抽取初级样本(单位产品或子样)的过程中,以及在所有随后的程序中,必须注意保持样本的完整性(即避免样本污染,或会对残留量及样品的分析测定产生不利影响,以及使实验室样本不能代表从批中获得的混合样本具有的任何其他变化)。

2.3.5.2 混合样本

当抽样方案需要时,可以将从一批预包装产品中抽取的初级样本(单位产品)小心混合而制备出混合样本,或将从一批散装(未预包装)产品中抽取的初级样本(子样)小心混合而制备出混合样本。

除了经济原因以外,由于初级样本的混合会造成样本间变异信息的丢失,这种抽样技术不推荐使用。

2.3.5.3 最终样本

如果可能,散装样本即应该构成最终样本,并直接送往实验室接受分析。如果散装样本过大,可通过适当的方法将其简化,制备成最终样本。但在此过程中,独立的单位产品不能被分割。

为便于独立分析,国际立法要求将最终样品分割为两部分或者更多的部分。对于每个部分而言,必须具有代表性。

2.3.6 实验室样本的装运　最后被送到实验室检验的样本,称之为实验室样本,并作为以最终样本或最终样本有代表性部分的形式存在。

实验室样本应该妥善保存,以保持其被控制的特征不发生改变(例如,进行微生物控制时,必须使用消过毒的和低温的容器)。此外,实验室样本应该保存于一个干净而稳定的容器中,防止外界污染和运输过程中样品的损坏。容器要保持密封,未经允许不能打开,并迅速送往实验室以尽量避免泄露或变质。例如,冷冻食品应该保持在冰冻状态下,易腐烂的样本应该按照需要保持冷藏或冷冻。

2.3.7 抽样报告　每次抽样行为都应撰写一份由标准 ISO 7002 中第 4.16 条款说明的抽样报告,尤其要指明抽样原因、样品来源、抽样方法、抽样日期和抽样地点,还应包括一些对分析者进行分析有帮助的额外信息,例如,运输时间及条件。样本,尤其是实验室样本,必须能够清晰辨认。

如果所使用的抽样程序与所推荐的抽样程序存在任何的变动(如果是必需的,不管因为什么理由而偏离了推荐的程序),有必要在抽样报告上另附一份其他详细报告,以说明实际采用的程序。然而在这种有变动的情况下,执行控制时不能随意决策,而应该由责任机构实施决策。

2.4 误差评估

如果不伴随一些随机性(不可预见的)和系统性(可以预见的)误差的评估,测量结果仅是有限的数值(随机误差影响结果的精度,而系统误差影响结果的准确度。)。

抽样方案与以下两种误差相关:

(1) 抽样误差(是由于样品不能准确代表其来源的总体情况而引起的)。

(2) 测量误差(是由于特征测量值不能准确代表样品特征的真值而引起的)。

理想的情况是将与抽样方案有关的抽样误差以及与分析有关的测量误差,进行量化并使之最小化。

总体标准差 σ 可按下列公式计算

$$\sigma = \sqrt{\sigma_s^2 + \sigma_m^2}$$

其中，σ_s 是抽样标准偏差，σ_m 是测量标准偏差。

第一种情况（最为常见）：与抽样误差相比，测量误差可以忽略，即测量误差最大等于抽样误差的 1/3。

在这种情况下，$\sigma_m \leqslant \sigma_s /3$，$\sigma \leqslant \sqrt{\sigma_s^2(1+1/9)} = 1.05\sigma_s$。

在测量误差不能忽略的情况下，实测结果的标准偏差至多比抽样标准偏差大 5%。

第二种情况：测量误差大于抽样误差的 1/3。

本指南中不包括这种情况。

2.5 单次抽样方案的类型

2.5.1 非均匀性百分比检验的单次抽样方案

2.5.1.1 通过非均匀性百分比的属性进行检验的原理

下面的文字和曲线简单说明了依据非均匀性百分比的属性、变量以及他们的功效而得出的单次抽样方案的检验原理。

依据非均匀性百分比的属性检验的抽样方案是评估批质量的一种方法，它依据是否与国际食品法典标准的特殊规定相一致，将样本的每个子样按照特征或属性分类为合格品和不合格品。这个特征可以是定性的（例如，水果上疤点的存在），也可以是定量的（例如，膳食中钠的含量，依据其与规定的限值之间的关系分类为合格和不合格）。接着，计算具有不合格品的子样的数量，如果不超过方案设定的可接受数，则该批可被接受，反之则被拒绝。

例 用一个 AQL 值为 2.5% 的单次抽样方案，来检验一批低盐食用奶酪中的钠含量，其最大钠含量由国际食品法典标准 53-1981 设定为每 100 克商品中含钠 120 毫克（$U=120$ mg/100 g）。

依据这个方案得出以下结论：

如果在 5 个子样（$n=5$）的样本中，没有不合格的子样（$c=0$），则该批就可以被接受。如果有 1 个不合格子样的钠含量在给定的分析允许范围内高于食用奶酪的钠含量，则超过了相关规定，即 120 mg。

图 14.3 是这种方法的特征操作曲线。它表明在 50% 的情况下，在检验中含有 13% 缺陷品的批可以被接受。

图 14.3 中为单次抽样方案，AQL 值 $=2.5\%$；$n=5$，为样本中单位产品数；$c=0$，为批接受数目；LQ 值，为极限质量水平，是在 10% 的情况下，接受批中不合格单位产品的比率 $= 36.5\%$。

例 用一个 AQL 值为 6.5% 的单次抽样方案，来检验预包装速冻豌豆的质量。

方案的特征：

不合格品的标准：预包装袋中含有质量分数大于 15% 的不合格豌豆（如黄豆、残次豆等）

样本单位产品数：$n=13$

AQL 值 $=6.5\%$

接受数：$c=2$，为样本中接受的残次袋的最大值（批的接受标准）

拒绝数：$Re=3$，为样本中拒绝的残次袋的最小值（批的拒绝标准）

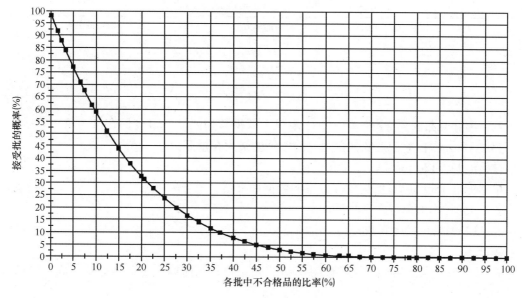

图 14.3　OC 曲线

依据这个方案得出以下结论：

在 13 袋的样本中,如果残次袋不多于 2 袋,则该批可被接受。

2.5.1.2 通过非均匀性百分比变量进行检验的原理

概述

依据非均匀性百分比变量检验的抽样方案是评估批质量的一种方法,它包括对待检商品每个单位产品的可变特征值的测量值进行评估。

例(为了说明属性和变量抽样方案的不同,变量方案以食用奶酪中钠的最大含量为例)

(1) 低钠食用奶酪的最大钠含量 U,由国际食品法典标准 53-1981 规定为每 100g 产品中含 120mg。

(2) 牛奶中的最低脂肪含量 L。

(3) 在 L 和 U 之间的范围值,如婴儿配方奶粉中维生素 A 的含量范围。

检验包括测量表征被检物品特性的特征变量,这 n 个单位产品中的每一个都组成了样本,然后计算样本中 n 个单位产品的平均值 $\bar{x}$。

通过将平均含量 $\bar{x}$ 与数学表达式计算出的数值进行比较,可以确定这一批样本是被接受还是被拒绝。用数学表达式计算的数值包括：

(1) 规定的最大值 U(需检验的是最大值时),或是规定的最小值 L(需检验的是最小值时),或是同时确定 L 值和 U 值(需检验的为值的范围时)。

(2) 批内被检变量的标准差的值。

(3) 可接受常数 K,它取决于抽样方案,并依赖于被测变量的 AQL 值的分布规律。

数学表达式还取决于标准差是否已知。

已知分布标准差 σ 时的方法(σ 方法)

当由专业人员进行检验时,由于检验的量很大,标准差足够准确并可认为是已知的,σ 方法(见 2.2.19)常作为范例使用。下面的表 14.3 定义了接受/拒绝批的规则。

表 14.3　运用 σ 方法确定批接受/拒绝的规则

批	检验的最小值 L $(\bar{x} \geqslant L)$	检验的最大值 U $(\bar{x} \leqslant U)$	检验值的范围 $(L \leqslant \bar{x} \leqslant U)$
接受批	$\bar{x} \geqslant L + K\sigma$	$\bar{x} \leqslant U - K\sigma$	$L + K\sigma \leqslant \bar{x} \leqslant U - K\sigma$
拒绝批	$\bar{x} < L + K\sigma$	$\bar{x} > U - K\sigma$	$\bar{x} < L + K\sigma$ 或 $\bar{x} > U - K\sigma$

例　国际食品法典标准 53-1981 中规定了低钠食用奶酪的最高钠含量为每 100g 产品中不超过 120mg,检验一批低钠食用奶酪中钠的最大含量 U。

被检值 $U = 120$ mg/100 g 食用奶酪

根据标准 ISO 3951,所选抽样方案的数据如下：

$n = 5$,为样本中单位产品数量；

$K = 1.39$,为可接受常数；

AQL $= 2.5\%$；

$\sigma = 3.5$ mg,为检验人员可用的,由专业人员根据较长时间产品的经验数据确定的已知标准差。

测量结果：

$x_1 = 118$ mg,表示第一个单位产品中钠的含量；

$x_2 = 123$ mg,表示第二个单位产品中钠的含量；

$x_3 = 117$ mg,表示第三个单位产品中钠的含量；

$x_4 = 121$ mg,表示第四个单位产品中钠的含量；

$x_5 = 111$ mg,表示第五个单位产品中钠的含量。

$\bar{x}$ 表示钠含量的平均值,由样本中 5 个单位产品的值计算而得

$$\bar{x} = \frac{x_1 + x_2 + x_3 + x_4 + x_5}{5} = 118 \text{ mg}$$

结论：由于 $U - K\sigma = 120 - (1.39 \times 3.5) = 115.1$ mg,则 $\bar{x} > U - K\sigma$,该批产品被拒绝。

已知变量抽样方案的操作特性曲线见图 14.4。

$n = 5$,为样本中单位产品数量；

$K = 1.39$,为方案的可接受常数；

LQ $= 20.7\%$,为 10% 情况下接受批的不合格品的比率。

未知分布标准差 σ 时的方法（s 方法）

当数值分布的标准差 σ 未知时（例如,由官方检验部门进行检验,由于他们检验的样品数量有限,不能确定足够准确的标准差。）,标准差 σ 可通过下列公式计算,这个方法称为 s 方法

$$s = \sqrt{\sum_{i=1}^{i=n} \frac{(x_i - \bar{x})^2}{n - 1}}$$

s 为标准偏差估计值（见第三节 2.20 部分）。

在这种情况下,通过样本计算出的均值分布,服从自由度为 Student 分布。下列表 14.4 定义了接受/拒绝批的规则（s 方法）。

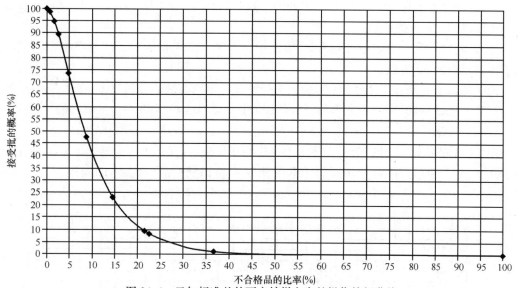

图 14.4 已知标准差的可变抽样方案的操作特征曲线

表 14.4 运用 s-方法确定批接受/拒绝的规则

批	检验的最小值 L $(\overline{x} \geqslant L)$	检验的最大值 U $(\overline{x} \leqslant U)$	检验值的范围 $(L \leqslant \overline{x} \leqslant U)$
接受批	$\overline{x} \geqslant L + Ks$	$\overline{x} \leqslant U - Ks$	$L + Ks \leqslant \overline{x} \leqslant U - Ks$
拒绝批	$\overline{x} < L + Ks$	$\overline{x} > U - Ks$	$\overline{x} < L + Ks$ 或 $\overline{x} > U - Ks$

例 国际食品法典标准 53-1981 中规定了低钠食用奶酪的最高钠含量为每 100 克产品中不超过 120 mg，检验一批低钠食用奶酪中钠的最大含量 U。

被检值 $U = 120$ mg/100 g 食用奶酪

根据标准 ISO 3951，所选抽样方案的数据如下：

$n = 5$，为样本中单位产品数量；

$K = 1.24$，为可接受常数；

$AQL = 2.5\%$。

测量结果：

$x_1 = 118$ mg，表示第一个单位产品中钠的含量；

$x_2 = 123$ mg，表示第二个单位产品中钠的含量；

$x_3 = 117$ mg，表示第三个单位产品中钠的含量；

$x_4 = 121$ mg，表示第四个单位产品中钠的含量；

$x_5 = 111$ mg，表示第五个单位产品中钠的含量。

$\overline{x}$ 表示钠含量的平均值，由样本中 5 个单位产品的值计算而得

$$\overline{x} = \frac{x_1 + x_2 + x_3 + x_4 + x_5}{5} = 118 \text{ mg}$$

s 表示通过样本计算出来的标准差估计值

$$s = \sqrt{\sum_{i=1}^{i=n} \frac{(x_i - \overline{x})^2}{n-1}} = 4.6 \text{ mg}$$

结论:由于 $U-Ks=120-(1.24×4.6)=114.3$ mg,则 $\bar{x}>U-Ks$,该批产品被拒绝。

σ 方法和 s 方法的比较

在大多数情况下,由于标准差未知,常使用 s 方法。如果检验过程比较熟悉,且有较好的控制,可以使用 σ 方法。

两种方法的差别在于 LQ 值(在 10% 接受情况下批内有缺陷品的比率)在这些示例中:

σ 方法:LQ $=20.7\%$,为方案的特征值(AQL $=2.5\%$,$n=5$,$K=1.39$)结果。

s 方法:LQ $=35\%$,为方案的特征值(AQL $=2.5\%$,$n=5$,$K=1.24$)结果。

图 14.5 和表 14.5 对这两种方案的效率进行了比较,并显示出 σ 方法比 s 方法更有效。原因在于,对于单位产品数量相同的样本,σ 方法更易识别产品的优劣,即操作特征曲线跌幅更陡。

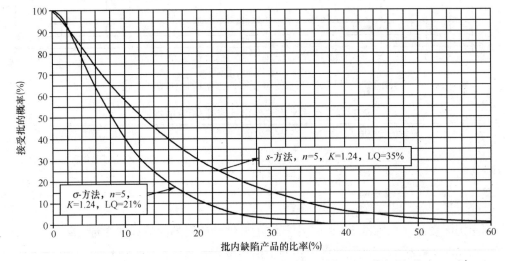

图 14.5 σ 方法和 s 方法的度量抽样方案操作特性曲线的比较(AQL 值相同,均为 2.5%,样本量相同,均为 5 个)

表 14.5 不同缺陷比率和抽样方法(s 方法,σ 方法)下接受批的概率

批内缺陷品的比率(%)	批接受的概率	
	σ 方法(%)	s 方法(%)
0	100	100
0.4	99.8	99
1.38	96.5	95
2.48	90	90
5.78	65.9	75
12.47	29.7	50
22.88	7.4	25
34.98	1.2	10
42.97	0.3	5
58.11	0	1
100	0	0

比较显示,σ 方法的方案比 s 方法的方案更高效,在第一个方案中 LQ 值为 21.4%,第二个方案中 LQ 值为 35%。

2.5.1.3 当缺陷比率一定时,通过属性和变量方法进行检验的效率比较

当所控制的特征是可定量的,并且服从正态分布时(例如,食用奶酪中钠含量的控制),可以使用属性抽样方案,也可以使用变量抽样方案。因为变量抽样方案的效率较低(见下文),在这种情况下选择属性抽样方案更好(见 2.5.1.4)。

图 14.6 比较了在 AQL 值相同(均为 2.5%)、样本量相同(均为 5 个单位产品)时,属性方案(σ-方法)和变量方案的检验效力,结果显示属性方案比变量方案更为有效。原因在于,在 10% 情况下采用属性方案接受批 LQ 值(21.4%)比采用变量方案值(36.9%)要低。

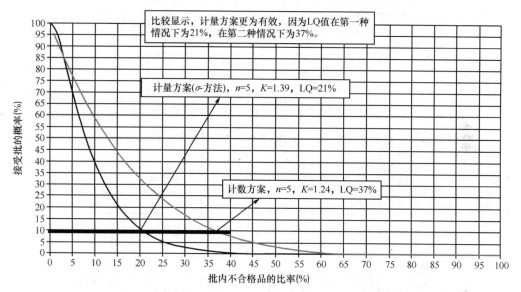

图 14.6　变量抽样方案和品质抽样方案的 OC 曲线比较

2.5.1.4 选择属性或变量抽样方案的决策树

属性或变量抽样方案的选择可以按照下面的决策树决定(图 14.7):

2.5.1.5 属性方案和变量方案的优缺点比较

当采取属性方案或变量方案都可以时,例如食用奶酪中钠含量的检测,必须在表 14.6 中列举的这两种方案的优缺点比较后再做选择。

应用属性和变量方案进行检验时,所需的样本量在表 14.7 中进行了比较:

2.5.1.6 推荐使用属性抽样方案的情况

属性方案比变量方案更加稳健(不必对分布状态做任何假设),而且操作更简单。当评价独立的批时,建议使用属性方案抽样。如果有必要的话,为了便于属性抽样,可将变量的测量转化为属性变量的测量。

2.5.1.7 推荐使用变量抽样方案的情况

为了在一定程度上避免做出错误判断,变量方法比属性方法所需的样本量小。当抽样具有破坏性时,就更要慎重考虑。然而,由于每个质量特征必须单独考虑,当一个单位产品需要测定的变量个数增多时,变量方法就不太适用。

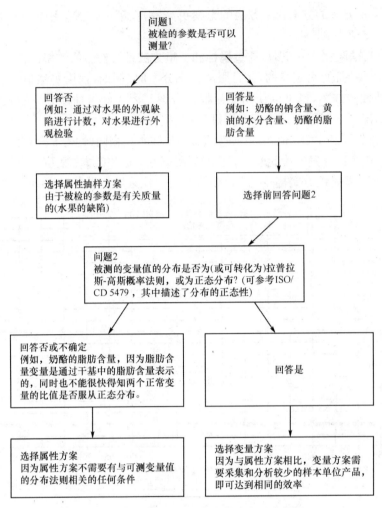

图 14.7　选择属性或变量抽样方案的决策树

表 14.6　属性和变量抽样方案的比较

方案	优点	缺点
属性方案	对被检变量分布的数学法则没有任何限制； 样本结果的处理更加简单。	对于具有 n 个子样的相同样本量而言,其检验效率 不如变量方案(LQ 更高); 比变量方案所需费用高,因为要达到相同的效率,需 要收集比变量方案更多的子样作为样本。
变量方案	对于具有 n 个子样的相同样本量而言,其检验效 率比属性方案更高(LQ 更低); 对于相同的 AQL 值而言,比属性方案更加经济, 因为要达到相同效率,所需样本的子样比属性 方案更少。	不是在所有情况下都能使用,因为需要验证,被检变 量分布数学规律的计算公式必须服从或近似服从 正态分布。

表 14.7　按照样本量和代码字母相对应的属性和变量抽样方案(正常检测水平)的样本量的比较

样本量代码字母*	样本量	
	属性检验	变量检验
C	5	4
F	20	10
H	50	20
K	125	50
N	500	150

* 出处为 ISO TR 8550,代码字母是批量和"检验水平"的结合(见 2.2.12)。

2.5.2 零接受数量抽样方案(参见标准 ISO/DIS 14560)　这一标准解释了基于零接受数量抽样方案的需求,它所处理的是独立批中 10^{-6}(ppm 或 mg/kg)范围内的质量(不合格品)水平。此标准不能用于合格率较低的批。在 ISO/DIS 14560 中的零接受抽样方案可应用于检验:①终端单位产品,②成分和材料,而不受限制。合适方案的选择依赖于由确定理想产品质量在 ppm 水平所能保护的消费方的程度以及批量。

2.5.3 检验完全不合格品的抽样方案　完全不合格品表示单位产品具有危害或具有潜在危害,能够导致疾病或死亡。

标准 ISO 2859-0 的程序

下列程序可应用于确定合适的样本量(见 ISO 2859-0),可使用下面这个简单公式,公式中:

d 为批内允许存在的完全不合格品的最大数量;

N 为批量;

n 为样本量;

β 表示未能发现一个不合格单位产品所需承担的风险,即没有检测到一个完全不合格品的概率(通常选择 $\beta \leqslant 0.1\%$);

p 表示允许被检批内最多可以含有的不合格品的概率(通常采取 $p \leqslant 0.2\%$)

$p = d/N, d = Np$,只舍不入,直接取整;

利用下面的公式可以得到样本量 n(只入不舍,直接取整)

$$n = (N - d/2)(1 - \beta^{\frac{1}{1+d}})$$

如果样本中没有发现完全不合格品,该批货物就被接受。

示例:残次密封罐头的检测。

在批量 $N = 3454$ 的批内,检验完全不合格品(即残次密封罐头)所需样本量的确定,其中:

p 为完全不合格单位产品的最大百分率,其值为 0.2 %;

β 为没有检测到一个不合格品可接受的最大风险,其值为 0.1 %;

c 为批的接受标准,其值为 0(在样本中无不合格单位产品);

Re 为批的拒绝标准,其值为 1(在样本中至少有 1 个不合格单位产品);

d 的计算:$d = Np = 3454 \times 0.002 = 6.908$,只舍不入,直接取整,为 6;

n 的计算:$n = (N - d/2)(1 - \beta^{\frac{1}{1+d}}) = 2165$。

当 p 和 β 都较小时,如果这个值很高,说明包含破坏性检验的实际操作困难较大。这样的控制成本较高。不过它说明了简单使用的非破坏性方法的价值，甚至一个批内的每个商品检测的信息，例如，用观察每个罐头的底部是否凹陷来表明密封盖的有效状态。

2.6 抽样成本

使用方的注意力经常集中在效率和样本量之间的关系上。对于给定的可接受质量水平（AQL），样本量越小，抽样成本越小，效率越低，即错误地接受一批货物的风险增加，同时给贸易造成的损害越大（如果发现一个批不符合标准，尤其会对生产方造成较大的经济损失。）。

例如，对于 4.2.2.3（表 14.15，AQL＝6.5%）提到的属性抽样方案，消费方风险（P_{10}）从 40.6%（$n＝8$）增加到 68.4%（$n＝2$）。

消费方也经常关注效率和 AQL 值之间的关系。对于给定的样本，AQL 值越低，效率越高。

例如，对于一个有 20 个单位产品的样本，比较在第 4.2.2.1（表 14.13，AQL＝0.65%）提到的以及在第 4.2.2.3（表 14.15，AQL＝6.5%）提到的属性抽样方案，消费方的风险（P_{10}）从 10.9%增加到 30.4%。

因此，对于一个按分析成本要求确定的给定样本量，提高抽样方案的效率需要根据产品选择与较低 AQL 值相对应的方案。

另一个可能降低抽样成本的办法是使用连续或复合抽样方案，随着样本量的减小，排除了低质量的货物批次。这些方案超出了本指南的范围（可参见有关的 ISO 标准）。

3. 国际贸易中单次或独立批次抽样方案的选择

本部分介绍了有关国际贸易中对单次或独立批次样本属性抽样方案选择的基本原理。并制定了以下有关方面的规则：

(1) 依据极限质量（LQ）水平索引的属性检验（第 3.1 节）。

(2) 针对微生物评估的二级或者三级属性检验（第 3.2 节）。

3.1 属性检验的抽样程序：针对独立批次依据极限质量（LQ）水平建立的抽样方案［参见 ISO 2859/2-1985（E）］

初步说明：由于属性抽样概率的需求，这部分的方案如同在 4.2 节中说明的那样，能够参考 AQL 值从现有的方案中做出合理的选择。为了确保其兼容性，针对这一部分和第 4.2 节，接受/拒绝以及批量的类别应选择相似的规则。

这个 ISO 标准为应用于单次的批（程序 A，3.1.1）或从一系列批中独立出来的批（程序 B，3.1.2）提供了抽样方案，这里不包括"转换规则"（见 2.2.16）。这两种程序都使用极限质量（LQ；见第 2.2.5 节）作为衡量批实际不合格产品百分比的指标。相关的消费方风险（接受具有极限质量水平批的概率）通常低于 10%，但始终低于 13%。

当生产方和消费方都希望把一个批作为独立批时，使用程序 A；它也被用作默认程序（即，如无特殊说明，指定必须使用程序 B，否则均使用程序 A）。程序 A 包括零接受数量方案，和基于抽样结果超几何分布确定了样本量的方案。当生产方认为该批是连续系列之一，而消费方则认为其处于独立批状态时，使用程序 B。这个方法允许生产方得以维持一贯的生产程序以应付各种消费方,而每个消费方所关心的只有其中一个特定的批。程序 B 不包括零接受数量方案,取而代之的是百分比的评价(表 14.8)。

表 14.8　程序 A 与程序 B 比较

程序 A(默认程序)	程序 B
生产方与消费方都认为批是独立的	生产方将该批货物作为连续系列批之一,而消费方认为批是独立的
通过批量和 LQ 值进行确认	通过批量、LQ 值和检验水平进行确认
包括零接受数量方案	不包括零接受数量方案
可选择双重或多重方案来替代零接受数量方案	可选择双重或多重方案来替代单次抽样方案

3.1.1 程序 A:生产方与消费方都认为批是独立的　程序 A 的应用说明如下:

抽样方案概述

设定 LQ 值

↓

选择样本量(n)、接受数量(c)[ISO 2859/2-1985(E)中表 A]

并收集样本

↓

检验样本中的每个单位产品

↓

如果不合格单位产品的数量 $\leqslant c$,则该批被接受

3.1.2 程序 B:生产方认为批是一系列连续批的一部分,而消费方认为批是独立的　程序 B 的应用说明如下:

抽样方案概述

设定 LQ 值

↓

选择检验水平

[ISO 2859-1:1989(E)中表 Ⅰ 和 ISO 2859/2-1985(E)中表 B6]

↓

选择样本量 n、可接受数量 c[ISO 2859/2-1985(E)中表 B1~B10]

并收集样本

↓

检验样本中的每个单位产品

↓

如果不合格单位产品的数量 $\leqslant c$,则该批被接受

3.2 用于微生物学评估的二级和三级属性方案(见参考文献 6.1)

3.2.1 二级属性方案　二级属性方案提供了一个简单的检验方法,此抽样方案是通过两个值 n 和 c 进行定义的。n 值根据单位产品的数量确定样本量大小;c 值是指在样本中允许存在的不合格单位产品的最大数量。当进行微生物学评估时,任一单位产品中允许的微生物最高浓度用 m 表示;任何受污染的单位产品若浓度大于 m,则被视为不合格品。

对于给定的 c 值而言,方案的严格程度(被拒绝的概率)随着 n 值的增加而增加。同样,

对于给定的 n 值,方案的严格程度则随着 c 值的减小而增加。该方案的 OC 方程如下

$$P_A = P[x \leqslant c] = \sum_{i=0}^{i=c} C_n^i p^i (1-p)^{n-i}$$

式中,P_A 为接受批的概率;

　　p 为批内缺陷率,这里的批指微生物浓度高于 m 的批;

　　i 和 x 为离散变量,介于 0 和 c 之间。

$$C_n^i = \frac{n!}{i!\,(n-i)!}$$

二级属性方案的应用总结如下:

设定 m、n 和 c 值

↓

收集具有 n 个单位产品的样本

↓

检验样本中每个单位产品

↓

如果缺陷单位产品的数量 $\leqslant c$,则批被接受

例 新鲜蔬菜中沙门菌的检验

国际食品微生物标准委员会(ICMSF)方案的描述:

$n=5$,表示样本中质量为 25 g 的单位产品的个数;

$m=0$ CFU/25 g,表示每件单位产品中沙门菌的最大允许含量;

$c=0$,表示所含沙门菌浓度 x 超过 m 的最大允许单位产品数量(如果检测到沙门菌);

若样本中每个单位产品都没有检测到沙门菌,则该批被接受;否则,该批被拒绝。

检验结果:

样本检测结果如下:

$x_1=$ 检测到沙门菌,即 1 号单位产品检出沙门菌

$x_2=0$

$x_3=0$

$x_4=0$

$x_5=0$

有一个单位产品检测到沙门菌(即沙门菌浓度大于 m),该批被拒绝。

3.2.2 三级属性方案 三级属性方案通过 n、c、m、M 值(如下)进行定义;它用于关注产品质量情况而依据样本中微生物浓度被分成三个计数类别:

(1) 不可接受的质量,其微生物浓度高于 M 值(样本中每个单位产品浓度不得高于 M 值)。

(2) 良好的质量,其微生物浓度不超过 m 值。

(3) 边缘可接受质量。边缘单位产品的微生物浓度介于 m 和 M 之间(这个浓度是不良的,但部分能被接受,最大可接受的数量由 c 表示)。

m 值,如同良好商业规范(GCP)所反映的,是在被检食品中可以接受并可以达到的微生物浓度。对于三级属性方案,m 值被设定为一个非零值。

M 值是指污染的危害或不可接受水平,污染可能是由不良卫生条件(包括不适当的保存)引起的。M 值的选择有以下几种方法:

(1) 作为一个"效用"(腐败或者保质期)指数,将污染程度与气味联系起来,或者与无法接受的短保质期联系起来。

(2) 作为一个总体卫生学指标,将污染物指数水平与明显的不可接受的卫生条件联系起来。

(3) 作为一个健康风险,将污染程度与疾病联系起来。各种数据可被用于这一目的,包括样本、流行病学数据、实验动物饲养数据和人类喂养数据。

m 值和 M 值彼此独立。

n 值和 c 值的选择随严格程度(拒绝概率)变化而改变。对于紧迫的"情况",n 值高 c 值低;对于宽松的"情况",n 值低 c 值高。n 值的选择通常需要协调保证消费方安全的理想概率和实验室可以承受的工作负荷。

如果样本中每个单位产品的微生物浓度都大于 M,该批直接被拒绝。

其 OC 曲线方程如下

$$P_a = \sum_{i=0}^{i=c} C_n^i \left(\frac{P_m}{100}\right)^i \left(\frac{100 - P_d - P_m}{100}\right)^{n-i}$$

其中,P_a 为一个批的接受概率,包括:

给定的缺陷品百分比(P_d)(微生物浓度高于 M 的单位产品为缺陷品);

给定的边缘可接受单位产品百分比(P_m)(微生物浓度介于 m 和 M 之间的单位产品为边缘可接受单位产品);

n 为样本中单位产品数量。

c 为边缘单位产品所允许的最大数量。

三级属性方案的应用总结如下:

设定 m、M、n 和 c 值

↓

收集具有 n 个单位产品的样本

↓

检验样本中每个单位产品

↓

如果边缘缺陷品的数量(即微生物浓度在 m 和 M 之间的单位产品)$\leqslant c$,则该批被接受;如果任一单位产品的微生物浓度$>M$,和(或)边缘缺陷品的数量$>c$,则该批直接被拒绝。

例 新鲜蔬菜中嗜温需氧微生物浓度的检测

国际食品微生物标准委员会(ICMSF)方案的描述:

$n=5$,表示样本单位产品的个数;

$m=10^6$ CFU/g;

$M=5 \times 10^7$ CFU/g;

$c=2$,表示样本中允许嗜温需氧微生物浓度在 m 和 M 之间的单位产品最大数量;

若样本中每个单位产品的浓度都不大于 M,且样本中浓度在 m 和 M 之间的单位产品的最大数量最多等于 c,则该批被接受。

检验结果:

样本中单位产品的浓度检测结果如下:

$x_1 = 2 \times 10^7$

$x_2 = 2 \times 10^6$

$x_3 = 2 \times 10^7$

$x_4 = 2 \times 10^6$

$x_5 = 2 \times 10^6$

样本中有 5 个单位产品的嗜温需氧微生物浓度介于 m 和 M 之间,$5 \geq c$,该批被拒绝。

3.2.3 二级和三级属性方案的应用 二级和三级属性方案适宜于受规章制度限制、海关港口以及其他在不能获得该批货物,既往微生物学史的条件下保护消费方的情况。当该批货物数量大于样本量时,则这些方案不受批量大小的限制。只有在样本量接近该批货物批量的 1/10 时,它们之间的关系才变得重要起来,这种情况在食品的细菌学检查中很少发生。

当选择一个方案时,必须考虑以下几个方面:

(1) 由微生物引起的危害类型及其严重程度。

(2) 抽样后预计的处理和消费该食品的条件。

表 8(在国际食品微生物标准委员会 ICMSF 上公布)将以上因素考虑在内,将抽样方案分为 15 种不同的"情况",方案的重要程度随着危害类型和程度的加深而增加。情况 1 对应的方案最宽松,情况 15 对应的方案最严格(表 14.9)。

表 14.9 根据受关注和危害程度对抽样方案的分类

受关注的程度	持续降低的危害	程度不变的危害	持续增加的危害
无直接健康危害(变质或过期)	$n=5, c=3$	$n=5, c=2$	$n=5, c=1$
低程度的非直接健康危害(指示菌)	$n=5, c=3$	$n=5, c=2$	$n=5, c=1$
中等程度的直接健康危害(少量存在)	$n=5, c=2$	$n=5, c=1$	$n=10, c=1$
中等程度的潜在的直接健康危害(在食品中广泛存在)	$n=5, c=0$	$n=10, c=0$	$n=20, c=0$
严重的直接健康危害	$n=15, c=0$	$n=30, c=0$	$n=60, c=0$

例

(1) 检验新鲜或冷冻鱼中的大肠埃希菌的抽样方案。这种情况被视为低程度的非直接健康危害,且在鱼的烹饪过程中可以降低。人们通常会将鱼煮熟后食用。因此,鱼的大肠埃希菌污染被归类为表 14.8 中的情况 4,建议使用三级属性抽样方案,其中 $n=5, c=3$。(m 和 M 值也会特别规定。)

(2) 熟蟹肉的金黄色葡萄球菌污染被视为传播能力有限的中等程度直接健康危害,并可能在烹饪过程中危害增加(表 14.8 中情况 9)。因此,这种情况适合选择三级属性抽样方案,其中 $n=10, c=1$。(m 和 M 值也会特别规定。)

(3) 冷冻、即食、烘烤食品(含有低酸性和高水活性的馅和配料)的沙门菌污染具有潜在广泛传播的中等程度直接危害,危害还可能在处理过程中增加(表 14.8 中情况 12)。这种情况宜使用二级属性抽样方案,其中 $n=20, c=0$。

3.3 用于平均数控制的单次抽样方案（标准偏差未知）

这种控制是通过实验来进行的，旨在确保受控特征（如净重量，净体积）含量的平均值至少相当于产品标签的标示值，或操作规范所规定的数量。

实验的描述：

n 为样本量，即用于检验的单位产品的个数。

$\overline{x}$ 为样品中 n 个单位产品的平均值，$\overline{x} = \dfrac{\sum\limits_{i=1}^{n} x_i}{n}$。

s 为样本中单位产品测量值的标准差，$s = \sqrt{\dfrac{\sum\limits_{i=1}^{n} (x_i - \overline{x})^2}{n-1}}$。

σ 为实验的显著水平，即当其实际含量不小于规定值时，却得出的"受控特征的平均含量低于这个数值"这一错误结论的概率。

t_a 是自由度为 $n-1$ 时与显著性水平 σ 相对应的 Student 的 t 分布值。

M 为规定的这一批的均值。

判定规则：

当 $\overline{x} \geqslant M - \dfrac{t_a \times s}{\sqrt{n}}$ 时，该批被接受，否则被拒绝。

表 14.10 提供了针对选定样本量和 σ 分别为 5%、0.5% 时的 Student 的 t 分布值（见表 14.10）。

表 14.10　不同样本量和 σ 的 t 分布值

样本数量	t 值（$\sigma = 5\%$）	t 值（$\sigma = 0.5\%$）
5	2.13	4.60
10	1.83	3.25
15	1.76	2.98
20	1.73	2.86
25	1.71	2.80
30	1.70	2.76
35	1.69	2.73
40	1.68	2.71
45	1.68	2.69
50	1.68	2.68

4. 单一来源连续系列批的抽样方案的选择

4.1 概述

第 4.2 和 4.3 中描述的抽样方案通常只适用于单一来源连续系列批。然而，当所收集的描述独立批质量的数据跨越较长时间,且为单一来源时,可以使用下面介绍的方案(包括转换规则)。

本部分讨论对单一来源的连续系列批中不合格品百分比检验的单次抽样方案的选择方法。

建议根据下列特征,采用单次计数抽样方案(第4.2节)和单次计量抽样方案(第4.3节):

①样本中单位产品的数量;

②可接受的质量水平(AQL);

③对于属性方案:可接受数值 c,即样本中不合格单位产品的最大数量;

④对于变量方案:用于批接受公式的可接受常数 K;

⑤操作特征曲线。

为了使本文更易阅读,并降低方案的执行难度、降低检验成本,这些方案仅限定以下几个特征:

AQL 值分别为 0.65%、2.5%、6.5%;

样品中单位产品数量 n 在 2~50 之间;

P_{10} 为接受 10%不合格率时的可能性,即 LQ;

P_{50} 为接受 50%不合格率时的可能性;

P_{95} 为接受 95%不合格率时的可能性。

> 国际食品法典委员会和此处涉及的政府机构可以根据自己设定的质量目标从这些方案中选择抽样方案。质量水平可根据其可接受的质量水平来确定。当选定了 n 和 AQL 值后可以确定可接受质量的最低水平或 LQ 值。

本部分中推荐的每一个单次抽样方案都有一张附表,列出了方案的特征(AQL,样本量 n,在属性方案中规定的批的可接受数 c 和接受常数 K),以及作为批内不合格单位产品率函数的批接受概率,尤其是 10%接受情况下的 LQ 或不合格单位产品率。所有根据 AQL和样本量 n 确定的推荐方案,按每个 AQL 进行了分组,并制成如图5所示的操作特征曲线,它与被检批内不合格品的比率和接受批的概率有关。

以下的例子通过简单的计数抽样方案操作特征曲线表(表14.11)和图(图14.8)阐述了推荐方案的原则,其中 AQL=6.5%,$n=2$,$c=0$ 和 $n=50$,$c=7$。

图14.8 收集了 ISO 2859-1 中的这些属性方案的操作特征曲线。

图14.8 中含有 A 点的曲线与样本量为50的被检批相对应。如果样本中缺陷品少于7个,该批货物则被接受。A 点的横坐标(15%)对应于含有 15%缺陷品的批;其纵坐标(50%)对应于包含 15%缺陷品批的接受概率。

图14.8 中含有 B 点的曲线与样本量为2的被检批相对应。如果样本中缺陷品少于0个,该批货物则被接受。B 点的横坐标(30%)对应于含有 30%缺陷品的批;其纵坐标(50%)对应于包含 30%缺陷品批的接受概率。

曲线图显示,对于一个给定的 AQL,样本量越大,消费方接受具有较高缺陷比率的批的风险越低。

表 14.11 属性抽样方案的批接受概率(AQL＝6.5％)

批内缺陷品的比率(%)	批接受概率(%)					
	$n=2,c=0$ $P_{95}=2.53\%$ $P_{50}=29.3\%$ $P_{10}=68.4\%$	$n=8,c=1$ $P_{95}=2.64\%$ $P_{50}=20\%$ $P_{10}=40.6\%$	$n=13,c=2$ $P_{95}=6.63\%$ $P_{50}=20\%$ $P_{10}=36\%$	$n=20,c=3$ $P_{95}=7.13\%$ $P_{50}=18.1\%$ $P_{10}=30.4\%$	$n=32,c=5$ $P_{95}=8.5\%$ $P_{50}=17.5\%$ $P_{10}=27.1\%$	$n=50,c=7$ $P_{95}=8.2\%$ $P_{50}=15.2\%$ $P_{10}=22.4\%$
0	100	100	100	100	100	100
5	90.3	94.3	97.5	98.4	99	99.7
6.5	87.4	90.9	95.2	96.3	98.4	98.5
10	81	81.3	86.6	86.7	90.6	87.8
20	64	50	50	41.1	36	19
30	49	25.5	20.2	10.7	5.1	0.7
40	36	10.6	5.8	1.6	0.3	0
50	25	3.5	1.1	0.1	0	0
60	16	0.9	0.1	0	0	0
80	4.0	0	0	0	0	0
90	1	0	0	0	0	0
100	0	0	0	0	0	0

单次属性抽样方案的 AQL＝6.5％;n 为样本中单位产品数量,其值在 2～50 之间;c 为批接受数量;LQ 为极限质量水平,即在 10％情况下接受批内不合格品的比率。

针对 AQL＝0.65％、2.5％或 6.5％的经常性检验情况,其抽样方案将在 4.2.2.1 和 4.2.2.3 提出。

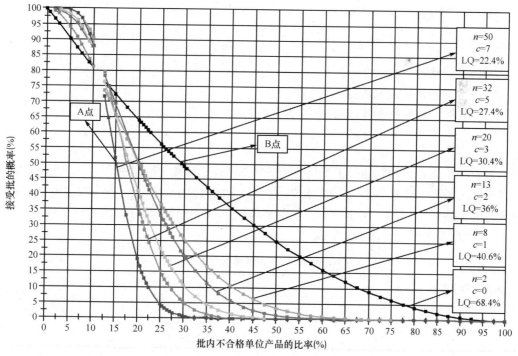

图 14.8　AQL＝6.5％时的属性抽样方案的操作特征曲线

4.2 推荐缺陷品百分比属性检验的单次抽样方案(源于 ISO 2859-1:1989)

4.2.1 概述 该抽样方案的基本原理在 2.5.1.1 节有所介绍。

ISO 2859-1 属性抽样方案的应用总结如下:

设定检验水平

(正常,加严,放宽)

↓

设定 AQL

↓

选择样本的样本量 n,可接受数量 c,并收集样本

↓

对样本中各单位产品进行检验,列出样本中的不合格单位产品

↓

如果不合格单位产品数目 $\leqslant c$,则该批被接受

4.2.2 推荐的属性方案 本部分推荐的是针对经常性检验的简单抽样方案。它们摘自 ISO 2859-1,在 AQL(AQL 分别为 0.65%、2.5%、6.5%时,包含了最常发生的情况)、样本中的单位产品数量 n 和接受标准 c(规定了接受批的样本中允许含有的最大不合格品的个数)为特征。每个方案都有一张附表,表中以这些批的缺陷比率的函数形式规定了接受批的概率。对于每个 AQL,也给出了相应推荐方案的操作特征曲线。

操作特征曲线由下列方程给出:

$$P_A = P[x \leqslant c] = \sum_{i=0}^{i=c} C_n^i p^i (1-p)^{n-i}$$

其中,P_A 为接受该批的概率

p 为批内有缺陷的比率

i 和 x 是离散变量,其值介于 0 和 c 之间

$$C_n^i = \frac{n!}{i! \ (n-i)!}$$

表 14.12(来自北欧食品分析委员会的程序 N°12,见参考文献 5)列出了在 AQL 分别为 0.65%、2.5%、6.5%时,不同的检查水平、批量和可接受数量的情况下被抽取的单位产品的数量。该表是 ISO 2859-1 制定的单次属性抽样方案的简化版。表中涉及了 3 个检验水平:加严、正常和放宽(见 2.2.16)。

表 14.12　属性抽样方案

批量(单位产品的个数)		检验水平		
		放宽	正常	加严
2~8	n	2	2	3
	c(AQL=0.65)	0	0	0
	c(AQL=2.5)	0	0	0
	c(AQL=6.5)	0	0	0

批量(单位产品的个数)		检验水平		
		放宽	正常	加严
9～15	n	2	3	5
	$c(AQL=0.65)$	0	0	0
	$c(AQL=2.5)$	0	0	0
	$c(AQL=6.5)$	0	0	1
16～25	n	2	5	8
	$c(AQL=0.65)$	0	0	0
	$c(AQL=2.5)$	0	0	0
	$c(AQL=6.5)$	0	1	1
26～50	n	2	8	13
	$c(AQL=0.65)$	0	0	0
	$c(AQL=2.5)$	0	0	1
	$c(AQL=6.5)$	0	1	1
51～90	n	2	13	20
	$c(AQL=0.65)$	0	0	0
	$c(AQL=2.5)$	0	1	1
	$c(AQL=6.5)$	0	2	2
91～150	n	3	20	32
	$c(AQL=0.65)$	0	0	0
	$c(AQL=2.5)$	0	1	1
	$c(AQL=6.5)$	0	3	3
151～280	n	5	32	50
	$c(AQL=0.65)$	0	0	1
	$c(AQL=2.5)$	0	2	2
	$c(AQL=6.5)$	1	5	5
281～500	n	8	50	80
	$c(AQL=0.65)$	0	1	1
	$c(AQL=2.5)$	0	3	3
	$c(AQL=6.5)$	1	7	8
501～1200	n	13	80	125
	$c(AQL=0.65)$	0	1	1
	$c(AQL=2.5)$	1	5	5
	$c(AQL=6.5)$	2	10	12
1201～1320	n	20	125	200
	$c(AQL=0.65)$	1	2	2
	$c(AQL=2.5)$	1	7	8
	$c(AQL=6.5)$	3	14	18

批量(单位产品的个数)		检验水平		
		放宽	正常	加严
1321～10000	n	32	200	315
	$c(\text{AQL}=0.65)$	0	3	3
	$c(\text{AQL}=2.5)$	2	10	12
	$c(\text{AQL}=6.5)$	5	21	18
10001～35000	n	50	315	500
	$c(\text{AQL}=0.65)$	1	5	5
	$c(\text{AQL}=2.5)$	3	14	18
	$c(\text{AQL}=6.5)$	7	21	18
35001～150000	n	80	500	800
	$c(\text{AQL}=0.65)$	1	7	8
	$c(\text{AQL}=2.5)$	5	21	18
	$c(\text{AQL}=6.5)$	10	21	18
150001～500000	n	125	800	1250
	$c(\text{AQL}=0.65)$	2	10	12
	$c(\text{AQL}=2.5)$	7	21	18
	$c(\text{AQL}=6.5)$	12	21	18
＞500001	n	200	1250	2000
	$c(\text{AQL}=0.65)$	3	14	18
	$c(\text{AQL}=2.5)$	10	21	18
	$c(\text{AQL}=6.5)$	12	21	18

4.2.2.1 AQL＝0.65％时的方案(表 14.13 和图 14.9)

表 14.13　AQL＝0.65％时的属性抽样方案的批接受概率

批内缺陷品的比率(%)	批接受概率(%)(正常检验方案字母代码 F,AQL＝0.65%,$n=20$,$c=0$)
0	100
0.05	99
0.25	95
0.525	90
0.65	87.8
1.43	75
3.41	50
5	35.8
6.7	25
10	12.2
10.9	10
13.9	5
15	3.9
20	1.2
20.6	1
30	0.1
35	0
100	0

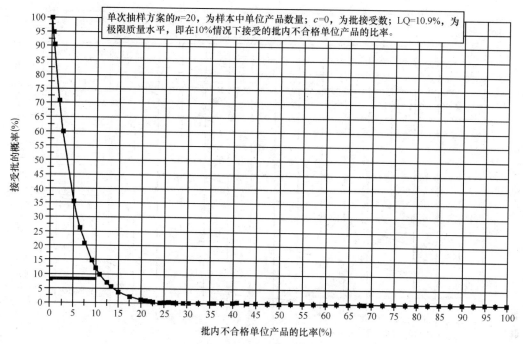

单次抽样方案的n=20，为样本中单位产品数量；c=0，为批接受数；LQ=10.9%，为极限质量水平，即在10%情况下接受的批内不合格单位产品的比率。

图 14.9　AQL＝0.65％，n＝20 时的属性抽样方案的操作特征曲线

4.2.2.2 AQL＝2.5％时的方案(表 14.14 和图 14.10)

表 14.14　AQL＝2.5％时的批接受概率

批内缺陷品比率 (％)	批接受概率(％)			
	正常检验方案			
	字母代码 C AQL=2.5％ $n=5,c=0$ $P_{95}=1.02\%$ $P_{50}=12.2\%$ $P_{10}=36.9\%$	字母代码 F AQL=2.5％ $n=20,c=1$ $P_{95}=1.8\%$ $P_{50}=8.25\%$ $P_{10}=18.1\%$	字母代码 G AQL=2.5％ $n=32,c=2$ $P_{95}=2.59\%$ $P_{50}=8.25\%$ $P_{10}=15.8\%$	字母代码 H AQL=2.5％ $n=50,c=3$ $P_{95}=2.77\%$ $P_{50}=7.29\%$ $P_{10}=12.9\%$
0	100	100	100	100
1	95	98.3	99.6	99.8
2.5	88.1	91.2	95.5	96.4
5	77.4	73.6	78.6	76
10	59	39.2	36.7	25
15	44.4	17.6	12.2	4.6
20	32.8	6.9	3.2	0.6
30	16.8	0.8	0.1	0
40	7.8	0.1	0	0
50	3.1	0	0	0
100	0	0	0	0

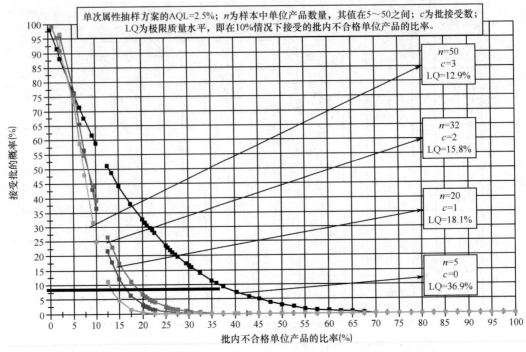

图 14.10 AQL＝2.5％, n＝(5～50)时的属性抽样方案的操作特征曲线

4.2.2.3 AQL＝6.5％时的方案(表 14.15 和图 14.11)

表 14.15 AQL＝6.5％时的批接受概率

批内缺陷品比率(%)	批接受概率(%)					
	正常检验方案					
	字母代码 A	字母代码 D	字母代码 E	字母代码 F	字母代码 G	字母代码 H
	AQL＝6.5％	AQL＝6.5％	AQL＝6.5％	AQL＝6.5％	AQL＝6.5％	AQL＝6.5％
	n＝2, c＝0	n＝8, c＝1	n＝13, c＝2	n＝20, c＝3	n＝32, c＝5	n＝50, c＝7
	P_{95}＝2.53％	P_{95}＝2.64％	P_{95}＝6.63％	P_{95}＝7.13％	P_{95}＝8.5％	P_{95}＝8.2％
	P_{50}＝29.3％	P_{50}＝20％	P_{50}＝20％	P_{50}＝18.1％	P_{50}＝17.5％	P_{50}＝15.2％
	P_{10}＝68.4％	P_{10}＝40.6％	P_{10}＝36％	P_{10}＝30.4％	P_{10}＝27.1％	P_{10}＝22.4％
0	100	100	100	100	100	100
5	90.3	94.3	97.5	98.4	99.1	99.7
6.5	87.4	90.9	95.2	96.3	98.4	98.5
10	81	81.3	86.6	86.7	90.6	87.8
20	64	50	50	41.1	36	19
30	49	25.5	20.2	10.7	5.1	0.7
40	36	10.6	5.8	1.6	0.3	0
50	25	3.5	1.1	0.1	0	0
60	16	0.9	0.1	0	0	0
80	4.0	0	0	0	0	0
90	1	0	0	0	0	0
100	0	0	0	0	0	0

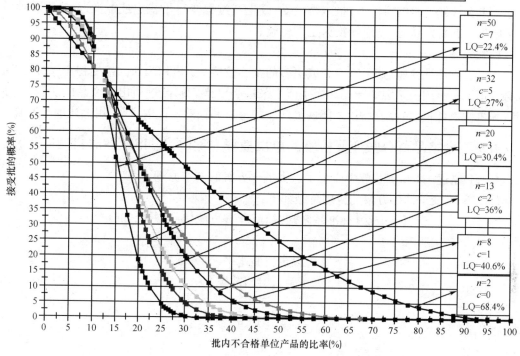

单次属性抽样方案的AQL=6.5%；n为样本中单位产品数量，其值在2～50之间；c为批接受数；LQ为极限质量水平，即在10%情况下接受的批内不合格单位产品的比率。

图14.11　AQL＝6.5％时的属性抽样方案的操作特征曲线

4.2.2.4 转换规则和程序［见 ISO 2859-1:1989(E)条款 9.3］

加严检验

执行正常检验时，当初次检验批（再次提交的批不算在内）中 2/5 或更少的连续批不可接受时，必须引入加严检验。只有在加严检验条件下，5 个连续批都被接受，才能恢复正常检验。

当进行加严检验时，除利用 ISO 2859-1:1989(E)表中Ⅱ-B 选择 n 和 Ac 外，可以参照第 4.1 节中描述的程序来选择合适的抽样方案。一般来说，加严方案与其相对应的正常方案具有相同的样本量，但具有较小的可接受数目。然而，如果正常检验的可接受数目是 1 或 0，可通过保持接受数目、增加样本量来达到加严检验的目的。

放宽检验

当执行正常检验时，如果满足下列条件之一，可执行放宽检验：

（1）前 10 个或更多的批均接受正常检验，在其检验水平下，可均被接受；

（2）前 10 个批（或如上述条件①中所使用的批数）对应的样本中，不合格单位产品的总数不大于 ISO 2859-1:1989(E)表Ⅷ中给出的适宜"限制数量"；

（3）生产过程正处于"稳定状态"（即生产过程没有任何阻断，且由于最近的生产记录良好，并且可能影响产品质量的所有因素都保持不变，足以排除"当前产品质量是否优良"的争论）；

（4）主管责任机构要求使用放宽检验。

在这些情况下，由于典型放宽检验抽样方案的样本量只有相对应正常检验方案的 2/5，因此可降低检验成本。当执行放宽检验时,除根据 ISO 2859-1:1989(E)表Ⅱ-C 选择 n 和 Ac 值外,可参照第 4.1 节描述的程序选择合适的抽样方案。

如果在放宽检验的条件下,批未被接受;或生产过程变得不稳定或被推迟;或有其他情况影响生产的稳定状态,则应转换为正常检验。

检验的终止

一旦引入加严检验,如果有 5 个或更多的批不被接受,ISO 2859 的接受程序应被终止,且必须拒绝所有同一来源的产品。当生产方采取必要措施来改进所出口产品的质量,且主管责任机构对此也感到满意时,才能恢复产品的进口和检验。此时,应采用上述加严检验。

4.3 不合格品百分数变量检验的单次抽样方案[参见 ISO 3951:1989（E）]

4.3.1 概述 2.5.1.2 节中介绍了这类抽样方案的基本原理。

ISO 3951 变量抽样方案的应用总结如下:

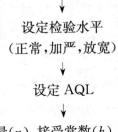

选择 s 方法(标准差未知时)或者 σ-方法(标准差已知时)
↓
设定检验水平
(正常,加严,放宽)
↓
设定 AQL
↓
选择样本量(n),接受常数(k),并收集样本
↓
测定样本中每个单位产品的特征值 x

4.3.1.1 s 方法的判定规则(表 14.4)

(1) 计算样本平均值 $\overline{x}$。

(2) 计算标准差评估值 $s = \sqrt{\sum_{i=1}^{n} \frac{(x_i - \overline{x})^2}{n-1}}$。

(3) 参见表 14.4。

4.3.1.2 σ 方法的判定规则(表 14.3) 只有当具有充分证据证实过程的标准偏差可以被视为常数 σ 时才应使用这种方法。在这种情况下,实施控制的责任机构可以通过合适的手段审核专业人员选择的 σ 值的相关性。

(1) 计算样本平均值 $\overline{x}$。

(2) 参见表 14.3。

4.3.2 推荐的变量抽样方案:s 方法

4.3.2.1 概要

本节推荐使用下述简单的抽样方案,以覆盖经常性检验的情况。这一方法摘自 ISO 3951,并以 AQL(AQL=0.65% 和 6.5% 时,可覆盖大多数经常性检验)、样本中单位产品的数量 n 和接受常数 K 为特征。每一个方案都附有一张表,以批内不合格品比率的函数形式给出批的接受概率。对于每个 AQL,都总结了相应推荐抽样方案的特征操作曲线。

特征操作曲线是通过下面的公式用点对点的方式制成的

$$u_{PA} = \frac{\sqrt{n} \times (u_{1-p} - K)}{\sqrt{1 + \dfrac{K^2}{2}}}$$

其中，u_{PA} 为标准正态分布下 P_A 的次序分位值；P_A 为包含缺陷比率 p 的批接受概率；k 为接受常数；u_{1-p} 为标准正态分布下 $1-p$ 的次序分位值；n 为样本量。

表 14.16（来自 NMKL 程序 N°12，见参考文献 5）给出了在不同批量和检验水平（正常检验、加严检验、放宽检验）下抽取的单位产品数量。同时，表 14.16 还给出了 AQL 分别为 0.65%、2.5% 和 6.5% 时的可接受常数 K。低 AQL（0.65%）应用于完全缺陷，高 AQL 应用于与成分有关的参数。表 14.16 是 ISO 3951:1989 中给出的 s 方法的简化版。

表 14.16　未知标准差的变量抽样方案

批量（单位产品数量）	不同 AQL（%）时的 n 和 k	检验水平		
		放宽	正常	加严
2~8	n	3	3	4
	k(AQL=0.65)	1.45	1.65	1.88
	k(AQL=2.5)	0.958	1.12	1.34
	k(AQL=6.5)	0.566	0.765	1.01
9~15	n	3	3	5
	k(AQL=0.65)	1.45	1.65	1.88
	k(AQL=2.5)	0.958	1.12	1.40
	k(AQL=6.5)	0.566	0.765	1.07
16~25	n	3	4	7
	k(AQL=0.65)	1.45	1.65	1.88
	k(AQL=2.5)	0.958	1.17	1.50
	k(AQL=6.5)	0.566	0.814	1.15
26~50	n	3	5	10
	k(AQL=0.65)	1.45	1.65	1.98
	k(AQL=2.5)	0.958	1.24	1.58
	k(AQL=6.5)	0.566	0.874	1.23
51~90	n	3	7	15
	k(AQL=0.65)	1.45	1.75	2.06
	k(AQL=2.5)	0.958	1.33	1.65
	k(AQL=6.5)	0.566	0.955	1.30

批量（单位产品数量）	不同 AQL（%）时的 n 和 k	检验水平		
		放宽	正常	加严
91～150	n	3	10	20
	k（AQL=0.65）	1.45	1.84	2.11
	k（AQL=2.5）	0.958	1.41	1.69
	k（AQL=6.5）	0.566	1.03	1.33
151～280	n	4	15	25
	k（AQL=0.65）	1.45	1.91	2.14
	k（AQL=2.5）	1.01	1.47	1.72
	k（AQL=6.5）	0.617	1.09	1.35
281～500	n	5	20	35
	k（AQL=0.65）	1.53	1.96	2.18
	k（AQL=2.5）	1.07	1.51	1.76
	k（AQL=6.5）	0.675	1.12	1.39
501～1200	n	7	35	50
	k（AQL=0.65）	1.62	2.03	2.22
	k（AQL=2.5）	1.15	1.57	1.80
	k（AQL=6.5）	0.755	1.18	1.42
1201～1320	n	10	50	75
	k（AQL=0.65）	1.72	2.08	2.27
	k（AQL=2.5）	1.23	1.61	1.84
	k（AQL=6.5）	0.828	1.21	1.46
1321～10000	n	15	75	100
	k（AQL=0.65）	1.79	2.12	2.29
	k（AQL=2.5）	1.30	1.65	1.86
	k（AQL=6.5）	0.886	1.24	1.48
10001～35000	n	20	100	150
	k（AQL=0.65）	1.82	2.14	2.33
	k（AQL=2.5）	1.33	1.67	1.89
	k（AQL=6.5）	0.917	1.26	1.51
35001～150000	n	25	150	200
	k（AQL=0.65）	1.85	2.18	2.33
	k（AQL=2.5）	1.35	1.70	1.89
	k（AQL=6.5）	0.936	1.29	1.51
150001～500000	n	35	200	200
	k（AQL=0.65）	1.89	2.18	2.33
	k（AQL=2.5）	1.39	1.70	1.89
	k（AQL=6.5）	0.969	1.29	1.51

批量(单位产品数量)	不同 AQL(%)时的 n 和 k	检验水平		
		放宽	正常	加严
>500001	n	50	200	200
	k(AQL=0.65)	1.93	2.18	2.33
	k(AQL=2.5)	1.42	1.70	1.89
	k(AQL=6.5)	1.00	1.29	1.51

4.3.2.2 AQL=0.65％时的变量抽样方案(s 方法)(表 14.17,图 14.12 和图 14.13)

表 14.17 AQL＝0.65％时的变量抽样方案的批接受概率(s 方法)

批内缺陷品比率(%)	批接受概率(%)			
	正常检验方案			
	字母代码 D AQL=0.65％ $n=5, k=1.65$ $P_{95}=0.28\%$ $P_{50}=6.34\%$ $P_{10}=25.9\%$	字母代码 E AQL=0.65％ $n=7, k=1.75$ $P_{95}=0.32\%$ $P_{50}=4.83\%$ $P_{10}=18.6\%$	字母代码 F AQL=0.65％ $n=10, k=1.84$ $P_{95}=0.36\%$ $P_{50}=3.77\%$ $P_{10}=13.2\%$	字母代码 G AQL=0.65％ $n=15, k=1.91$ $P_{95}=0.45\%$ $P_{50}=3.09\%$ $P_{10}=9.4\%$
0	100	100	100	100
1	96	96	97.5	98
2	94	94	92.5	95
3	86	86	86	86
4	82	82	80	78
5	78	76	73	70
6	74	70	66	62
7	69	66	59	54
8	66	60	54	46
9	61	56	48	39
10	58	52	42	34
15	42	34	23	14
20	30	21	12	5
25	23	13	6	1.5
30	15	8	2	0
35	10	5	1	0
40	6	2	0	0
45	4	1	0	0
50	2	0	0	0
100	0	0	0	0

批内缺陷品比率 (%)	批接受概率(%)			
	正常检验方案			
	字母代码 H AQL=0.65% $n=20,k=1.96$ $P_{95}=0.49\%$ $P_{50}=2.69\%$ $P_{10}=7.46\%$	字母代码 IE AQL=0.65% $n=25,k=1.96$ $P_{95}=0.56\%$ $P_{50}=2.53\%$ $P_{10}=6.46\%$	字母代码 J AQL=0.65% $n=10,k=1.84$ $P_{95}=0.36\%$ $P_{50}=3.77\%$ $P_{10}=13.2\%$	字母代码 K AQL=0.65% $n=50,k=2.08$ $P_{95}=0.64\%$ $P_{50}=1.94\%$ $P_{10}=4.03\%$
0	100	100	100	100
1	84	84	84	84
2	63	62	56	48
3	44	40	32	22
4	32	28	19	10
5	24	18		4
6	16	12	6	
7	12	8	3.5	1
8	8	6	2	0.5
9	6	4	1	
10	4	2	0	0
15	0	0	0	0

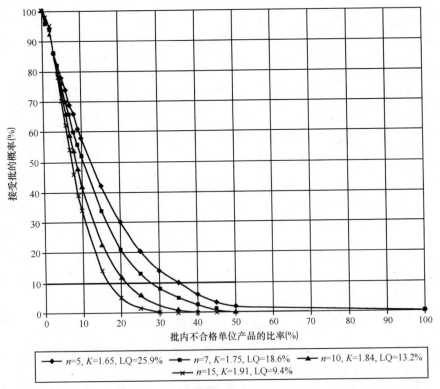

图 14.12　变量抽样方案的特征操作曲线(s 方法,AQL=0.65%,$n=5\sim15$)

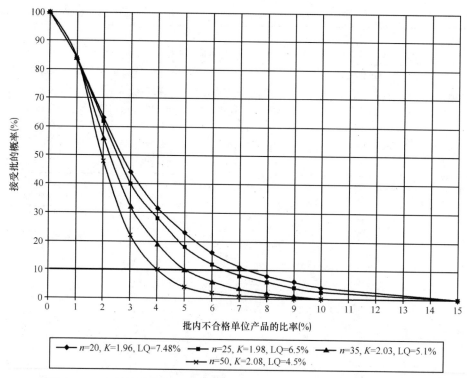

图 14.13　变量抽样方案的操作特征曲线(s-方法,AQL＝2.5％,n＝20～50)

4.3.2.3　AQL＝2.5％时的变量抽样方案(s 方法)(表 14.18,图 14.14 和图 14.15)

表 14.18　AQL＝2.5％时的变量抽样方案(s 方法)的接受概率

批内缺陷品比率 (％)	批接受概率(％)			
	正常检验方案			
	字母代码 D AQL＝2.5％ n＝5,k＝1.24 P_{95}＝1.38％ P_{50}＝12.47％ P_{10}＝35％	字母代码 E AQL＝2.5％ n＝7,k＝1.33 P_{95}＝1.5％ P_{50}＝10.28％ P_{10}＝27.4％	字母代码 F AQL＝2.5％ n＝10,k＝1.41 P_{95}＝1.61％ P_{50}＝8.62％ P_{10}＝21.4％	字母代码 G AQL＝2.5％ n＝15,k＝1.49 P_{95}＝1.91％ P_{50}＝7.5％ P_{10}＝16.8％
0	100	100	100	100
1	96	96	97.5	99
2	94	94	92.5	95
3	86	86	86	86
4	82	82	80	78
5	78	76	73	70
6	74	70	66	62
7	69	66	59	54
8	66	60	54	46

批内缺陷品比率 (%)	批接受概率(%) 正常检验方案			
	字母代码 D AQL=2.5% $n=5,k=1.24$ $P_{95}=1.38\%$ $P_{50}=12.47\%$ $P_{10}=35\%$	字母代码 E AQL=2.5% $n=7,k=1.33$ $P_{95}=1.5\%$ $P_{50}=10.28\%$ $P_{10}=27.4\%$	字母代码 F AQL=2.5% $n=10,k=1.41$ $P_{95}=1.61\%$ $P_{50}=8.62\%$ $P_{10}=21.4\%$	字母代码 G AQL=2.5% $n=15,k=1.49$ $P_{95}=1.91\%$ $P_{50}=7.5\%$ $P_{10}=16.8\%$
9	61	56	48	39
10	58	52	42	34
15	42	34	23	14
20	30	21	12	5
25	23	13	6	1.5
30	15	8	2	0
40	6	2	0	0
45	4	1	0	0
50	2	0	0	0
60	0.5	0	0	0

批内缺陷品比率 (%)	批接受概率(%) 正常检验方案			
	字母代码 H AQL=2.5% $n=20,k=1.51$ $P_{95}=2.07\%$ $P_{50}=6.85\%$ $P_{10}=14.2\%$	字母代码 I AQL=2.5% $n=25,k=1.53$ $P_{95}=2.23\%$ $P_{50}=6.54\%$ $P_{10}=12.8\%$	字母代码 J AQL=2.5% $n=35,k=1.57$ $P_{95}=2.38\%$ $P_{50}=6\%$ $P_{10}=10.9\%$	字母代码 K AQL=2.5% $n=50,k=1.61$ $P_{95}=2.51\%$ $P_{50}=5.48\%$ $P_{10}=8.7\%$
0	100	100	100	100
1	99	99	99	99
2	95	94	94	98
3	88	88	90	90
4	78	78	75	75
5	68	66	62	58
6	58	56	50	40
7	49	44	38	28
8	40	36	25.5	18
9	32	28	20	11
10	26	22.5	14	8
12	17	12	6	2
13	13	10	4	1
14	10	7	3	0
15	8	5	0	0
20	2	1	0	0
25	0	0	0	0

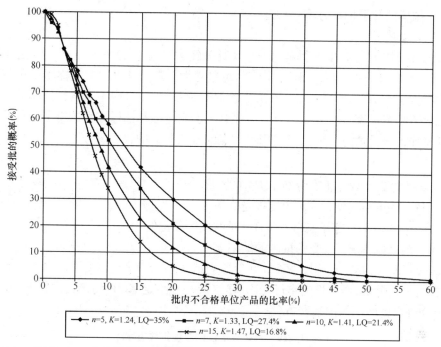

图 14.14　变量抽样方案的操作特征曲线(s-方法，AQL$=2.5\%$，$n=5\sim50$)

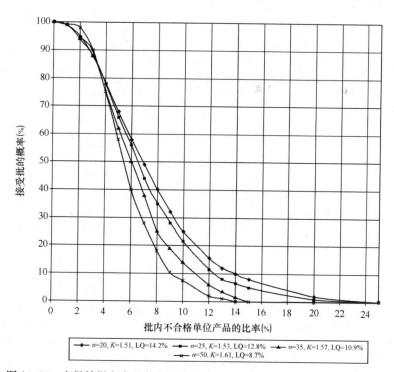

图 14.15　变量抽样方案的特征操作曲线(s-方法，AQL$=2.5\%$，$n=20\sim50$)

4.3.3 推荐的变量抽样方案:σ-方法

4.3.3.1 概述

本节推荐使用下述简单的抽样方案,以覆盖经常性检验的情况。这一方法摘自 ISO 3951,并以 AQL(AQL=0.65％和2.5％时,可覆盖大多数经常性检验)、样本中单位产品的数量 n 和接受常数 K 为特征。每一个方案都附有一张表,以批内不合格品比率的函数形式给出了批的可接受概率。对于每个 AQL,都总结了相应推荐抽样方案的特征操作曲线。

特征操作曲线是通过下面的公式用点对点的方式制成的:

$$u_{PA} = \sqrt{n} \times (u_{1-p} - K)$$

其中,u_{PA} 为集中放宽正态分布下 P_A 的次序分位值;

P_A 为包含缺陷比率 p 的批接受概率;

u_{1-p} 为集中放宽正态分布下 $1-p$ 的次序分位值;

p 为以概率 P_A 接受的批内的缺陷比率。

表 14.19(来自 NMKL 程序 N°12,见参考文献 5 和 ISO 3951)说明了对于正常的计数检验(σ-方法),在批量、样本量的字母代码、样本量 n 和给定 AQL 的接受常数 K 之间,哪种对应的组合可以更好地保护消费方(见 2.2.18)。

表 14.19 已知标准差的变量抽样方案

批量(单位产品数量)	AQL 值(％)	放宽 n/k	正常 n/k	加严 n/k
2～8	0.65	2/1.36	2/1.58	2/1.81
	2.5	2/0.936	2/1.09	2/1.25
	6.5	3/0.573	3/0.755	2/0.936
9～15	0.65			2/1.81
	2.5		—	2/1.33
	6.5			3/1.01
16～25	0.65			2/1.81
	2.5		—	3/1.44
	6.5			4/1.11
26～50	0.65		2/1.58	3/1.91
	2.5		3/1.17	4/1.53
	6.5		3/0.825	5/1.20
51～90	0.65		3/1.69	5/2.05
	2.5		4/1.28	6/1.62
	6.5		5/0.919	8/1.28
91～150	0.65		4/1.80	6/2.08
	2.5		5/1.39	8/1.68
	6.5		6/0.991	10/1.31
151～280	0.65		5/1.88	8/2.13
	2.5		7/1.45	10/1.70
	6.5		9/1.07	13/1.34

批量(单位产品数量)	AQL 值(%)	检验水平		
		放宽	正常	加严
		n/k	n/k	n/k
281~500	0.65	2/1.42	7/1.95	10/2.16
	2.5	3/1.01	9/1.49	14/1.75
	6.5	4/0.641	12/1.11	18/1.38
501~1200	0.65	3/1.69	8/1.96	14/2.21
	2.5	4/1.11	11/1.51	19/1.79
	6.5	5/0.728	15/1.13	25/1.42
1201~1320	0.65	4/1.69	11/2.01	21/2.27
	2.5	5/1.20	15/1.56	28/1.84
	6.5	7/0.797	20/1.17	36/1.46
1321~10000	0.65	6/1.78	16/2.07	27/2.29
	2.5	8/1.28	22/1.61	36/1.86
	6.5	11/0.877	29/1.21	48/1.48
10001~35000	0.65	7/1.80	23/2.21	40/2.33
	2.5	10/1.31	32/1.65	54/1.89
	6.5	14/0.906	42/1.24	70/1.51
35001~150000	0.65	9/1.83	30/2.14	54/2.34
	2.5	13/1.34	42/1.67	71/1.89
	6.5	17/0.924	55/1.26	93/1.51
150001~500000	0.65	12/1.88	44/2.17	54/2.34
	2.5	18/1.38	61/1.69	71/1.89
	6.5	24/0.964	82/1.29	93/1.51
>500001	0.65	17/1.93	59/2.18	54/2.34
	2.5	25/1.42	81/1.70	71/1.89
	6.5	33/0.995	109/1.29	93/1.51

4.3.3.2 AQL=0.65%时的变量抽样方案(σ方法)(表14.20,图14.16和图14.17)

表 14.20 AQL=0.65%时的变量抽样方案的批接受概率(σ方法)

批内缺陷品比率 (%)	批接受概率(%)			
	正常检验方案			
	字母代码 E AQL=0.65% $n=3,k=1.69$ $P_{95}=0.32\%$ $P_{50}=4.55\%$ $P_{10}=18.6\%$	字母代码 F AQL=0.65% $n=4,k=1.80$ $P_{95}=0.36\%$ $P_{50}=3.6\%$ $P_{10}=13.2\%$	字母代码 G AQL=0.65% $n=5,k=1.88$ $P_{95}=0.45\%$ $P_{50}=3\%$ $P_{10}=9.41\%$	字母代码 H AQL=0.65% $n=7,k=1.95$ $P_{95}=0.49\%$ $P_{50}=2.56\%$ $P_{10}=7.46\%$
0	100	100	100	100
0.65	91.5	91.4	91.2	92.1
1	86.5	85.4	84	84.1

	批接受概率(%)			
	正常检验方案			
批内缺陷品比率 (%)	字母代码 E AQL=0.65% $n=3,k=1.69$ $P_{95}=0.32\%$ $P_{50}=4.55\%$ $P_{10}=18.6\%$	字母代码 F AQL=0.65% $n=4,k=1.80$ $P_{95}=0.36\%$ $P_{50}=3.6\%$ $P_{10}=13.2\%$	字母代码 G AQL=0.65% $n=5,k=1.88$ $P_{95}=0.45\%$ $P_{50}=3\%$ $P_{10}=9.41\%$	字母代码 H AQL=0.65% $n=7,k=1.95$ $P_{95}=0.49\%$ $P_{50}=2.56\%$ $P_{10}=7.46\%$
2	73.5	69.4	65.1	60.8
3	62.9	56.4	50	42.7
4	54.2	46.1	38.6	29.9
5	46.9	37.8	29.9	20.9
6	40.7	31.2	23.3	14.7
7	35.5	25.8	18.3	10.4
8	31.1	21.5	14.4	7.4
9	27.3	17.9	11.4	5.3
10	24	15	9	3.8
15	12.9	15	2.9	0.8
17	10	4.5	1.9	0.4
20	7.1	2.8	1	0
25	3.9	1.2	0.3	0
30	2.2	0.5	0	0
35	1.2	0.2	0	0
40	0.6	0.1	0	0
45	0.3	0	0	0
50	0.2	0	0	0
60	0	0	0	0

	批接受概率(%)				
	正常检验方案				
批内缺陷品比率 (%)	字母代码 J AQL=0.65% $n=11,k=2.01$ $P_{95}=0.36\%$ $P_{50}=2.22\%$ $P_{10}=5.1\%$	字母代码 K AQL=0.65% $n=16,k=2.07$ $P_{95}=0.64\%$ $P_{50}=1.92\%$ $P_{10}=4.03\%$	字母代码 L AQL=0.65% $n=23,k=2.12$ $P_{95}=0.7\%$ $P_{50}=1.7\%$ $P_{10}=3.24\%$	字母代码 M AQL=0.65% $n=30,k=2.14$ $P_{95}=0.74\%$ $P_{50}=1.6\%$ $P_{10}=2.88\%$	字母代码 N AQL=0.65% $n=44,k=2.17$ $P_{95}=0.77\%$ $P_{50}=1.5\%$ $P_{10}=2.36\%$
0	100	100	100	100	100
0.65	94.2	95.1	95.6	97	98.1
1	85.3	84.7	83.4	84.6	85
2	55.8	47.4	37.8	31.8	22
3	33.4	22.5	13	7.8	2.8
4	19.5	10	4.1	1.6	0.3
5	11.3	4.5	1.3	0.3	0
6	6.5	2	0.4	0.1	0
7	3.8	0.9	0.1	0	0
8	2.2	0.4	0	0	0
9	1.3	0.2	0	0	0
10	0.8	0.1	0	0	0
15	0.1	0	0	0	0
16	0	0	0	0	0

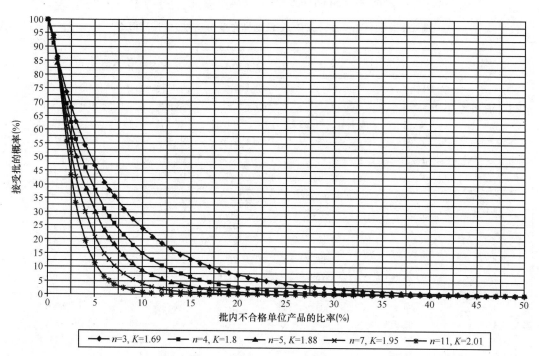

图 14.16　变量抽样方案的特征操作曲线(σ 方法,AQL$=0.65\%$,$n=3\sim11$)

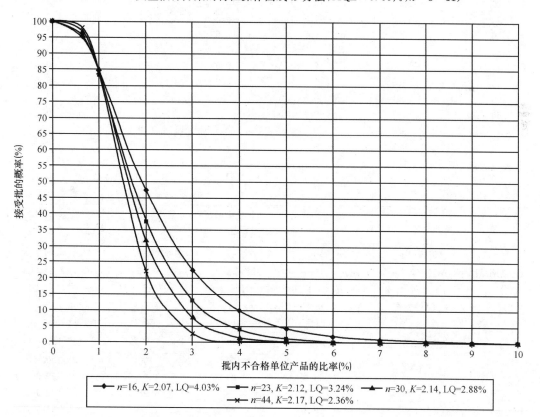

图 14.17　变量抽样方案的特征操作曲线(σ 方法,AQL$=0.65\%$,$n=16\sim44$)

4.3.3.3 AQL＝2.5％时的变量抽样方案(σ方法)(表 14.21,图 14.18 和图 14.19)

表 14.21　AQL＝2.5％时的变量抽样方案(σ方法)的接受概率

批内缺陷品比率 （％）	批接受概率（％） 正常检验方案				
	字母代码 D AQL＝2.5％ $n=3,k=1.17$ $P_{95}=1.38\%$ $P_{50}=12.1\%$ $P_{10}=35\%$	字母代码 E AQL＝2.5％ $n=4,k=1.28$ $P_{95}=1.5\%$ $P_{50}=10\%$ $P_{10}=27.4\%$	字母代码 F AQL＝2.5％ $n=5,k=1.39$ $P_{95}=1.65\%$ $P_{50}=8.23\%$ $P_{10}=21.4\%$	字母代码 G AQL＝2.5％ $n=7,k=1.45$ $P_{95}=1.91\%$ $P_{50}=7.35\%$ $P_{10}=16.8\%$	字母代码 H AQL＝2.5％ $n=9,k=1.49$ $P_{95}=2.07\%$ $P_{50}=6.81\%$ $P_{10}=14.2\%$
0	100	100	100	100	100
1	97.7	98.2	98.2	99	99.4
2	**73.5**	93.9	93.1	94.5	95.5
3	93.7	88.5	86.4	87.3	87.9
4	84.3	82.7	79	78.7	78.3
5	79.5	76.7	71.6	69.7	67.9
6	74.7	70.9	64.4	60.9	57.7
7	70.2	65.2	57.6	52.7	48.3
8	65.8	59.9	51.3	45.3	39.9
10	57.7	50	40.4	32.8	26.6
15	40.9	31.3	21.5	13.7	8.7
20	28.5	19	10	5.4	2.6
25	19.5	11.3	5.5	2	0.7
30	13.2	6.5	2.6	0.7	0.2
35	8.7	3.7	1.2	0.2	0
40	5.6	2	0.6	0.1	0
45	3.5	1	0.2	0	0
50	2.1	0.5	0.1	0	0
60	0.7	0.1	0	0	0
65	0.4	0	0	0	0
70	0.2	0	0	0	0
75	0.1	0	0	0	0
80	0	0	0	0	0

批内缺陷品比率 （％）	批接受概率（％） 正常检验方案				
	字母代码 I AQL＝2.5％ $n=11,k=1.51$ $P_{95}=2.23\%$ $P_{50}=6.55\%$ $P_{10}=12.8\%$	字母代码 J AQL＝2.5％ $n=15,k=1.56$ $P_{95}=2.38\%$ $P_{50}=5.94\%$ $P_{10}=10.8\%$	字母代码 K AQL＝2.5％ $n=22,k=1.61$ $P_{95}=2.51\%$ $P_{50}=5.37\%$ $P_{10}=9.23\%$	字母代码 L AQL＝2.5％ $n=32,k=1.65$ $P_{95}=2.62\%$ $P_{50}=5\%$ $P_{10}=7.82\%$	字母代码 M AQL＝2.5％ $n=42,k=1.67$ $P_{95}=2.73\%$ $P_{50}=4.75\%$ $P_{10}=7.11\%$
0	100	100	100	100	100
1	99.7	99.9	99.9	99.9	99.9
2	96.4	97.2	98.1	98.3	99.4
3	89.1	89.3	89.8	90.4	91.4
4	78.8	77	74.5	71.6	69.9

批内缺陷品比率 (%)	批接受概率(%) 正常检验方案				
	字母代码 I AQL=2.5% $n=11, k=1.51$ $P_{95}=2.23\%$ $P_{50}=6.55\%$ $P_{10}=12.8\%$	字母代码 J AQL=2.5% $n=15, k=1.56$ $P_{95}=2.38\%$ $P_{50}=5.94\%$ $P_{10}=10.8\%$	字母代码 K AQL=2.5% $n=22, k=1.61$ $P_{95}=2.51\%$ $P_{50}=5.37\%$ $P_{10}=9.23\%$	字母代码 L AQL=2.5% $n=32, k=1.65$ $P_{95}=2.62\%$ $P_{50}=5\%$ $P_{10}=7.82\%$	字母代码 M AQL=2.5% $n=42, k=1.67$ $P_{95}=2.73\%$ $P_{50}=4.75\%$ $P_{10}=7.11\%$
5	67.3	62.9	56.5	50	43.5
6	55.9	49.2	39.8	29.5	22.8
7	45	37.2	26.5	16.2	10
8	36.4	27.4	16.8	8.3	4.3
9	28.7	19.8	10.3	4	1.6
10	22.4	14	6.2	1.9	0.6
11	17.4	10	3.6	0.8	0.2
13	10	4.7	1.2	0.2	0
15	5.8	2.1	0.4	0	0
20	1.3	0.3	0	0	0
25	0.3	0	0	0	0
30	0.1	0	0	0	0
31	0	0	0	0	0

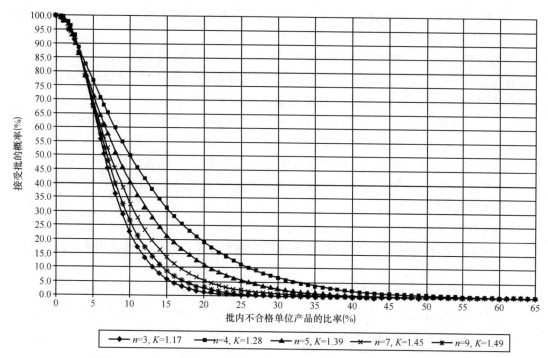

图 14.18　变量抽样方案的特征操作曲线(σ 方法，AQL=2.5%，$n=3\sim9$)

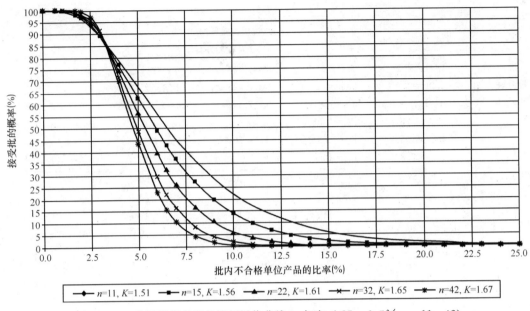

图 14.19 变量抽样方案的特征操作曲线（σ 方法，AQL＝2.5％，n＝11～42）

4.3.4 检验水平间的转换规则和程序（见 ISO 3951 中条款 19） 如有必要，转换为加严检验是强制性的，这可能会导致受控制的批被拒绝。然而当过程的平均质量稳定时，经主管责任机构判断，可选择转换为低于 AQL 水平的放宽检验。如果在检验表格中有充足的证据，证实变量是遵循统计学标准的，可以从 s-方法转换为 σ-方法，并使用 σ 值代替 s 值（参见 ISO 3951 附录 A 和 2.2 中的细节）。

当然，检验水平的转换意味着抽样方案的改变（包括样本量，接受数量）。

在检验开始时应使用正常检验（除非另有规定），在检验过程中也应继续使用正常检验，除非有必要使用加严检验，或相反，可以使用放宽检验。

当 5 个连续批中有 2 批在初次检验时未被接受，应执行加严检验。在加严检验的条件下，当连续 5 批在初次检验时均被接受，可停止加严检验，而执行正常检验。

当 10 个连续批在正常检验条件下均被接受，且满足下列条件，可以执行放宽检验：

（1）如果 AQL 低于方案规定的值，这 10 批均被接受（见 ISO 3951:1989 表 2 和表 3）。

（2）生产过程处于统计控制下。

（3）方案使用者认为放宽方案可行。

如果在批首次检验中出现下列情况之一时，可以强制停止放宽检验，重新引入正常检验：

（1）一批未被接受。

（2）生产过程被推迟或者不稳定。

（3）其他意味着需要返回正常检验的情况（供应商、工人、生产机器发生改变等）。

4.4 平均数控制的单次抽样方案

4.4.1 标准差未知 这种控制是通过实验来进行的，旨在确保受控特征（如净重量、净体积等）含量的平均值至少相当于产品标签的标示值，或操作规范所规定的数量。

实验的描述：

n 为样本量，即用于检验的单位产品的个数。

$\bar{x}$ 为样品中 n 个单位产品的平均值，$\bar{x} = \dfrac{\sum\limits_{i=1}^{n} x_i}{n}$。

s 为样本中单位产品测量值的标准差，$s = \sqrt{\dfrac{\sum\limits_{i=1}^{n}(x_i - \bar{x})^2}{n-1}}$。

σ 为实验的显著水平，即当其实际含量大于或等于规定值时，却得出"受控特征的平均含量低于这个数值"这一错误结论的概率。

t_a 是自由度为 $n-1$ 时与显著性水平 σ 相对应的 Student 的 t 分布值。

M 为规定的这一批的均值。

表 14.22 提供了针对选定样本量和 σ 分别为 5%、0.5% 时的 Student 的 t 分布值。

表 14.22 不同样本量和 σ 的 t 分布值

样本数量	t 值（$\sigma=5\%$）	t 值（$\sigma=0.5\%$）
5	2.13	4.60
10	1.83	3.25
15	1.76	2.98
20	1.73	2.86
25	1.71	2.80
30	1.70	2.76
35	1.69	2.73
40	1.68	2.71
45	1.68	2.69
50	1.68	2.68

判定规则：

（1）M 为国际食品法典标准指定的最低平均值。

例如，一批牛奶的脂肪含量

如果 $\bar{x} \geqslant M - \dfrac{t_a \times s}{\sqrt{n}}$，该批被接受，否则被拒绝。

（2）M 为国际食品法典标准指定的最高平均值。

例如，甜面包的钠含量

如果 $\bar{x} \leqslant M + \dfrac{t_a \times s}{\sqrt{n}}$，该批被接受，否则被拒绝。

（3）M 既不是国际食品法典标准指定的最高平均值，也不是最低平均值。

例如，婴儿配方奶粉中的维生素 C 含量

如果 $M - \dfrac{t_{a/2} \times s}{\sqrt{n}} \leqslant \bar{x} \leqslant M + \dfrac{t_{a/2} \times s}{\sqrt{n}}$，该批被接受，否则被拒绝。

4.4.2 标准差已知 实验的描述：

n 为样本量，即用于检验的单位产品的个数。

$\overline{x}$ 为样品中 n 个单位产品的平均值，$\overline{x} = \dfrac{\displaystyle\sum_{i=1}^{n} x_i}{n}$ 。

σ 为实验的显著水平，即当其实际含量不小于规定值时，却得出"受控特征的平均含量低于这个数值"这一错误结论的概率。

u_a 是显著性水平 σ 相对应的标准正态分布值（$u_{0.05} = 1.645, u_{0.005} = 2.576$）。

M 为规定的这一批的均值。

判定规则：

（1）M 为国际食品法典标准指定的最低平均值。

例如，一批牛奶的脂肪含量

如果 $\overline{x} \geqslant M - \dfrac{u_a \times \sigma}{\sqrt{n}}$ ，该批被接受，否则被拒绝。

（2）M 为国际食品法典标准指定的最高平均值。

例如，甜面包的钠含量

如果 $\overline{x} \leqslant M + \dfrac{u_a \times \sigma}{\sqrt{n}}$ ，该批被接受，否则被拒绝。

（3）M 既不是国际食品法典标准指定的最高平均值，也不是最低平均值。

例如，婴儿配方奶粉中的维生素 c 含量

如果 $M - \dfrac{u_{a/2} \times \sigma}{\sqrt{n}} \leqslant \overline{x} \leqslant M + \dfrac{u_{a/2} \times \sigma}{\sqrt{n}}$ ，该批被接受，否则被拒绝。

5. 散装原料的变量检验抽样方案的选择：已知的标准偏差
（见 ISO/FDIS 10725 和 ISO 11648-1）

5.1 概述

一般情况下，本部分中描述的抽样方案仅适用于独立来源的连续系列批。然而，当收集了较长时间独立来源的独立批质量特征标准偏差数据时，可以使用下述方案。

这一标准的提出是由于计量抽样方案的需要，对于一个独立质量特征的平均值的估计是决定批是否被接受的重要因素。

标准中的抽样方案适用于质量特征呈正态分布的情况。然而，由于样本的总平均值通常非常接近于正态分布，除非样本量非常小，使用方不必过于关注正态的偏差。

本标准被应用于下列情况：

（1）连续系列批。

（2）独立批（当每个质量特征的标准差是已知的和稳定的，例如，购买方的一个独立批是供应方生产的连续系列批的一个组成部分时）。

（3）质量特征稳定，且标准偏差已知。

（4）多种散装材料，包括液体、固体（颗粒状和粉末状）、乳状液和悬浮液。

(5) 指定了独立的规定限值(然而,在特殊情况下,如果指定了两个规定限值,也可使用本标准)。

5.2 独立批检验的标准抽样程序

程序的步骤总结如下:

(1) 选择抽样方案

抽样方案的选择包括下列步骤,尤其针对散装原料的检验:

制定标准偏差、成本、生产方和消费方风险质量和辨别距离(见 2.2.12 中的定义)

如果复合样本的标准偏差(S_c)和实测样本的标准偏差(S_T)的控制图没有"超出控制"的点,且没有其他怀疑其稳定性的证据,可以认为所有的标准偏差是稳定的。确定和重新计算标准偏差的方法和控制表格的应用可参考 ISO/CD 10725-2.3 中条款 12。

接受值(s)的规定:

接受值

当指定了规定值下限时,可利用下面的公式计算较低接受值:

$$\overline{x_L} = m_A - 0.562D$$

当指定了规定值上限时,可利用下面的公式计算较高接受值:

$$\overline{x_U} = m_A + 0.562D$$

其中,m_A 是生产方风险。

D 是辨别距离。

(2) 从批中提取子样

适宜的抽样设计应当与代表性抽样配合使用,以获得 n_i 子样(i 是序列为 i 的子样)。

(3) 准备一个或多个复合样本

为了获得 n_c 个复合样本,可将 n 个子样混合在一起(推荐的经济程序为两个完全相同样本的制备,混合所有奇数子样得到第一个复合样本;混合所有偶数子样得到第二个复合样本)。

(4) 准备测试样本

具有固定质量和微粒大小的 n_t 个测试样本,是由每个复合样本,通过适当的粉碎/研磨、样本分离和混合程序制备而得的。

(5) 提取用于测定的测试部分

具有固定质量的 n_m 个测试部分,是从每个测试样本中提取出来的。

(6) 测定测试部分的指定质量特征

对每个测试样本进行独立测定,得到每批的测量值 n_c、n_t、n_m。

(7) 判定批是否被接受

样本的总平均值($\overline{x}$)由 n_c 个复合样本平均值计算而得(复合样本的平均值由 n_t 个测试样本平均值计算而得,而测试样品平均值由 n_m 个测量结果计算而得)。

当单次规定值的下限被指定时:

如果 $\overline{x} \geqslant \overline{x_L}$,该批被接受;否则,被拒绝。

当单次规定值的上限被指定时:

如果 $\overline{x} \leqslant \overline{x_L}$,该批被接受;否则,被拒绝。

当指定了两个规定限值时:

如果 $\overline{x_L} \leqslant \overline{x} \leqslant \overline{x_U}$,该批被接受;否则,被拒绝。

参 考 文 献

[1] Micro-organisms in Foods. 2. Sampling for microbiological analysis: Principles and specific applications; International Commission on Microbiological Specifications for Foods, ICMSF, 1986

[2] Cochran WG. 1997. Sampling Techniques, 3rd Edition, Wiley, New York

[3] Ducan AJ. 1986. Quality Control and Industrial Statistics, 5th Edition, Irwin, Homewood, IL

[4] Montgomery DC. 2000. Introduction to Statistical Quality Control, 4th Edition, Wiley, New York

[5] NMKL Procedure N° 12: Guide on Sampling for Analysis of Foods, 2002

第十五篇
由抽样引起的测量不确定度：
关于方法和步骤的指南

2007 年第 1 版

EURACHEM/CITAC GUIDE：MEASUREMENT UNCERTAINTY ARISING FROM SAMPLING：A GUIDE TO METHODS AND APPROACHES

欧洲化学委员会（Eurachem）、欧洲测试组织（EUROLAB）、
溯源性合作组织（CITAC）、北欧测量协作组织（Nordtest）
英国皇家化学会（RSC）分析方法委员会联合编制

编辑：Michael H Ramsey，英国萨塞克斯大学；Stephen L R Ellison，英国分析化学标准测试实验室
工作组成员：
欧洲化学委员会成员：Michael H Ramsey（主席）英国萨塞克斯大学；Stephen L R Ellison（秘书）英国分析化学标准测试实验室；Paolo de Zorzi，意大利国家环境保护局；Pentti Minkkinen 拉彭兰塔科技大学；Roger Wood，英国食品标准管理局；Máire C Walsh，爱尔兰国家化学家；Alex Williams，英国；Christian Backman，芬兰地质调查局；Maria Belli，意大利国家环境保护局。
欧洲测试组织成员：Manfred Golze，德国联邦材料测试研究院；Rüdiger Kaus，丹麦；Ulrich Kurfürst，丹麦；Mikael Krysell。
溯源性合作组织丹麦 Eurofins 成员：Ilya Kuselman，以色列国家物理实验室。
北欧测量协作组织（Nordtest）代表：Christian Grøn，丹麦 DHI-水资源与环境网；Bertil Magnusson，瑞典工业研究所；Astrid Nordbotten，挪威食品安全局。
AMC 代表：Michael Thompson，英国伦敦大学；Jenny Lyn，英国食品标准管理局观察员；Marc Salit，美国国家标准技术研究所。

　　如欲引用本出版物，请用以下信息：

　　M H Ramsey and S L R Ellison（eds.）Eurachem/EUROLAB/CITAC/Nordtest/AMC Guide：*Measurement uncertainty arising from sampling：a guide to methods and approaches Eurachem*（2007）. ISBN 978 0 948926 26 6. 可向欧洲化学委员会秘书处索取。

目　录

前　　言

　　测量不确定度是描述测量质量最重要的一个参数，因为不确定度对以测量结果为基础的决策产生根本性的影响。在评估来自分析部分测量不确定度的程序设计方面已经取得了巨大的进步，有关这些程序的指南可以通过查询[1]而了解。然而，测量几乎总是包括抽样的过程。因为通常不可能对整批材料进行分析以表征它们的特性(抽样对象)。假如测量的目标是评估抽样对象中分析物的浓度值，那么与抽样过程相关的不确定度就不可避免地贡献给同报告结果相关的不确定度。抽样对不确定度的贡献通常更加重要，这一点已变得日益明显，因而对于抽样同样要求小心地处理和控制。因此，必须评估由抽样过程引起的不确定度。虽然现有的指南确定了抽样作为结果不确定度的一个可能的贡献，但估算产生不确定度的程序还未得到很好的研究，这就需要有更深入的、具体的指导原则。

　　在早期，测量科学家们一直重点关注实验室内部所进行的测量活动，而需要承担一定责任的抽样过程却由不同的人来执行，这些人通常隶属于独立的机构。因此，测量科学家们对抽样过程知之甚少。与此相反，现场分析技术的出现使测量科学家有时得以在采样点进行测量活动，可以接触到抽样的材料。这种例子是对工业生产的过程分析，在受到污染的环境中进行现场测量。在这种情况下，分析传感器的安放过程构成了采样过程，测量科学家也因此不仅了解包括采样在内的测量过程的所有环节，而且要对这些环节负责。不管怎么说，掌握整个过程的情况非常重要。既然分析和采样过程对结果的不确定度都有贡献，那么，只有对整个过程都很了解，才能对不确定度进行评估。进一步说，只有充分了解抽样和分析这两个过程，才能对这两个过程的相对投入程度进行优化。

　　如果不同阶段的工作由不同的人来负责，那么所有各方之间的良好沟通很有必要。抽样的计划者和分析科学家需要对整个测量程序进行优化，并且需要制定一个评估不确定度的策略。这两个团队都需要和客户进行讨论以明确测量的目的。这三方需要从主管机构那里得到指引，根据这些指引开展不确定度的评估工作，从而确保根据测量结果所做出的决策具有可靠性。为使这些决策的基础牢靠，所有各方都需要可靠的不确定度，包括由抽样引起的不确定度。虽然在复杂和关键案例中没有一个通用的指引可以替代专家们的建议，但本指南所描述的方法，可以满足大多数分析测量体系中对由于抽样引起的不确定性进行可靠评估的需求。

概　述

本指南的目的在于阐述各种评估测量不确定度的方法,特别是由抽样过程和由样品的物理制备过程引起的不确定度的评估方法。它把所有包括这些分析过程在内的步骤视为一个整体,此时被测量(measurand)被定义为在抽样对象中被分析物的浓度,而不仅仅是送到实验室的样品中的浓度。本指南在开篇便解释了在一个测量中了解总不确定度的重要性,其重要性在于可以对测量结果做出可靠的解析,并判定测量结果是否与测量目的相符合。它覆盖了整个测量过程,对每一个步骤都作了详细说明,并描述了对最终测量结果产生不确定度的各种影响因素和误差。

本指南介绍了评估由抽样引起不确定度的两种主要方法。它们是经验分析法和模型法。经验分析法通过在各种情况下进行重复抽样和分析,以此来定量一些影响因素,比如抽样对象中分析物的不均匀性、采用一个或多个抽样协议所造成的差异等,从而定量地给出不确定度(通常为不确定度的构成部分)。模型法使用一个事先设定的模型,该模型可以识别不确定度的各个分量,对每个分量进行评估,最后将它们合成起来,从而做出总的评估。在这种方法中,根据抽样理论建立起来的模型有时可以通过对一些微小要素特性的了解而对某些不确定度分量进行评估。

对这两种方法都给出了示例,它们覆盖了不同的应用领域,包括环境调查(土壤和水)、食品(种植过程和加工过程)以及动物饲料。评估得到的测量总不确定度的范围为百分之几到 84%(相对于被测量值)。偶然情况下抽样对总不确定度的贡献很小,但大多数情况下都占主导地位(大于总测量变量的 90%)。这表明,若要通过降低总不确定度以达到测量所期望的目的,则应该在抽样方面增加费用支出的比例,而不是化学分析方面。

所讨论的管理问题包括了整个测量过程质量控制的责任,抽样程序也应包括在内。对于任何应用,本指南告诉你如何选择最合适的方法,就算这个系统最初已得到充分的验证,仍然需要使用抽样质量控制手段对由抽样引起的不确定度进行持续的监控。评估不确定度需要额外的支出,而更加可靠地了解测量不确定度则可以节省开支,本指南对此进行了考虑和比较。

这样一本指南不可能包罗万象。虽然我们提供的附录中列出了相关统计技术的详细内容和一些更加详细建议的出处,但是对于一些更复杂的情况则通常需要专家的建议。本指南旨在对这一领域进行有用的入门尝试,但是我们希望它能够激发大家为改进不确定度的评估方法进行更深入的研究。

第一部分　绪论和应用范围

1. 绪论

1.1 指南的基本原理　测量的主要目的是为了作出决策,而决策的可靠性则依赖于对测量结果不确定度的了解。假如我们低估了测量的不确定度,或由于没有考虑到抽样因素而造成决策失误,则可能导致巨大的财力浪费。只有对测量不确定度进行可靠的评估,才能判断测量结果是否适用于测量目的。基于此种理由,有必要建立起一套用于测量过程各环节不确定度评估的有效程序。这些程序必须包括任何与抽样和物理制备过程相关的不确定度的评估。只有了解了来自于其他测量环节引起的不确定度,才能正确判断由分析环节引起的不确定度的大小是否可以接受。

1.2 指南的目的

1.2.1 指南的目的是阐述现有的包括抽样在内的评估不确定度方法的原则和实际应用。指南目的不在于推荐某一特定的抽样条约(这些条约往往在其他文件或法规中有规定),而是考虑了由任何抽样方法引起的测量不确定度的评估。

1.2.2 指南的目的还在于解释抽样对总不确定度评估以及基于这些测量结果所做出的决策的可信度的重要性。指南在阐述如何评估不确定度的同时,还解释了包括抽样在内的对测量过程进行整体管理的重要性。

1.2.3 常常用假设来评估一个分析方法的不确定度,与此不同的是,根据某一抽样条约、在某批材料上所做出的评估不能自动的适用于随后其他任何批次的材料。举例来说,根据抽样对象的不同,测量材料的不均匀度也许会有很大的变化。因此,有必要对抽样质量起决定性作用的一些因素进行常规性监测,从而对随后批次的不确定度进行检查和更新。

1.3 在判断目的适用性上的应用

了解测量不确定度的好处之一是让利益相关者能够判断测量结果是否适用于任何特定的目的。因此,对抽样引起的不确定度的全面了解必须深入渗透于"目的适用性"的广阔前景之中。这一点很重要,因为:①当它和不确定度的最优值进行对比时——这种最优值是做出正确决策所需要的,它确保了每一个测量不确定度评估的真实性;②要给出一个符合"目的适用性"的不确定度水平,有必要把精力(或者开支)放在测量过程的抽样和分析两个环节上进行合理分配,以便更经济地得到所需要的不确定度。这一思路正在进一步研究之中。在第 16 章里,我们将介绍通过在不确定度和成本支出之间寻找一个平衡点来对"目的适用性"进行定量判断的方法。

1.4 指南的阅读对象

这个指南的主要对象是那些需要对测量结果进行不确定度评估的抽样计划制订者和化学分析专家。其他利益相关者在特定的应用领域需征询专家的建议。

1.5 指南与其他文件之间的关系

1.5.1 现行评估测量不确定度的规范性文件是由国际标准化组织(ISO)于 1993 年出版的《测量不确定度表示指南》(以下缩写为 GUM[2])。该指南是由国际标准化组织、国际计量局(BIPM)、国际电工委员会(IEC)、国际临床化学和实验医学联合会(IFCC)、国际理论与应用化学委员会(IUPAC)、国际理论物理与应用联合会(IUPAP)、国际法制计量组织(OIML)联合制定的。GUM 提出一些概念、制定的通用原则、提供适用于各种示例的评估程序(在这些程序中提供了测量过程的适用模型)。欧洲化学委员会(Eurachem)在 1995 年发布的关于《分析测量不确定度定量》[3]的指南中对 GUM 在分析化学上的应用进行了描述,并在 2000 年第二版中扩大到包括验证和方法指标数据方面的应用。英国皇家化学会分析方法委员会于 1995 年制定了使用实验室协作研究数据对分析测量不确定度进行评估的实用程序[4],对该领域作出了有意义的贡献。2004 年 ISO TC/69 也发布了相关的程序文件。本指南的抽样部分与 GUM 制定的通用原则相一致。

1.5.2 抽样理论独立于分析化学和化学计量学得到了巨大的发展。通过选择正确的抽样协约、适当的验证以及对抽样人员的培训,使抽样的质量依附于抽样理论,从而确保抽样协议得到正确的应用[6]。这样即可假设样品具有代表性且没有偏差,其变异性是可以由模型进行预测的。

1.5.3 一个备选的方法是,在验证抽样协议的过程中对典型的材料或抽样对象进行不确定度的评估,以确认同正在使用的质量控制手段的一致性。这一方法与其他测量过程现有的适用程序趋于一致。但是只有那些依赖于样品的综合测量,抽样的质量才可以量化。

1.5.4 已出台的抽样协议描述了一些推荐程序,这些程序用于非数值型材料的抽样和很多不同的化学组分的抽样。有时这些协议中的一些内容在法规或国际协议中得到规定[7],但这些程序很少明确抽样和化学分析环节对于合成不确定度的相对贡献。

1.5.5 在抽样方面已经有很多相关的理论和实践方面的文献。基于在1.2.1节所解释的理由,本指南因此不打算提出更多的抽样协议,而是提供对于由使用指定抽样协议引起的不确定度进行定量评估的方法学。

1.5.6 一本以本指南为基础描述抽样不确定度评估程序并有进一步的案例研究的手册已由北欧测试组织(Nordtest)进行编制[8]。

1.6 指南的使用

1.6.1 本文件概述了评估抽样不确定度所必须理解的一些概念,并提供一些程序以便于实际操作。本指南还涉及一些相关的问题,如管理、质量保证和带有不确定度的结果报告。在第2节列出了应用范围和涉及的领域,里面也概述了一些方法。第3节讨论了一些术语,附录2对一些主要的术语做了定义。

1.6.2 第4节和第5节涉及一些基础概念。第4节还给出了测量过程的框架概览。这包括对使用抽样术语的解释、抽样过程哪些步骤需要考虑其细节等。在第5节进一步讨论了测量不确定度及其来源。

1.6.3 第6~10节通过对各种选项优点的讨论,描述了不确定度评估的方法学。第6节概述了现行的两个广泛应用的方法,并分别覆盖了第1节和第10节所述及的详细内容,目的在于提供可以应用的一系列选项,而不是设定任何特定的方法。

1.6.4 第11~13节讨论管理和质量问题。包括在讨论不确定度评估方法选择(12节)之前对抽样质量责任的简论(11节)。13节涉及使用抽样质量控制手段对抽样效果进行监测。14节讨论了报告及不确定度的使用,以及对决策可靠性的影响。成本是一个重要的因素,第15节解释了如何选择最佳成本—效益比和最合适的方法来进行不确定度的评估。了解不确定度的大小有助于判断总体或局部测量结果是否与目的相符合,这将在第16节中讨论。

1.6.5 附录中提供了大量的示例、本指南所使用的术语和定义的详细清单、重要的统计程序和经验设计,同时讨论了如何使用源自抽样理论的预测功能来改善抽样的不确定度。

2. 应用范围和领域

2.1 本指南的原则适用于所有分析材料的(气态的、液体的和固体的)测量过程所作的不确定度的评估。它们包括天然环境中的媒介(如岩石、土壤、水、空气、垃圾和生物群)、食品、工业材料(如原材料、半成品和成品)、法医材料和药物。这种方法适用于按任何协议所进行的抽样,无论这些协议是应用在单一的还是复合材料的抽样,也不管是单一项目还是多项目的测定。

2.2 指南阐述了评估不确定度的两种方法：①平行测量和抽样（即"经验分析法"）；②建立在可识别的影响量和理论假设基础上的模型（即"模型法"）。

2.3 指南介绍了不确定度在评价"测量－目的适用性"上的应用，以及在对测量过程各个部分的投入进行优化方面的应用。所描述的"测量－目的适用性"评价方法一部分是根据总变量的百分比，一部分是基于成本－收益分析。

2.4 虽然这份指南使用了一般性指导原则，但它没有专门讨论微生物的抽样，也没有讨论从空间、时间的信息方面来评估不确定度，比如高浓度分析物的地域或面积大小。

3. 术语

本指南中使用的很多术语，其精确的定义应随着应用范围的变化而变化。在附录2中给出了这些术语的完整目录以及不同的定义。在本指南中，每一术语的规范定义是按照尽可能通用于各种应用领域的原则而进行遴选的。这些术语都在附录2中列出，并在正文中第一次出现时加了粗体。

缩略词	英文名称	中文名称
ANOVA	analysis of variance	方差分析
AQC	analytical quality control	分析质量控制
BIPM	Bureau International des Poids et Mesures	国际计量局
CEN	European Committee for Standardization	欧洲标准化委员会
CH	constitution heterogeneity	异质性构成
CRM	certified reference material	有证参考物质
CTS	collaborative trial in sampling	抽样协作试验
df	degrees of freedom	自由度
DH	distribution heterogeneity	异质性分布
FAPAS	trade name of body that organises international proficiency tests: Food Analysis Performance Assessment Scheme(British)	组织能力测试的机构名称：食品分析水平测试计划(英国)
FSE	fundamental sampling error	基本抽样误差
GEE	global estimation error	总评估误差
GFAAS	graphite furnace atomic absorption spectrometry	石墨炉原子吸收分光光度法
GSE	grouping and segregation error	分组和分离误差
GUM	Guide to the expression of uncertainty in measurement. ISO	测量不确定度评定与表示指南
HPLC	high performance liquid chromatography	高效液相色谱
IDE	increment delimitation error	增量定界误差
IEC	International Electrotechnical Commission	国际电工委员会
IFCC	International Federation of Clinical Chemistry and Laboratory Medicine	国际临床化学和实验室医学联合会
IPE	increment and sample preparation error	增量和样品制备误差
ISO	International Organization for Standardization	国际标准化组织
IUPAC	International Union of Pure and Applied Chemistry	国际理论和应用化学联合会
IUPAP	International Union of Pure and Applied Physics	国际理论和应用物理学联合会
IXE	increment extraction error	增量提取误差
LOD	limit of detection	检测低限

缩略词	英文名称	中文名称
LOQ	limit of quantification	定量限
MU	measurement uncertainty	测量不确定度
NIFES	National Institute of Nutrition and Seafood Research	国家营养和海产品研究院
NIST	National Institute of Standards and Technology	国家标准和技术研究院
OIML	International Organization of Legal Metrology	国际法定计量组织
PSE	point selection error	点选择误差
PME	point mineralisation error	点矿化误差
PT	proficiency test	能力测试
QA	quality assurance	质量保证
QC	quality control	质量控制
RANOVA	robust analysis of variance	稳健的方差分析
RSD	relative standard deviation	相对标准偏差
RST	reference sampling target	参考抽样对象
SD	standard deviation	标准偏差
SPT	sampling proficiency test	抽样能力测试
SS	sum of squares	平方和
SWE	weighting error	加权误差
TAE	total analytical error	总分析误差
TSE	total sampling error	总抽样误差

第二部分　基本概念

4. 测量过程的抽样

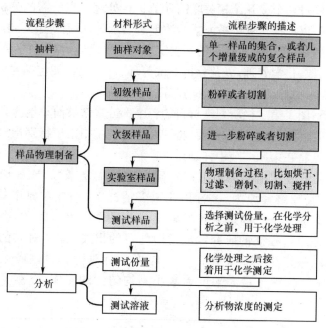

图 15.1　典型的样品测量流程示意图

图 15.1 显示了一个完整的测量过程:从抽取初级样品开始,到分析测试结束。当然,它省略了很多中间环节,比如样品的运输及保管。流程中的每一环节都对测量不确定度产生贡献。本指南把重点放在抽样和样品的物理制备过程(打阴影的方框),因为流程的最后环节(分析测试环节)在之前的指南里已有较为完整的描述[1]。值得注意的是,有抽样两个环节(打上浅黄色阴影)是在实验室内部进行的,它们经常被被认为是分析过程的一部分。有关术语的定义见附录 2。

　　抽样对象是在特定的时间内所选取的一部分材料,该样本(及由此得到的测量结果)意味着具有代表性。在制订抽样计划之前就必须确定抽样对象。抽样对象可以按规定定义,比如整批、一批,或者交运的货物。如果必须知道一个特定的区域或时间段是与材料的性质和特点有关联的,那么它就可以作为一个抽样对象。如果要求整批材料的组成(例如,食品材料),那么抽样对象由整批材料构成。如果要求的是浓度随空间(或时间)的变化(例如,在被污染的材料中寻找"热点"),那么所有材料的每个位点都必须单独作为一个抽样对象。任何一个抽样对象最后都必须生成一份包括测量结果和不确定度的报告。

　　初级样品常常是由很多分段或分批抽取的增量(小样品)构成的,在测量进行之前,这些增量被合起来构成一个复合样品。不确定度是由这个复合样品测量得到的单一测量值以及所有的处理步骤产生的。不确定度的值常常受所抽取的增量数量的影响。这与从抽样对象的不同部分分别抽取几个初级样品(n 个),并分别对这些初级样品进行测量的情况不同。如果抽样对象的组成是根据这些初级样品分别测量所得结果的平均值计算而得,那么,该平均值的不确定度由平均值的标准偏差进行计算($s/\sqrt{n}$)。这与根据单一测量计算不确定度的情况不同,对后者的评估是这本指南的目标。

　　完整的测量流程(图 1)一般都是从抽样对象中抽取初级样品开始的。在进行分析测量之前,这些样本要经过一个或几个相关联的环节进行处理。当所需的分析物的值(例如,被测量的值或真值)是以抽样对象中被测物的浓度来表示时,所有环节对最终结果的不确定度都有贡献。关于测量过程中分析环节的不确定度的评估已经有相应的指南[1]。这自然包括了测量前的样品选取、化学处理,以及分析测试等环节,但也可能包括对实验室样品所做的物理处理,比如烘干、过滤、磨制、切割、搅拌等。

　　在一般情况下,图 1 第二栏所列举材料的各个部分常常被简单地称为"样品"。但是,在讨论中将它们进行细致的区分非常重要,特别是那些在本指南中特别指出的环节(图 1 中由阴影方框标出)。这将在第 5.2 节中详细讨论。

　　本指南中阐述的方法将有助于识别不确定度的主要来源,比如说来源于抽样而不是化学分析,但不需要解释原因。然而,在很多情况下,抽样对象中的不均匀性——不管是空间上还是时间上——都是引起不确定度的显著因素。因此,有必要就引起不确定度变异性的特性进行独立的研究。从指南的目的出发,抽样对象的不均匀性只是被作为对最终测量结果产生不确定度的一个原因进行对待。通过应用任何一个特定的抽样协议,采取任何的措施最大限度地减小不均匀性的影响,这就是指南所要阐明的问题所在。

5. 测量不确定度

5.1 测量不确定度的定义

5.1.1 在计量术语中[2],测量不确定度(MU)被定义为:

"表征合理地赋予被测量之值的分散性,与测量结果相联系的参数。"

这个定义包括几个重要的特征,这些特征将在下面进行讨论。

5.1.2 例如,"参数"可以是一个范围、一个标准偏差、一个区间(如置信区间)、半区间($\pm u$ 是半区间的表述),或者是其他分散性的度量如相对标准偏差。值得注意的是,当用标准偏差来表示 MU 时,该参数就被称为"标准不确定度",通常用符号 u 表示。其他表示形式将在第 14 节中讨论。

5.1.3 不确定度与测量结果相关。一个完整的测量结果一般包括对不确定度的指征,用公式 $x\pm U$ 来表示,其中 x 为测量结果,U 表示不确定度(可以看到,在本指南中,符号 U 具有特殊的意义,它代表的是"扩展不确定度",这将在第 14 节里进一步讨论)。对于测量结果的最终使用者来说,这种带有合理置信度的结果表示形式,说明被测量的值包含在这个区间里面。

5.1.4 被测量仅仅是一个量,比如要进行测量的长度、质量、材料的浓度等。术语"被测量的值"接近于经典统计学中的"真值"的概念。从这个角度出发,"不确定度"被定义为[9]:

"与测量结果相关的一种估计,表征了结果数值的范围,在这个范围内包含了真值。"

这个定义(将被称之为统计定义)的优点是容易向决策者们做解释,而这些决策者们常常把"真值"这个名称视为他们做决策时需要关注的值。这个定义的缺点是"真值"本身无法确认,因而需要做进一步的说明。

5.1.5 计量学的定义将不确定度表述为"合理地赋予被测量之值的分散性"。这是一个非常重要的词组。它表明虽然不确定度与测量结果相关联,但所给出的范围必须与被测量的值的可能范围密切相关。例如,被测量可能是一堆地质沉积物中黄金的总质量。这与"精密度"的意思相差甚远,后者描述的是结果的范围,而该结果是可以通过重复测量而观测到的。当我们寻求"被测量的值的可能范围"这样的信息时,不确定度的定义隐含了科学家们要考虑的所有可能影响测量结果的因素。很明显,这些因素包括了从一个测量到另一个测量的进程中产生的随机变异。但是也有必要考虑实验过程中因个人偏好所产生的误差来源,这方面的误差常常比重复测量本身所观测到的误差更大。也就是说,测量不确定度本身就在自动寻找一个既包含随机误差又包含系统误差的容忍度的范围。

5.1.6 举一个简单的分析示例:测定一种固体材料中某种物质的浓度时,典型的步骤一般涉及材料的称重、提取、定容,可能还涉及光谱或色谱分析。重复测定会显示出一组值的分布,这种分布是由测定过程中随机变异引起的。但是,所有的分析家们都知道,提取过程很少能达到彻底,而且,对于一个给定的材料,提取环节的失误将导致分析结果习惯性地偏低。虽然良好的分析操作规范总是试图尽量把这样的影响降低到最低,但一些操作偏好仍被保持下来。因此,在对被测量的值的不确定度进行表述时,分析家们必须考虑来自于这种偏好的合理性(通常可以通过诸如在参考文献中观测到的或在实验中添加分析物获得回收率信息来进行评估)。

5.1.7 这样的观点也适用于抽样。众所周知,从一批材料中抽取的不同样品,其测定的值会显示一定的变异,这在重复测定时可以明显看出。我们也都知道,抽样可能是有偏好的,比如由于抽样时间选取不合适——抽样时的时间发生了变化,或者是由于进入抽样区域受限制而造成对材料的取舍产生变化,这些因素都会影响到被测量的值和观测到的结果之间的关系。由于抽样的良好规范是希望尽可能地把这种因素的影响降到最低点,因此,在进行不确定度评估时,就得系统的把这些影响因素考虑在内。

5.1.8 现有的关于测量不确定度的指南[2]清楚地表明,测量不确定度(参考文献[2],第2.2节)并不是容许出现"过失误差"。这将排除诸如由转录误差或粗心误用测量协议而造成的差错。然而,简单地从一个可以接受的测量协议的常规应用,到高度不均匀性的材料,抽样可能产生高水平的不确定度(比如高至浓度值的 80%)。即使所使用的程序名义上是正确的,但由于测量协议规定不明确和实际抽样操作时对条约的轻微修改,都会使实际的操作程序出现一些微小的差异。这样高水平的不确定度是否会导致在做决策时出现不可接受的可信度水平,取决于对测量目的适用性的严格评价(见第16章)。

5.2 被测量的特性

5.2.1 当使用者看到以公式 $x \pm U$ 表示的一大批样品的浓度结果时,他们会自然而然地理解为这个区间包括了数值范围对抽样对象中的浓度所产生的贡献(例如一批材料)。这种观点婉转地表达了这样的意思:被测量是"该批材料中(待测物)的浓度(真值)",而且不确定度包括该批货物所允许的不均匀性。与此相反,分析家可能指的是"实验室样品分析所得到的浓度",含蓄地排除了实验室里面样品之间的差异。很明显,一种观点是把抽样看成影响因子之一,而另一种却没有。这对不确定度的影响是显而易见的。按照计量学的术语,出现这样的差别是因为这两者对被测量的理解不一样:一种观点是着眼于"抽样对象的浓度",而另一种则是着眼于"实验室样品的浓度"。另一个示例是,"在抽样时工厂排放口污染物的浓度"与"全年平均污染物的浓度"两个概念的差别。

5.2.2 只有对被测量做出谨慎的规定才能避免出现这种模棱两可的解析,因而有必要对量做出明确的规定(比如质量、长度、浓度等)。对测量的范围进行明确规定同样很重要,应把测量结果所要应用的范围信息如时间、地点、人口等包括在内。关于被测量特性及其不确定度评估含义的特殊示例将在后面进行讨论。

在执行抽样时,要完全避免协议用语的模糊性是不可能的。

5.2.3 当从一个抽样对象中抽取几个样品混成一个复合样品,并且把这个复合样品作为一个初级样品进行分析时,则这个单一的测定结果就提供了该被测量值的最佳估计(也就是该抽样对象的平均组成值),这在第4节中已做了简短的讨论。该单一测定值的不确定度反映了所评估的被测量值的不确定度。与此相反,如果从抽样对象中抽取几个独立的初级样品,每个初级样品测定一次,然后计算其平均值,那么这个平均值同样成为被测量值的最佳估计。然而,这个不确定度不是测量的不确定度(以标准偏差 s 来表示),而是平均值的标准差(用 $\frac{s}{\sqrt{n}}$ 表示)。后者(以平均值进行计算)可以通过多次抽样测定来降低不确定度的值,而测量的不确定度则不行。

注:多次抽样测定假设抽样是随机、独立的,且为零偏离。

5.3 误差、精密度和不确定度

5.3.1 不确定度与其他概念如准确度、误差、纯度、真值、偏离和精密度等密切相关。虽

然在其他指南中[1,2]已稍详细地讨论了这些概念之间的关系,但这里仍有必要重复说明一些重要的差别:

(1) 不确定度是测量结果和其他已知因素所产生的偏差的一个范围,而误差只是测量结果与"真值(或参考值)"之间的差值。

(2) 不确定度包括了所有对结果影响因素的容许度(即随机误差和系统误差两方面);精密度仅仅包括了观测期间发生变化的影响因素(即一些随机误差)。

(3) 不确定度对于正确应用测量和抽样程序来说是有效的,但正如第5.1.8节里提到的那样,它不容许操作者过失差错的出现。

5.4 作为不确定度来源的抽样和物理制备

5.4.1 当测量的目的被定义为抽样对象中分析物的浓度而不仅仅是一个实验室样本中分析物的浓度时,抽样行为就把不确定度引入所要报告的测量结果之中。

5.4.2 抽样协议不可能是完美的,因为它不可能描述抽样者在实际抽样时对可能出现的偶然问题需要采取的应对措施。抽样的位置——空间上或时间上——很少有精确的规定(例如精确到毫米或秒)。抽样者不得不做出理想化的决定(按测量目的所规定的规则),但由于不均匀性是不可避免的,因此这样做出的决定将影响到所评估的浓度的准确性。正确评估这些来源对于设计和执行评估不确定度的方法很重要。当进行平行抽样时,比如在精确的地点和时间里抽取平行样品,可能无法反映出实际存在的测量不确定度。这个问题将在描述不确定度评估方法(第6~10节)和各种实际示例(附录1)时做进一步的讨论。

5.4.3 不均匀性总是会导致不确定度。假如抽样对象是百分之百的均匀,那么不均匀性对不确定度的贡献就为零,但是,几乎所有的材料在一定范围内都存在一定程度的不均匀性。如果被测试样本只有几微克,那么几乎所有的材料将是不均匀的,因而抽样环节将对分析物浓度的测量不确定度产生贡献。不均匀性可以通过独立的实验进行定量,但是如果测试的目的是为了估计一大批抽样对象中分析物的浓度,那么这种不均匀性就只是引起不确定度的原因之一(就像在第4.2节中所讨论的那样)。

5.4.4 上述观点也适用于由物理处理过程所产生的不确定度(比如运输、储存、粉碎、切割、烘干、过筛、均质等),这些过程发生在测试样品抽样之后和化学处理之前(图15.1)。每一步骤都有可能引发机械性的误差,如分析物的损失、细小颗粒的遗失、来自于设备装置或前面所述的样品污染。所用的方法、日常的训练应着眼于减少这些误差。此外,在实际应用中,要求所有的操作步骤都必须有评估不确定度的程序,从而在最后的测量值中给出不确定度。

5.5 不确定度来源

5.5.1 不确定度来源多种多样,其分类也不尽相同。比如说,欧洲化学委员会(Eurachem)不确定度指南将已知的影响测量不确定度的主要因素分为八大类[3],列在最前面的两大类是抽样和样品制备。这两大类详细影响因素见表15.1。模型法使用这些因素作为数学模型的基础。另外,抽样理论把抽样误差分为八种不同的来源(表15.2),每一类又可以被还原为各种起因;这些起因都可以依次应用在各种各样的模型中。更进一步可供选择的方案是把整个测量流程中所有的步骤(图15.1)看做是不确定度的一个来源,这个来源对测量最后结果中的不确定度有一定的贡献。在本指南中,最简单的研究设计是把不确定度看作是来自于四类影响因素(表15.3),这四类影响因素在一个简单统计模型中被当做不确定度的来源进行处理。这种归类方法与参考资料[3]中所建议的不确定度来源的分组方法一致。在其最简单的形式中,这种分类可以被简化为两大类:"抽样的不确定度和分析的不确定度"。

表 15.1　抽样和样品处理过程中的一些不确定度来源(摘自参考文献[3])

抽样	样品处理
异质性(或者不均匀性)	均质和(或)样品缩分的影响
特定抽样策略的影响(比如随机、分层随机、按比例等)	干燥
货物媒介移动的影响(特别是密度的选择)	磨制
货物的物理状态(固体、液体、气体)	溶解
气温和气压影响	提取
抽样过程对材料成分的影响(比如抽样体系中微量的吸附)	污染
样品的运输和储存	衍生化(化学效应)
	稀释误差
	(预)浓缩
	形态控制的影响

表 15.2　在抽样理论中抽样不确定度来源

来源	描述
基本抽样误差(FSE)	构成的不均匀性结果(颗粒在化学或物理特性上的差别)
由分组和分离产生的误差	分布的不均匀性结果
选点范围长产生的误差(PSE_1)	跨越空间或时间的趋势
周期性选点产生的误差(PSE_2)	跨越空间或时间的周期水平
增量划界产生的误差(IDE)	着眼于一个正确的抽样设备的容积边界以识别正确的抽样
增量抽取产生的误差(IXE)	去掉想要的样品。着眼于抽样设备切割边缘的形状
增量和样品处理产生的误差(IPE)	污染(样品中外来的物质);损失(吸附、冷凝、沉淀等);化学成分的改变(保存);物理成分的改变(结块、颗粒破碎、吸湿等);* 非故意造成的失误(混淆了样品数量、缺乏常识、疏忽大意等);* * 故意过失(盐解金矿石、小样界定上的故意过失、伪造等)
加权误差(SWE)	在一个成分不等的样品中错误地把权重分配到不同的部分所产生的误差

　* 这个分类遵循 Gy[17] 和其他部分(将在第 10 节中进一步讨论)所描述的规则;* * 作为过失误差从不确定度评估中被剔除掉[2]。

表 15.3　在经验法中不确定度的来源

程序		效应类别*	
	随机(精确度)	系统(偏差)	
分析	分析变异性(随机效应的综合作用)	分析性恒定误差(偏差来源的综合效应)	
抽样	抽样变异性(以不均匀性和操作者变异为主导)	抽样偏差(选择偏差、操作者偏差等的综合效应)	

　* 随机效应和系统效应的区别随场合而不同。在一个组织中测量的系统效应(例如分析偏差),从一个跨组织的能力测试得到共识值这样的背景下去看问题,则可以认为是随机效应。

　　5.5.2 这些不同分类的重要特性在于:不管怎样分组和评估,它们都能确保没有遗漏任何一个对不确定度评估产生重要影响的因素。只要能满足这样的要求,任何一种分类设计都适用于对不确定度的评估。在表 15.2 和表 15.3 中列举的分类设计涵盖了所有实际操作中重要的因素。

　　5.5.3 一般来说,不确定度来源的不同分类会产生不同的研究设计,并经常由此而产生评估不确定度贡献的不同方法。这就造成了通过不同的方法对不确定度进行基本的独立的评估过程。就像在其他地方提到的那样[5]，如果用不同的方法对同一系统进行不确定度评估时会产生很大的差别，这提示至少有一个研究方法是错误的。这就构成了方法有效性核查的基础。因此在可行情况下，我们建议将由独立评估方法得到的不确定度作为验证的特定方法，来评价比较不同评估方法有效性的手段。

5.6 作为不确定度来源的不均匀性

5.6.1 IUPAC 现行对均匀性和不均匀性这两者定义为"一定量的材料中，一种性质或组分均匀分布的程度"（见附录2的定义）。根据这个定义，不均匀性是与抽样相关的对不确定度有贡献的最重要的因素。在一个不均匀的材料中，同样的抽样对象，但是从不同地点所抽取的小样，其分析物的浓度也会不一样，因而被分析物的浓度因样品而异，这通常表现为对所观测到的结果变异的贡献。一般来说，我们无法知道浓度与地点的精确相关性，因此无法进行校正。这就对任何一个得出的结果或者这些结果的平均值（通常是以平均值表示）产生了不确定度。

5.6.2 IUPAC 注意到，作为对上述定义的补充，"不均匀性（均匀性的反义词）的大小是抽样误差的决定因素"。这一说明是对不均匀性在抽样中重要性的很好提示。在一般性的抽样操作过程中，还有产生误差和不确定度的其他来源，比如交叉污染和样品的不完全稳定性，它们中的任何一个都可能导致偏差或者额外的波动。因此，即使在一个程序规范的抽样操作中，不均匀性及其影响因素——如随机变异性和选择性偏差，仍是一个很大的问题，它们通常是不确定度的最显著的来源。

5.6.3 关于均匀性的另一个备选定义有时被用于一些特殊的材料，如果这些材料是由不同材质的颗粒组成的，那么按照 IUPAC 的定义来理解就绝不可能是"均匀的"。在这里，我们将整个抽样对象中选择不同类型材质颗粒的概率是恒定的混合物，称之为"均匀的"，以此来表示，在任何一点所抽取的样品，所期望的浓度是一样的。但即使在这样的情况下，我们也必须认识到，材料本身的特殊属性还是会由于实际抽取的小样之间在组成上的轻微差别而导致样品之间的差异。而"不均匀性"，就像 IUPAC 所定义的那样，在这些情况之下仍然有影响，其结果是对不确定度产生的贡献。

第三部分 包括抽样在内的测量不确定度的评估

6. 不确定度评估的方法

6.1 广泛应用于评估不确定度的方法有两种。其中一个被称为"经验法"，又叫"实验法"、"回顾法"、"自上而下法"——在一定水平上对整个测量流程进行平行重复测量，直接给出最终测量结果的不确定度。在本指南中，这种方法被称为"经验法"。第二种方法——常常被称为"模型化"，又叫"理论化"、"预见性"、"自下而上"法，其目的是独立地将所有引起不确定度的因素进行量化，然后，使用一个模型把它们整合起来。因此，这种方法也被称为"模型法"。这两种方法并不是互相排斥的。经验法可以被用来评估来自一种或多种，或者是多个类别因素的不确定度。如果需要的话，这两种方法也可以被合在一起去评估同一测量体系。两种方法的适用性随着抽样材料的不同而变化。

6.2 本指南采用的方式是对"经验法"进行详细的阐述，因为经验法广泛适用于各种测量体系和应用范围（比如：固体、液体、气体等）。介绍了模型法在一些特殊情况下的应用（如特殊的固体）。如何在各种测量系统中把这两种方法结合起来以提高不确定度评估的可靠性和投入-效益比，指南将给出一些建议。这种双向性方法的目的是为了让指南的使用者可以根据具体的情况选择最合适的评估方法（第1节提供了关于方法选择的指导原则。）。

6.3 参考资料[5]提及在合作实验中，"模型法"和不同类型的"经验研究法"是不可分割的：

"然而，我们应注意到，即使在'模型法'中，也会常常把所观测到的重复性或一些其他的精密度估计看成是对不确定度的独立贡献。与此类似，在评估再现性之前，单个的影响因子通常至少要进行显著性检查或定量。因此，在进行实际的不确定度评估时常需要使用这两个极端的某些要素。"

因此，这里提到的任何一种极端，都必须知道这只是一种极端，而很多实际的评估涉及上述两种方法的要素，这一点很重要。

6.4 任何一种方法的总体目标都是获得一个充分可信的测量总不确定度的评估值。这不必要求对所有的不确定度来源独个进行定量，只需对综合效应进行评估就可以。但是，如果发现总不确定度的水平不可接受（比如：测量不符合目标要求），那么就必须采取措施以降低不确定度。另一种情况是，不确定度水平小得没有道理，在这种情况下，提高分析不确定度水平可能才是合理的，并且可由此降低分析的成本。在附录5中，我们讨论了对不确定度进行调整的一些方法。然而，在本阶段要掌握这样的信息：测量流程的哪个环节是影响总不确定度的主导因素？这是基本的要求。要得到这样的信息，可能有必要对单个效应进行评估。在这方面有详细的早期研究，其优点是随后可以获得有关这方面的信息。它的缺点是：获取这些信息的成本太高，如果不确定度水平是可以接受的，那么证明这个研究没有必要。因此，计划者必须顾及评估不确定度所需的信息的详细程度，还要考虑在今后的进一步研究中所需要用到的可能的详细信息是哪方面的。

7. 被测量

在下面的讨论中，假设被测量是代表整个抽样对象组分的平均值，并且是通过抽样和分析过程对被测量进行评估的。这涉及被测量的特性（见5.2）和对抽样对象的定义（见4.1）。

8. 抽样不确定度研究的一般做法

8.1 分析工作必须在一个良好的质量体系下进行，这个质量体系包括对分析方法的验证、能力测试、内部质量控制，以及在合适情况下的外部评估。验证程序必须包括正常情况下实验室内部采用的所有步骤（包括任何测试样品的缩分），而且应该包括使用有证标准物质或者使用其他方法来核查偏离，从而对分析偏离进行评估。需要注意的是，本指南中介绍的评估不确定度的方法，同时也适用于与此相关的样品缩分过程不确定度的评估。

8.2 从事化学分析的实验室必须精确报告所发现的浓度估计值；特别是所报告的值不能被挑选、被截去，或者被报告为"小于"多少限量，不管这个值是低于检测低限（LOD）还是小于零。错误的报告负值或者小于检测低限的观察值将会导致对不确定度的低估。

9. 经验法

9.1 概述 经验法（自上而下法）的目的是在无须知道任何单独的不确定来源的情况下，得到一个可靠的不确定度估计值。它依赖于室内或者室间测量实验所得到的总再现性估计值。可以对不确定度来源的一般类型进行描述，比如说随机效应或系统效应，并把这些效应细分为来自抽样过程或者分析过程。从测量方法的性质，可以对每个效应分别进行量级的估算，比如抽样的精确度（针对抽样引起的随机效应），或分析偏差（针对由化学分析引起的系统效应）。这些评估值整合在一起就可以得到测量结果的不确定度评估值。该方法在案例 A1、A2、A3 和 A4 中被详细地阐述。

9.2 不确定度来源

9.2.1 可以这么考虑，测量不确定度是由四大误差来源引起的。这四大误差来源是：由抽样和分析方法引起的随机误差和由这两个方法引起的系统误差。传统上，这些误差分别以抽样精密度、分析精密度、抽样偏差和分析偏差进行量化（表 15.4）。一旦这四大误差被单独或综合量化，那么就有可能对由这些方法产生的测量不确定度进行评估。这四种误差中的其中三种评估方法已经建立起来了。抽样和分析精密度可以分别通过对样品的一部分（比如 10%）进行平行测定或重复分析来进行评估。假如偏离代表了被测材料存在的偏离，分析偏差可以通过对基质匹配良好的有证标准物质的测定来进行评估；或者直接将分析方法的验证数据拿来评估。

表 15.4　经验法中不确定度来源的评估

程序	效应分类	
	随机（精密度）	系统（偏差）
分析环节	比如，平行分析	比如，有证标准物质
抽样环节	平行抽样	参考抽样对象；机构之间的抽样实验

注：产生测量不确定度的四类效益及其评估方法

9.2.2 评估抽样偏差的程序包括使用一个参考抽样对象[10,24]（标准物质的抽样等价物）。另一种备选做法是使用主管机构间进行抽样实验的测量结果，这种做法可以在评估总变异性的不确定度时，把由每个参与者引入的潜在的抽样偏差都包括进去（第 9.5 节）。虽然有些与系统效应有关的不确定度因素可能难以估计，但假如有足够证据证明系统效应很小且得到了很好的控制，就不必在上面花费功夫。这些证据可以通过预先对抽样对象理化特性的了解而进行识别，或者通过一些信息比如先前对整批材料的测量所获取的信息进行定量（见附录 1 中示例 A1.3、A1.4）。

9.3 经验法评估不确定度的统计模式
为了设计使用经验法评估不确定度的实验方法，必须有一个统计模型来描述被测量和分析物浓度真值之间的关系。这个随机的效应模型假设：从一个特定抽样对象得到的一个样品（复合样品或单一样品），经分析测量得到一个单一的待测物浓度，公式如下：

$$x = X_{\text{真值}} + \varepsilon_{\text{取样}} + \varepsilon_{\text{分析}}$$

在这里，$X_{\text{真值}}$ 是抽样对象中待测物浓度的真值（即等于被测量的值）。举例来说，这个真值可以是抽样对象中待测物的质量与抽样对象总质量之比。那么，抽样的总误差就是 $\varepsilon_{\text{取样}}$，而分析的总误差就是 $\varepsilon_{\text{分析}}$。

在对单一的抽样对象做研究时，假如变异的来源是独立的，则测量变异 $\sigma^2_{\text{平均值}}$ 可以按下式进行计算：

$$\sigma^2_{\text{平均值}} = \sigma^2_{\text{取样}} + \sigma^2_{\text{分析}}$$

其中，$\sigma^2_{\text{取样}}$ 是存在于抽样对象样品之间的方差（由于待测物的不均匀性，该数值可能较大），$\sigma^2_{\text{分析}}$ 是样品在平行分析之间产生的方差。假如方差的统计估计量 (S^2) 被用来近似评定这些参数，则得到：

$$S^2_{\text{平均值}} = S^2_{\text{取样}} + S^2_{\text{分析}}$$

标准不确定度 (u) 可以用 $S_{\text{平均数}}$ 来评估，由此而得出：

$$u = S_{\text{平均值}} = \sqrt{S^2_{\text{取样}} + S^2_{\text{分析}}} \tag{1}$$

由样品的物理处理引起的方差可以被包括在抽样方差中，或者如果需要的话也可以用一个独立的术语来表述。

在贯穿于几个抽样对象研究中的——在抽样不确定度的评估中推荐这种方式（见9.4.2），上述模型被引申为：

$$x = X_{\text{真值}} + \varepsilon_{\text{对象}} + \varepsilon_{\text{取样}} + \varepsilon_{\text{分析}}$$

在这里，新增加的项目 $\varepsilon_{\text{对象}}$ 代表抽样对象之间的浓度差异，其方差是 $\sigma^2_{\text{对象之间}}$。通过适当的方差分析（ANOVA）可以得到方差 $\sigma^2_{\text{对象之间}}$、$\sigma^2_{\text{取样}}$ 和 $\sigma^2_{\text{分析}}$ 的估计值，而不确定度的评估如前面所述，都使用公式1。

总体方差由下面公式得出：

$$\sigma^2_{\text{总体}} = \sigma^2_{\text{对象之间}} + \sigma^2_{\text{取样}} + \sigma^2_{\text{分析}}$$

这个参数在评价测量与目的的适用性上非常有用，这将在第16.2节中进一步讨论。在实际应用中，总体方差由其估计值 S^2 替代，从而得出：

$$S^2_{\text{总体}} = S^2_{\text{对象之间}} + S^2_{\text{取样}} + S^2_{\text{分析}} \tag{2}$$

9.4 经验法评估不确定度

9.4.1 有四种类型的方法适用于经验法评估不确定度（表15.5）。在9.6中将对第五种方法——变异曲线法做一个简单的介绍。这份指南着重介绍的主要方法将是"平行法"（方法♯1）。在方法♯2中，如果一个抽样者使用几个抽样协议，则可以发现这些协议之间的偏差。如果多个抽样者都使用同一个协议[方法♯3，这种方法等同于抽样协作实验（collaborative trial in sampling，CTS），或者称方法的能力验证]，则可以发现不同抽样者之间的偏差，并被包括在不确定度评估中。如果多个抽样者根据他们的专业知识，针对目标对象选择使用他们认为最恰当的协议[方法♯4，这种方法等同于抽样能力验证（sampling proficiency test，SPT）]，那么，由抽样协议或者是抽样者引起的抽样偏差就可以被发现，并被包括在不确定度评估之中。

表15.5 评估合成不确定度的4种经验方法（包括抽样在内）

方法编号	方法描述	抽样者（人数）	条约	抽样		分析	
				精密度	偏差	精密度	偏差
1	平行	单人	单一	是	否	是	否[1]
2	协议	单人	多个	协议之间		是	否[1]
3	抽样协作实验，CTS	多人	单一	抽样者之间		是	否[2]
4	抽样能力验证，SPT	多人	多个	协议之间＋抽样者之间		是	否[2]

1. 在进行分析时，通过同时分析有证标准物质可以得到分析偏差的信息（见附录1的示例2）。2. 在多个实验室参与的协作试验中部分或全部包括了分析偏差。

9.4.2 在表 15.5 所列举的四种方法类型中,平行法是最简单且可能是最经济的方法。该方法是由一个抽样者平行抽取一小部分大样①(即 10％,但不少于 8 个对象)[11,12]。理想的情况下,这些平行样品至少从 8 个抽样对象中抽取,随机抽样,从而代表这些对象的典型组成。假如只有 1 个对象,那么所有的 8 个平行样品都可以从这个对象中抽取,但是不确定度的评估只适用于该对象。平行样品是通过重复同一个标称抽样协议来抽取的,其中包含了反映抽样协议模糊性允许波动范围,以及在执行协议时待测物在小范围内存在着不均匀性的效应。例如,从一舱莴苣中收集一个复合样品使用一个"W"型的设计,在平行抽样时,起始抽样点和方向被改变了。而在一个格状设计中,它的起点和方向再次被改变了(附录1,示例 A1.1)。平行样品是使用了同一个抽样协议、由同一个人进行抽样。这两组平行样品都被拿来进行物理处理,由此得到两个独立的测试样品。平行试验的试样取自这两个测试样品,进行重复分析(即平行化学分析)。这种平行抽样和化学分析的系统被称为"平衡设计"(图 15.2)。需要注意的是,平行法不包括来自抽样偏差所产生的任何贡献,这些偏差要么忽略不计,要么单独评估,例如通过多人抽样、多个协议以及(或者)像其他三个方法那样通过机构间的抽样试验来进行评估。

注:虽然"平行法"通常是按照一个抽样者和使用同一个协议进行描述的,但也可以用不同抽样者的方式进行同样的设计,由此合并"操作者之间"对不确定度的贡献(等同于方法♯3)。

9.4.3 然后,在重复性条件下,采用一个合适的分析方法,对试样进行盲样的化学分析(例如,随机性地分配一个分析批)。如果测量不确定度的分析部分是在实验室中独立进行的,那么比较而言,用这种方法做出评估是有用的。通过对每个样品平行试验进行独立的物理处理,样品物理处理过程中引出的方差可以被包括在抽样方差中。作为备选方法,通过在实验设计中添加一个额外水平的重复,就可以对这个方差进行独立的评估(附录 4)。

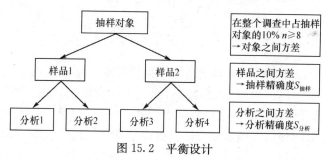

图 15.2 平衡设计

注:采用"平行法"为经验法评估不确定度的平衡实验设计(即两级巢状设计)

9.4.4 这里建议的平衡设计只提供了分析不确定度的重复性标准偏差。为了评估其他部分的不确定度,必须对潜在的分析偏差设定一个允许范围。关于这种方法的局限性以及示例在 A2 的第 6 节中给出。一种选择方案是,要求测量实验室给出重复性和测量不确定度,然后,检查由该研究做出的结果是否与实验室的结果相似。假如它们的结果相似,我们

---

①在抽样研究中,可以使用更高水平的重复试验,但平行试验通常是最有效的形式。例如,从 12 个抽样对象中各抽取平行样品比从 8 个抽样对象中各抽取三个样品要好一些。因为,虽然每个抽样不确定度的估计值($S_{取样}$)的标准差较低,但是该估计值是根据整个抽样对象中的一小部分做出的,因此缺乏代表性。为提供充分可靠的不确定度估计值,要求起码做 8 个平行抽样[12]。

可以把实验室做出的测量不确定度定为 u（分析不确定度）（通常为 $U/2$）。另一种选择方案是，采用由基质匹配良好的有证标准物质（包含于分析批中），得到分析偏差的估计值。然后，可以把这个偏差评估值与重复性精密度进行合成得到测量不确定度[1,30]。

9.5 不确定度及其分量的计算

9.5.1 通过把方差分析（ANOVA）①或排列计算②方法应用于平行样品的浓度测量上，就可以对不确定度的随机分量进行评估。这种评估是基于第 9.3 节中的模型做出的，它适用于任何一个被采用的测量协议（规定了抽取小样的数量以及重复分析的次数）。

9.5.2 由 ANOVA 得到的 $S_{抽样}$ 和 $S_{分析}$ 的值分别为抽样精密度和分析精密度的估计值。把这两个估计值进行合成，即可计算出测量不确定度的随机分量（公式 1）。扩展不确定度的计算，比如对于约 95% 的置信度，要求将这个值乘以包含因子 2。由此，扩展不确定度（U）可由下式计算：

$$U = 2S_{平均值} \qquad (3)$$

U 也可以按报告值 x 的相对值来表示，用百分比表示相对扩展不确定度 U'：

$$U' = 100\,\frac{2S_{平均值}}{x}\,\% \qquad (4)$$

相对不确定度的应用范围比标准不确定度更广，因为它的值大大超过分析测量限（>10倍），作为浓度的函数一点也没有改变。其他包含因子适当时也可以选用。对不确定度的评估方法加以改进，以便将来源于化学分析的系统误差包括进去，这一点将在附录 1，示例 A2 中进行讨论。

与此类推，抽样或分析的相对扩展不确定度可以分别表示为：

$$U'_{取样} = 100\,\frac{2S_{取样}}{x}\,\%$$

$$和 \quad U'_{分析} = 100\,\frac{2S_{分析}}{x}\,\%$$

9.5.3 由于很多测量系统的不确定度是以抽样对象的不均匀性为主导的，因此使用最简单的"平行法"常常可以得到一个合理的可靠的不确定度估计值。对环境系统的研究表明，操作者之间和抽样协议之间的效应常常小于由不均匀性引起的效应[43]。在第 1 节中提供了有关选择最有效的评估不确定度方法的更多信息。在附录 1 的示例 A1 和 A2 中给出了有关平行法应用的示例。

9.5.4 除了最初对特定的抽样对象应用特定的抽样协议进行单一的不确定度评估外，在日常生活中应用"平行法"也是监测实时抽样质量的一种非常有用的手段(13)。这种方法允许抽样对象中不均匀性变化对不确定度所产生的影响，这种变化是由同一抽样协议但不同的应用环境引起的。由此可以得到关于抽样质量的定量证据，这比仅仅依赖于"如果使用正确的协议则样品就有代表性"这样的假设要好些。

9.6 不确定度评估的备选经验方法 变异曲线法也被建议作为评估由抽样和分析来源

---

①在样品内和样品间变异的分析频率分布方面，经常有一小部分（即<10%）远离中心的值（离群值）。这要求使用一些方法来减少离群值对传统 ANOVA 的影响，比如使用 Robust 统计方法。这样可以获得更可靠的基本数据群体的方差评估值。在附录 A1，A2 的示例中，我们对这些方法进行了更完整的解释。

②见附录 1.2 中的示例。

合成而得到的测量不确定度的更进一步的手段[13]。该方法在这样的情况下特别有用:污染物浓度(这种浓度可以被定量,而且可以被模型化)在空间和(或)时间上出现大范围的变化。一些地球化学中的岩石和土壤的分析、排放控制(例如废水排放)等就是这样的例子,在这些例子中都需要抽取大量($n>100$)均匀分布的样品。有关变异曲线的原理和应用的更多指引与案例可以查阅到[8]。

10. 模型法

10.1 因果关系模型 模型法经常被通俗地称为"由下而上法",本指南对测量的方法已作了大致的介绍[2],它适用于分析测量[1]。开始时先识别所有的不确定度来源,对每种来源的贡献进行定量,接着把所有的贡献合成在一起成为一个估算值,最后给出一个合成标准不确定度。在这个过程中,测量方法被分解成一个一个独立的环节。"因果关系"或"鱼骨图"[3]形象地描述了这个过程。由测量过程每一环节而产生的不确定度可以用经验法或者其他方法进行独立的评估。然后,通过合适的方法把所有环节的不确定度进行合成,从而计算出合成不确定度。这种方法应用于分析过程的评估已经比较成熟,但只是在近年中才开始应用于抽样[13,14]。对于特定的体系,抽样理论使用了一种相似的方法来识别七种类型的抽样误差。其中一种误差(最基本的)的评估使用了一个等式,这个等式是建立在对样品微粒个体的详细了解之上,这将在下一节以及附录1,示例A1.5中进行讨论。

10.2 用于评估不确定度的抽样理论

10.2.1 抽样理论是作为抽样过程中评估不确定度的非常有效的方法而提出的[15]。这个方法是建立在一个理论模型的应用之上,比如Gy模型。Pierre Gy创立了一套完整的抽样理论,这一理论在很多文献中都有描述[6,16~20],包括其最新的研究进展[19]。图15.3显示了Gy的抽样误差的分类。除制备环节的误差外,大部分抽样误差都是由材料的不均匀性引起的,这些误差可以分成两大类:①结构上的不均匀性(constitution heterogeneity,CH);②分布上的不均匀性(distribution heterogeneity,DH)。这两类不均匀性都可以在数学上进行定义,并可以通过实验来评估。结构上的不均匀性是指这样的事实:所有的自然材料都是不均匀的,也就是说,他们是由不同类型的粒子组成的(分子、离子、谷物等)。如果所研究的抽样对象中粒子不是随机分布的,那么这种分布就是不均匀的(图15.3)。

$$GEE = TSE + TAE$$
$$TSE = (PSE + FSE + GSE) + (IDE + IXE + IPE) + SWE$$

10.2.2 抽样误差的分类为抽样程序的设计和审核提供了一个有用的逻辑框架。那些对不确定度评估起重要作用的类别(比如图15.3中的 FSE)将在下面讨论;其他的部分(如 SWE、PSE 和 GSE)在附录3中讨论。

10.2.3 总决定性误差——被Gy称之为总体评估误差(GEE),是总抽样误差(TSE)和总分析误差(TAE)之和。TSE 的组成部分又可以被分成两大类:①不正确的抽样误差;②正确的抽样误差。一些不正确的抽样误差来自于GUM[2]所指的过失误差,这样的误差将被排除在不确定度评估之外。正确的抽样误差发生在良好操作过程中,因此可以包括在不确定度评估之中并按照GUM[2]的方法进行评估。

10.2.4 不正确抽样误差是由于抽样设备和程序没有遵循抽样理论所定义的正确的抽样原则而引起的。在图15.3中,这些误差用阴影框架标出。增量界定误差(IDE)是指样品

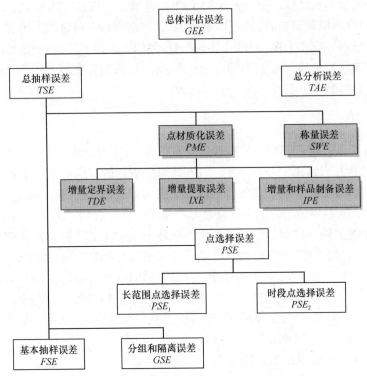

图 15.3　Gy 抽样理论中关于抽样误差的分类

阴影框表明了不正确的抽样误差,它们被排除在不确定度评估之外

的形状不正确。例如,从一个工业生产线上抽样,正确的抽样应该是通过生产线切取厚度相等的完整的一片材料。抽样设备应该设计成可以提取所需要的样品形状(即所有的组成在样品中结束或终止的机会都均等)。否则的话,就会产生样品或增量提取误差(IXE)。样品处理误差(IPE)有几种潜在的原因(见表 15.2),其中有两个没有被包括在 GUM 所定义的过失误差之内。

10.2.5 不正确抽样误差有如下共同的特性:①它们产生了抽样偏差,加大了总方差但无法预测;②它们随情况不同而变,因此,一般来说很难用实验的方式去评估,因为评估成本很高且结果没有普遍适用性。正确的方式是按照正确抽样的规则,仔细地检查设备和操作程序,换置那些结构上有缺陷的设备、纠正错误的程序,充分地训练抽样人员,从而最大限度地减少乃至消除这些误差。只有这些技术性的环节得到了很好地执行,不确定度评估的理论部分才能得出可预测的值。然而,抽样不确定度评估和质量控制或许可以提醒用户去注意那些不正确的行为。

10.2.6 校正抽样误差如图 15.3 底部所示。排除了不正确抽样误差后,这些误差可以被模型化并用来评估抽样的不确定度。基本抽样误差是最重要的误差之一,我们将对此做进一步的讨论,其他的误差将在附录中讨论。

10.2.7 基本抽样误差(FSE)是一个理想抽样程序的最小误差。它在根本上取决于样品中关键颗粒的数量。对于均匀的气体和液体来说该误差很小,但是对于固体、粉末、颗粒状的材料来说,特别是在那些关键颗粒含量很低的情况下,基本抽样误差可能很大。假如被抽的一堆材料可以视为一维的物体,则可以用基本抽样误差模型来评估抽样不确定度。假如被抽样的一堆材料不能视为一维的物体,那么在评估初级样品的方差时,则至少要考虑点选样误差。假如样品处理和以切割方式减小样品尺寸的操作是正确的话,就可以使用基本抽样误差模型来评估由这些步骤产生的方差分量。假如样品中关键颗粒数量的期望值作为样品大小的函数可以很容易地进行评估的话,就可以用泊松分布(或者二项式分布)作为评估抽样不确定度的模型。基本抽样误差模型在大多数情况下都可以使用。

10.2.8 如果抽样材料的组成颗粒具有不同形状和大小的分布,那么,要估计关键颗粒在样品中的数量非常困难。我们可以用以下公式来评估基本抽样误差的相对方差

$$\sigma_r^2 = cd^3\left(\frac{1}{M_S} - \frac{1}{M_L}\right) \qquad (5)$$

其中,$\sigma_r = \dfrac{\sigma_a}{\sigma_L}$,基本抽样误差的相对标准偏差;

　　　σ_a,绝对标准偏差(用浓度的单位来表示);

　　　σ_L,该批货物的平均浓度;

　　　d,颗粒大小的特性,大小分布的 95% 上限;

　　　M_s,抽样量;

　　　M_L,货物总量;

C 为抽样常数——这个常数取决于抽样材料的特性;它是 4 个参数的乘积

$$C = fg\beta \qquad (6)$$

其中,f 为形状因子(图 15.4);

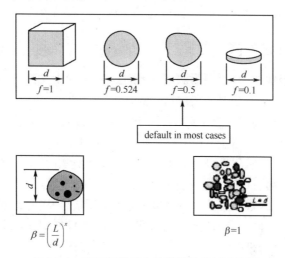

图 15.4　用于评估基本抽样误差的因子估算

颗粒形状因子 f(图 15.4 的上部),非游离材料中的游离因子 β(左下部)和游离材料中的游离因子 β(右下部)。

L 是关键颗粒中游离颗粒的大小

g,大小分布因子(颗粒大小分布范围很广时,$g=0.25$;颗粒大小均匀时,$g=1$);

β,游离因子(见图 15.4)。对于颗粒完全游离的材料,$\beta=1$。对于非游离材料,用经验公式计算:$\beta = \left(\dfrac{L}{d}\right)^x$;其中,建议 x 的取值范围为 $0.5 \sim 1.5$。

c 为构成因子,如果所需要的材料特性是已知的,则可以采用以下公式来进行评估

$$c = \frac{\left(1 - \frac{a_L}{\alpha}\right)^2}{\frac{a_L}{\alpha}}\rho_c + \left(1 - \frac{a_L}{\alpha}\right)\rho_m \qquad (7)$$

这里,a_L 是货物的平均浓度,α 是关键颗粒中分析物的浓度,ρ_c 是关键颗粒的密度,ρ_m 是基质或稀释物的密度。

10.2.9 如果因无法知道材料的特性而难以对它们进行评估的话,一般可以用实验的方法来估计抽样常数 C。例如,有证标准物质是一组特殊的材料,其抽样常数可以用现有的数据来估算。

10.2.10 附录 1 示例 A5 给出了基本抽样误差模型在实际中的应用。

第四部分　管 理 事 项

11. 抽样质量的责任

把抽样作为测量过程一个不可分割的部分,其意义非常重大,这涉及管理上的问题。在分析实验室中用于评价和改进工作质量的那种严谨态度也应该同样地运用到抽样过程中。整个测量过程质量管理的责任最终需由一个机构来负责,而整个过程每一环节的责任也必须另外界定清楚。同样,一个团体组织应该承担起在各参与方信息基础上对测量不确定度进行评估的责任。只有这样,该组织才能够告知所有参与者,关于由测量过程中各主要环节引起的不确定度的贡献情况。

12. 不确定度评估方法的选择

在特定情况下,经验法(自上而下法)和模型法(自下而上法)各有优点。在为特定的抽样操作选择不确定度评估方法时要考虑这一点。

经验法的优点是:囊括了所有引起不确定度的因素,而且不要求科学家事先对这些因素进行识别。比如,该方法可以直接应用于某个地理区域的特定污染物和矿物学研究,而不需要事先知道这些材料的自然属性(例如,颗粒的大小、分析物的特性、不均匀性的程度)。相对来说,这种方式简单易行(特别是对于平行法)。适当的时候,至少有四种可供选择的方案可以得到更精确的(当然,成本也更高的)的不确定度评估。有些方法容许在不确定度评估中存在系统误差(比如抽样偏差)。抽样能力测试和参考抽样对象尚处于研究的早期阶段,但已在这方面的应用中初露头角。

经验法的缺点之一是:它不要求对不确定度的任何一个独立分量进行量化(虽然对此有一些解决方案)。它不是建立在微粒抽样的理论模型基础上,但这也许是它的优点,可以使它适用于那些非微粒形态的材料中(比如气体、液体、生物群)。经验法只给出不确定度的近似值,这个近似值假设在整个抽样对象中是恒定的,在模型法中也是一样。平行测量中的极值可能会导致不确定度的过高估计,这在大多数测量中不具有代表性。然而,通过使用 Robust 统计方法可以最大限度地减小这种影响。

模型法的主要优点是:如果不确定度的最大来源被包含在模型里面,它就很容易识别出来。它使用了很清晰的方法来显示在进行不确定度合成时哪些不确定度分量已经被考虑进去。最后,在事先得到信息的情况下,模型法比需要做大量实验研究的经验法的成本要低得多。

模型法的缺点是:理论预测不确定度可能需要事先对拟抽样的材料(例如土壤)进行矿物学、颗粒大小和分析物特性的详细测量,并了解这些指标在抽样对象中的变化规律。因此,必须对抽样材料的组成(如矿物学、颗粒大小和分析物特性)进行理想化的假设。根据抽样理论建立的模型法要求对 8 种类型的抽样误差进行估计或假设,并了解这些误差在抽样对象中的变化情况。无论是理论法还是经验法都比较耗时间,从而也增加了执行的成本。一般性的评估可能太一般化,以至于无法反映任何特定抽样对象的特殊性。再者,并非所有的不确定度来源都可能被识别出来,这样往往会使总不确定度被低估。

总而言之,经验法更加适用于各种材料,应用范围广泛,不必过分依赖于事先对体系或所有不确定度来源的了解。因此在进行评估时可以节省时间,从而明显降低它的应用成本。这在不同抽样对象的一次性实验方面尤其有用。与此相反,模型法是对不确定度的各个已知来源进行详细的评估,这对于一些特征分明的特订应用领域制订长期抽样方案时更加适用。

13. 抽样的质量控制

13.1 验证和质量控制之间的关系

13.1.1 测量与目的相适应的不确定度一旦定下来,就可以着手对意在满足这些目的的抽样和分析程序进行评价。为此目的,需要两个评价工具:验证和持续的质量控制。

13.1.2 验证包括对不确定度组成的一次性评估,这些组成是在程序的日常运行中预计会出现的条件下产生的。对于抽样方法(初始验证)来说,验证可以是一般性的,而对于选定抽样对象"定点"所使用的方法来说,验证可以是定点专一性的(定点验证)。当抽样是一次性的活动(现场抽样,例如对污染地点的调查)时,使用初始验证的方式。定点验证是以一定的间隔进行重复(重复抽样,例如按时间间隔或流量比例对废水进行抽样)。简而言之,验证就是论证你能得到什么东西,如果它符合目的的适应性的要求,那么,这些程序的确可以适合于常规用途。验证的方法已在本指南中前面的章节介绍过。

13.1.3 然而,验证本身并不能保证日常结果就一定符合目标的要求。无论是系统性的还是偶然性的误差,在进行验证时,日常碰到的情形或者定点专一的情形可能与主流情况不一样。对于抽样来说,情况更是如此,因为在抽样中,大部分的不确定度组成常常来自对象的不均匀性,也就是说,不均匀性的大小可能是因对象的不同而有明显的差异。当抽样方法应用于不同场合时,这种情况也会发生。这些情况强调了一个问题,就是要实时地开展包括抽样环节在内的内部质量控制,来保证验证时获得的主要条件(因此,所期望的不确定度将随附于结果)仍然适用于每次执行抽样和分析程序时的情况。表 15.6 显示了把验证和质量控制相结合使用的情况。

表 15.6 验证和质量控制结合使用的说明

评价工具	同一种方法在多种场合使用	同一种方法在一种场合重复使用
验证	初始验证产生一般性的性能数据	定点验证产生特定对象的执行信息
质量控制	结合一般性性能数据的定点专属核查手段所进行的通用的质量控制	定点质量控制以确认性能数据不因时间变化而变化

13.1.4 目前,在抽样时进行内部质量控制的必要性尚未得到广泛的认可,且其实施方

法还没有很好地建立起来(除了一些特殊的应用领域,比如地球化学勘探[21])。在文献[22]中,给出了应用于环境采样基质的有关抽样质量控制的特殊建议。然而,文献中没有提供新的原则;只是在稍做限定之后,将分析的内部质量控制原则应用于抽样[23~25]。另外,在验证中使用的方法经过一些简化之后也应用于内部质量控制。之所以要进行简化,是因为验证要求很好地评估不确定度,而质量控制只需要证明在时间和空间上与验证时所确定的不确定度保持一致即可。

13.2 抽样内部质量控制方法

13.2.1 人们所关注的焦点几乎毫无例外地落在精确性方面。偏差在验证中很难弄清楚,对内部质量控制来说更不可能。"参考对象",在抽样方面其概念相当于有证标准物质[26]——很难得到。而且它并非完全有用:我们需要看到的是独立抽样对象的结果是否符合测量的目的,而不是想看到从一个可能没有代表性的参考对象是否能得到无偏的、可再生的结果。

13.2.2 主要工具是"重复"。执行该方法的最低限度是每个对象抽取两个样品,抽样时完全重复抽样协议(要有适当的随机性)。对每个样本分析一次,计算出这两个结果之差 $D=|x_1-x|$。假如抽样和分析所验证到的不确定度分别为 u_s 和 u_a,则合成标准不确定度为 $U_{平均值}=\sqrt{U_S^2+U_a^2}$。因此,可以用一个控制限 $2.83u_{平均值}$(95%的置信区间)和一个行动限 $3.69u_{平均值}$(99%的置信区间)来制作一个单边范围的控制图[25](图 15.5)。一个落在控制区之外的 d 值,表明应该仔细地检查与目的不相符的结果。这样的结果不具有诊断性,它可能来自于抽样的波动,也可能来自于分析的波动;后者应该由分析质量控制的标准方法进行检验。

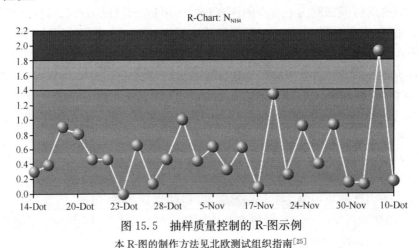

图 15.5 抽样质量控制的 R-图示例
本 R-图的制作方法见北欧测试组织指南[25]

13.2.3 就像在方法验证中使用相同的方法(ANOVA 或者相对偏差的计算)获得的数据一样,从质量控制中获得的数据也可以用来更新抽样方法的精确度。

13.2.4 在某些情况下,平行抽样所增加的额外成本可以通过分解绝对方差(split absolute difference,SAD)的方法得以消除。在这种方法中,把原来准备合在一起成为样本的正常数量的小样,随机分成数量相等的两组小样,分别对每组小样进行处理和分析[27,28]。在验证条件不变的情况下,这些结果之间的差异有一个不确定度:$\sqrt{4u_s^2+2u_a^2}$。在单边控制图中,这又可以用来定义一个行动限。

14. 不确定度的报告和解析

14.1 简介   在报告被测量的结果时,确保报告准确、清晰至关重要。而尤其重要的是,要明确测量结果及其不确定度是只适用于单纯的测试样品、实验室样品、整个抽样对象(例如一批材料),还是适用于一系列的对象。使用 GUM[2] 以及早前的 Eurachem/CITAC 指南,不确定度最初采用标准不确定度 u 的形式来进行估计,包括了所有对结果产生合理影响效应的允许值。不确定度可以用这种形式被评估,无须做任何更改。不过,常常可以很方便地采用其他的形式来报告不确定度,以提高置信度或扩大适用范围。注明不确定度评估中的任何限制条款是最基本的要求,比如:不包括抽样偏差或其他一些被忽略的因素。下面将阐述一些最重要的问题,并且为如何解析不确定度给出一些指引。

14.2 扩展不确定度——U

14.2.1 标准不确定度 u 用 $x \pm u$ 的形式应用于结果,它是一个正态分布,描述一个只覆盖了68%分布面积的区间。这表示被测量的值落在这个区间之外的概率大于32%。这样的置信度在大多数实际应用中是不够的。因此,在一般情况下要在标准不确定度上加一个常数以使所引用的区间能包含更大的覆盖范围。按照惯例,通常用 k 来表示的这个常数,被称为包含因子,而它的乘积 $ku = U$ 被称为扩展不确定度。

14.2.2 关于如何选择 k 的问题,在其他的著作中有相当详细的介绍[1,2]。但主要原则如下:

(1) k 的选择应能够反映特定分布中的近似置信度区间。

(2) 假如已知一个特定分布是适用的,那么就采用这种分布。否则,可以合理地假设该分布是一个正态分布,在这个分布中,影响不确定度的主要因素都呈正态分布,或者说在任意的分布中有几个近似相等的因素。有了这种假设,就可以根据 Student 分布的 t 值,在一个适当的置信水平(双尾的)和自由度的基础上明确地确定 k 值。

(3) 在"模型法"中,自由度的大小按照所公布的公式[1,2],从各不确定度分量的自由度中正式导出的,或者是来自于主要分量自由度的近似值[1]。更普遍的做法是,假设自由度足够大,选择 $k = 2$ 即近似于95%的置信度。

大多数情况下,采用 $k = 2$ 都是可以接受的,有时甚至是强制性地使用这个假设[29]。但是,当报告扩展不确定度时,对所采用的 k 值以及它所代表的置信度的近似水平加以说明非常重要。

14.3 相对不确定度表述

14.3.1 我们常常发现抽样的标准不确定度随着其结果值的增加而成比例地增加。在这种情况下,采用一个相对值来表示不确定度更有实际价值,比如相对标准差(u/x),或使用公式4表示的百分比区间(比如:$\pm 10\%$)。所引用的相对值通常建立在对一个或多个有代表性结果的不确定度评估基础上,但该法适用于更大范围的浓度值。

14.3.2 很重要的一点是,不要把相对标准差简单地外推至零浓度,因为不确定度在很低的浓度水平也不会完全消失,这时成比例的假设无效。这种情况下更普遍的做法是,要么设定相对不确定度适用的浓度范围值[25],要么以浓度的函数来另外表示不确定度[1,42]。

14.4 不确定度的影响因素

14.4.1 对测量不确定度的每一个贡献（分量）所包括的精确步骤都需要进行说明。根据所采用的评估方法、实验设计的细节、获得信息的人员，就可以对测量不确定度的一些特定组成进行定量。比如，图 15.2 中的实验设计将把称之为"抽样"和"分析"的两个组成分别进行评估。当我们在检查这一设计的具体执行细节时，可以明显看到，由样品的物理处理过程产生的不确定度包括在"抽样"的主题里面，而由化学处理过程产生的不确定度则包括在"分析"主题里面。假如需要的话，可以在实验设计中加插一个物理处理的重复水平，从而评估由特定步骤引入的不确定度分量[30]。需要将那些包括在每一个测量不确定度分量中的确切步骤文件化。对于缺少经验的分析测量使用者，用一个数值来报告整个不确定度，并用注脚的方式说明该不确定度都考虑了哪些因素，这种做法可能更好。

14.5 评估值的应用　　回顾一下关于被测量特征的讨论情况（第 5.2 节），确保清晰地报告被测量是至关重要的。就像在第 14.1.1 中看到的那样，要清楚地说明测量结果及其不确定度是适用于单纯的测试样品、实验室样品、整个抽样对象，还是适用于一系列的对象，这一点尤其重要。与分析测量的不确定度评估不同，很有可能出现这样的情况，即当同一抽样条件应用于一个新的抽样对象时，将产生不同水平的抽样不确定度。这就要求对完全不同的对象进行新的评估，特别是当有理由假设不均匀性程度已经发生变化时更需要这样做。

14.6 关于不确定度声明与限量之间关系的解析　　为了评价结果是否符合要求，常常拿测量结果与允许值或规定的限量进行比较。要进行这样的比较，就得把不确定度考虑进去。对此问题的全面探讨超出了现有《指南》的范围；在参考文献[1]和参考文献[31]中可以找到更详细的讨论。基本原则是：

（1）先要确定所作的最终判定决策是要求合格证据/不合格证据，还是用于"共享风险"型判定，然后再规定一个合适的置信水平。

（2）如需要合格证据，测量结果和它的不确定度区间必须完全落在合格限量范围内。

（3）如需要不合格证据，测量结果和它的不确定度区间必须完全落在合格限量范围之外。

（4）如需要"风险分享"型的判定，可在合格限量区间的基础上设定一个可以接受的测量结果范围，调整这个范围以提供一个"假接受"和"假拒绝"比例的概率。最新的指南给出了相关程序的有用细节。

针对所设定的目的，查阅具体的、适用的法规非常重要，因为在目前没有任何通用性的指导文件能涵盖所有个案。比如说，未证实某种材料的符合性就认为其合格，并且强求得到一个具有符合性的证据，这种行为是危险的。但是，在大多数国家里，犯罪指控却需要证据清楚地表明其不符合性，在这种情况下（比如血液中酒精超标的指控），通常的办法就是在高水平的置信度下寻找不合格的证据。

15. 评估抽样不确定度的成本

15.1 把验证和抽样质量控制放到一起来考虑总预算的思路似乎更合乎逻辑，这样可以抵消由于不适当的不确定度评估造成决策失误而产生成本的上升。应该承认，开展不确定度评估将不可避免地会增加测量的总成本。比如，应用平行法有可能使抽样成本上升 10%，分析成本上升 30%（即应用平衡设计把抽样对象设定为 10% 时，需要增加三个附加的分析）。如果有一个合适的统计处理方案，那么也可以采用一个非平衡实验设计，这样就只需要对其中的一个平行样品做两次分析。当然,获取更多的信息,可以减少由于不了解不确定度而可能作出错误决策并造成潜在的损失,从这个角度看,成本上升是合理的(第16节)。

15.2 如果采用其他方法来评估不确定度,则更加难以估算所需要的一般成本。进行主管机构间的抽样验证实验至少需要计入8个不同参与者的成本(以获得可以接受的置信度),因此,它的成本很可能比平行法要高。"模型法"需要有关抽样材料更详细的信息。对于那些在多批实验中能保持恒定值的材料,这些值就具有普遍适用性,因此平行法可能比经验法更节约成本,因为经验法要求每一批样品都要做大量的额外实验。因此,我们的讨论必须包括这样的内容:在初步验证时要把特定协议和材料合在一起进行不确定度评估,持续监测的值是多少,通过实时质量控制计划所更新的值是多少。把验证和抽样质量控制放到一起来考虑总预算的问题似乎更合乎逻辑,这样可以抵消由于不适当的不确定度评估造成决策失误而产生的成本上升。

16. 使用不确定度判断测量与目的的适用性

16.1 对抽样不确定度的正确理解必须紧扣"目的适用性"这一主要目标。有三种方法可用于设定"目的适用性"的标准。第一种方法是任意设定一个可以接受的不确定度最大值的界限。这种方法在分析部门应用非常广泛,在这些部门,一般选用一个相对不确定度作为目标(比如10%)。这种方法有个问题,就是它未必和使用者要求测量的意图相吻合。

16.2 第二种方法是把由测量产生的方差(抽样和分析)与不同抽样对象之间的测量方差相比较。在很多情况下,测量的目的是比较不同对象之间的含量,比如在矿产勘探中,其目的是要查找具有明显较高含量的某种感兴趣元素(比如金矿)存在的地点。例如,这种方法的一个应用示例是:设定目的适用性标准,使测量的方差在总方差中的比重不超过20%(在公式2中所定义的)[33]。

16.3 第三种方法用于判断测量与目的适用性的方法,也是应用最广的,就是考虑测量结果对最终目的的影响。所有的分析测量工作都是为了支持某一决策。这个决策可能是正确的,也可能是错误的。一个错误的决策将会牵扯额外的开支,而且当不确定度较大时,决策出错的可能性将增大。例如,根据一个最大可接受水平的杂质指标来生产一种材料①。对每一批材料都进行分析以判断其杂质含量。一个"假阳性"的测量结果将产生这样的后果:这批材料将被丢弃,或者为了降低这种很显然不可接受的杂质含量而进行的不必要的加工。一个"假阴性"的测量结果意味着将一批有缺陷的货物交给客户,这种情况下可能需要一定的经济赔偿。假如不确定度偏高的话,这两种情况都有可能发生。这似乎在提示测量工作应该在使不确定度达到最小的条件下进行。然而,降低测量结果的不确定度必将导致成本的大幅度增加。这里提供一个有用的计算法则,就是当随机变异在不确定度中占主导地位时,则测量成本与不确定度的平方成反比;不确定度降低2倍,成本将上升4倍。

16.4 一个决策的真正成本是测量成本与决策失误所引起的附加成本之和。从上面的论述中我们可以看到,在不确定度的某些特定水平上,这个附加成本之和有一个最小值(图15.6),而这个不确定度就是目的适用性的定义。

---

① 这个概念同样适用于那些已经规定了最低分析物浓度的材料,在这种情况下,"假合格"和"假不合格"的说法都适用。

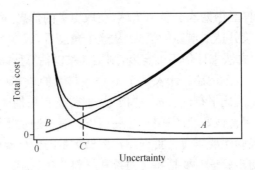

图 15.6　与测量不确定度相关的损失函数

线 A 表示测量成本。线 B 表示由决策失误产生的成本。这两条线的加和(最上面的线表示
总成本)在点 C 显示了最低成本;这个点可认为是与目的相符合的不确定度

16.5 抽样和分析之间资源的优化组合也关系到成本。即使从最基本的常识来考虑(不包括成本)也应该保持抽样和分析不确定度的大致平衡。例如,假设抽样和分析的不确定度分别为 10 和 3 个单位,则总的测量不确定度为 $\sqrt{10^2+3^2}=10.4$。降低分析方面的不确定度几乎对总不确定度没有影响:假如分析不确定度降低到 1 个单位,则总不确定度降低为 $\sqrt{10^2+1^2}=10.05$,变化微乎其微。一种更成熟的方法是把分析和抽样的不同成本进行比较和考虑。假设在某一不确定度水平上,抽样的单位成本为 A,分析的单位成本为 B,则抽样不确定度和分析不确定度的最优比率是 $u_{抽样}/u_{分析}$,可以按以下公式计算

$$\frac{u_{抽样}}{u_{分析}}=\left(\frac{A}{B}\right)^{1/4}$$

用这个公式就可以对总不确定度 $\sqrt{u_{抽样}^2+u_{分析}^2}$ 计算最小的支出;或者反过来,先定下成本支出,再计算出最小不确定度[34]。

关于修改抽样不确定度的方法在附录 5 中已经做了讨论,虽然并非总能做到在"最低总成本"的水平下进行操作,或者并非有必要都这么做。

17. 计划抽样和测量策略的提示

17.1 专家意见和咨询　如同第 4 节中所阐述的那样,抽样和分析过程包括了一系列的活动。这些过程的不同环节常常分派给不同的人员来完成,他们对工作对象的认识差别很大。更重要的是,认识不一样,对不同环节产生的影响就不一样。一般来说,所有这些员工对过程的某些环节会有一定的了解,但很少有人能够做到去了解全过程。因此,很重要的一点是,在拟订抽样计划时,只要有可能,计划制订者应由分析化学家和有经验的抽样技术专家组成。在大多数情况下,为慎重起见,还需要包括统计专家(见下文)。对于一个新的应用领域,决策者(如业务主管和那些对抽样活动结果起作用的人)在做计划时应进行潜心的研究。如果一个协议旨在支持某一个法规,那么还应该咨询法规的起草人。

尽管本指南的原则具有普遍适用性,但是专家在统计方面的指导永远具有参考价值,因此在有些情况下应借鉴这些指导意见,这些情况包括:

(1) 当观察到的或所期望的频率分布不是正态分布时。例如,结果中有超过 10% 的点落界限之外,或者结果的分布明显不对称。

（2）当巨大的财政支出或社会影响需要依赖于可靠的不确定度评估时。

（3）在不确定度评估基础上，或者对于更复杂的抽样计划而言，当需要在测量结果的基础上建立置信区间时。

（4）当抽样策略不仅仅是进行平行测量的简单随机抽样，而是更复杂的形式，例如进行层积抽样时。

17.2 如何避免抽样偏差 本指南所描述的方法可适用于建立各种各样的抽样方案，但是只有更复杂的方法才可用于涉及抽样偏差的不确定度的评估。正因为如此，更应该密切注意最大限度地减少潜在的偏差来源。包括因颗粒的大小、密度或流率所引起抽样差异导致产生的可能偏差、采样点的选择引起的偏差、不同抽样设备造成的影响效应等。除非有证据表明这些影响因素得到了有效的控制，或者在抽样协议中已有清晰的规定，否则的话，应该征询抽样方法学专家的意见。

17.3 不确定度评估的计划 为了评估测量结果的不确定度，在进行抽样训练时，最基本的是要时刻准备为平行样品和平行测量作出预计划。

17.4 评价"目的适用性"的标准 理想的情况下，应该先建立一套清晰的"目的适用性"的标准，该标准需考虑相关的成本以及抽样和分析的不确定度（已知的或者可以事先确定的），在此基础上再制订计划，第 16 节就如何优化分析和抽样资源提供了指引。

17.5 使用现有的验证数据 与分析测量相关的主要不确定度的评估，常常是在分析方法验证的过程中或在此基础上进行的，而验证工作是在方法投入使用之前进行的。因此，需要考虑这样的问题：变异性作为抽样实验的一部分，应该贯穿实验的全过程，而不是仅仅作为核查之前的信息评估获得的分析测量不确定度。在考虑这个问题时，必须注意，在一段相对较短的时间里所观察到的变异性作为不确定度评估的依据是不够的。一般来说，利用长期的研究数据更加可靠。因此，利用先前的验证数据会更加安全，除非所观察到的变异性明显变大。

与抽样变异性相关的不确定度可以事先进行自我评估，特别是在制订和执行一个长期的抽样计划时更可以这么做。在这种情况下，谨慎的做法是收集初期抽样不确定度的评估资料。如果利用此资料的信息，那么当前进行的研究就可以用来核查不确定度估计值的持续有效性。如同在第 13 节中讨论的那样，通过运用内部质量控制的原则可以给出相关的示例。

17.6 抽样不确定度的认可 在报告测量结果之前，应该评价测量结果是否可以接受，是否与已设定了全部不确定度及其抽样组成的不确定度的质量目标相一致，这个目标或许是在测量之前以某些目的适用性标准为基础而设定的。

附录 1 示   例

简介 用实际案例来解释本《指南》正文中所描述的方法是最有效的方式。这些示例没有打算包罗万象，而是显示了如何将通用原理应用于跨越不同领域范围的各种情况，包括食品（生产和销售）、动物饲料和环境（土壤和水）。这些示例在结构上以相同的基本格式进行编排，这样便于理解和比较。

例 A1.1（表 15.7）

表 15.7　在温室种植莴苣中的硝酸盐的含量

被测对象				不确定度评估		
分析物/技术方法	单位	领域/基质	抽样对象	目的	设计	统计学
硝酸盐/热水提取-HPLC 测定	mg/kg	食品/莴苣	一仓在温室种植的冰冻莴苣	不确定度-总测量不确定,包括抽样和分析	经验法-平行方法	稳健的方差分析

A1.1.1 范围　使用标准抽样程序,通过对温室中生长的莴苣进行常规监控,评估测量不确定度,以及抽样和分析过程对不确定度的贡献。

A1.1.2 内容和抽样对象　硝酸盐对于植物的生长是必不可少的。但是,硝酸盐摄入水平过高对人类健康的影响正日益受到关注。根据欧盟指令的要求,需要对莴苣中硝酸盐的浓度进行日常的监测。对每一仓莴苣(近 20,000 棵)进行浓度的评估,每仓的结果独立的对照有关规定进行符合性评估。每一仓(而不是一棵莴苣)被看成是一个抽样对象。为了使被测量的硝酸盐的浓度能与欧洲规定的限量[35](4500 mg/kg)进行可信的比较,需要对测量不确定度进行评估。

A1.1.3 抽样协议　为达到上述目的,一个可接受的协议规定:从每仓收获的莴苣中选取 10 棵组成一个复合样品。在被调查的仓中通过走一个"W"形或者 5 个点骰子的形状来选择莴苣。不管仓规格的大小,这个协议适用于所有的仓。早晨抽取样品,把样品放置在冰盒中,于 24 小时内运送到签约的分析实验室。

A1.1.4 研究设计——平行法(第 9.4.2 节)　不确定度评估协议中要求至少要选取 8 个对象。除了常规的样品外(S1),每一仓还要再抽取另外 10 棵莴苣样品(S2)。所抽取的平行样品代表了由抽样协议可能存在的模糊性而产生的变异,例如确定 W 设计的起点和行走方向(图 15.7)。

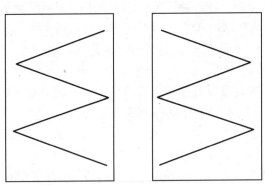

图 15.7　"平行法"示例

平行法应用示例。把 W 设计作为一个示例,协议规定了这样的设计,但没有给出位置和方向。W 可以从左边开始也可以从右边开始。沿着 W 的线行走抽取 10 棵莴苣,组成抽样对象的一个复合样品

A1.1.5 实验室中的取样和分析　实验室接收的样品是处于冷冻状态的。将一棵莴苣(增量)切成大小相等的 4 块,其中 2 块作为留样。对所有的 10 棵莴苣重复这样的做法。将

切好的 20 块莴苣放进一个 Hobart 搅拌机中,把它们搅碎,做一个混合样品。取出 2 份(10g)试样进行分析检测。每一份试样用热水进行提取,使用带紫外检测器的 HPLC 测定其硝酸盐的浓度。质控样品(添加回收)与实际样品同时进行分析。因为不可能发现显著的分析偏差,所以不需要对实验结果数据进行校正。用来评估不确定度的原始检测值已经进行了四舍五入的处理,没有保留低于零或者检测限的值。

A1.1.6 结果 表 15.8 给出了对 8 个抽样对象中硝酸盐浓度最佳的评估值。

表 15.8 8 个平行样品中硝酸盐浓度(mg/kg)的检测

抽样对象	S1A1	S1A2	S2A1	S2A2
A	3898	4139	4466	4693
B	3910	3993	4201	4126
C	5708	5903	4061	3782
D	5028	4754	5450	5416
E	4640	4401	4248	4191
F	5182	5023	4662	4839
G	3028	3224	3023	2901
H	3966	4283	4131	3788

注:平行样品用 S1 和 S2 来标识。同样,平行分析用 A1 和 A2 来标识。因此,DS1A2(检测值为 4754 mg/kg)代表了抽样对象 D 的样品 1 的第二次重复检测的结果。

在使用统计方法之前,检查数据以确定变异的一般水平是非常有用的。一般来说,每一个样品重复检测结果(例如 BS1A1 和 BS1A2)相互之间相差不超过 300 mg/kg,这表明分析的精确度小于 10%。平行样品(例如 DS1 和 DS2)的检验结果相互之间相差也很少,一般小于 20%。不过,有一个对象(C)显示了很大的差别,这表明存在一个离群值。

测量不确定度的随机分量和它的两个主要分量(抽样和分析)的量化使用稳健方差分析(RANOVA,附录 3.3),其结果见图 15.8。稳健方差分析(ANOVA)作为离群对象用在这个相对得到很好控制的环境中,可能看上去有些反常,与其说是反映了潜在的总体统计数字,不如说是作为防止出现分析性离群值的提醒。

注:当表观离群值作为样本增量或者典型目标总体的一部分出现时,不能使用稳健方差分析,除非特定的操作程序容许非正态分布作为假设的误差构成的一部分。

从上述结果中提取稳健方差分析评估值,得到:

$$S_{抽样} = 319.05 \text{ mg/kg}$$

$$S_{分析} = 167.94 \text{ mg/kg}$$

用公式 1 来计算:

$$S_{平均值} = \sqrt{S_{抽样}^2 + S_{分析}^2} = 360.55 \text{ mg/kg}$$

这可以用来评估标准不确定度(u)的随机分量。

扩展相对不确定度可以用公式 3 来计算:

$$U_{平均数}{}' = 200 \times 360.55/4408 = 16.4\%$$

抽样本身的扩展相对不确定度(随机分量)可以使用同样的方法计算出:

$$U_{抽样}{}' = 200 \times 319.05/4408 = 14.5\%$$

传统方差分析结果：

平均数＝4345.5625

标准偏差（总体）＝774.5296

平方和＝12577113　　4471511　　351320

	对象之间	抽样	分析
标准偏差	556.2804	518.16089	148.18063
方差的百分比	51.583582	44.756204	3.6602174

稳健方差分析结果：

平均数＝4408.3237

标准偏差（总体）＝670.57617

	对象之间	抽样	分析	测量
标准偏差	565.39868	319.04834	167.94308	360.5506
方差的百分比	71.090791	22.636889	6.2723172	28.909209
相对不确定度	—	14.474814	7.6193626	16.357719

（%,在95%的置信度）

图 15.8　两种方差分析结果

方差分析结果,其数据产生于一个平衡试验设计($n=8$,见表7)。给出了稳健 t 和传统的两种评估,以便于相互比较。标准偏差评估计算了"对象之间($S_{对象之间}$)"、"样品之间($S_{取样}$)"和"化学分析之间($S_{分析}$)"的偏差。结果与输入的数据浓度单位相同(即 mg/kg)。

作为比较,由分析过程所贡献的扩展相对不确定度(随机分量)为：

$$U_{分析}'=200\times167.94/4408=7.6\%$$

这个数字比分析过程中内部质量控制所设定的一般限度(10%)要小。

分析回收评估值与100%回收率没有统计学上的差异(即没有存在分析偏差)。因此,在本例中,对与分析偏差相关联的不确定度没有作出额外的规定。

A1.1.7 注释　这个示例中的不确定度评估没有包括对可能存在的抽样偏差的任何评估。

A1.1.8 测量结果与目的适用性的评价　目的适用性标准最初使用时是基于总方差的百分值(16.2 节)。当使用稳健方差分析时,该方案计算了"抽样对象之间的方差"、"抽样方差"和"分析方差"对总方差的贡献(表示为百分数)(图15.8)。在莴苣中硝酸盐的浓度的研究示例中,对总方差贡献最大的值是来自于对象之间的变异性(71.1%)。把抽样(22.6%)和分析(6.3%)的贡献加在一起,可以清楚地看到,测量的两个环节加在一起对总方差的贡献为28.9%。这比理想的20%稍微大了点。从这次测量的方差来看,抽样(指对象之间的抽样,译者注)起了一个决定性的作用,抽样引起的方差占了测量总方差的78.2%。

也可以通过最优化不确定度的方法来评价目的适用性。这个方法阐述了目的适用性与财政支出方面的关系(第16.3 节)[37]。以此为例,我们可以把组成一份复合样品的莴苣数量从10棵增加到40棵,以达到我们所期待的目的适用性(附录5和文献[38])。

A1.1.9 报告和说明　对每一仓莴苣(抽样对象),把10棵为一组组成的复合样品的硝酸盐浓度与限量值(4500 mg/kg)进行比较。每一浓度都必须与表15.9中的测量不确定度一起报告(被测量值的16.4%)。根据测量和相应的不确定度,按照适合法规制度的用语,说明每一批样品的结果是否超出了它的限量值(表15.10)。

A1.1.10 小结

表 15.9 测量不确定度结果

	测量不确定度	
抽样	分析	总体
14.5%	7.6%	16.4%

表 15.10 S1A1 样品中硝酸盐浓度及相关测量不确定度

抽样对象	S1A1	扩展不确定度
A	3898	639.3
B	3910	641.2
C	5708	936.1
D	5028	824.6
E	4640	761.0
F	5182	849.8
G	3028	496.6
H	3966	650.4

注:该表显示了 S1A1 样品中硝酸盐的浓度(日常取样)及其相关的测量不确定度(从 $U=16.4\%$ 计算而来)。举例来说,对象 F 的被测量的值(或者真值)落在 4332~6032 mg/kg 之间的范围。

例 A1.2(表 15.11)

表 15.11 被污染表层土壤中铅的含量

被测对象				不确定度评估		
分析物/技术方法	单位	领域/基质	抽样对象	目的	设计	统计学
总铅含量/ICP-AES	mg/kg 以干基计	环境/土壤	抽样对象为 100 个样品,每个面积为 30 m×30 m,厚度 0~150 mm 的表土	不确定度-总测量、抽样和分析不确定度	经验法-平行方法	稳健的方差分析

A1.2.1 范围 使用通用的抽样协议,在同一区域范围内抽取 100 个不同的土样,评估测量不确定度,以及抽样和分析环节对不确定度的贡献。

A1.2.2 内容和抽样对象 调查对象是一块 9 公顷的土地,为将来发展住宅用地做评估。对人体健康风险最重要的分析物是元素铅。为了将土壤中的铅浓度与国家规定的限量标准(450 mg/kg)进行比较,要求对 100 个土壤样品进行铅含量的测定和不确定度的评估。

A1.2.3 抽样协议 在 100 个不同的地点用手动的木螺钻(直径 25 mm)抽取 100 个土壤样品(深度约在 1~150 mm 之间)。这些采样点以规则的网格状分布,空间间隔为 30 m(表 10),因此,每一格的面积是 30 m×30 m。使用测量卷尺和罗盘来帮助观测。

A1.2.4 研究设计——平行法(9.4.2) 在随机选择的地点,运用平衡设计,将 10 个样品为一组(即总数的 10%)进行重复采样。这些重复样本要在首次样本采集位置的 3 米范围内采集。这有助于反映抽样协议的模糊性、抽样对象在抽样位置定位的不确定性(如调查误差),以及指定对象小规模的异质性对测量浓度的影响。6 个有证土壤标准物质(CRMs)被选作质控分析,以估计在一定浓度范围内的分析偏差。

A1.2.5 实验室的取样和分析 原始样品要在烘箱中 60℃ 烘干过夜、碎解、过筛处理,除去土壤粒度大于 2 毫米的颗粒(依据土壤的定义)。对筛下的小于 2 毫米的颗粒进行充分的磨碎、混匀。称取测试样品 0.25 克,用硝酸和高氯酸溶解,最后用电感耦合等离子体发射光谱测定。测量时要进行全程的分析质量控制,当试剂空白浓度值在统计学上与零值有差别时,需进行校正。未经四舍五入的原始测量值用来评估不确定度,保留低于零或者检测低限的值。

A1.2.6 结果 来自 100 个样本对象的铅浓度的最佳估计值见表 15.12。

表 15.12 用规则的抽样网络中的实际坐标系(间隔 30 m)来表示抽样网络中每一对象的铅浓度

行	A	B	C	D	E	F	G	H	I	J
1	474	287	250	338	212	458	713	125	77	168
2	378	3590	260	152	197	711	165	69	206	126
3	327	197	240	159	237	264	105	137	131	102
4	787	207	197	87	254	1840	78	102	71	107
5	395	165	188	344	314	302	284	89	87	83
6	453	371	155	462	258	245	237	173	152	83
7	72	470	194	82.5	162	441	199	326	290	164
8	71	101	108	521	218	327	540	132	258	246
9	72	188	104	463	482	228	135	285	181	146
10	89	366	495	779	60	206	56	135	137	149

注:它们显示了在选点与选点之间有相当大的变异,相差约为 10 倍。随机选取的 10 个点(即 A4,B7,C1,D9,E8,F7,G7,H5,I9,J5)的变异性被用来评估取样的不确定度(表 11)。这种抽样对象内部的差异是很大的(例如,差别为 2 倍),但是比对象之间的差异要小。

用 10 个平行抽样对象、4 组平行设计的测量数据来进行不确定度的评估(表 11)。对数据进行目测检查,先对两种来源测量不确定度的相对重要性进行初始的定性评估。平行样品中浓度值之间低水平的一致性表明了高水平的抽样不确定度(例如,对象 D9 的 S1 和 S2 的比较)。然而,一般来说,大多数样品平行分析结果(A1 和 A2)的一致性(<10% 的差异)比平行样品之间的差异要小很多(表 15.13)。

表 15.13 不确定度的评估

抽样对象	S1A1	S1A2	S2A1	S2A2
A4	787	769	811	780
B7	338	327	651	563
C1	289	297	211	204
D9	662	702	238	246
E8	229	215	208	218
F7	346	374	525	520
G7	324	321	77	73
H5	56	61	116	120
I9	189	189	176	168
J5	61	61	91	119

注:在一项对土地污染的调查中,从总数 100 个对象中选取 10 个平行样品,铅的测量浓度(mg/kg)。用 S1 和 S2 对平行样品进行标识。同样,用 A1 和 A2 给平行分析进行标识。因此,D9S1A2 代表抽样对象 D9 中样品 1 的第 2 个分析结果。为了清晰可见,表中的数值是经过四舍五入的,可以用来进行下一步的计算。但是一般来说,最好用没有经过四舍五入的值来进行此类的计算。

测量不确定度的随机分量和它的两个主要分量(抽样和分析)的量化使用稳健方差分析,其典型结果见图 15.9。选用稳健方差分析可以接受离群值——在上述数据以及大多数与此相似的数据系列中,我们都可以看到离群值的大量存在(例如,对象 A4,抽样平行 D9S1/S2,分析平行 B7S2A1/A2)。不确定度的评估是取 10 个对象的平均值,假设这个浓度范围的不确定度变化不是非常明显。我们用一个相对值来表示不确定度以使它在这个浓度范围内都能够适用(14.3)。

从这个结果提取稳健方差分析评估值,得到:

$$S_{抽样} = 123.8 \ mg/kg$$
$$S_{分析} = 11.1 \ mg/kg$$

我们可以用公式 1 来计算:

$$S_{平均值} = \sqrt{S_{抽样}^2 + S_{分析}^2} = 124.3 \ mg/kg$$

这个公式可以用来评估标准不确定度(u)的随机分量。

扩展相对不确定度可以用公式 3 计算出,其包含因子为 2:

$$U_{平均值}{}' = 200 \times 124.3/297.3 = 83.63\%$$

抽样本身的扩展相对不确定度(随机分量)可以使用同样的方法计算出:

$$U_{抽样}{}' = 200 \times 123.8/297.3 = 83.29\%$$

作为比较,分析过程中所贡献(随机分量)的扩展相对不确定度为:

$$U_{分析}{}' = 200 \times 11.1/297.3 = 7.5\%$$

这个数值比分析内部质量控制所设的一般限度(例如 10%)要小。

传统的方差分析的结果:
平均数=317.79999
标准偏差(总体)=240.19238
平方和=1738031.9 370075.5 6473

	对象之间	取样	分析	
标准偏差	197.55196	135.43246	17.990274	
方差的百分比	67.646327	31.792678	0.5609926	

稳健的方差分析的结果:
平均数=297.30884
标准偏差(总体)=218.48763

	对象之间	取样	分析	检测
标准偏差	179.67409	123.81386	11.144044	124.31436
方差的百分比	67.62655	32.113293	0.2601549	32.373447
相关的不确定性	—	83.289726	7.4966113	83.626415
(%在 95%的置信度)				

图 15.9 平衡设计的方差分析结果($n=10$,数据见表 11)。

该图给出了稳健分析和传统分析的两种评估值,以便于相互比较。计算了"对象之间($S_{对象之间}$)"、"对象内($S_{样品}$)"和"化学分析间($S_{分析}$)"的标准偏差评估值。结果与输入的数据浓度单位相同(本例为 mg/kg)。

分析偏差所包含的内容 在实测值和 6 个已认证的 CRMs 值之间建立线性函数关系,

使用该线性函数关系[40]估算出分析偏差为—3.41%（±1.34%）（表 15.14）。

目前，对于是否存在一种最佳的方式把随机和系统的效应结合起来评估不确定度，尚未达成共识，虽然我们已经有 4 种可供选择的方案[30]。选择方案之一[25]是在实验室间实验中，把所评估的分析偏差作为参与者的一个典型值（例如—3.41%）。接着将这个偏差以及它自身的不确定度（1.34%）加到不确定度的随机分量中（使用平方和），这样做将把方差提高到在该实验中所发现的水平。这种方法的逻辑是：通常在实验室间实验中发现的额外不确定度是由于各主管机构内部所产生的偏差引起的。如果由不同实验室之间偏差引起的额外方差可以构成一个评估值，那么实验室间的额外不确定度也可以被加进每个主管机构的随机分量中。在这种情况下，标准相对分析不确定度可提高到 5.24%[$=(3.75^2+3.41^2+1.34^2)^{0.5}$]。由此，扩展不确定度（10.48%）比 10%的值大；但是，将它与实验室内部独立分析测量不确定度评估值进行比较也非常有用。因此，整个测量的扩展不确定度提高到 83.95%[$=(83.29^2+10.48^2)^{0.5}$]，这实际上与单纯的随机分量（83.63%）是一致的。

表 15.14　用于评估分析方法偏差的 CRMs 铅浓度的实测值和已知值

CRMs 名称($n=4$)	平均数(mg/kg)	标准偏差(mg/kg)	已知值(mg/kg)	u/已知值(95%置信度)
NIST2709	19.7	3.2	18.9	0.5
NIST2710	5352.0	138.0	5532.0	80.0
NIST2711	1121.4	14.7	1162.0	31.0
BCR141	34.4	3.9	29.4	2.6
BCR142	36.2	4.6	37.8	1.9
BCR143	1297.5	33.0	1333.0	39.0

A1.2.7 注释　这里评估的不确定度没有扣除任何抽样偏差（第 9.4.2 节）。然而，由于不确定度常常是以抽样对象的异质性为主导的，因此，相对而言，可以假设由抽样引进的额外不确定度可以忽略（就像分析偏差所显示的那样）。在需要进行最高质量的不确定度评估情况下，比如若低估了不确定度，有可能引起潜在的、巨大的财政损失，则最好使用一个更详尽的方法——多个抽样人以及（或者）多个协议（表 15.5）共同研究。

假如被测量（或者真值）被定义为覆盖整个区域的平均铅浓度，那么在计算平均值时，不确定度必须包括来自于标准误差的贡献，其公式为：$S_{总体}/\sqrt{n}$。在该例中，$S_{总体}=403$ mg/kg，$n=100$，因此，平均值为 291.9 mg/kg，在 95%的置信度下，其不确定度为 27.6%。在不知道个体（抽样，或者是分析）不确定度贡献的情况下，仍可以计算这个值，通常由 $S_{抽样之间}$ 为主导。

A1.2.8 测量目的适用性的评价　使用"总方差百分比"的方法（16.2 节），图 15.9 中的结果被归结为由"对象之间"、抽样（对象内部）和分析（样品内部）引入的、用百分比表示的总方差（[标准偏差（总体）]²）。在本例中，很清楚地显示了"对象之间"的方差占主导地位（总方差的 67.6%），虽然它仍然小于 80%的理想临界值（第 16.2 节）。更进一步说，在对测量方差的贡献上，抽样（总方差的 32.11%）比化学分析（总方差的 0.26%）贡献要大得多。在本例中，可以认为抽样方差（即对象内部）是测量过程中引入不确定度的主要因素[99.2%；即，100×32.11/(32.11+0.26)]。

关于使用优化不确定度方法来评价所调查土地污染的测量目的适用性，在其他文献中已有描述[41]。

A1.2.9 报告和说明 这些对象的铅浓度的独立测量报告应该附上不确定度的值(等于浓度值的 83.9%)。这适用于所有的检测值(表 10);这些值至少 10 倍于检测低限(在本示例中,检测低限估计为 2 mg/kg)。在一些应用示例中(本例不涉及),有必要把不确定度表示为浓度的一个函数[42]。进一步说,取自于 10 个对象(平行抽样)、建立在测量平均值之上的不确定度将使不确定度的评估值减少为 59.3%($= 83.9/\sqrt{2}$)。

知道了不确定度的值,就有可能对选点的铅污染水平做出一个概率性的解释。

A1.2.10 小结

表 15.15　测量不确定度* 结果

抽样	分析	总体
83.3%	10.5%	83.9%

* 其包含因子为 2(即 95% 的置信度)。

例 A1.3(表 15.16)

表 15.16　地下水中溶解铁的含量

被测对象				不确定度评估		
分析物/技术方法	单位	领域/基质	抽样对象	目的	设计	统计学
溶解性铁/ICP-AES	mg/L	环境/地下水	在地下水主体中,作为选点的地下水接近于一个被监测的井	总不确定度	经验性重复法,被用于验证和质量控制	波动范围

A1.3.1 活动范围 活动范围是指在观察期间,通过一项确认取样研究和相继的取样不确定度的控制,决定对铁溶解检测的总体不确定度。

A1.3.2 内容和抽样对象 地下水主体(已得到监视性监测)——这座名叫阿赫斯(Arhus)的城市饮用水的主要来源;阿赫斯是丹麦的第二大城市——由于过度抽取饮用水,地下水体被确定为处于质量不断恶化的风险之中。为了控制水质发展的方向,建立了一套运行性监控程序。

(断点连接)地下水主体是处于冰川冲刷的砂之中,下面是中新世时期形成的砂和黏土,上面是冰川。选点的地质学因为几处当地的地下蓄水层(含水层渗透岩石的地下层)和半透水层(包括黏土或者是非多孔岩石的地质构造层,阻止了地下水从一蓄水层到另一蓄水层)而复杂化。地下水主体被确认为 2 km×2 km×10 m,从表面层下 20~30 m 开始。天然地下水是不含硝酸盐的厌氧体,它含硫酸盐和还原铁,但不含硫化氢和甲烷。对地下水主体威胁之一是伴随着因地下水的抽取而引起的地下水位下降,造成氧对地下蓄水层的侵蚀。

在调查监控期间,从该地下水主体 9 口井中抽取样品进行化学分析,其中 6 口井已准备就绪。按照运行计划,每年对一口井进行两次监测。运行监测的目标设定为对水体质量恶化 20% 时具有 95% 的识别概率。决定使用溶解铁作为目标参数,这个参数将作为蓄水层氧化作用的敏感指示物(氧化作用提高则铁的浓度下降),以及作为支持证据的氧化还原电势。氧、pH、电导率和氧化还原电势被用来作为在线抽样稳定性指示的指标,而钠、钙、氯化物作为常规的地下水质量参数。这里,我们只讨论两个关键性的参数:溶解铁和氧化还原电势。

监测目标要求包括抽样和分析在内的测量不确定度不能超过10%（对两个样品的平均值进行比较,95%的置信度区间,双向检验）,使其与扩展不确定度（20%）一致。为了保证监测程序符合设定的目标,先对已准备就绪的所有的井进行抽样验证的研究。基于这项研究的结果,建立一套日常抽样质量控制的计划,该计划与被监测的井的监控计划一起执行。

根据早先的监控活动（调查监测）,对地下水主体的特性进行小结。表15.17显示了两个关键参数的小结,这包括时间和空间的变化以及测量不确定度（抽样和分析）。

表 15.17 地下水主体 9 口井中的关键化学参数（调查监测）

	氧化还原电势 mV	溶解铁 mg/L
平均值	−123	1.11
相对标准偏差	27%	56%
不确定度的来源	抽样和在线测量中氧气的影响	过滤

化学数据给我们的提示是:在主要成分方面,地下水的组分在时间和空间上没有变化（这里没有显示这些数据,相对标准偏差是1.9%~16%）,而氧化还原参数（氧、氧化还原电势和溶解铁）则变化很大。表14列出了引起两个关键性参数不确定度的主要原因,这些因素在抽样过程已得到控制。

A1.3.3 抽样协议 抽样是根据阿赫斯县的地下水监测程序来操作的,在每一口井的中间遮蔽间隔处,永久性地放置了一个专用的水泵（Grundfos MP1）。抽水速度为1~2 m³/h（良好净化）,只在取样之前有10%的减速。6口井中的2口是直径很大的取水井,装备着高产泵。抽水速度达到40~60 m³/h,然后,在取样之前减速。在井水净化期间,对氧、pH、电导率和氧化还原电势进行在线检测,当水质量的读数稳定时再进行取样。在取样期间,填写现场报告,包括泵产量和时间,以及水平面的测量。

A1.3.4 研究设计——平行法 此项研究设计选用了经验法,以便进行地下水主体异质性的评估（随着时间的变化,井与井之间对象间的变异）和测量不确定度。抽样的不确定度和分析的不确定度被分别展示。

（1）A3.4.1 验证:验证计划的目标是保证测量不确定度符合所设定的质量目标,并且能够描述不确定度的分量以便了解今后改进的切入点（假如需要的话）。验证计划是这样设立的:6口取样井,每口井分别进行二次抽样,而每个样品进行两次分析,如图15.10所示。

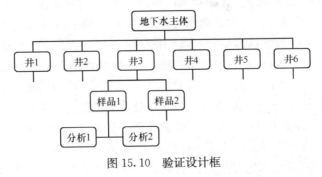

图 15.10 验证设计框

在验证研究的每一轮抽样中,总共抽取12个样品,共24个小样被用于分析。

(2) A3.4.2 质量控制:运行监测的质量控制目标是保证监测期间测量不确定度不会随着时间的变化而提高。质量控制的计划是在对验证研究的结果进行仔细评估后设立的。质量控制在设计上包括了平行抽样,对每一平行样品进行平行分析,图 15.11 显示了监测计划中两个每年抽样情况中的一个。在质量控制的第一阶段中,总体上包括了 6 个抽样对象,12 个样品,和 24 个分析小样。

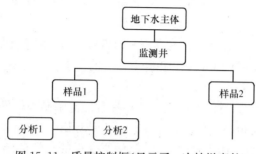

图 15.11 质量控制框(显示了一次抽样事件)

A1.3.5 二次抽样和分析 表 15.18 显示了两个关键参数(氧化还原电势和溶解铁)的预处理和分析操作情况。

表 15.18 预处理和分析计划

	氧化还原电势	溶解铁
预处理	在线分析	在线过滤,加入硝酸进行保存,实验室分析

(1) A3.5.1 二次取样和样品的预处理:重复在线检测/用于实验室分析的二次取样是通过把样品液流分开,独立地对每一股液流进行分析的方式进行的。这意味着从平行设计中获得的"分析不确定度"也包括了二次取样、预处理,比如过滤和运输等。从实验室的质量控制数据中,也可以单独获取分析不确定度的评估值,见第 5.3 节。

样品在线过滤,借助于 0.45 mm 的乙酸纤维素膜滤器消除了氧气,并且在现场对二次样品用硝酸进行了酸化预处理以做金属分析。在把样品运送到实验室的途中,二次样品被放在聚乙烯的容器中,置于温度低于 10℃ 的阴暗环境中。

(2) A3.5.2 现场分析:样品液流被泵出来,流过一个装有传感器流动池的在线测量矩阵。表 15.19 描述了用于氧化还原电势的传感器。

表 15.19 用于氧化还原检测的联网传感器

参数	仪器	电池	仪器的精密度	校正和控制
氧化还原电势	pH340	传感电极 铂金(Pt)	±2 mV	每日进行

在现场没有进行在线测量的质量控制。

(3) A3.5.3 实验室分析:分析是在一个独立的、经过认证(ISO 17025)的实验室中进行,使用公认的、确保质量要求和分析质量控制的方法。表 15.20 给出了质量控制的方法和运行数据。

表 15.20 实验室分析的质量控制方法和运行数据

元素	方法	系列内的重复性	系列间再现性	总再现性	总扩展不确定度	检测低限
铁	电感耦合等离子体发射光谱	0.95%	4.2%	4.3%	8.6%	0.01mg/L

有证标准物质采用了铁标准溶液(0.200 mg Fe/L),作为质量控制中的回收率测定,平均回收率高达 101.9%(92 份控制结果的平均值)。

(4) A3.5.4 计算方法:使用排列法(ISO 3085)来处理平行数据。为了比较的方便,不确定度估计值的计算是使用 ROBAN 版本 1.0.1 的方差分析(ANOVA)和稳健方差分析(RANOVA)(附录3)。

第 7 节叙述了这个计算方法的应用。使用标准的电脑制表软件去完成排列法计算是一件很容易的事,实例可从 http://team.sp.se/analyskvalitet/sampling/default.aspx 下载。

对于系统抽样误差没有做定量的评估,但是所获得的一致的结果被用来进行系统误差的定性控制。例如,在同一样品中,发现溶解铁超过 0.1 mg/L,与此同时氧气也超过 0.1 mg/L,这表明产生了系统性误差以及(或者)预处理误差。同样,为了控制系统性误差,需要检查氧化还原电势和氧气的含量。

A1.3.6 结果 表 15.25 显示了使用排列法计算溶解铁的验证研究系列数据。验证研究中关于质量控制过程氧化还原电势的计算,以及溶解铁和氧化还原电势两者的计算都使用了同样的方法。

表 15.21 显示了验证研究中使用排列法计算的数据(6 口不同的井)。

表 15.21 验证研究中使用排列法得到的关于分析、抽样以及抽样对象间
（井与井之间）的相对扩展不确定度（%,包含因子为 2）

排列计算	分析	抽样	对象间
氧化还原电势	5.2%	15%	14%
溶解铁	2.1%	10%	70%

为了方便比较,表 15.22 显示了使用方差分析和稳健方差分析得到的统计评估值。

表 15.22 对溶解铁的验证研究中使用方差分析和稳健方差分析得到的关于分析、
抽样以及对象间（井与井之间）的相对扩展不确定度（%,包含因子为 2）

溶解铁	分析	抽样	对象间
方差分析	1.6%	9.6%	70%
稳健的方差分析	1.8%	9.9%	72%

表 15.23 显示了质量控制期间使用排列统计法得到的统计评估值(6 次抽样事件)。

表 15.23 质量控制期间使用排列法得到的分析、抽样以及对象间（事件之间）
的相对扩展不确定度（%,包含因子为 2）

排列计算	分析	抽样	对象间
氧化还原电势	18%	3.8%	23%
溶解铁	2.5%	3.6%	9.9%

地下水样品中,没有检测到超过 0.1 mg/L 溶解氧和溶解铁,并且较低的氧化还原电势(−110～−200 mV)与氧的缺乏(<0.1 mg/L)以及高浓度的溶解铁(0.92～2. mg/L)是一致的。

A1.3.7 注释 总体来说,验证数据显示,蓄水层(对象间)的差异是造成溶解铁总不确定度的主要原因,而抽样和对象间不确定度的大小相同。分析所引起不确定度很小(2%～5%),而且,对于溶解铁来说,它与实验室质量控制所得到的重复性有可比性(扩展不确定度分别为 2.1% 和 1.9%)。假如抽样是来自于不同的井,则抽样不确定度为 10%～15%。

在验证研究期间,对于所检测的溶解铁,使用方差分析和稳健方差分析计算所得的统计评估值与使用简单排列法计算的统计评估值相差不大。

在监测的质量控制方案中,作为实验室分析中的分析参数(溶解铁不确定度为 2.5%),抽样事件之间的变异(对象间 9.9%)在总不确定度中起主导地位。而对于在线检测来说(氧化还原电势),分析不确定度(18%)和对象间不确定度(23%)一样重要。在线检测产生很大贡献的原因是在质量控制期间,采用了两种不同的仪器进行平行的在线检测,而在验证研究中是使用一台仪器做重复检测。因此,质量控制中的氧化还原电势的分析不确定度(仪器与仪器之间的变化;18%)远远超过验证研究的不确定度(5.2%)。就溶解铁来说,验证研究中的分析不确定度与随之而来的质量控制中的分析不确定度具有可比性(分别为 2.1% 和 2.5%)。质量控制期间,当从同一口井但不同时间抽样时,其抽样的不确定度(3.6%～3.8%)低于从不同的井但同一时间抽样时的不确定度(10%～15%)。质量控制期间,对象间的不确定度(从一个抽样事件到另一个引入的变异)对于溶解铁来说较小(9.9%),但对于氧化还原电势来说则较大(23%)。

A1.3.8 小结 关于溶解铁的测量不确定度(以百分比表示,包含因子为2)总结如下:

数据显示,对于溶解铁(抽样验证)来说,完全可以使扩展不确定度达到低于 20% 的标准,并且所要求的测量不确定度事实上在日常监测(抽样质量控制)中是能够实现的。另外数据显示,假如需要对某部分的监测进行改进,那么很明显,改进的要点将是如何提高溶解铁监测的频率(对象间不确定度起主导作用)。反之,在线测量不确定度的改进将有助于氧化还原电势的测定(因为分析不确定度的贡献很大)(表 15.24)。

表 15.24 地下水中溶解铁扩展不确定度

地下水中的溶解铁	扩展不确定度,包含因子为 2			对象间的变异
	抽样	分析	测量	
确认	10%	2.1%	10%	35%[1]
质量控制	3.6%	2.5%	4.4%	9.9%[m]

A1.3.9 答谢 上述工作得到了北欧创新中心(Nordic Innovation Centre),技术科学丹麦理事会土壤和地下水污染委员会(The Soil and Ground Water Contamination Committee of the Danish council of Technical Sciences)以及丹麦奥尔胡斯县(Arhus County, Denmark)的大力支持。野外工作由经验丰富的 Mogens Wium, GEO 完成。

表 15.25 对溶解铁验证研究的结果和排列计算（加粗部分是基本数据，符号只用于计算的描述。T:对象，S:样品，A:分析，R:绝对差，r:相对偏差，n:次数）

well number	S1A1 h	S1A2	S2A1	S2A2	$R_1=$|S1A1−S1A2|	$\bar{S}1=\dfrac{S1A1+S1A2}{2}$	$r_1=\dfrac{R_1}{\bar{S}1}\times100$	$R_2=$|S2A1−S2A2|	$\bar{S}2=\dfrac{S2A1+S2A2}{2}$	$r_2=\dfrac{R_2}{\bar{S}2}\times100$	$\bar{S}=\dfrac{\bar{S}1+\bar{S}2}{2}$	$r=\dfrac{\|\bar{S}1-\bar{S}2\|}{\bar{S}}\times100$
	mg/l	mg/l	mg/l	mg/l	mg/l	mg/l	%	mg/l	mg/l	%	mg/l	%
99.474	0.815	0.834	0.912	0.893	0.019	0.825	2.30	0.019	0.903	2.11	0.864	9.03
99.468	1.80	1.83	1.94	1.93	0.030	1.82	1.65	0.010	1.94	0.517	1.88	6.40
99.469	1.69	1.68	1.79	1.77	0.010	1.69	0.593	0.020	1.78	1.12	1.73	5.48
99.916	2.62	2.61	2.83	2.84	0.010	2.62	0.382	0.010	2.84	0.353	2.73	8.07
99.327	1.66	1.63	1.58	1.59	0.030	1.65	1.82	0.010	1.59	0.631	1.62	3.72
99.371	1.52	1.53	1.47	1.50	0.010	1.53	0.656	0.030	1.49	2.02	1.51	2.66
							$\sum r_1=7.413$			$\sum r_2=6.750$	$\sum\bar{S}=10.32$	$\sum r=35.36$
							$n_1=6$			$n_2=6$	$n_r=6$	$n_r=6$

analysis	$r_A=\dfrac{\sum r_1+\sum r_2}{n_1+n_2}$	$r_A=\dfrac{7.413+6.750}{6+6}=1.18$	$CV_A=\dfrac{r_A}{1.128}$ [i]	$CV_A=\dfrac{1.18}{1.128}=1.05$	$CV_S=\sqrt{CV_{S+A}^2-\dfrac{CV_A^2}{2}}$ [j]	$CV_S=\sqrt{5.22^2-\dfrac{1.05^2}{2}}=5.17$
sampling	$r_{S+A}=\dfrac{\sum r}{n_r}$	$r_{S+A}=\dfrac{35.36}{6}=5.89$	$CV_{S+A}=\dfrac{r_{S+A}}{1.128}$	$CV_{S+A}=\dfrac{5.89}{1.128}=5.22$	$CV_{T+S+A}=\sqrt{CV_{S+A}^2+\dfrac{CV_A^2}{2}}$	$CV_{T+S+A}=\dfrac{S_{T+S+A}}{\bar{S}_{T+S+A}}\times100=\dfrac{0.604}{1.72}\times100=35.1$
between-target	$S_{T+S+A}=\dfrac{\sum\bar{S}}{n_{\bar{r}}}$	$S_{T+S+A}=\dfrac{10.32}{6}=1.72$	$S_{T+S+A}=s_S$ [k]	$S_{T+S+A}=0.604$	$CV_T=\sqrt{CV_{T+S+A}^2-\dfrac{CV_{S+A}^2}{2}}$	$CV_S=\sqrt{35.1^2-\dfrac{5.17^2}{2}}=34.9$

注:
h,样品1分析1。

i,标准偏差可以从两次测量相对偏差除以统计因子 1.128 而得。

j,相对方差的和 $CV_{S+A}=CV_S^2+CV_A^2$ 中 $\dfrac{CV_A^2}{2}$ 的 1/2 因子是因为使用了重复分析的平均值。

k,s,s:带 $n-1$ 自由度的标准偏差可以从大多数标准计算器或电子制表软件中得到。

i,在验证研究中,对象间的变异性是指并与之间。

M,在质量控制中,对象间的变异性是指抽样事件之间。

例 A1.4（表 15.26）

表 15.26　含水果和碾磨谷物的婴儿粥中维生素 A 的含量

被测对象				不确定度评估		
分析物/技术	单位	领域/基质	抽样对象	目的	设计	统计
维生素 A（视黄醇）/ HPLC	μg/100g 粉状	食品/含有水果的粉状儿童粥粉	生产批	总测量不确定度	经验平行方法	单向方差分析

A1.4.1 范围　评估测量不确定度,以及抽样和分析过程对这种不确定度的贡献。评估的基础:来自于同一类型的儿童粥粉,抽取 10 个不同批次的样品,使用同一个抽样协议,从每一批中采集平行样品。

A1.4.2 内容和抽样对象　在儿童(幼儿)麦片粥的生产过程,维生素 A 是以预混料(维生素 D 以及维生素 C)的形式添加进去的。预混料属于少量成分。所有配料被充分混匀之后再进行产品包装。早期的分析表明,不同包装之间分析结果的差异比预想的要大得多。20％～30％的测量不确定度都是可以接受的。我们面临的问题是:这种差异主要是来自于分析的不确定度,还是来自于抽样的不确定度? 一种理论认为,每份包装中维生素的局部分布是不均匀的,因此,如果试验样品的维生素用量很少(例如 3～5 g),则分析的不确定度就很大。[①] 对于产生不均匀性的原因的一种解释是:由于粉状麦片粥中维生素预混物与水果粒发生静电作用,使维生素预混物聚集成小的"热点物"。生产商建议,当对粉状儿童麦片粥的维生素 A、维生素 D 和维生素 C 进行分析时,试验的取样量应在 40～50 g 之间。

为了将检测的维生素 A 浓度与标签标称值及欧洲法定的临界值进行比较,需要进行测量不确定度的评估。为评估测量不确定度的随机分量,这里使用经验法中的平行方法(见第 9.4.2 节)。为了评估系统分量,采用一个参考值进行了比较。

A1.4.3 抽样协议　现场抽样一般是从一批产品中选取一个样品(一个包装)作为筛选样品,将它与标示值以及法定限量进行比较。

验证——在这个研究中,从 10 批同一类型的粉状儿童麦片粥(即 10 个抽样对象)中,选取 2 个样品。每个样品等于一个 400 g 重的粉状儿童麦片粥包装。

质量控制——不同类型的儿童麦片粥抽样的质量控制(QC)是通过从 8 批不同类型的儿童麦片粥(即 8 个抽样对象)中抽取 2 个样品的方式实现。所有类型的儿童麦片粥都在碾磨的谷物里加进了水果。

为了保证每个包装的产品质量符合粉状儿童麦片粥的"最佳日期前"的时间,生产商用一种气密和防光的包装材料把产品包裹起来。因此,假设维生素 A 在货架期间的降解可以忽略。用于验证的抽样工作是在工厂进行的。出于质量控制的目的,一部分样品从厂家那里购买,一部分从零售商那里购买。当从零售商那里收集样品时,很谨慎地从每个不同的零售商那里(每种产品)买 2 个样品,但是要确保样品标识上是相同批次。这一点很重要,因为它避免了把批样间的差异加到表观抽样不确定度中,因为在本实例中,抽样协议规定了从一个特定的批次中进行抽样。

---

① EN-12823-1"食品 HPLC 测定维生素 A"标准中指出试验样品量约为 2～10g。

A1.4.4 研究设计——经验法 选用经验法("自上而下法")中的平行方法来评估抽样不确定度的随机分量。验证研究只对同种类型的、含有水果和碾磨谷物的儿童麦片粥进行测试。而在抽样的质量控制中,对不同类型的儿童麦片粥(所有都包含着水果和碾磨谷物)进行测试,以此确定验证研究所得到的测量不确定度是否适用于各种不同类型的含有水果和碾磨谷物的儿童麦片粥。

(1) A4.4.1 验证:从生产线上的随机时间随机收集样品(刚好在包装完成后)。同一类型的粉状儿童麦片粥,每 10 个生产单位(批)中抽取 2 个样品(2 个小包装,每个约重 400 g)(图 15.12)。

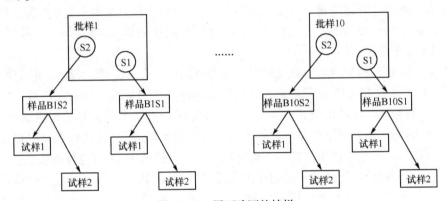

图 15.12 用于验证的抽样
同一类型的粉状儿童麦片粥,每 10 个生产单位(批)中抽取 2 个样品

(2) A4.4.2 质量控制:进行质量控制(QC)时,对 8 种含有水果和碾磨谷物的不同类型儿童麦片粥,每种从同一批次中抽取 2 个样品。这种麦片粥有 3 家生产商。样品(有 2 种麦片粥例外)由其中的两家生产商提供。剩余的部分购自零售商(图 15.13)。

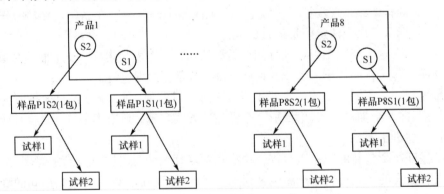

图 15.13 用于质量控制的抽样
对 8 种不同类型儿童麦片粥分别从同一个批次中抽取 2 个样品

A1.4.5 实验室的取样和分析 分析工作是由国家营养和海产品研究所(NIFES—The National Institute of Nutrition and Seafood Research)完成的。该实验室获得 EN ISO/IEC 17025 认可。该实验室参加了实验室水平测试(FAPAS 和 Bipea),并得到了良好成绩(2000-2005 年间,|Z-score|<1)。采用的方法经过了有证标准物质(CRMs)的验证。表

15.27 给出了实验室能力的相关数据。

表 15.27　来自质量控制的方法和能力数据——实验室分析

参数	维生素 A-即视黄醇
方法	HPLC－正相色谱柱－UV 检测
重复性	2RSD(％)＝6
室内再现性	2RSD(％)＝8
测量不确定度	14％(95％的置信度)
回收率	标准加入法,室内:90％～110％ 基于"实验室水平测试"(1999～2005 年),不同基质:88％～113％。平均回收率:100.5％
定量限(LOQ)	0.14mg/kg
使用的 CRM	NIST 2383-儿童食品(混合复合食品)
CRM-公认水平	(0.80±0.15)mg/kg(95％的置信区间)
分析值	(0.77±0.14)mg/kg($n＝28$,95％的置信区间)

　　(1) A4.5.1 二级取样:使用一个机械分样器(retsch)把样品分开。从每一个初级样品中,抽取 4 个测试样品:2 个约重 3～5g,2 个约重 40～50g(图 15.14)。

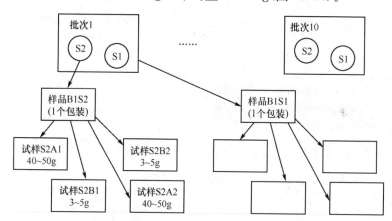

图 15.14　从初级样品中抽取 4 个测试样的缩分示意图

　　(2) A4.5.2 分析:分析方法基于 EN-12823-1(食品——HPLC 测定维生素 A——第一部分:检测全反式视黄醇和 13-顺式视黄醇)。使用含抗氧剂的氢氧化钾乙醇溶液将视黄醇皂化。用乙烷来提取维生素 A。使用带有 UV 检测器的高效液相色谱(HPLC)进行分析。

　　在验证研究中,对每一个 40～50 g 初级样品进行两次分析,对 3～5 g 的试验样品也进行两次分析。在进行质量控制时,对 40～50 g 的试验样品进行两次分析。对每一 3～5 g 试验样品只进行一次分析测定(不做平行分析)。

　　A1.4.6 关于生产商的资料　评估儿童麦片粥中维生素 A 含量的"真值"的数据是由验证研究所选取的产品生产商(Nestlé)提供的(表 15.28)。

表 15.28 由生产商提供的产品数据

产品	含有香蕉干和杏干的燕麦粥(Nestlé)
批重量,包括预混物(1批＝2个混合容器)	1092 kg
每批中加入维生素预混物的重量	1.228 kg
预混物中维生素 A 含量(数据来自分析证书)	9016 IU/g＝2705 μg/g(视黄醇)
每批中加入的维生素 A	304 μg/100 g(视黄醇)
根据产品标示的指标,组分中维生素 A 的含量	45 μg/100 g(视黄醇)
估计的维生素 A 的"真值"	349 μg/100 g(视黄醇)
所声称的维生素 A 形式	视黄醇-(反式视黄醇和顺式视黄醇之和)

A1.4.7 结果 实验样品:40 g 的儿童麦片粥(表 15.29)。

表 15.29 验证数据——同种产品,结果以 μg/100 g 粉状物为单位

批号	S1A1	S1A2	S2A1	S2A2
B1	402	325	361	351
B2	382	319	349	362
B3	332	291	397	348
B4	280	278	358	321
B5	370	409	378	460
B6	344	318	381	392
B7	297	333	341	315
B8	336	320	292	306
B9	372	353	332	337
B10	407	361	322	382

注:S1 和 S2,来自一个生产批的初级样品,取自地点1和地点2。

A1 和 A2,对初级样品 S 的平行试验样品的分析。

分析平均值(40 g 的试验样品),348 μg/100 g。

实验样品:4 g 的儿童麦片粥(表 15.30)。

表 15.30 验证数据——同种产品,结果以 μg/100 g 粉状物为单位

批号	S1B1	S1B2	S2B1	S2B2
B1	400	491	323	355
B2	413	159	392	434
B3	315	391	252	454
B4	223	220	357	469
B5	462	343	262	293
B6	353	265	305	456
B7	298	234	152	323
B8	425	263	417	353
B9	622	189	291	272
B10	292	397	142	568

注:S1 和 S2,来自一个生产批的初级样品,取自地点1和地点2。

A1 和 A2,对初级样品 S 的平行试验样品的分析。

分析平均值(4 g 的试验样品),341μg/100 g。

(1) A4.7.1 计算:可以使用 Excel、Minitab、SPSS 等工具进行方差分析的计算。在这

项研究中,计算是使用了 Excel 的工作表,结果见第七节 5 部分——方差分析的计算。

计算分析不确定度,单向方差分析,实验样品为 40 g(表 15.31)

表 15.31　方差分析的计算结果

$SS_{评估-分析}$ ($\mu g/100\ g)^2$	自由度 (df)	方差=$SS_{评估-分析}/df$ ($\mu g/100\ g)^2$	标准偏差 $SD_{分析}=\sqrt{SS_{评估-分析}/df}$ ($\mu g/100\ g$)	相对标准偏差 $RSD_{分析}(\%)=\sqrt{SD/\overline{X}_a}\times100\%$
16595	20	829.75	28.805	8.28

计算抽样不确定度,单向方差分析,实验样品为 40 g(表 15.32)。

表 15.32　方差分析的计算结果

$SS_{取样}$ ($\mu g/100\ g)^2$	自由度 (df)	方差 $V_{取样}=(SS_{取样}/df_{取样}-SSE_{分析}/df_{分析})/2$ ($\mu g/100\ g)^2$	标准偏差 $SD_{取样}=\sqrt{V_{取样}}$ ($\mu g/100\ g$)	相对标准偏差 $RSD_{取样}(\%)=\sqrt{SD/\overline{X}_{取样}}\times100\%$
14231	10	296.7	17.22	4.95

计算测量不确定度——40 g 的实验样品

来自方差分析计算的 RSD 的值(%)可以用来评估标准不确定度 u(%)。分析实验室已经评估出分析标准不确定度为 7%,这个数值低于该类型抽样的随机分析分量的 8.28%。用这两个较高的值来进行计算。用公式 1 把表 15.31 和表 15.32 的值进行合成,其结果显示在表 15.33。

$$u_{平均数}=\sqrt{(u_{取样})^2+(u_{分析})^2} \qquad (1)$$

表 15.33　测量不确定度——40 g 的实验样品

测量不确定度,方差分析计算——40 g 实验样品		
	抽样	分析	总体

	抽样	分析	总体
不确定度 u(%)	4.95	8.28	9.7
扩展不确定度 U(%)=$2\times u$			
包含因子=2(即 95% 的置信度)			

计算分析不确定度,单向方差分析,试验样品为 4 g(表 15.34)
使用与取样量为 40 g 的同样方法来计算(见本例第 11 节中的表 15.42)。

表 15.34　方差分析的计算结果—分析不确定度

$SS_{评估分析}$ ($\mu g/100\ g)^2$	自由度 (df) ($N\times2-N)=20$	方差=$SS_{评估分析}/df$ ($\mu g/100\ g)^2$	标准偏差 $SD_{分析}=\sqrt{SS_{评估分析}/df}$ ($\mu g/100\ g$)	相对标准偏差 $RSD_{分析}(\%)=$ $\sqrt{SD/\overline{X}_a}\times100\%$
16595	20	15610.325	124.9413	36.6800

计算抽样不确定度,单向方差分析,实验样品为 4 g(表 15.35)。
使用与计算取样规格为 40 g 的同样方法来计算(见本例第 11 节中的表 15.43)。

表 15.35　方差分析的计算结果—抽样不确定度

$SS_{取样}$ (μg/100 g)^2	自由度 (df)	方差 $V_{取样}=(SS_{取样}/df_{取样}-$ $SSE_{分析}/df_{分析})/2$ (μg/100 g)^2	标准方差 $SD_{取样}=\sqrt{V_{取样}}$ (μg/100 g)	相对标准方差 $RSD_{取样}(\%)=$ $\sqrt{SD/\overline{X}_{取样}}\times 100\%$
102860.25	10	-2662.15	$\sqrt{-2662.15}$ 设为零	按惯例设为零

表 15.35 中 $V_{取样}$ 为负值表明与 $SD_{分析}$ 的计算值相比，$SD_{取样}$ 的值很小。在这种情况下，使用稳健的方差分析所得到的 $SD_{分析}$ 和 $SD_{取样}$ 估计值证实了抽样的标准偏差很小。稳健的方差分析的估计值是：$u_{取样}(\%)=6.9\%$ 和 $u_{分析}(\%)=30\%$。

当用于实验的 40 g 和 4 g 试验样品的取样量相等时（因此，取样的不确定度也应该相等），使用 $RSD_{取样}(\%)=5\%$（≈ 4.95，见表 29）来进行评估。

计算测量不确定度——4 g 的实验样品（表 15.36）。

使用表 15.31 和表 15.32 中的 RSD 的值（%）来评估测量不确定度，并且使用公式 1 进行计算。其结果显示如下（表 15.36）：

表 15.36　测量不确定度——4 g 的实验样品

	抽样	分析	总体
不确定度 $u(\%)$*	5	36.7	37
扩展不确定度 $U(\%)=2\times u$ 包含因子$=2$（即 95% 的置信度）	10	73.4	74

注：* $u(\%)$ 的值来自于 40 g 实验样品的计算

（2）A4.7.2 实验样品量对测量不确定度的影响：粉状儿童麦片粥看上去是均质的，因此所期望的测量不确定度较低。然而，对这些粉状样的分析表明，当实验样品的量为 4 g 时，u 出乎意外地大（CEN 的标准 EN-12823-1 规定试验取样的量为 2~10 g）。生产商则推荐试验取样的量为 40~50 g。

验证实验给出了以下的结果（表 15.37）：

表 15.37　测量不确定度的比较——40 g 和 4 g 的实验取样量

实验取样的量	测量不确定度（$u_{平均数}$）	扩展测量不确定度（$U_{平均数}$）
40 g 的实验取样	9.7%	20%
4 g 的实验取样	37%	74%

我们可以得出这样的结论：$u_{40 g}\ll u_{4 g}$。使用制造商 20%~30% 的标准，$u_{平均数}$ 约为 20% 是可以接受的，但即使考虑到这种产品的基质和生产条件，$U_{平均数}$ 为 74% 也太高了。

因此，可以得出这样的结论：当分析含有碾磨谷物和水果的粉状儿童麦片粥中维生素 A（视黄醇）的含量时，4 g 的实验样品量不符合"目的适用性"。建议使用 40~50 g 规格的实验样品量。同时，上述结果也支持这样的理论：产品中维生素的分布是不均匀的，由于静电的作用而可能导致局部"热点"。

（3）A4.7.2 质量控制：根据《指南》的第 13.2.2 节，质量控制中的主要工具是重复。通

过对抽样协议的完全重复(并恰当地随机化),从每一对象中抽取 2 个样品,由此来最低程度地应用这种工具。对样品只需要分析一次,计算其结果的差值 $D=|x_1-x_2|$。在本次的研究中,每一样品被分析了 2 次,但比较是在一个样品的一套分析结果中进行的(双套比较)。在质量控制的研究中,使用的实验样规格是 40 g。根据产品的标称值,维生素 A 的含量是不同的(表 15.38)。

表 15.38 实验样品量为 40 g 时不同类型产品的质量控制数据

产品	产品	粉状麦片粥成分	S1A1	S1A2	S2A1	S2A2
P1	1	燕麦、大米和梨	322	319	350	375
P2	1	燕麦、黑麦、大米和梨	332	317	358	393
P3	1	大麦、香蕉和苹果	443	430	461	388
P4	1	大麦和苹果	318	383	390	334
P5	2	燕麦、大米和香蕉	252	219	265	227
P6	2	大麦和苹果	274	239	233	217
P7	2	燕麦、大米和苹果	206	225	198	195
P8	3	大麦、斯佩尔特小麦、燕麦和苹果 (绿色食品)	392	335	375	416

S1 和 S2:来自每个产品一个生产批的初级样品(实验室样品),取自地点 1 和地点 2

A1 和 A2:对每一实验室样品的 2 个试验样品的分析

质量控制——计算和控制图

抽样和分析的验证不确定度分别为 $u_{分析}$ 和 $u_{取样}$。第 13.2 节中描述了如何构造控制图。在这个儿童麦片粥(实验样品的量为 40 g)的示例中,计算过程如下:

警戒限:$WL=2.38\times\sqrt{u_{分析}^2+u_{取样}^2}=2.38\times\sqrt{(4.95^2+8.28^2)}\%=27\%$

处置界限:$AL=3.69\times\sqrt{(4.95^2+8.28^2)}\%=36\%$

中位线:$CL=1.128\times\sqrt{(4.95^2+8.28^2)}\%=11\%$

表 15.39 质量控制:计算一个批次中两个样品间的偏差 D 以及 $D(\%)$

产品	分析	样品 S1 X_{S1}	样品 S2 X_{S2}	$D=|x_{S1}-x_{S2}|$	$\bar{x}$	$D(\%)=(D/\bar{x})\times100\%$
P1	A1	322	350	28	336	8
P2		332	358	26	345	8
P3		443	461	18	452	4
P4		318	390	72	354	20
P5		252	265	13	259	5
P6		274	233	41	254	16
P7		206	198	8	202	4
P8		392	375	17	384	4
P1	A2	319	375	56	347	16
P2		317	393	76	355	21
P3		430	388	42	409	10
P4		383	334	49	359	14

产品	分析	样品 S1 X_{S1}	样品 S2 X_{S2}	$D=\|x_{S1}-x_{S2}\|$	$\bar{x}$	$D(\%)=(D/\bar{x})\times100\%$
P5	A2	219	227	8	223	4
P6		239	217	22	228	10
P7		225	195	30	210	14
P8		335	416	81	376	22

注:$D(\%)$的计算可以直接与处置界限进行比较,或者将结果放在控制图中,见图 15.15。

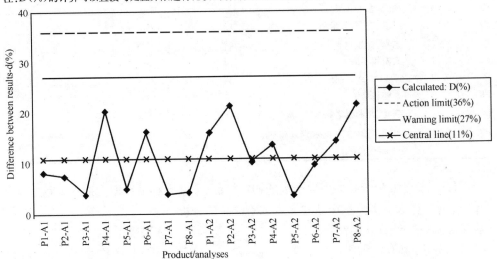

图 15.15　含有麦片和水果的儿童麦片粥中维生素 A 的质量控制图

在图 15.15 中,控制图表明,当从同一批次产品中抽取平行样品时,分析结果之间的差值 $D(\%)$ 小于处置界限。事实上,所有计算出来的偏差都小于 27% 的警戒线。

因此,在验证这个环节中所得到的测量不确定度,可以认为是符合对含有麦片和水果的儿童麦片粥抽样的质量控制的。

假如正常的程序是分析每个批次中一个样品,那么,我们建议至少从 10 个抽样批中选取一个批次,在这个相同批次中抽取平行样品。

测量不确定度

抽样的不确定度

从验证研究的计算结果可以得到抽样的扩展不确定度 $u_{取样}(\%)=10\%$(40 g 的实验样品量,见表 15.33)。所计算的不确定度没有包括"协议间"和"抽样者间"的差异对不确定度的贡献。

分析的不确定度

从验证研究的计算中可以得到分析的扩展不确定度 $u_{分析}(\%)=17\%$(40 g 的实验样品量)。实验室报告了他们自己对分析不确定度的评估(见表 23):$2\times RSD_{实验室内部}(\%)=14\%$。$2\times RSD_{实验室内部}(\%)$ 被用于实验室内的 $u_{分析}$ 的评估。验证研究中得到的 $u_{分析}$ 与此处于同一水平,但仍比实验室报告的 $u_{分析}$ 稍微大一点。

所用的有证标准物质(CRMs)是 2383(NIST)——复合儿童食品。CRMs 是不同的植物和动物源性食品的混合物——分析 CRMs 时发现的不确定度也许与分析粉状儿童麦片粥时所发现的不一样。关于 CRM 2383 的实验室数据显示在下面的表格里(表 15.40)。

表 15.40　CRM2383 的实验室数据

CRM 2383	平均数(mg/kg)	U(%)$_{95\%}$	实验室偏差(%)
公认值	0.85±0.15	18.8	—
分析值	0.77±0.14	18.2	−3.75

CRMs 的测量不确定度和偏差可以允许作为分析测量不确定度,但是,由于验证研究中使用的基质与 CRMs 中使用的不同,因此我们选择不把它包括在这项研究中。

总测量不确定度

从验证研究的计算中可以得到扩展测量不确定度 $u_{平均数}$(%)=20%(40 g 的实验样品量,见表 29)。

系统偏差

实验室报告正常回收率为 90%～110%。回收率是根据 1999-2005 年间"实验室水平测试"的标准来计算的:结果为 88%～113%。用标准试剂检测,结果显示不存在(或者非常小)系统偏差。实验室对 CRM 2383 的分析得到的平均分析值为公认值的 96.3%,这表明偏差很小(−3.7%)。因为 CRMs"复合儿童食品"的基质与儿童麦片粥不同,而且分析方法包括了提取,分析 CRMs 所出现的偏差或许不能代表儿童麦片粥的分析。

在验证研究中,维生素 A 的平均值被确定为 348μg/100 g(使用 40 g 的实验样品量)。根据生产商提供的数据(见表 24),所计算的维生素 A 的"真值"是 349μg/100 g 粉状麦片粥。这使真值的回收率达到 99.7%。这表明由抽样和分析引起的系统偏差很小,在分析含有碾磨谷物和水果的粉状儿童麦片粥时,可以忽略不计,但前提是试验取样的量必须是40～50 g。

A1.4.8 注释　当实验取样的量是 40 g 时,含有碾磨谷物和水果的粉状儿童麦片粥中维生素 A 的浓度 C 应该和扩展测量不确定度一起报告,即 C±20%测量值(95%的置信度)。

当分析含有碾磨谷物和水果的粉状儿童麦片粥时,我们建议使用相对较大的实验样品量,约为 40～50 克,而不是官方 CEN 方法(EN-12823-1)中规定的 2～10 g。由于 40 g 实验样品量的分析不确定度比正常的实验室分析的不确定度要大,我们甚至可以考虑使用大于 40 g 的实验样品量。

A1.4.9 小结

表 15.41　40 g 实验样品测量不确定度

	40 g 的实验样品的测量不确定度			样品
	抽样	分析	总体	验证研究中,批次分析平均值典型的对象间变异 RSD_B(%)
不确定度 u(%)= RSD(%)	4.95	8.3	9.7	8.2
♯扩展不确定度 U(%)=2×u	9.9	16.6	19.4	16.4

注:♯包含因子为 2,即 95%置信度

A1.4.10 答谢 感谢 Nestlé(挪威)公司的大力支持以及提供了项目(验证和质量控制研究)所需的样品。同时感谢 Smaafolk Tine Norske Meierier 为质量控制研究提供的样品。感谢国家营养和海产品研究中心(NIFES)在分析测试方面的贡献(分析和实验室 QA-系统的信息)。该项研究得力于北欧创新中心和挪威食品安全局提供的资金支持。

A1.4.11 方差分析计算,儿童麦片粥中的维生素 A——细节

计算分析的不确定度,单向方差分析,实验取样量 40 g(表 15.42)。

表 15.42 方差分析计算——分析不确定度——组内偏差的平方和(SS-Error)

抽样	分析 (μg/100g)		平均值-每一样品 (μg/100g)	同组内误差的平方和 (μg/100g)^2
	A1=$x_{ij}=x_{i1}$	A2=$x_{ij}=x_{i2}$	$\bar{x}=(x_{i1}+x_{i2})/2$	$(x_1-\bar{x})^2$
B1S1	402	325	363.5	1482.25
B2S1	382	319	350.5	992.25
B3S1	332	291	311.5	420.25
B4S1	280	278	279	1
B5S1	370	409	389.5	380.25
B6S1	344	318	331	169
B7S1	297	333	315	324
B8S1	336	320	328	64
B9S1	372	353	362.5	90.25
B10S1	407	361	384	529
B1S2	361	351	356	25
B2S2	349	362	355.5	42.25
B3S2	397	348	372.5	600.25
B4S2	358	321	339.5	342.25
B5S2	378	460	419	1681
B6S2	381	392	386.5	30.25
B7S2	341	315	328	169
B8S2	292	306	299	49
B9S2	332	337	334.5	6.25
B10S2	322	382	352	900

测量不确定度:

$$\bar{X}_a=\frac{1}{20}\sum_{i=1}^{20}\bar{x}_i=347.85\ \mu g/100\ g$$

[2]SS-Error(SS_E):

$$=\sum_{i=1}^{20}[(x_{i1}-\bar{x}_i)^2+(x_{i2}-\bar{x}_i)^2]$$

$$=\sum_{i=1}^{20}2*(x_i-\bar{x}_i)^2$$

SS_E (μg/100 g)^2	自由度(df) ($N\times2-N$)=20	方差=SS_E/df (μg/100 g)^2	标准偏差 SD分析 =$\sqrt{SS_E/df}$ μg/100 g	相对标准偏差 RSD分析(%)= $SD/\bar{X}_a\times100\%$
16595	20	829.75	28.80538	8.280978

注:1. SS-Error 的计算——在这个示例中,每一份实验室样品做 2 个实验样的分析,因此

$$(x_{i1}-\bar{x}_i)^2=(x_{i2}-\bar{x}_i)^2\Rightarrow SS_E=\sum_{i=1}^{20}[(x_{i1}-\bar{x}_i)^2+(x_{i2}-\bar{x}_i)^2]=2\sum_{i=1}^{20}(x_{i1}-\bar{x}_i)^2$$

假如试验样品的数量大于 2,则差值的平方和将不相等,计算将要改用下列公式:

$$SS_E=\sum_{i=1}^{20}\sum_{j=1}^{n}(x_{ij}-\bar{x}_i)^2$$

2. (2)$df=(N\times n-N)=(20\times2-20)$这里,$N$ 是样品的数量,n 是每一批次中实验样品的数量。

计算抽样的不确定度，单向方差分析，实验量 40 g（表 15.43）。

表 15.43　方差分析计算——抽样不确定度——偏差的平方和

S1A1$=x_{i1}$	S1A2$=x_{i2}$	S2A1$=x_{i3}$	S2A2$=x_{i4}$	$\bar{x}_i$	$(\frac{x_{i1}+x_{i2}}{2}-\bar{x}_i)^2$	$(\frac{x_{i3}+x_{i4}}{2}-\bar{x}_i)^2$
402	325	361	351	359.75	14.0625	14.0625
382	319	349	362	353	6.25	6.25
332	291	397	348	342	930.25	930.25
280	278	358	321	309.25	915.0625	915.0625
370	409	378	460	404.25	217.5625	217.5625
344	318	381	392	358.75	770.0625	770.0625
297	333	341	315	321.5	42.25	42.25
336	320	292	306	313.5	210.25	210.25
372	353	332	337	348.5	196	196
407	361	322	382	368	256	256

$$SS_{取样}=\sum_{i=1}^{10}\left[(\frac{x_{i1}+x_{i2}}{2}-\bar{x}_i)^2+(\frac{x_{i1}+x_{i2}}{2}-\bar{x}_i)^2+(\frac{x_{i3}+x_{i4}}{2}-\bar{x}_i)^2+(\frac{x_{i3}+x_{i4}}{2}-\bar{x}_i)^2\right]$$

$$=\sum_{i=1}^{10}\left[2\times(\frac{x_{i1}+x_{i2}}{2}-\bar{x}_i)^2+(\frac{x_{i3}+x_{i4}}{2}-\bar{x}_i)^2\right]=14231$$

所有检测平均数 $\bar{x}=347.85$

$SSE_{分析}=16595$（见表 38）

方差 $V_{取样}=(SS_S/df_S-SS_A/df_A)/2$
$=(14231/10-16595/20)/2=296.675$

$RSD_{取样}(\%)=SD_{取样}/\bar{x}\times100\%=4.95\%$

$df_S=10$（见表 38）$df_A=10$（见表 38）

$SD_{取样}=\sqrt{V_{取样}}=17.224$

注：1. $(\frac{x_{i1}+x_{i2}}{2})$ 和 $(\frac{x_{i3}+x_{i4}}{2})$ 这两个值的平均值 $\bar{x}$ 之差对于每个值来说是一样的。因此，其计算公式可以表示为：

$$SS_{取样}=\sum_{i=1}^{10}4\times d_i^2=\sum_{i=1}^{10}\left[4\times(\frac{x_{i1}-x_{i2}}{2}-\bar{x}_i)^2\right]$$

2. $Df=(NB\times n-NB)=(10\times2-10)$，在这里，$NB$ 是批次的数量，n 是每一批次中所分析的初级样品（等于实验室样品）的数量。

例 A1.5（表 15.44）

表 15.44　鸡饲料中的酶素含量

被测对象				不确定性评估		
分析物/技术方法	单位 *	部门/母体	取样对象	目的	设计	统计学
酶素/HPLC	% m/m（即，质量分率）	食品和饲料/鸡饲料	一包 25kg	总检测不确定度（检测链中的薄弱环节）	抽样理论（Gy）的模型法	各组分误差的总和

* 包括报告的基本要素

A1.5.1 范围　运用由 Gy 抽样理论（第 10.2 节）所建立的抽样协议，评估抽样的不确定度。分析物是添加到饲料中的一种酶素。抽样理论只有在遵循正确的抽样规则下进行抽样和分析操作才能提供真实的评估值。在本示例中，假设没有发生过失误差，而且"不正确的抽样误差"是可以忽略不计的。

A1.5.2 内容和抽样对象 一种酶素产品被用作鸡饲料的添加剂（密度＝0.67 g/cm³）。酶素名义上的浓度是 0.05%m/m。粉状酶素的密度是 1.08 g/cm³。粉状酶素经过仔细地混匀。酶素颗粒的粒度分布是已知的，其特征粒径为 $d=1$ mm，粒径系数是 $g=0.5$。这个项目的目的是评估该协议的总不确定度（即基础抽样误差，见第 10.2.7 节，图 4），而该协议被用来评估 25 kg 包装中酶素的平均含量（把产品送到顾客处）。

A1.5.3 研究设计——模型法（自下而上法） 使用第 10.2 节中描述的方法建立一个模型。参数既可以直接测量，也可以估算；假设它只有一个值，而且在包装之内和包装之间是一个常数。

A1.5.4 实验室的取样和分析 抽样对象（25 kg 的包装）中酶素的实际浓度，通过从 1 个包装中抽取 500 g 的初级样品来进行评估。

初级样品中的材料被磨碎成粒径为＜0.5 mm 的颗粒。然后，取 2 g 试样，用适当的溶剂提取其中的酶素，使用液相色谱分析其浓度。由实验室质量控制数据评估色谱分析的相对标准偏差是 5%。

A1.5.5 结果 为了评估两个抽样步骤的基础抽样误差，我们必须首先对材料的特性进行评价（表 15.45）。

表 15.45 根据抽样理论使用模型法评估抽样不确定度的输入值

初级样品	次级样品	说明
$M_1=500$ g	$M_2=2.0$ g	大小
$M_{L1}=25\ 000$ g	$M_{L2}=500$ g	批（抽样对象的）大小
$d_1=0.1$ cm	$D_2=0.05$ cm	颗粒的大小
$g_1=0.5$	$G_2=0.25$	估计的分布系数
上述两个样品一起		
$a_L=0.05\%$ m/m		该批货物中酶素的平均浓度
$\alpha=100\%$ m/m		酶素颗粒中酶素的浓度
$\rho_c=1.08$ g/cm³		酶素颗粒的密度
$\rho_m=0.67$ g/cm³		基质颗粒的密度
$f=0.5$		球形颗粒的形状系数默认值
$\beta=1$		释放颗粒的自由系数

根据这些材料特性，我们得到结构系数（the constitution factor）（公式 7），其值 $c=2160$ g/cm³。抽样常数（公式 6）的值 C 为：$C_1=540$ g/cm³，$C_2=270$ g/cm³。

公式 5 可以用于评估每一取样步骤的标准偏差（如同评估标准偏差一样）：

$s_{r1}=0.033=3.3\%$，初级样品；

$s_{r2}=0.13=13\%$，次级样品；

$s_{r3}=0.05=5\%$，分析测定。

现在，我们可以使用误差分布规则来评估总相对标准偏差（s_t，合成不确定度），对于第 i 个误差

$$s_t = \sqrt{\sum s_{ri}^2} = 0.143 = 14.3\%$$

因此,包含因子为 2 的相对扩展不确定度为 28.6%(不包括与系统效应如分析偏差有关的分析不确定度)。

A1.5.6 注释 在整个测量过程中,不确定度的最大来源被确定为用于提取酵素的测试样品的制备环节(选取 2 g 的实验样品)。

分析期间,没有考虑系统偏差对不确定度的影响,并且假设不正确的抽样误差(和抽样偏差)是可以忽略不计的。

A1.5.7 对测量目的适应性的评价 如果 28.6% 的总不确定度被判定为不符合目的适应性的要求(第 16 节),那么,就需要对实验样品制备的步骤进行修改,以便降低总不确定度。要么提取时应使用较大的样品量,要么初级样品应该被粉碎为更小的颗粒,这要看哪种方式更经济。也可以使用模型来预测是应该增加取样量,还是降低颗粒的大小,这是为了达到符合目的适应性的不确定度所要求的(例如附录 5)。

A1.5.8 报告和说明 做 25 kg 包装酵素浓度的测量报告时,应该附上 28.6% 浓度值的不确定度。这个值能否继续使用,将取决于对这个值有效性的定期核查和在计算中的预期假设。

A1.5.9 小结

表 15.46　测量不确定度*结果

抽样	分析	总体
26.8%(相对)	10.0%(相对)	28.6%(相对)

注:* 包含因子为 2(95% 的置信度)

例 A1.6(表 15.47)

表 15.47　用模型法评估农业表层土壤中镉和磷的含量

被测对象				不确定度评估		
分析物/技术方法	单位	领域/基质	取样对象	目的	设计	统计学
Cd:GF-ZAAS 直接固体进样;P:乙酸-乳酸钙(CAL)方法	mg/kg;以风干基质计	环境/农用土壤	适于耕种的土壤——143 m×22 m,深 30 cm	总测量不确定度(每一抽样效应的贡献)	模型法(对单一效应的探索性测量)	各组分方差的总和

A1.6.1 范围 使用模型法,把来自抽样、样品准备和分析环节各个独立的不确定度分量进行相加,来评估总的测量不确定度。

A1.6.2 内容和抽样对象 调查的目的是评估一块面积为 0.32 公顷的农用土壤中镉和磷的平均浓度(被测量的指标)。使用一个广泛运用于农业控制中的抽样协议,以混合样品的形式进行抽样。

A1.6.3 取样程序 对抽样对象使用分层程序进行取样;使用土壤螺丝钻,取样密度约为每公顷选取 20 个样品,其深度为 30 厘米。

A1.6.4 研究设计——"因果关系"模型法(10.1)

(1) A6.4.1 测量中影响因素的识别:在一般情况下,下列因素可以被看做对不确定度具有潜在的、有意义的影响:

1) 抽样:分析物在一个二维对象的空间分布会产生两个不同的不确定度分量:"长距离点选择误差"(附录3)。

来自不同选点的混合样品之间分析物含量的抽样差异,赋予分析物在整个抽样对象区域内具有"统计学分布"的特征。这个值常常依赖于抽样点(或抽样定位)之间的距离。

如果分析物在区域的空间分布格局没有被抽样格局(抽样策略)体现出来,那么可能也会产生抽样偏差。

使用抽样工具的过程有可能产生不同的效应,比如取样点的材质化误差(图3)。其产生的原因可能是土壤的参考水平线定义有缺陷(例如,由于土壤表层不平整,或者难以确定土壤的地平线而引起的),或者实际抽样深度或土壤密度的变化(例如水分含量),或者抽样设备引起的土壤材料的选择性损失。

如果分析物含量随深度而出现梯度变化(对象主题的"第三维"),那么这些因素都只是产生不确定度的一个贡献。出于这一原因,可以将这些难以逐个测量的因素加在一起作为"深度影响因子"。

2) 样品制备:样品的物理制备包括从野外抽样到实验室取样的所有步骤。机械性的处理,比如破碎、过滤、研磨和分割,都会使材料的量有所减少。而在这些步骤中,由于机械处理的时间长短和力度的差异、不同土壤(颗粒)小样和粒度分布不均匀引起的偏差和不均匀性等因素的影响,都有可能产生误差。风干的土壤样品在空气中因吸附或释放水,使土壤中的水分达到平衡状态,因而不同时期水分的含量有所变化(取决于湿度和样品材料的特性,比如粒度),这就可能产生一个时间点选择的误差(图15.3)。

3) 分析:分析是测量过程的第三个环节,它将与产生不确定度贡献的各种不同的效应相关联。实验室样品的分析不确定度可以通过早期发布的程序来评估[1,35]。将实验室样品分成试验样品可能会增加抽样的不确定度,明确产生另一种"基础误差"。然而,这种取样效应的随机分量已经包括在试验样品间分析的重复性精密度中了。应该通过充分混匀粉状样品以避免出现明显的系统偏差。

(2) A6.4.2 因果关系的图表:图15.16显示了测量过程中"因果关系图"。在抽样和样品处理环节,给出了不确定度贡献的来源;而在分析环节里只显示了分析的质量参数。

(3) A6.4.3 模型公式:上面讨论的抽样效应的"输入量"不属于公式的一部分,该公式是用来计算测量结果的。然而,通过在测量结果中分别引入名义上的修正因子,就可以建立适合于整个测量过程的公式:

$$X_{选点} = \overline{X}_{分析} \times f_{点间} \times f_{策略} \times f_{深度} \times f_{制备} \times f_{湿度}$$

式中:$X_{选点}$,测量结果;$\overline{X}_{分析}$,试验样品分析的平均值;$f_{点间}$,"点与点之间"偏差的修正系数;$f_{策略}$,抽样策略偏差的修正系数;$f_{深度}$,"深度影响"的修正系数;$f_{制备}$,机械性样品制备误差的修正系数;$f_{湿度}$,水分含量偏差的修正系数。

假如没有发现显著的偏差,则所有修正系数都可以设为相等,以便通过下列公式对被测量进行最佳评估:

$$X_{选点} = \overline{X}_{分析}$$

因为模型公式的简化(只对系数进行简化),并假设系数之间相互独立,因此可以通过对来自各种效应的相对标准不确定度方差进行相加获得合成不确定度:

$$X_{选点} = \sqrt{u_{分析}^2 + u_{点间}^2 + u_{策略}^2 + u_{深度}^2 + u_{制备}^2 + u_{风干}^2}$$

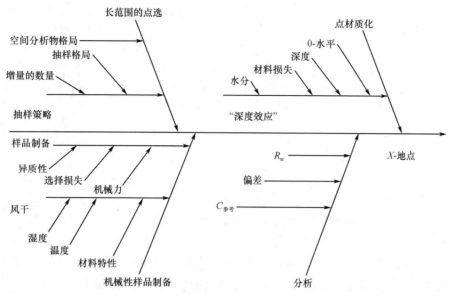

图 15.16　农用土地上土壤抽样的因果关系图(R_w 是实验室内部重现性)

A1.6.5 实验室的取样和分析　在堆锥和四分法缩分、风干及过筛等过程中,最终筛选粒度小于 2 mm 样品,样品在质量上有所减少。

样品分析使用了下列方法:使用塞曼石墨炉原子吸收光谱法(直接固体进样)检测镉;使用乳酸-醋酸钙(CAL)方法检测磷(分析测量程序见其他独立协议的描述)。

A1.6.6 本研究示例中独立影响因子的评价结果　评估分析物在抽样对象区域间分布的标准不确定度,是基于一个经过修正的增量抽样,而这种抽样是以抽样协议为基础的。为了阐述单一效应的输出结果,实施了附加的探索性测量。

(1) 6.6.1"点与点之间"的变异:检测区域被分成 9 个方块(A,B,C × 1,2,3),而且,从 5 个方块中每一个抽取 3 个增量(小样)(区域内"交叉")。每一方块中的增量小样被混在一起,构成 5 个独立的混合样品。对这些样品进行独立地处理和分析。这些单项结果的平均值构成了检测结果,这与被测量的规定是一致的。

表 15.47 显示了所调查的两个分析物的分析结果。这些值之间的标准偏差($S_{方块}$)反映了每一指定方块复合样品之间的变异。

由这些因素引起的总平均值(即测量结果)的标准不确定度可以通过考虑"点与点之间"样品的数量,使用相对于平均数的标准误差来评估:

$$u_{点与点之间} = \frac{S_{方块}}{\sqrt{n_{点与点之间}}}$$

表 15.47　五个方块中被测物镉和磷的浓度

方块	镉 mg/kg	磷 mg/kg
A1	0.270	124
A3	0.285	112

方块	镉 mg/kg	磷 mg/kg
B2	0.343	120
C1	0.355	118
C3	0.343	105
$\overline{X}_{方块}$	0.319	116
$S_{方块}$	0.039	8.0
	(12%)	(6.5%)
$u_{点与点之间}$	5.4%	2.9%

注：该表显示了覆盖 5 个方块的平均值(测量结果)，根据这些值计算标准偏差($S_{方块}$)，并根据标准误差估计不确定度对平均值的贡献。

（2）A6.6.2 抽样策略：对方块与方块间分析物含量的检查(表 42)显示：对磷来说，从任何方向上，都没有出现明显的差异(不管是垂直的、水平的，还是对角的)。因此，对该分析物而言，没有发现所预期的测量结果的明显偏差(比如：≤ 0.5%)。

对于镉，两个 A 方块都显示了其分析物含量比 B 方块和 C 方块低。对于这块特殊的地形出现这样的阶梯结果不足为奇，因为 C 方块位于一个森林的边缘，而 A 方块的边缘是草地，而且 A1 和 A3 位于农用耕地之间。我们都知道：位于地平线上部的森林土壤富含重金属，因此也影响到与它相邻的地区。

使用一个"基于假设的"的抽样格局来寻找这样的效应。然而，根据这种抽样策略得到的测量值只检测到很小的系统效应。因此，对于镉测定的抽样策略，在不确定度研究的预算中，加进了一个≤1%的标准不确定度。

（3）A6.6.3 "深度效应"：为了揭示被称为"深度影响"的综合性效应，我们进行了下述探索性的实验。

在五个"实验方块"内，钻取深度为 35 cm 的芯型小样。在这些芯型小样中，将 20～30 cm和 30～35 cm 深度的部分分开，然后混合在一起。

表 15.48 显示了这些样品的分析结果。

表 15.48　深度实验

	镉(mg/kg)	磷(mg/kg)
$c-$(25～30 cm)	0.14	47
$c+$(30～35 cm)	0.10	35
$x-$	0.34	124
$x+$	0.30	109
Δx	0.04	15
$U_{深度}$	3.5%	3.7%

注：该表显示了来自不同取样点的 5 个芯型小样，其深度水平的平均含量、所计算的含量极限和所估算的不确定度贡献。

两种分析物结果显示，在统计学上含量梯度与土层有显著的反比例倾向。受深度影响的不确定度通过考察高于或低于参照深度(c_-,c_+)的土壤层中分析物含量,使用下面的模型来进行评估。

在抽样深度上,假设最大差异不超过$\pm 10\%$(例如 27～33 cm)。根据这些数据,可以对相对于螺丝钻的表面深度样品平均含量的下限和上限(x_-,x_+)进行如下的评估:

$$x_- = \frac{\overline{x} + 0.1c_+}{1.1} \qquad\qquad x_+ = \frac{\overline{x} + 0.1c_+}{1.1}$$

x_-和x_+之间的差异($\Delta x_{深度}$)被假设为由于小样的深度差异所计算的平均值的最大偏差。

假设深度偏差为一个长方形的分布,平均值的标准不确定度(表 43)可以被估计为:

$$u_{深度} = \frac{\Delta x_{深度}/2}{\sqrt{3}}$$

(4) A6.6.4 样品缩分:使用堆锥和 1/4 缩分程序,将初级野外样品分成两半,重复 7 次,得到一个实验室样品,其重量是原样的 1/64。

为了说明"缩分影响",我们进行了下列探索性的试验。

第一次缩分后,保留另一半材料作为一个平行样品,我们把这个平行样品仍然看做是原样品,但独立地进行分析。表 44 显示了五个方块中每一个方块的两个分析物在平行样品之间的相对标准偏差(表 15.49)。

为方便起见,我们把缩分步骤中相对标准偏差的平均值作为标准不确定度:

$$u_{缩分} = \overline{S}_{缩分}$$

注:应该预见到在平行样品之间会出现标准偏差分布很广的现象。$df=1$ 情况下的 χ^2 分布显示了很高概率的极低值和中等概率的高值。

表 15.49　平行缩分样品间的相对标准偏差以及两种分析物标准偏差的平均值

方块	镉(%)	磷(%)
A1	0.44	1.49
A3	9.17	2.80
B2	5.32	0.84
C1	3.24	8.88
C3	0.44	1.81
$\overline{S}_{缩分}$	3.7%	3.3%

(5) A6.6.5 风干:对于风干的影响,没有进行任何试验性研究,而是利用文献的信息来评估它的影响。在大量风干的土壤样品中,发现它们的水分含量在 $1\%\sim3\%$ 之间[44]。根据抽样协议,被测量指的是风干的土壤材料,因此,没有要求用水分含量对浓度进行校正。然而,必须考虑水分在 $\Delta x_{风干}=2\%$ 区间内的变化。假设这个区间是一个长方形分布,则两种分析物的标准不确定度可以被估计为:

$$u_{风干} = \frac{\Delta x_{风干}/2}{\sqrt{3}} = 0.6\%$$

(6) A6.6.6 分析:在镉和磷的分析环节不确定度(表 15.50 和表 15.51)是根据质量控制的数据,使用 Nordtest 的方法来评估。

表 15.50　土壤样品中镉含量分析的标准不确定度分量及合成不确定度

R_w	来自实验室内部再现性的不确定度,根据 $n=10$ 的实验样品的平均数所得的重复性标准偏差,以及一天内设备运行的稳定性,进行了评估	$u_{Rw}=3.6\%$
$c_{参考}$	有证标准物质(CRMs)定值的不确定度	$u_{参考}=2.7\%$
偏差	没有来自实验室偏差的不确定度贡献,因为其结果在每天根据 CRMs 测量的偏差做了调整	—
$S_{偏差}$	来自每天 CRMs 分析($n=3$)平均值的标准偏差对不确定度的贡献	$u_{偏差}=2.7\%$
合成分析不确定度		$u_{分析}=5.2\%$

表 15.51　土壤样品中磷含量分析的标准不确定度分量及合成不确定度

R_w	来自实验室内部再现性的不确定度,根据 $n=1$ 的实验样品的平均值所得的重复性标准偏差进行评估	$u_{Rw}=1.7\%$
$c_{参考}$ 偏差 $S_{偏差}$	结果真值的不确定度,根据实验室间比对实验而得到的再现性精密度 S_R 进行评估(最坏情况下的评估)	$u_{偏差}=9.5\%$
合成分析不确定度		$u_{分析}=9.7\%$

A6.6.7 不确定度估算和测量结果

表 15.52 列举了来自各种影响因素的不确定度。合成不确定度根据这些贡献计算而得。

表 15.52　两种分析物中来自各种影响因素的相对标准不确定度及合成不确定度

影响因素	相对标准不确定度(%)	
	磷	镉
选点间的变异	5.4	2.9
抽样策略	1.0	0.5
深度	3.5	3.7
缩分	3.7	3.3
风干	0.6	0.6
分析	5.2	9.7
合成不确定度	9.1	11.3

测量结果:

　镉:$(0.32\pm0.06)\mathrm{mg/kg}$

　磷:$(116\pm 26)\mathrm{mg/kg}$

　(包含因子为 2,95% 的置信度)

A1.6.7 注释

(1) A6.7.1 影响因子的贡献　表 47 显示了抽样和样品处理过程对总的测量不确定度起着一定的作用。要识别和评定每一个因素/环节的影响,必须考虑以下几种情况:

1)"点与点间"的影响取决于对象区域的均匀性,以及从每一方块中抽取的增量(小样)的数量。早先的调查显示,每公顷农用土地抽取 20 个增量,在分析不确定度排序上将产生一个不确定度贡献。

2)抽样策略引起的误差很难被量化,但可能常常比本研究案例所观察到的要大得多。

在实际工作中,只能通过区域中分析物大规模分布的"专家判断"以及选择适当的抽样策略来进行控制。

3)在计算模型中,深度影响被看做是未知的系统误差,即深度的偏差出现在(或多或少)同一方向的所有增量中。在特定条件下这可能是客观存在的,例如,干沙土会从螺丝钻的底端流出,导致增量的平均深度变浅。假如发现这种情况,那么有可能对系统偏差进行修正,而且只能考虑随机误差分量(即不确定度以 $1/\sqrt{n_{上升}}$ 的因子下降)。对抽样人员进行训练有可能减少这种"点材质化误差"。

4)缩分的影响很难控制,因为初期的质量缩减常常是在野外作业时进行的。假如质量缩减采用的方法不合适或操作不慎,它造成的影响很大。因此,对抽样人员的训练非常重要。

5)在本案例中,风干土壤样品中水分含量的影响似乎可以忽略不计。

6)分析环节的不确定度在合成测量不确定度中占主导地位(例如镉的测量)。如果分析环节质量控制标准方法始终能够做得到,那么分析的不确定度将可以得到控制(例如,周期性使用 CRMs 以及参与实验室间的比对实验)。当分析物浓度接近于分析检测限时,来自于这方面的不确定度可能占主要地位。

7)在这个示例中没有提及的影响作用包括:碾磨和过筛过程的持续时间、施加力度大小、抽样过程中土壤主体的湿度等。这些因素的影响被认为意义不大,虽然这种假设还有待进一步证实。

A1.6.8 测量目的适用性的评价　根据抽样协议,对于日常的测量,从约 10 个增量中构成一个复合样品,对其进行平行分析。

在评估单个影响不确定度因素的研究案例中,额外抽取 10 个增量,一共制备和分析了 20 个(复合)样品。

这些额外的工作和开支对于日常测量来说不合适。然而,假如农用土地的测量是由实验室开展调查的主要形式,那么这样的探索性调查是有价值的,因为它为这类测量得到一个"抽样误差"分量的典型值。进一步说,误差分量的评估(即不确定度估算)对于优化测量程序也是十分有益的。

A1.6.9 报告和说明　这个区域内土壤测量的平均浓度使用扩展不确定度,对于镉来说,它可以用 0.06 mg/kg 来表示,也可以用浓度值的 18.2% 来表示;对于磷来说,它可以用 26 mg/kg 来表示,也可以用浓度值的 22.6% 来表示。

A1.6.10 小结

表 15.53　测量不确定度 * 结果

分析物	抽样	分析	总体
镉	15.0%	10.4%	18.2%
磷	11.6%	19.4%	22.6%

注:* 包含因子为 2(95% 的置信度)

附录 2　术　　语

准确度(accuracy)　测试值与可接受的参考值的一致程度。

注:当准确度这一术语应用于一组测试结果时,就包含了随机分量和一般的系统偏差或

偏差分量的总和。

偏差(bias) 测试结果期望值与一个可接受的参考值之间的差值。ISO3534-1:3.11(1993)[9]

注:偏差是相对于随机误差而言对总的系统误差的一种度量。可能有一个或多个系统误差的分量贡献给了偏差。一个与可接受的参考值有较大系统性的差值将由一个较大的偏差值反映出来。

复合样品(也称平均样品或集合样品)[composite sample(also average or aggregate)] 两种或两种以上的增量/子样品,可以是离散的,也可以是连续的,按适当的份量混合在一起(混合复合样品),由该样品可以获得所要求的特征量的平均值。ISO3534-1:3.13(1993)[9]

平行(重复)样品[duplicate(replicate)sample] 在同一时间内,用相同的抽样程序或二次抽样程序,从两个(或两个以上*)的样品或子样品中独立获得的一个样品。*用于重复样品。

注:每个平行样品都是在相同抽样区域内的一个单独抽样点中抽取的。

结果误差(error of result) 采用 ISO11074-2:2.14(1998)[45]的定义。ISO1998 正式采用了 ISO3534-1(1993)[9]的定义。测试结果与可接受参考值(特征量)之差。注:误差是随机误差和系统误差的总和。

目的适用性(fitness for purpose) 通过测量过程产生的数据能够让使用者对所声明的目的在技术上和行政上作出正确决策的程度。ISO3534-1:3.8(1993)[9]

注:该定义与分析科学所用的定义一致。

均匀性,异质性(homogeneity,heterogeneity) 在整批物料中某种性质或组分均匀分布的程度。Thompson and Ramsey(1995)[24]

注1:一种物料对于某一分析物或性质来说可能是均匀的,而对于另一种来说则可能是异质的(不均匀)。

注2:异质性(均匀性的反义词)的程度是抽样误差的决定因素。

增量(increment) 用一个抽样设备进行单次操作所采集到的一份独立的物料。IUPAC(1990)[46];ISO 11074-2:1.6(1998)[45]

实验室样品(laboratory sample) 为送到实验室并拟用于检验或测试而制备的样品。IUPAC(1990)[46];AMC(2005)[50]

被测量(measurand) 作为测量对象的特定量。ISO standard 78-2(1999)[47]

测量不确定度[measurement uncertainty(uncertainty of measurement)] 表征合理地赋予被测量之值的分散性,与测量结果相联系的参数。ISO GUM(1993)[2]

注1:次参数可以是诸如标准偏差(或其指定的倍数),或说明了置信水平的半宽度。

注2:测量不确定度一般由许多分量组成。其中一些分量可用一系列测量结果的统计分布来估算,并用实验标准差表征。另一些分量则可用基于经验或其他信息的假定概率分

布来估算,也可用标准差表征。

注3:测量结果应理解为被测量之值的最佳估计,全部不确定度分量均对分散性存有贡献,包括那些由系统效应引起的分量诸如与修正值和参考标准有关的分量。

注4:(补充)如果被测量是根据抽样对象中的量来定义的,那么由抽样引起的不确定度就包括在测量不确定度里面。

精密度(precision) 在规定条件下所获得的独立测量结果之间的一致程度。

注1:精密度只取决于随机误差的分布,而与真值或特定值无关。

注2:精密度的度量标准通常是以不精确性来表示,并以测试结果的标准偏差来计算。较低的精密度由较低的标准偏差反映出来。

注3:"独立测量结果"意味着所获得的测量结果不受以前任何同样或类似物体的测量结果所影响。定量测量精密度关键取决于规定的条件。重复性和再现性是规定了极端条件的特殊情况。

初级样品(原始样本)(primary sample) 最初从一个群体(抽样对象)所抽取的一个或一个以上的增量或单元所组成的集合样。ISO 3534-1:3.14(1993)[9]

注:在本场合中,"初级(原始)"这个词不是指样品的质量,而是指样品是在测量的最早阶段抽取的这个事实。

结果的随机误差(random error of result) 是误差的一个分量。在相同特性的很多测试结果当中,保持恒定或者以不可预知的方式出现波动。IUPAC(1990)[46];AMC(2005)[50]

注:随机误差是不可能修正的。

随机样品(random sample) 从一个群体中抽取的 n 个抽样单元中的一个样品。随机样品是以这样的方式抽取的:所抽取的 n 个抽样单元中,每一个可能组合都有被抽到的特定概率。ISO 3534-1:3.9(1993)[9]

随机抽样;简单随机抽样(random sampling;simple random sampling) 从许多的 N 个物品中抽取 n 个物品,使被抽取的 n 个物品的所有可能组合都具有相同概率的一种抽样方式。ISO 3534-1:4.8(1993)[9]

注1:随机选择绝不能被一般的随意选择或看似毫无目的的选择代替;这种程序对于保证随机性来说通常是不充分的。

注2:随机抽样这一术语也可应用于一大批货物或连续材料的抽样,但对每一种应用,其意义需要进行专门的定义。

参考抽样(reference sampling) 能够表征在一个区域,使用单一的抽样设备,在单个实验室,能获得建立分布模型的详细信息以便在任何一个抽样点,用已知的不确定度来预测被测物浓度的抽样方式。ISO 7002:A.34(1986)[48]

参考抽样对象(reference sampling target) 对参考物质或有证参考物质抽样的类似物(在化学分析方面)。PUPAC(2005)[49]

注:一个抽样对象,其被测物中的一个或多个的浓度在空间上/时间上的变异性都能够被很好地表征。对参考物质或有证参考物质抽样的类似物(在化学分析方面)。(注解采自IIUPAC(2003)建议草案;原始定义见 ISO Guide 30:1992)

代表性样品(representative sample) 根据抽样计划所抽取的,期望能充分地反映总体中所感兴趣的性质的样品。Thompson and Ramsey(1995)[24]

样品(sample) 从一大批材料中所选取的一部分材料。IUPAC(1990)[46],ISO 11074-2:1.9(1998)[45],AMC(2005)[50]

样品制备(sample preparation) 对材料所进行的一组操作(例如数量缩减、混合、分样等),这些操作对于将一个总体样品或一堆样品转化成一个实验室样品或测试样品可能是必要的。IUPAC(1990)[46],ISO 11074-2(1998)[45],AMC(2005)[50]
注:样品制备尽可能不要改变其代表被抽取的群体的能力。

样品预处理(sample pre-treatment) 用于将样品变成所要求的,能够接下来进行检查、分析或长期保存的状态的所有程序的总称。引自 ISO 3534-1:4.30(1993)[9]

样品量(sample size) 构成样品的材料的件数或质量。引自 ISO 11074-2:6.1(1998)[45]

抽样者(sampler) 在抽样地点执行抽样程序的人员(或者一组人员)。ISO 11074-2:4.26(1998)[45],ISO 7002 A.40(1986)[48]
注:这里的"Sampler"不是指用于样品采集的仪器装置,即不是指"采样装置"。

抽样(取样)(sampling) 抽取或构建样品的过程。引自 ISO 11074-2(1998)[45]
注:对于土壤调查的目的,抽样也与旨在不移动材料的情况下在野外执行现场测试的地点选择有关。(引自 ISO 1998)

抽样偏差(sampling bias) 贡献给抽样的总测量偏差的一部分。ISO 11074-2(1998)[45],ISO 3534-1(1993)[9]

抽样地点(位置)(sampling location) 在抽样对象范围内进行抽样的地方。也可能用于在该位置范围内,在特定抽样点抽取平行(重复)样品。AMC(2005)[50]

抽样计划(sampling plan) 事先确定的用于选点、取样、保存、运输以及对从群体中抽取的部分制备成一个样品的程序。

抽样点(sampling point) 在抽样场所范围内进行抽样的位置。也可能用于在抽样场所范围内进行平行抽样(或重复抽样)的特定的位置。IUPAC(1990)[46],ISO 11074-2:1.9(1998)[45],AMC(2005)[50]
注:在空间上或时间上抽样点定位的精确度取决于调查方法。从抽样点抽取平行样品可以反映定位的精确度。

抽样精密度(sampling precision)　总测量精密度中贡献给抽样的那一部分。

抽样程序(sampling procedure)　与使用特定抽样计划相关的操作要求和(或)指引。即已经计划好的选点、取样、从一批次中制备样品、能反映该批货物(材料)特性的方法。AMC(2005)[50]

抽样对象(sampling target)　ISO3534-1:4.5(1993)[9]；ISO 11074-2(1998)[45](一部分)，被 AMC(2005)[50]引用在特定时间里，能够给出代表性样品的材料的一部分。
　　注1:在设计抽样计划之前应对抽样对象进行定义。
　　注2:抽样对象可以由法规进行定义(如批的大小)。
　　注3:如果想关注或者必须知道某一区域或某一时间段的性质或特性,那么这种情况也可以作为抽样对象。

抽样不确定度(sampling uncertainty uncertainty from sampling)　总测量不确定度中贡献给抽样的那一部分。AMC(2005)[50]；IUPAC(2005)[49]；ISO GUM:B.2.18(1993)[2]

子样品(sub-sample)　从一个群体的样品中抽取的样品。
　　注1:子样品可以按照选取原始样品同样的方法进行选择,但不必要这么做。
　　注2:在对一堆材料进行抽样时,子样品通常通过样品缩分的方法来制备。这样获得的子样品也称缩分样。

二次抽样/次级抽样(样品缩分)[sub-sampling(sample division)]　从一个群体的样品中选取一个或一个以上子样品的过程。ISO 3435-1:4.8(1993)[9]

结果的系统误差(systematic error of result)　误差的一种分量。在相同特性测试的很多结果当中,这种误差保持恒定或以能够预知的方式波动。ISO 11074-2(1998)[45]
　　注:系统误差及其原因可能是已知的,也可能是未知的。

测试份量(test portion)　取自测试样品,用于对所关注的浓度或其他性质进行测量的适当规格的数量。ISO 3435-1:4.15(1993)[9]；ISO 11074-2(1998)[45]

测试样品(test sample)　由实验室样品制备而成的样品,用于测试或分析的测试份量取自于此。IUPAC(1990)[46],ISO 11074-2:3.17(1998)[45],AMC(2005)[50]

真实性(trueness)　由大量的测试结果得到的平均值与可接受的参考值之间的接近程度。IUPAC(1990)[46],ISO 11074-2:3.16(1998)[45],AMC(2005)[50]
　　注1:真实性的度量通常用偏差来表示。
　　注2:真实性曾经被称为"平均值的准确度",这一用法不推荐使用。

附录3 实用统计程序

A3.1 使用双平行样品评估两种抽样方法之间的偏差

双平行样品方法是这样的:根据所采用的两种抽样协议,从大量抽样对象($n>20$)中的每一个抽取一个样品。这种方法特别适合于在日常工作中将一种新的候选协议与已经建立的协议进行比较,但它也具有普遍适用性。对于每种方法,抽样程序必须具有某些方式上的随机性,例如,在抽样对象里面在随机位置开始采集增量,并以随机的方向确定增量网格。所采集的样品在随机的重复性条件下进行分析,以便消除分析偏差。

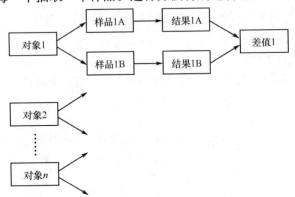

图 15.17 评估两种抽样方法间偏差的实验设计

实验设计:通过在每个对象中抽取双平行样品,以评估两个抽样方法 A 和 B 之间的偏差

图 15.17 显示的设计确保了最大限度地减少每一抽样对象的额外工作量,这样可以使实验在低成本而又不干扰日常抽样流程的情况下得以进行。这个结果是比较粗的,因为它是从很多典型的但却是不同的对象中收集到的数据衍生而来的。因此它所代表的是两个协议结果之间的偏差,而不是单一对象中所出现的偏差,这种结果可能是非典型的。

结果检验的第一阶段是检查双平行的差值是否与分析物的浓度相关联。如果浓度范围在连续的对象间变化很大的话,这种情况就极有可能发生。发散点图提供了一个有用的目测检查手段。如果没有相关性,那么偏差的估计值就是带符号的成对差值的平均值,这个平均值用常用的方式可以与零值进行显著性检验。图 15.18 显示的示例中,在带符号的差值与浓度之间没有明显的相关性,用双样品 t 检验,在 95% 置信水平,两个方法间的偏差与零值相比没有显著的差别。如果出现与浓度有相关性明显的偏差,如图 15.19 所示,偏差应以浓度的函数来表示。在该例子中,有证据显示了明显的旋转型偏差(由函数关系方法[40]推导出来),其趋势可用公式结果(A)=结果(B)×1.2 来表示。

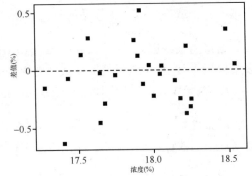

图 15.18 没有明显偏差或趋势

两种抽样协议应用于 25 个对象得到的结果之间的差值,作为浓度的函数。没有明显的偏差,也没有偏差与浓度呈相关性的迹象

A3.2 由抽样理论引起的抽样误差的进一步描述

A3.2.1 权重误差(SWE)构成其自身的一类误差。例如,如果一个批次是由不同规格的小批次组成的,但平均浓度是以一个简单的平均值来估算的,而又没有考虑小批次的规格,这就产生了权重误差。正确的方法是用小批次规格的权重来计算加权平均值。在分析流动材料时,如果流速是变化的,而在计算平均值时又没有考虑这一点,就会产生权重误差。在这种情况下,在抽样的同时就应该记录流速,并在计算平均值时用作权重。另一种选择是使用抽样设备来切割样品,使所切割样品的大小与流速成比例,并用样品大小为权重来计算平均值。需要注意的是,如果一个复合样品是由次级样品构成的,那么就要按比例进行取样,否则在复合样品中就会产生权重误差。

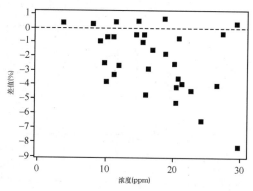

图 15.19　明显偏差和趋势

两种抽样协议应用于 33 个对象得到的结果之间的差值,以浓度的函数画图。有明显的偏差(因为 33 个结果中有 27 个是负值),且偏差的绝对值随浓度的增加而增大

A3.2.2 分组和分离误差(GSE)是与短程误差有关的第二个术语。它是由这样的事实造成的:样品没有正常一段一段地抽取,而是数段作为一组地抽取。如果材料中有分离的情况,就会产生这种类型的误差。这种误差正常情况下不做评估。然而 Gy 理论显示,如果抽样操作是正确的,那么 GSE 就小于或最多等于抽样基本误差(FSE)。

A3.2.3 点选择误差(PSE)。如果使用独立样品来评估一个连续性目标(如工业生产液流、河流、污染地带等)的平均值,则平均值的不确定度取决于抽样的策略,因为结果通常是自动相关的。有三个基本策略可用于选取样品,见图 15.20:

(1) 随机抽样:抽样点的时间和位置随机分布于抽样对象中。

(2) 分层(随机)抽样:首先将该批次等量分为 N 个小批次,在每个小批次里面随机指定抽样点。

(3) 系统(分层)抽样:所有的 N 个样品以等距离(一维情况下)或以固定对称分布(对象的抽样点外观具有二维或多维空间)进行采集。

一个批次标准偏差的估计

随机抽样:
$$s(a_L) = \frac{s_p}{\sqrt{N}}$$

分层抽样:
$$s(a_L) = \frac{s_{strat}}{\sqrt{N}}$$

系统抽样:
$$s(a_L) = \frac{s_{sys}}{\sqrt{N}}$$

s_{strat} 和 s_{sys} 是标准偏差的估计值,自动相关性已经考虑进去了。

正常的顺序是 $s_p > s_{strat} > s_{sys}$,除非在系统抽样时抽样频率是液流频率的倍数,这种情况下,系统抽样是最差的选择,其平均值可能会有偏差。

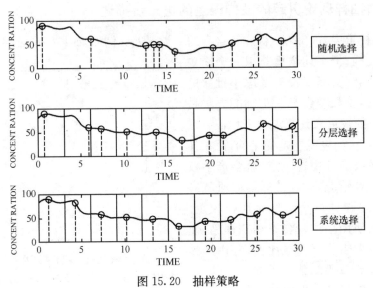

图 15.20　抽样策略

分别用随机、分层随机和系统分层方法从抽样对象中选取 10 个样品

PSE 的评估

　　一个一维批次分布的不均匀性可以通过一个变量实验来表征，即用系统的样品选择方法从对象中抽取 N 个样品。N 必须至少是 30，最好是 60~100。要跨液流按比例进行抽样，或假如不可行的话（如要采集大量的气体或液体流时），要在抽样的时间同时记录流速。从这些结果就可以计算出材料异质性 h_i，以表示批平均值（或抽样对象的平均值）的相对变异。当采集并分析了 N 个规格为 M_i 的样品（结果为 a_i）后，如果无法按比例进行抽样，则 M_i 也可以作为抽样时的流量。

$$h_i = \frac{a_i - a_L}{a_L} \frac{M_i}{\overline{M}} \ (i = 1, 2, \cdots, N)$$

a_L 是批次的加权平均值：

$$a_L = \frac{\sum M_i a_i}{\sum M_i} = \frac{1}{N} \sum (\frac{M_i}{\overline{M}}) a_i$$

异质性 h 的标准偏差等于批次或过程的相对标准偏差 s_p。

为了表征过程的变异性，可以用异质性来计算实验的变量图：

$$V_j = \frac{1}{2(N-j)} \sum_{i=1}^{N-j} (h_{i+j} - h_i)^2 , j = 1, 2, 3, \cdots, N/2$$

变量图必须整合到对两种抽样策略的 *PSE* 评估里面。

A3.3　计算软件来源

　　在大多数的通用电子制表软件中都有经典的方差分析（ANOVA）功能对单侧方差进行计算。对于正态分布的 F 检验和其他标准统计学检验也可以在大多数电子制表软件中进行。

　　一般地说，常见稳健统计方法程序，特别是用于稳健方差统计的程序，都可以从 *RSC/*

AMC 那里得到：

http://www.rsc.org/Membership/Networking/InterestGroups/Analytical/AMC/Software/index.asp。

离群值检验因为是用于排列方法的软件，通常不容易得到。但是，排列方法相对简单，可以使用电子制表软件中的最大值和最小值功能来实现。

使用标准电子制表软件可以很容易地进行排列计算（在附录 A3 的第 7 节中有演示），示例可以从以下网站中下载：

http://team.sp.se/analyskvalitet/sampling/default.aspx。

附录 4　经验法评估不确定度的备选实验设计

A4.1　用于其他分量效应的多水平实验设计

用于经验法不确定度评估的一般平衡设计（图 15.2）包括由物理性样品处理（伴随取样步骤）引起的不确定度。一个备选实验设计（图 15.21）可以用来单独评估由此引起的不确定度（S_{prep}）。将从两个初级样品得到的次级样品单独进行处理（图 15.21 中的灰色框）。从这些次级样品中取出用于重复测试的部分，由此也可以估计分析中的方差贡献。如图 21 所示，通过选择四个测量中的两个不同子组数据，用标准稳健方差分析可以分离所有这些来源的方差（图 15.8 和附录 3.3）。这种设计在食品抽样上的应用详情在其他文献中可得到[30]。

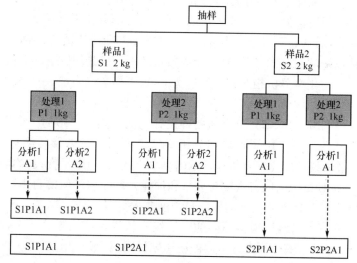

图 15.21　用于评估来自样品处理以及来自抽样和分析不确定度的实验设计

上半部分描述了三层次和非平衡的实验设计。本实验设计中增加的一个层次，需要做 S_{prep} 评估，以灰色框显示。下半部分（粗横线以下）显示数据分组需要应用方差分析方法进行计算，以便得出 s_{samp}、s_{prep} 和 s_{anal} 的估计值。此图经英国皇家化学协会许可引自文献[30]。

A4.2 用于降低执行成本的简化和非平衡设计

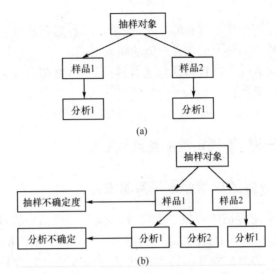

(a)

(b)

图 15.22　可应用于在使用经验法进行测量不确定度评估时降低成本的全平
衡设计的两种简化替代设计:(a)简化平衡设计和(b)非平衡设计

简化设计(图 15.22a)有着与全平衡设计一样的平行样品,但不包括,也没有平行的化学分析。用这种设计来评估不确定度,得到的是总的测量不确定度,而没有来自抽样或分析的不确定度分量的任何数值。如果要求评估这些分量,则分析的不确定度可以由实验室进行形式上的评估,然后从总不确定度中剥离它,用公式 1 进行计算,得到抽样不确定度的单独估计值。这种设计的主要优点是,对于相同数量的平行样品,其执行的分析成本只有全平衡设计的一半。在与化学分析相同花费的情况下,为了提高代表性,一个备选的方法是从两倍数量的抽样对象中抽取两倍数量的平行样品进行分析。

非平衡设计(图 15.22b)则介于上述两种设计之间。只在其中的一个平行样品上进行一次平行分析。其优点是给出了抽样和分析不确定度的分量以及总测量不确定度(如第9.4.2 节所述全平衡设计那样带有相同标示的表示方式)。与全平衡设计案例相比,分析成本降低了 25%。这种情况下的自由度与分析和抽样方差的估计值的自由度相似,其成本效益比全平衡案例中的分析不确定度的额外自由度要大得多。

经典的方差分析可以通过很多不同的电子制表软件包应用于这两个设计的结果输出(附录 A3.3)。但稳健方差分析在这方面的应用软件则还未开发出来。

附录5　通过抽样理论的预测来调整抽样不确定度

一旦对抽样的不确定度进行了评估,如果发现结果不满足目的适用性的要求,那么可能有必要对不确定度的水平进行调整。使用抽样理论可以预测如何达到这样的调整目的(第10.2 节)。有几个理论预测了抽样方差是与抽样的量成反比的(如公式 5)。这样就可以预测:抽样不确定度的任何调整都可以使用以下关系式,通过改变样品量而进行计算:

$$m_{s2} = (\frac{u_{samp1}}{u_{samp2}})^2 \times m_{s1} \tag{1}$$

这个方法通过示例 A1 莴苣中硝酸盐含量的研究示例进行有用的演示。抽样不确定度显示没有满足目的适用性要求（用第 16.3 节的方法），所要求的最佳不确定度要低于约 2 倍因子（即原来的不确定度除以 2）。公式 1 的预测只要将样品量增加到原来的 4 倍（2^2）就可以达到所要求的不确定度。通过将增量的数量从每批的 10 棵增加到 40 棵来进行这样的预测，就可以达到所期望的抽样不确定度的降幅（即降低 1.8 倍，这与所期望的降低 2 倍的改进在统计学上没有显著的差异）[38]。这种成功的预测行为在实践中并非总能奏效。在测定奶油中的水分例子中，要使所期望的 u_{samp} 降幅达到 3.7 倍，根据计算，要求增加的 m_s 将达到 14 倍，但在实际上，增加这样的样品量只能使不确定度改善 1.3 倍。这个模型在预测不确定度变化上之所以无能为力，可能是由于在这种特定材料中分析物不均匀性的特性所造成的[51]。

参 考 文 献

[1] Ellison S L R, Roesslein M, Williams A (eds). 2000. Eurachem/CITAC Guide: Quantifying Uncertainty in Analytical Measurement, Eurachem, 2nd Available from the Eurachem secretariat, or from LGC Limited (London)

[2] ISO. 1993. Guide to the Expression of Uncertainty in Measurement (GUM). Geneva (2nd printing 1995)

[3] Ellison S L R, Roesslein M, Williams A (eds). 1995. Eurachem Guide: Quantifying Uncertainty in Analytical Measurement, Eurachem

[4] Analytical Methods Committee. 1995. Uncertainty of measurement: implications of its use in analytical science, *Anahst* 120:2303-2308

[5] ISO/TS 21748. 2004. Guidance for the use of repeatability, reproducibility and trueness estimates in measurement uncertainty estimation. ISO, Geneva

[6] Gy PM. 1979. Sampling of Particulate Materials—Theory and Practic. Elsevier, Amsterdam, 431pp

[7] Codex. 2004. General Guidelines on Sampling. CAC/GL-2004 (http://www.codexalimentarius.net/download/*stan*dards/10141/CXG_050e.pdf)

[8] Nordtest. 2007. Uncertainty from sampling. A Nordtest handbook for sampling planners and sampling quality assurance and uncertainty estimation. NT tec 604/TR604 (www.nordicinnovation.net)

[9] ISO 3534-1:1993 Statistics—Vocabulary and Symbols, International Organization for Standardization, Geneva

[10] Ramsey M H, Squire S, Gardner M J. 1999. Synthetic reference sampling target for the estimation of measurement uncertainty. *Analyst*, 124 (11):1701-1706

[11] Ramsey M H. 1998. Sampling as a source of measurement uncertainty: techniques for quantification and comparison with analytical sources. 13:97-104

[12] Lyn J A, Ramsey M H, Coad D S *et al* The duplicate method of uncertainty estimation: are 8 targets enough? (Submitted to Analyst)

[13] de Zorzi P, Belli *et al* 2002. A practical approach to assessment of sampling uncertainty. *Accreditation and Quality Assurance*, 7:182-188

[14] Kurfurst U, Desaules A, Rehnert A, *et al*. 2004. Estimation of measurement uncertainty by the budget approach for heavy metal content in soils under different land use. *Accreditation and Quality Assurance*, 9:64-75

[15] Minkkinen P. 2004. Practical applications of sampling theory. *Chemometrics and Intelligent Lab. Systems*, 74:85-94

[16] Gy P M. 1998. Sampling for Analytical Purposes. John Wiley & Sons Ltd,Chichester

[17] Gy P M. 1992. Sampling of Heterogeneous and Dynamic Material Systems. Elsevier,Amsterdam

[18] Gy P M. 2004. Proceedings of First World Conference on Sampling and Blending. *Special Issue of Chemometrics and Intelligent Lab*. Systems,74:7-70

[19] Pitard F F. 1993. Pierre Gy's Sampling Theory and Sampling Practice. CRC Press,Boca Raton,2nd edition

[20] Smith P L. 2001. A Primer for Sampling Solids,Liquids and Gases- Based on the Seven Sampling Errors of Pierre Gy. ASA SIAM,USA

[21] Ramsey M H. 1993. Sampling and analytical quality control (SAX) for improved error estimation in the measurement of heavy metals in the environment,using robust analysis of variance. *Applied Geochemistry*,2:149-153

[22] Nordtest Sampler Certification,Version 1-0,Nordic Innovation Centre,2005

[23] Thompson M,Wood R. 1995. Harmonised guidelines for internal quality control in analytical chemistry laboratories. *Pure and Applied Chemistry*,67:649-666

[24] Thompson M,Ramsey M H. 1995. Quality concepts and practices applied to sampling - anexploratory study. *Analyst*,120:261-270

[25] Magnusson B,Naykki T,Hovind H,Krysell M. 2003. Handbook for Calculation of Measurement Uncertainty. NORDTEST report TR 537 (project 1589-02). Can be obtained from www. nordicinnovation. net/nordtest. cfm under link Rapporter

[26] Ramsey M H,Squire S,GardnerM J. 1999. Synthetic reference sampling target for the estimation of measurement uncertainty. *Analyst*,124 (11):1701-1706

[27] Thompson M,Coles B J,Douglas J K. 2002. Quality control of sampling: proof of concept. *Analyst*, 127:174-177

[28] Farrington D,Jervis A,Shelley S,Damant A,Wood R,Thompson M. 2004. A pilot study of routine quality control of sampling by the SAD method,applied to packaged and bulk foods. *Analyst*,129:359-363

[29] Codex. 2004. Guidelines on measurement uncertainty CAC/GL 54-2004

[30] Lyn J A,Ramsey M H,Fussel RJ,Wood R. 2003. Measurement uncertainty from physical sample preparation: estimation including systematic error. *Analyst*,128. 11:1391-1398

[31] Uncertainty and Assessment of Compliance Eurachem (in preparation)

[32] Measurement Uncertainty and Conformance Testing: Risk Analysis. Joint Committee on General Metrology,Working group 1/Subcommittee 3 (in preparation)

[33] Ramsey M H,Thompson M,Hale M. 1992. Objective evaluation of precision requirements for geochemical analysis using robust analysis of variance. *Journal of Geochemical Exploration*,44:23-36

[34] Thompson M,Fearn T. 1996. What exactly is fitness for purpose in analytical measurement? *Analyst*, 121:275-278

[35] Commission Regulation (EC) No 563/2002 of 2 April 2002 amending Regulation (EC) No 466/2001 setting maximum levels for certain contaminants in foodstuffs,*Official Journal of the European Communities*,L 86/5 to L 86/6

[36] European Directive 79/700/EEC. OJ L 207,15. 8. 1979,p26

[37] Ramsey M H,Lyn J A,Wood R. 2001. Optimised uncertainty at minimum overall cost to achieve fitness-for-purpose in food analysis. *Analyst*,126,1777-1783

[38] Lyn,J A,Palestra I M,Ramsey M H,*Damant A P*,*Wood R*. 2007. Modifying uncertainty from sampling to achieve fitness for purpose: a case study on nitrate in lettuce. Accreditation and Quality As-

surance: Journal for Quality, *Comparability and Reliability in Chemical Measurem*ent,12:67-74

[39] Thompson M, Walsh JNA. 1989. Handbook of Inductively Coupled Plasma Spectrometry. Blackie, Glasgow

[40] Analytical Methods Committee. 2002. Technical Brief No. 10, Royal Society of Chemistry, London

[41] Ramsey M H, Taylor P D, Lee J C. 2002. Optimized contaminated land investigation at minimum over-all cost to achieve fitness-for-purpose. *Journal of Environmental Monitoring*,4 (5):809-814

[42] Lee J C, Ramsey M H. 2001. Modelling measurement uncertainty as a function of concentration: an example from a contaminated land investigation. *Analyst*,126 (10):1784-1791

[43] Ramsey M H, Argyraki A. 1997. Estimation of measurement uncertainty from field sampling: implications for the classification of contaminated land. Science of the Total Environment,198,243-257

[44] Dahinden R, Desaules A. 1994. Die Vergleichbarkeit von Schwermetallanalysen in Bodenproben von Dauerbeobachtungsflächen, Eidgenö ssische Forschungsanstalt fü·lr Agrikulturchemie und Umwelthygiene. Liebefeld, Switzerland, p27

[45] ISO 11074-2: 1998 Soil Quality- Vocabulary. Part 2: Terms and definitions related to sampling, International Organization for Standardization, Geneva

[46] IUPAC. 1990. Nomenclature for sampling in analytical chemistry (Recommendations 1990), prepared for publication by Horwitz W. *Pure and Applied Chemistry*,62:1193-1208

[47] ISO Standard 78-2: Chemistry- Layouts for Standards-Part 2: Methods of Chemical Analysis(Second Edition, 1999)

[48] ISO 7002: 1986 Agricultural food products- Layout for a standard method of sampling from a lot, First Edition, International Organization for Standardization, Geneva

[49] IUPAC. 2005. Terminology in Soil Sampling (IUPAC Recommendations 2005), prepared for publication by De Zorzi P, Barbizzi S, Belli M, Ciceri G, Fajgelj A, Moore D, Sansone U, and Van der Perk M. *Pure and Applied Chemistry*,77 (5):827-841

[50] AMC. 2005. Analytical Methods Committee Technical Brief No 19. Terminology-the key to understanding analytical science. Part 2: Sampling and sample preparation
(http://www. rsc. org/images/brief19_tcm18-25963. pdf)

[51] Lyn J A, Ramsey M H, Damant A, Wood R. 2005. , Two stage application of the OU method: a practical assessment, *Analyst*,130:1271-1279